2017.03.03

献给

爱我保守我直到永远的父

汉字网格与文本造型

刘晓翔　著

上海人民美術出版社

目录

CONTENTS

约纳斯 · 弗格利（Jonas Vögeli）
瑞士著名设计师，AGI（国际平面设计联盟）成员
苏黎世艺术大学视觉传达系主任

2013 年，我收到邀请，在上海“世界最美的书”书籍大赛展出我的作品。彼时恰值“中国最美书”活动十周年，意义非凡，我欣然应邀。活动在上海图书馆的展厅举办，我在现场看到许多陌生面孔。

当时，在我旁边是一位友善的绅士，同样受邀展出自己的书籍设计。这次邂逅对我影响颇深，我来得知，那位绅士就是晓翔先生，他的书籍设计让我惊叹不已。从一位西方人的视角来看，他的作不仅拥有无与伦比的工艺，更是兼顾了利落的极简主义风格与精巧的细节处理，从而折射出创作者思想个性。而这些，在那时的我——一个初出茅庐的瑞士设计师看来，既充满奇趣又异常亲切。怀对彼此的尊重、敬意与欣赏，我们的同行情谊由此展开。

倏忽十载，过往种种却仍清晰刻在我脑海，令人愉悦。我们相互学习，在艺术设计上不断精进。最初我请晓翔先生与吕敬人先生造访苏黎世艺术大学，到他们热情邀我重游上海，以及我们在国际面设计联盟于世界各地举办的年会上晤叙，其中的情谊愈发深厚。

因而，能为这本书作段小序，我深感荣幸。尤其是现在看来，这本书的主题，自初遇起便存于我的心中，贯穿我们的交往，从心照不宣到显而易见。我们一开始就意识到彼此都对归纳式的设计充喜爱，理所当然，这份喜爱在多年设计生涯中，因我们共有的工作方式——网格设计而日益强烈。

印象中，最后一次去北京是 2017 年，我应邀展出了当时新出版的“瑞士最美的书”等几部作品，那之后，我与晓翔先生开始频繁交流网格设计经验。显然，他当时已经开始了本书的写作。我们的围绕着网格系统，涉及到了方方面面，并着重在书籍设计和中文语境下网格系统的应用问题。

自 20 世纪初，平面设计圈出现了排版和书籍设计的全新方式：网格系统。本书后文对此有精彩述。可以说，网格系统改变了我们对视觉传达的理解和运用。

网格系统为设计师提供了在平面上协调组织文本、图像、图形等元素的工具，让编排精准连贯，字安置得当，设计清晰有序。

约瑟夫 · 米勒 – 布罗克曼与一众代表性的瑞士平面设计师都将网格系统作为他们设计的重要部分。的作品有明晰的线条、精致的排印、克制的色彩，蕴含跨越时间的美感，至今仍为世界各地的设带来灵感。

这本书检验了网格系统的诸多原则，并展示了如何将这些原则应用于排版和书籍设计。书中介绍格系统的不同种类、方法、定制化选项，说明了如何用其做出视觉吸引力强化、功能优化的设计。

在汉字排版中，晓翔先生创建的网格系统用于调整倍率大小、字符排列、图文关系。不过，汉字

的网格系统与西文的又有所不同，还需考虑字号、间距、字体搭配、字间距和留白，因此需要更先的布局设计方法。

诚然，网格系统对设计师来说是一个非常有用的工具，但我们也应辩证看待。网格系统与现代义和启蒙思想的意识形态紧密相契，而此二者常被视为极权与教条。将平面空间视为可以被线与面序划分的清晰结构，这一思想隐隐承认了世界可以被清晰的等级秩序所分类。过去，基于严格的规和秩序建立的这一原则，曾导向棘手的政治社会强权。

因此，我们当辩证看待网格系统，切莫视之为应对所有设计挑战的普适方案。设计师须意识网格系统作为工具，只适于特定的情境，服务于具体的目的，而不是创作视觉艺术的唯一路径。设师还是要保持开放的心态，积极汲取传统网格系统之外的新思路、新方法。

设计师要想扩充知识和技能，创作出更高效有力、引人注目的内容、版式和书籍，这本书将是分宝贵的学习素材。本书致敬了平面设计的先驱，是他们为不朽的美学打下地基。不止于此，书中邀年轻一辈的设计师承前启后，开创新的理论话语，甚或建立新的设计方法，以帮助我们更好地理沟通和改进这个包围、塑造着我们的设计世界。

A 序二 论律之格

安尚秀
国际著名平面设计大师，AGI（国际平面设计联盟）成员
前弘益大学教授、现 PaTI 校长

格 · 律，乃有深度且精彩之词。

格者，固定之形式是也，
律者，法度或音乐之节奏是也，
而音乐又被称作数学，
所谓网格，是版面的数学间架，也是其结构。

作者虽以约瑟夫 · 米勒 - 布罗克曼的网格系统为基础，
但以中国文字的特征和历史典据为例，
简单、直白地展开了源于汉字的网格系统。

“直”，
如果设计有曲直，
网格不就是设计的“直”，
传统版面设计的惯例吗?

作为代表中国的书籍设计师和教育家，
刘先生的长期在实际工作中积累的案例和亲身经验，
已然超越了约瑟夫 · 米勒 - 布罗克曼。

纵观他的工作履历，
刘老师通过书籍设计工作，
在中体西用的“格”之上为创造新秩序而努力，
对包括中国在内的东亚审美意识具有崇高的目的价值，
与他的恩师吕敬人先生一起，
用志同道合的凝聚力，一起努力着，我们是了解的。
所以，他表明了：

“到了发展出以汉字字形特征为根基的
汉字版面‘宇宙’之时刻”的抱负。

宇宙！没错。
刘先生把书视为宇宙，
宇宙是栩栩如生的生命体，
书的世界亦是宇宙，
能感觉到他以在书的宇宙中生活的四角分子为单位，
通过物我一体的方式进行感应。
竖排版文化的独特传统和品格、
欧几里得几何学、版式理论和比例、空间设计感、严整的排列、
数学原理、费波那契数列、黄金比例等，
找出并对比了书籍设计相关的东西洋历史资料理论途径等，
为探索以汉字为材料的
亚洲编辑设计的整合化公理而做出了突出努力。
这所有一切，都绝非易事。

铅活字字号之间的关系聚而成为单元格和模数，
模数又形成页面，它们累积、合体而成一本书，
版面中的部分与整体的拮抗与调和关系用数学量化的方式进行了论述。

在页面空间中，
模数间的看不见的引力和重力关系体化到作者的感觉当中，
从而把其感知为一个一个的生命体，
朝向中和秩序，
“裒多益寡，称物平施！”
采用纵横交错的眼光把对点—线—面以及留白之间的关系结果
用 7 个命题进行了简要的陈述。

然后，他
并没有被“格”束缚，而是操纵“格”，
玩耍、享受、超越“律”以至偶尔的破格，
强调了感觉的自由意志。

所谓网格，
用好了或许会成为好的佣人，
用不好便是差劲的主人。他总结到：
“网格系统并不是限制创意设计，
而是为了创意提供可支撑的工具。”

完全同意。
同时，也没有忘记提出了此“律之格”而修行的必要性。

“直觉很大程度上是伪装的记忆，
经过训练，直觉会起到很大作用。”

刘先生在这本煞费苦心的著作中，
基于对悠久汉字文化的自信和热爱，
虽然很谦逊地说“播种了汉字网格系统的一粒麦子”
但我认为，他通过此著作
为中国书籍设计的发展种下了一棵意义深远的参天大树。

向“谦谦君子”刘晓翔老师的
“律 · 格”的格物与“劳谦”致以敬意，
以寥寥拙句能参与此书，余甚感欢欣。

2023 年仲春

白井敬尚
日本著名平面设计师，原 *idea* 杂志艺术总监

2008 年 3 月，第 327 期 *idea* 杂志发表了名为《中国当代书籍设计》的专题文章。日本书籍计师们看到这篇文章后，对其中刊载的设计作品的精度与密度，以及设计师们灵活的书籍设计思想到十分震惊。

有史以来，日本就一直从邻国中国引进衣食住等各个方面的文明与文化。其中最重要的，便“文字”“书法”的引入。日本人依照本国的风土人情，改造引进的事物与该事物的原型及原始含并对此加以运用，形成了自己的文化特征。

第 327 期 *idea* 杂志提到，要想让书籍设计轻松发展，不仅要详细了解文字的本义，还要了解籍设计的本义，这点令我受益匪浅。从现当代的趋势来看，不可否认的是，日本或从西方重新引进设计影响着当代中国设计。而刘晓翔《汉字网格与文本造型》的主要内容，便是对这一趋势根源的究。在如今这个只追求表层意义的设计世界中，我不知道还有多少人会关心探讨汉语文字排印、网系统这一难题的意义。而我们的朋友——刘晓翔还在这一领域继续战斗着，本书——《汉字网格与本造型》就是他正在努力的证明。

A　访谈：在书卷开合之间，让自由的心翩然翱翔

+

New 11×16 XXL Studio 目录

本文整理自
“中国最美的书”获奖设计师系列展
第三回
“刘晓翔书籍设计的文本排印方法论与文本造型”展
的记者访谈

曾经看到过这样一句诗："一日不读书，胸臆无佳想。"这句诗是用来形容读书带给人的美好感在书卷开合之间，让自由的心翩然翱翔，自古以来就是文人墨客的情之所系吧。

而文字的载体——书自然成为一个通往自由和畅快的桥梁。一座桥，单纯只有使用功能，还是身也是一件艺术品并可以成为引领思想飞翔的开端呢？我想这可能就是一本书的设计意义吧！

19 次"中国最美的书"奖得主，3 次"世界最美的书"奖得主，成为书籍设计师刘晓翔为大所熟知的关键词。但是这些荣誉和肯定的背后是刘晓翔多年探索书籍设计的逻辑之美，并且由此所生的阅读本身的诗意。

今天的"先锋对话"，我们走进千彩书坊，走进"中国最美的书"获奖设计师系列展第三回晓翔书籍设计的文本排印方法论与文本造型"展的展览现场。让我们一起对话著名书籍设计师刘晓感受一书一宇宙、一书一生命的书籍设计世界。

慧楠　刘老师，公众号的排版和书籍设计是不是相通的呢？

刘晓翔　两者是相似的，如何排好字是核心。想要传达清晰，必须关注逻辑问题，重点就在于如何把字排好。比如，现在各大门户网站，界面设计非常丑陋而且条理不清晰，想找到相关的条目有些困难。除非你长期登录一个固定条目或是板块，才可以迅速找到，否则都会存在寻找困难的问题。

慧楠　对。比如，我打开一个网站，就会看到很多内容，失去了读下去的欲望。

刘晓翔　是的，我们打开任何一个门户网站都是这样，链接中所有的信息都扑面而来，很让人崩溃，也没法轻松愉悦地阅读。主要信息在哪里？怎么分层？怎么分级？怎么让人检索？这些问题关乎逻辑，同时也与版面美学相关。如何在大量的信息中分出不同层级？字号如何使用？其实公众号等新载体的排版和书籍设计需要关注的问题都是一样的。有了逻辑，在信息的传递中，层级会更加鲜明。但是如果缺少美学，即便拥有逻辑也会变得枯燥乏味。逻辑性很强的、很枯燥的、纯理性的内容设计，一定要加上灵性，灵性就是美学。

慧楠　如果没有美学在背后支撑，你可能连第一步都完成不了。当你打开一个丑陋的页面，可能就会丧失阅读的兴趣。

刘晓翔　对，是这样的。

慧楠　刘老师，您有一个讲座的题目是“改变阅读的设计”，其实与刚刚谈论的内容很相似。

刘晓翔　阅读能不能用设计来改变呢？答案是不一定。改变本身是一个中性词，是指出一个事实：它可以改变。改变可以更出色，也可能更糟糕。但好设计总能帮助读者更好地阅读。如果是文学作品，我们就需要关注到它的页边距是不是优美，字间距有多大，行长有多长，即每行有多少个字，这些都与阅读息息相关。正是这些细微的东西直接决定了你的阅读感受。有质感的、清晰的文字能让人愉快地阅读下去。如果阅读给人带来疲惫、劳累之感，那么丧失阅读的兴趣也不足为怪，它们都是关于阅读的最基本的问题。如果页边距过小，那当读者读到最靠边缘的那个字时，他的目光就会下坠，这非常影响阅读感受。

慧楠　对，但我从来都没有想过这个问题。

刘晓翔　如果行长过长，那么不容易找到回行，也会影响阅读体验。设计是为读者提供舒适的阅读服务，这是任何一个设计师都必须牢记的。

慧楠　您这一次的展览，有一个特别长的名字——“刘晓翔书籍设计的文本排印方法论与文本造型”。最初听到这个名字，我以为这可能是您之前设计的一些成功作品的展示。但是当走进展览时，我感觉自己仿佛进入一个设计工作室的现场，那里充满着专业名词。这次展览的主要内容不是书籍最终呈现的模样，而是书籍如何通过一些非常合理的数据和逻辑而生产的过程。

刘晓翔　对，是的。

慧楠　这次展览为什么要作此定位呢？

刘晓翔　我研究如何排版有十几年的时间了，我认为这次展览可以作为一个阶段性的总结，为形成交流的窗口提供一个好的机会与形式。因此我在展览里放置了两本翻开的巨型书籍，希望看展的人们将自己对于版式设计的想法批注在上面，无论他们是否专业，无论他们的职业是不是设计师。

慧楠　嗯嗯，您是希望观众将自己的想法留在那里。

刘晓翔　是的，我研究排版之所以持续了十几年，有两个出发点。其中之一就是我第一次获得“世界最美的书”奖时，书籍中的文本排版并不好，有一些经历过铅印时代的设计界前辈给我指出了其中的一些问题。

慧楠　他们觉得哪里可以再改进呢？

刘晓翔　比如，文字符号的占用空间不一致、文字对不齐等，这些都会影响阅读的。所以当一些前辈给我指出问题时，我内心特别感激。看到自己的不足后，我也意识到另外一个问题，那就是跨语境的评判看的往往只是外表。“世界最美的书”奖是非常高的荣誉，也确实促进了我们汉语出版物的设计水平提升。我们在参与“世界最美的书”评选的三十几个国家中获奖数排名第四位，这是一个了不起的成就。

慧楠　您已经拿到了 3 次“世界最美的书”奖，是吗？

刘晓翔　是的，作品能得到不同文化背景的评委认可当然是好事。但是当跨语境去评判一件事物时，我们其实存在着一定的判断误区。国外的读者由于不懂中文，一般是将文本看作图形，对于文本的排版并不敏感，就如同我们看待英文、法文的排版一样。什么样的排版才是好的？我无法清楚详细地罗列出每一个方面，只能从感觉上去评判阅读感受是舒服还是难受。但其中很多细节我们注意不到，也体会不出。比如，一款西文字体经过重新设计会有一个非常微小的变化，那这微小的变化会带来怎样不同的视觉感受呢？对于我们这些不熟悉西方文字的人来说，这是无法了解的。

慧楠　很多外国人会用汉字来文身，有些文字内容很奇怪，可能对他们来说这只是一种图案，而忽略了文字背后更核心的一些内容。这就像您刚刚提到的跨文化审美上的隔阂，但有时也会造就很多有趣的东西。

刘晓翔　是的，这是其中一个出发点。第二个出发点是因为现在的出版物两极化明显。一方面中国有大量优秀的书籍设计师和优秀的设计作品，另一方面一些市售的图书中存在排版丑陋、不易阅读、文字的字重过轻、纸张和文字的对比度关系发生错位等问题。这样的书籍，读者如何能阅读下去？

慧楠　这一次您所展示的这些内容，包括将分散在您的设计作品中的有特点的文本排版抽取出来，做成一本大书的呈现形式，我可不可以理解为这是您十几年的一个秘籍。您把多年的经验加以提取并且概括，给大家一一展示，甚至是将具体的操作方法都公之于众，您不担心吗？

刘晓翔　不担心，因为这些内容只是一种设计的工具，它只能达到工具本身的目的，具备的是理性的一面。但是设计是一种灵性，很多时候依靠感觉，因此我将这些经验告诉人们，是希望在工具层面为喜欢书籍设计的人、为用汉字排版的设计师提供一个参考，但是我的经验不能解决具体的设计问题。那关乎灵性，那在于感觉。

慧楠　是的，设计是一个人整体的积淀和修养。

刘晓翔　对的。我希望这次展览能起到分享的作用，分享之后双方都有收获。在分享的过程中，我会听到不同的意见、不同的声音，甚至是质疑，但不同的声音反过来会促进我进一步去思考问题。而对于没有使用过网格系统的设计师，我的展览也为他们提供了一种新的视角，提供了参考。

慧楠　晓翔老师，您刚刚提到了页边距、字号、字体，那么它们会有一个相对比较固定的搭配吗？

刘晓翔　没有。人们对于书籍的视觉感受是各不相同的，不过它们也存在一些共同点。比如，我们现在以横排的书籍为主，而非直排书籍。对于横排的书籍，版心位置稍微往上一点，就会取得视觉的最佳效果。但我们也可以将它放置得靠下一些，那是我们对汉字直排传统的一种回忆。我们在直排的时候往往版心位置靠下，但是直排变为横排之后，一味地靠下就会让人产生一种视觉向下坠的感受。直排的汉字像什么？我个人认为它就像是麦田里的麦子，而行距就像是大地的气息，顺着这些空隙蒸腾而上。因此我们直排汉字不会给人带来下坠的视觉感受，但是一旦改为横排，就会存在这样的问题。当然这不是绝对的，如果设计师的目的就是要追寻这样一种下坠的气质，那就可以果断地把文字放在非常靠下的位置。但是排版设计总会有一个最大的公约数，这个公约数落实在什么地方呢？它不是在那些优秀设计师的具体设计中，而是在那些最普通的，甚至没设计过的图书里。以我自己的作品为例，我设计的书籍的类型众多，有科技类的书，也有文学类的书，还有辞书类的书。出色的编辑、好的字体、合适的字号，这些对于普通的图书来说是非常重要的。

4 罗伦赶考
Page 054

慧楠　我看到您曾经设计过一套诉讼法典的书，书中有许多案例的呈现。阅读之前，我以为它是枯燥的工具类图书。就像您说的，我只是把它放在那里，当不需要的时候，我甚至一眼也不会看。

刘晓翔　是的，那一类的书籍通常对设计的要求非常高。一本书有 1200 多页，一套书有 19 本，如果不是出于专业的需要，我相信没有人会去阅读。即使是出于专业的需要，读者如何查找那么厚的书？如何不使他们感到查找的困难和乏味？如何不让他们感到阅读的疲劳呢？因此它对于设计的要求极高，堪比那些艺术类的、有创造性的书籍设计。当设计这一类书时，我们应该特别注意对阅读的引导，也就是文字的板块体例如何给读者提供方便，这是设计的重点。

慧楠　晓翔老师，您能结合一本这类书籍的设计为我们讲述您是如何通过设计，让看似枯燥的文本带给人舒服流畅的阅读体验吗？

刘晓翔　那就以这本诉讼法典的书为例吧。它的页边距非常宽大，但是它每一页的文字多达 2000 多字。

慧楠　如果是普通书籍，一页纸是多少字呢？

刘晓翔　一般我们阅读的文学书籍，一页只有几百字。

慧楠　竟然相差如此之多。

刘晓翔　如果文学书籍一页 1000 字，就会导致内容量过大，从而使读者

锦衣罗裙
[?]京城·西域传统服装研究
e 072

丧失阅读兴趣。回到这类工具类辞书的设计，它的页边距要求与文学书籍类似，因此我们在设计时，必须设计较大的页边距，不能因页边距太小而让目光“掉在地上”。为了达到这个目的，我选择了一种欧洲的古典版心，以黄金分割的最佳视点作为它的文本位置。这是一个来自中世纪的建筑师维拉尔·德·奥内库尔（Villard de Honnecourt）的版心设计法则，在当时主要用来书写《圣经》。这个版心出现在古腾堡印刷术发明前的 200 多年，即 13 世纪，是对以往手工抄写书籍的视觉总结。手抄的书籍为何需要这样的版心？为什么版心位置要追求崇高而又优美？这是因为当时抄写的文本以《圣经》为主。文艺复兴前的欧洲人有较普遍的基督教信仰，他们相信“圣经都是　神所默示的”（提摩太后书 3:16），这样的版心就需要崇高又优美。书籍的定位决定了它应具备的视觉感受。实际上，对于美的感受应该是不分族群、不分文化的。在我们文化中极丑的事物，在另一个文化中被认为是极美的，这种事情发生的概率是非常低的。大街上的汽车外观都类似，因为只有这样的外观才符合我们人类共同的审美。

慧楠　去除掉人类猎奇心理的影响，底层的审美逻辑是共通的。有些文字我们阅读时可能会有阻碍，有些语言我们聆听时可能会有阻碍，但是当唱起一首优美的歌、当欣赏一幅名画时，人们在心灵上受到的美学震撼是共通的。

刘晓翔　是的。我还将这本书的每一个案例中的七个体例分成七个板块，根据体例将它设计在页面上不同的空间位置。比如，它的标题横贯整个页面的版心，案件编码在左面居中排列，案情简介则在右面占据两栏到三栏，并在那个区域固定出现。那么当你翻阅这本书，想要找到它在每个案例里具体的体例板块时，你只要熟悉它的空间位置，就能很快找到。

慧楠　是的。类似我们翻阅字典，当你对字典熟悉时，你就会大概知道 S 开头的字在哪里，是在书的中间位置还是偏后位置。

刘晓翔　对的，这样的设计便于人们快速查找。它还带来了一种由理性而产生的感性的美感。文本的长度是不同的，因此每个案例里的每一个体例板块的长度也是不同的，这就造成了留白的不同。在这本 1200 多页的书中，每一页的留白各不相同，因此当你连续翻动书页时，你会看到留白或大或小、或上或下地在一个个页面上流动，就像我在展览中播放的这本书的页面快翻的影片一样。

中国商事
诉讼裁判
规则
084

慧楠　是的，就像音乐一样流动起来，具有节奏感。

刘晓翔　时间流淌不息，人与万物有幸成为曾经存在于时间之中的一个点，但这个点的物质属性也会过去，所以我设计书籍时，想让这些物质的东西流动起来。

7 风吹哪页读哪页
第一届中国最美旅游图书设计大赛优秀作品
Page 098

慧楠　晓翔老师，我们最开始对于这套书的想象是工具书，是一个冷冰冰的法律判例，但是在设计它的过程中，产生了视觉的美感，甚至产生了音乐的节奏，进而体现了一种温暖的人文关怀，所以这就是一个好的设计带给书籍的改变。

刘晓翔　我想是的。

慧楠　学设计的朋友曾经跟我谈到一个特别有意思的话题，有的时候设计会陷入一种怪圈：如果你没有设计过一件事物，就永远不会有人请你来设计它。您的本专业是油画，那您是如何跨专业进入书籍设计的领域呢?

刘晓翔　20 世纪 80 年代时，大学生数量较少，实行的是工作分配制。我被分配到出版社，而出版社的工作就包括设计封面。我当时并不喜欢设计，因为做艺术家非常自在，而做设计师要受到条条框框的限制。艺术家是没有客户的，不像设计师拥有受众范围那么广的甲方，因此艺术家完全可以照着自己的想法天马行空，如何想就如何表达，但设计不能。这也是我当时“鄙视”设计的原因。

慧楠　小说里常常说，当你发现喜欢上了一个自己讨厌的事物，那才是最无可救药的时候。

刘晓翔　您总结得十分精辟。回看我们历史的过往，是伟大的艺术家改变了当代社会，还是当时被人们忽视的古腾堡印刷术改变了世界呢? 古腾堡和米开朗基罗、达·芬奇同时代，但改变世界的不是举世皆知的艺术家，而是“默默无闻”的古腾堡。正是因为古腾堡印刷术的诞生，德国人的文化水平迅速提高。作为一个个体，我们想成为一位伟大的艺术家固然是一个选择，但如果只想成为一个小小的书籍设计师，也无可非议。不同的选择源于不同的灵性，虽然我的灵性不足以达到米开朗基罗的水平，但我可以选择并安心于我能够做好的事情——书籍设计。

慧楠　晓翔老师，您获得过 3 次“世界最美的书”奖，以及 19 次“中国最美的书”奖，所以您是不是已经掌握了设计的钥匙呢?

刘晓翔　设计并没有所谓的“钥匙”，我只是非常幸运。也许幸运的背后存在某种规律性的东西，但是我并没有思考这种获奖的规律。我认为一个设计师除了获奖之外，更重要的是研究问题。获奖是一件好事，因为不获奖就不足以提供支撑你在这个行业走下去的信心。获奖是一种肯定，也能为你带来大量的客户。如果一个设计师没有大量的客户，他是很难成为优秀的设计师的。

慧楠　是的，设计师需要大量的实践。

刘晓翔　我认为获奖虽然能给予设计师足够的信心，但设计师不要满足于获奖，也不要将获奖作为一个目标。设计师应该关心的是我们是否能通过设计为汉语书籍做些什么，我们现在书籍的文本阅读是不是达到了电子阅读器的阅读水准。因为我非常吃惊地发现，目前许多电子阅读器的阅读水准很高，它的字体和屏幕亮度之间的对比合适，这使得阅读变得容易。当我们刷屏看文字时，文字往往非常容易辨识与阅读，有时候阅读纸本却无法有这样的体验，这也是纸本不受欢迎的原因之一。欧洲杰出的书籍设计师的作品，呈现出与电子阅读器出现之前完全不同的趋势，即文字的阅读变得越来越舒适。比如，原先我们经常使用比较轻柔的字重印刷在纸面上，与一些插图配合，以取得一种优雅、轻盈的感觉。但是欧洲的书籍早已不是如此，它的字重很重，即文字的笔画很粗，印刷后与纸张的对比度关系强烈，达到了新载体阅读的视觉感受。欧洲书籍的销量实际上已经超过了电子书籍，并且还在以一种缓慢的趋势向上攀升。我认为在电子阅读逐渐被重视的时代，我们需要做出一些调整，让书籍变得易读。

慧楠　您对于现在很多事物，尤其是电子阅读对纸本阅读的影响，持一种开放的心态。而很多设计师总会因为需要面对广泛的甲方而抱怨，就像您一开始认为的书籍设计给您带来困扰。那么从事设计多年来，您对于如何面对甲方，是否有一些经验或者是较好的方法呢?

刘晓翔　谈不上经验，只是个人的一些见解。我认为我们的甲方，尤其是做书籍设计的甲方，相对于其他平面领域而言，更加尊重艺术家，尊重文化。有时候确实会碰到一些比较麻烦的甲方，但我坚持认为这不是甲方的问题，而是他们经常处在一种困惑之中，因为从小缺少逻辑的教育以及美学的培养。当然，逻辑和美学的体验不仅是在课堂中，还在生活之中，比如艺术馆、美术馆等。它们对于人潜移默化的影响是最大的。我给设计师的建议只有一点，就是和客户沟通时，需要罗列出清晰的设计特点，需要详细介绍设计的构思来源，而非简单地说“我认为这个方案好看”。你说

“这样设计好看”，而甲方说“这样不好看”，那便会陷入死循环。因为对于好在哪里，并没有绝对标准。因此你需要说出一二三四点，比如从构图、创意、色彩上指出设计的优点。你必须拿出专业态度去面对你的甲方，千万不能只是简单地说一句“我是专业的”。你是专业设计师固然不假，但是沟通时必须给出你的专业理由。只有理由才能让人信服，而不是你的身份。“我是专业的”，这只是身份的表述，只是定义了你是一位设计师，但如果你不是设计师，甲方怎么会邀请你设计呢？这样定义是没有意义的。有意义的是设计背后的逻辑，即最重要的是给出理由：设计的创意点在哪里？为什么使用这种色彩？这种色彩在视觉上能达到什么样的效果？和这本书的文本结合是怎么样的？只有详细罗列优点且进行有逻辑性的解释才会让双方的沟通更加容易。

慧楠　这次的展览内容就是您刚刚提到的，在纸面上所呈现的美感背后的那些数学的逻辑、工业的逻辑以及人们审美心理的逻辑。所以，如果我们实在遇到无法沟通的甲方，我们可以将刘老师的书拿出来，就有据可依了。在展览的过程当中，我们看到了一本本优秀书籍的呈现。但阅读从来不是简单地去看其中的文字，去了解其中的信息。如果阅读时只是将这些文字及信息谙熟于心，那书籍就失去其本身的价值了，也就可以将它扔进废纸堆了。这样做就是完全抛弃了书的另外一层逻辑。当这本书呈现在我们面前的时候，重要的不仅仅是里面的内容，它还是一个整体，是一个契约，是一种氛围，甚至这本书带给你的整个空间都可能会是一种截然不同的独特的氛围。

谢谢您今天接受我们的采访。

刘晓翔　感谢您的付出，也感谢收听我们这个节目的听众朋友们！

2021 年 11 月采编于上海千彩书坊

2023 年 6 月本书作者整理于 XXL Studio

10 GDC Award 21
Page 130

11 唐
名
类选笺
辑评
天文地理
Page 14

陌上问蚕　2017
心在山水　17—20 世纪中国文人的艺术生活　2018
BranD 39 期　2018
罗伦赶考　2019
锦衣罗裙　馆藏京城·西域传统服装研究　2018
中国商事诉讼裁判规则　2019
风吹哪页读哪页　第一届中国最美旅游图书设计大赛优秀作品集　2019
汉仪玄宋字体册　2021
字腔字冲　16 世纪铸字到现代字体设计　2021
GDC Award 21　2021
唐诗名句类选笺释辑评 天文地理 卷　2022

+

图 B1-1 封面、封底厚纸板的 45°斜切

从装帧到内页设计，本书的书籍整体设计语言与主题“蚕”相契合。

裸背装相对于精装来说简化了工艺与材料，其本质是对精装的去“神圣”化，它在展开书卷之后没有了“飞翔的鸽子”，是行在途中所到达的、不是终点但很有诱惑的一站。对于当代书籍来说，没有哪种装订方法是最好的，只需要从中选取最合适的。为此，我们在本书的设计上选择了硬书壳裸背装。封面采用与蚕茧颜色和质感相似的 3mm 左右的白色厚纸板，在订口和切口处做 45°斜切，使书籍拿在手中时更加柔顺，将读者带入文本、图像所描述的语境中（图 B1-1）。

本书正文用了滚折的折页方法，使其能以筒子页和单页的形式交错出现，来对应两种不同质感的纸张，容纳两种不同类型的文章，在降低装订成本的同时，营造出轻、薄、柔的阅读体验（图 B1-2）。

《陌上问蚕》文本内容分为两类：第一类文本以曲线排印，如同茧里涌动的蚕；第二类文本排印模拟养蚕室里架子的摆放。

装订好的书籍只将地脚切齐，保持天头和切口的参差不齐，呈现养蚕的卵书堆叠效果（图 B1-3、B1-4）。

图 B1-4 前环衬：卵书

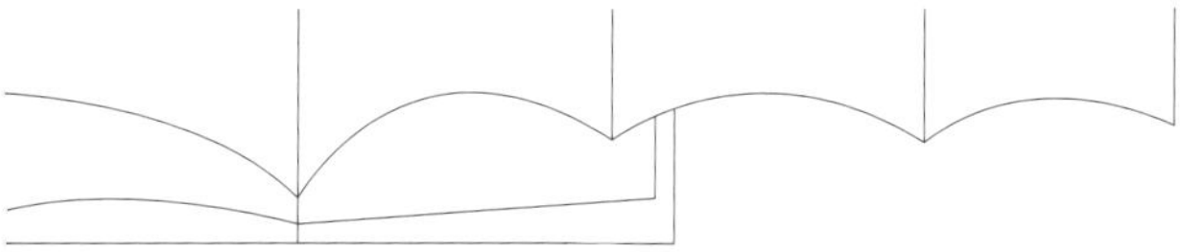

图 B1-2 滚折装示意图

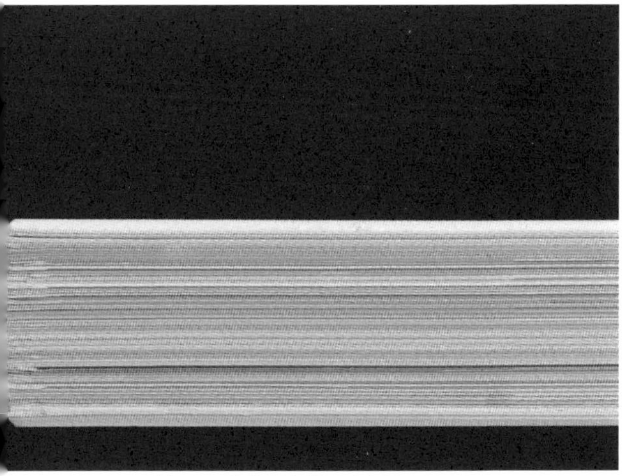

图 B1-3 参差不齐的天头和切口

作者：赵学梅
书籍设计：XXL Studio 刘晓翔 + 洪叶（bd.typo）
正文页数：636 页
装订：裸背，天头、切口毛边，封面、封底厚纸板，订口、切口 45°斜切
出版发行：商务印书馆
印装：北京顺诚彩色印刷有限公司
版次：2017 年 10 月第 1 版
ISBN 978-7-100-14976-1
定价：498.00 元

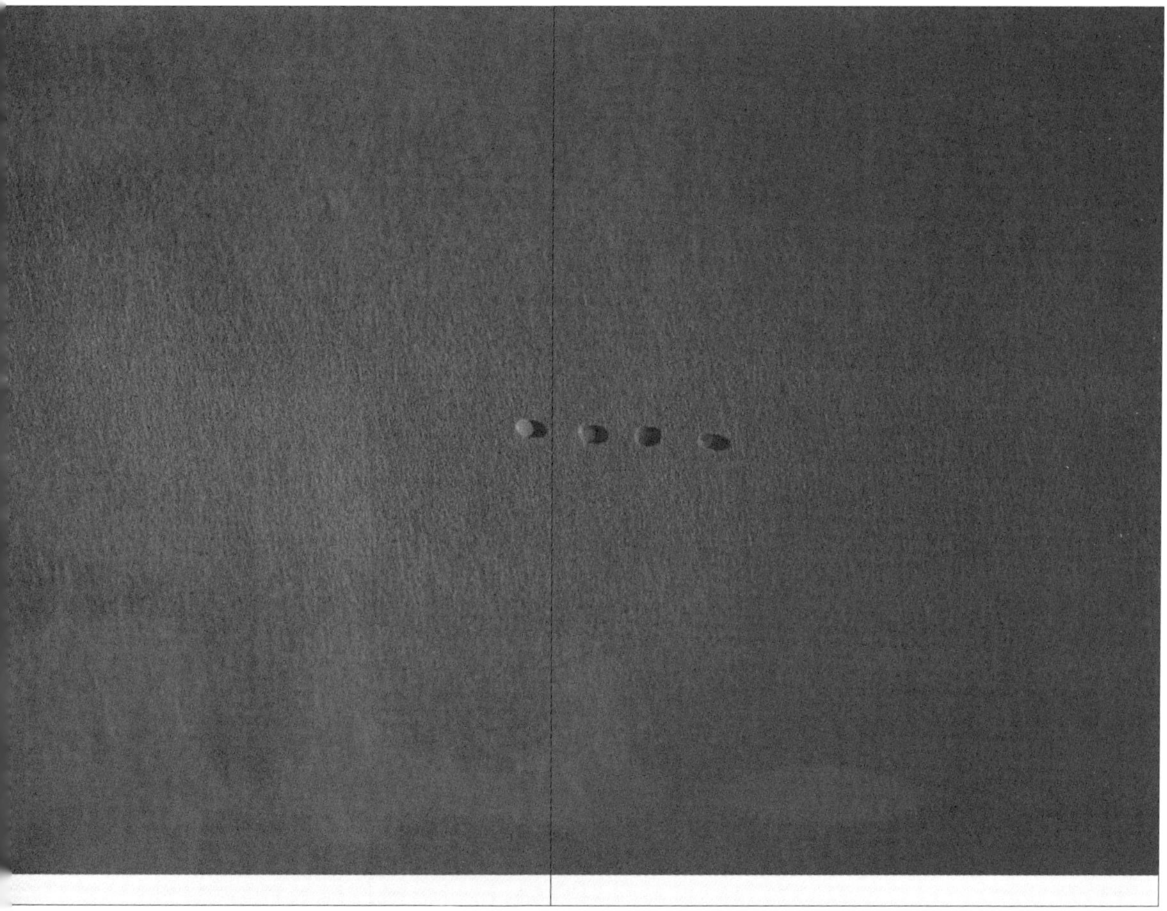

《陌上问蚕》的设计 / 赵学梅

2017 年《陌上问蚕》一书完稿后，在京城一家书店的书海里，一本《中国最美的书》跳入我的眼中，其独特的书籍气质，使我眼前一亮。没来得及打开内文，仅封面与拿在手里的感觉，就传达出了设计师不凡的艺术功力。于是，我带着仰慕的心情拜访了京城 XXL Studio 的设计总监刘晓翔先生。

我的作品内容大都是图片与散文并联，属于艺术中又包含着技术元素。六年的心血使我总想把它用最好的方式呈现给读者，所以我与国内外的许多书籍设计师在书里书外都打过不少交道，总在放弃与选择中游走。

初次见面，刘先生那种不言自威、自带气场的感觉，让我不知所措。待看了《陌上问蚕》书稿后，他说："工作室的活儿很多，但用摄影艺术方式表达蚕的生命过程，我们还是很有兴趣。"

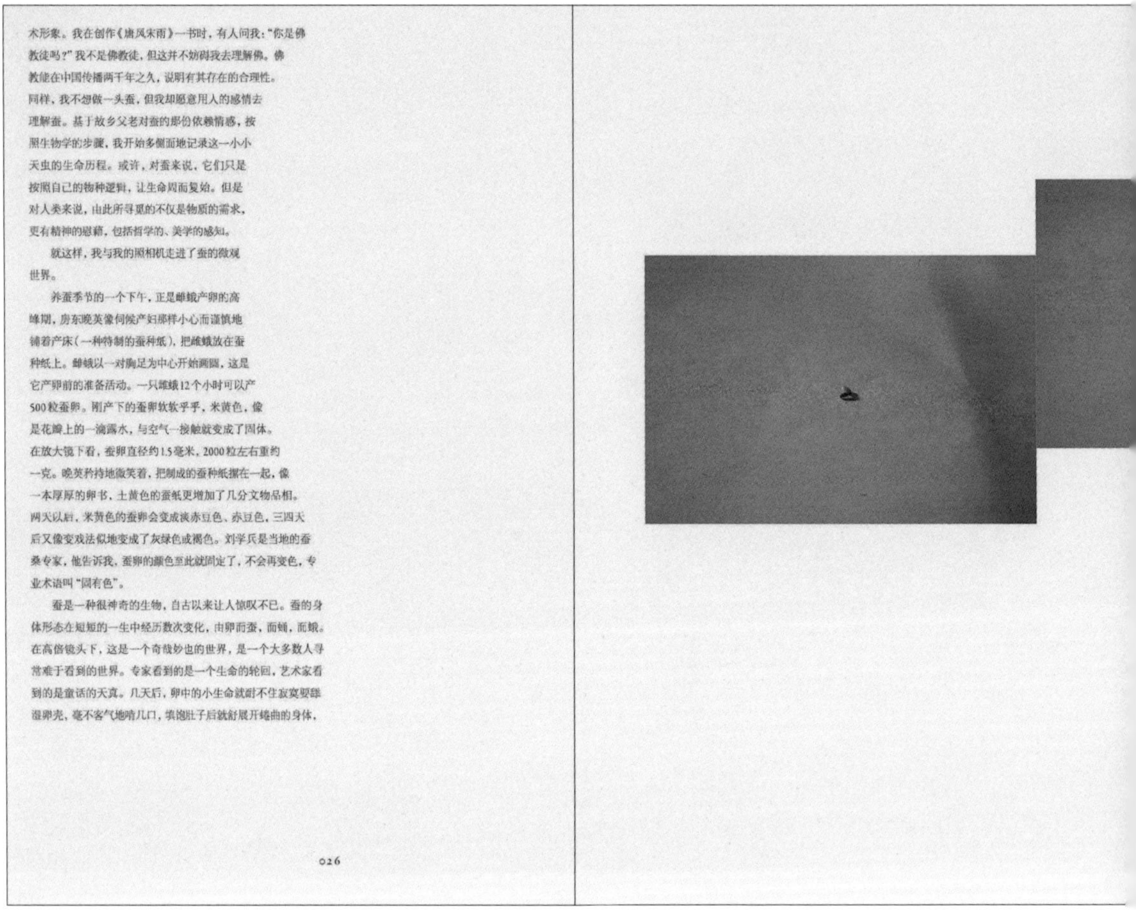

术形象。我在创作《唐风宋雨》一书时，有人问我："你是佛教徒吗？"我不是佛教徒，但这并不妨碍我去理解佛。佛教能在中国传播两千年之久，说明有其存在的合理性。同样，我不想做一头蚕，但我却愿意用人的感情去理解蚕。基于故乡父老对蚕的那份依赖情感，按照生物学的步骤，我开始多侧面地记录这一小小天虫的生命历程。或许，对蚕来说，它们只是按照自己的物种逻辑，让生命周而复始。但是对人类来说，由此所寻觅的不仅是物质的需求，更有精神的慰藉，包括哲学的、美学的感知。

就这样，我与我的照相机走进了蚕的微观世界。

养蚕季节的一个下午，正是雌蛾产卵的高峰期，房东晚英像伺候产妇那样小心而谨慎地铺着产床（一种特制的蚕种纸），把雌蛾放在蚕种纸上。雌蛾以一对胸足为中心开始画圆，这是它产卵前的准备活动。一只雌蛾12个小时可以产500粒蚕卵。刚产下的蚕卵软软乎乎，米黄色，像是花瓣上的一滴露水，与空气一接触就变成了固体。在放大镜下看，蚕卵直径约1.5毫米，2000粒左右重约一克。晚英矜持地微笑着，把制成的蚕种纸摞在一起，像一本厚厚的卵书，土黄色的蚕纸更增加了几分文物品相。两天以后，米黄色的蚕卵会变成淡赤豆色、赤豆色，三四天后又像变戏法似地变成了灰绿色或褐色。刘学兵是当地的蚕桑专家，他告诉我，蚕卵的颜色至此就固定了，不会再变色，专业术语叫"固有色"。

蚕是一种很神奇的生物，自古以来让人惊叹不已。蚕的身体形态在短短的一生中经历数次变化，由卵而蚕，而蛹，而蛾。在高倍镜头下，这是一个奇哉妙也的世界，是一个大多数人寻常难于看到的世界。专家看到的是一个生命的轮回，艺术家看到的是童话的天真。几天后，卵中的小生命就耐不住寂寞要咬湿卵壳，毫不客气地啃几口，填饱肚子后就舒展开蜷曲的身体，

026

于是，我顺便拿了一本我在2011年出版的《唐风宋雨》一书，想让他了解一下我的诉求，他竟然匆匆一瞥没有多看，令我很是不快，但这并没有使我怀疑他的能力，于是我们开始了合作。刘先生说："与作者打交道有三种方式：一是达成协议后，完全由设计师承办；二是委托方坚持甲方位置，但与设计师思维很不搭界，结果设计师会放弃设计思想或放弃项目；三是作者与设计师在各自坚持中形成默契。"我或许属于第三种，但我的倒逼总能让刘先生把又高级、又通俗的东西用高级的方法呈现出来。

《陌上问蚕》设计开始就埋伏着冲突。我坚持仿照刘晓翔先生的"2010—2012中国最美的书60本书籍信息表"做一张蚕的成长过程表格，但他说："我的作品不允许复制，设计是连接不同体裁的内在关系，需要表达的不仅是内容本身，更重要的是内在逻辑，尽管是我自己的作品也不可以重复。"

对文字排列的方式争议更大，他坚持用蚕"S"形状排列，而我坚决反对，认为要让读者读懂我的摄影图片，首先要读懂我

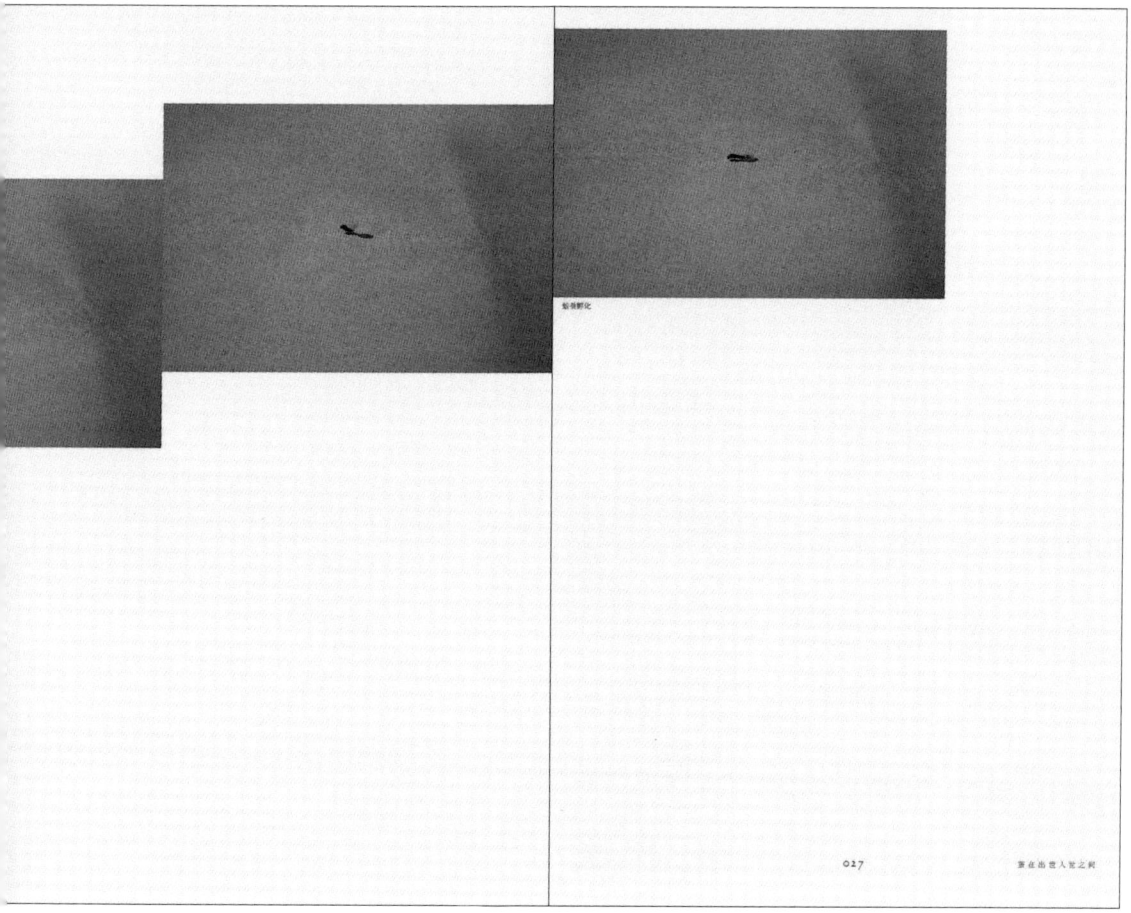

的文字，如果颠覆传统的文字排列会严重影响信息的传达。文字排列是一种没有多少创作空间的活儿，刘晓翔先生在创作过程中却把文字想象成蚕的蜕变过程，强调文字的艺术排列会增加读者兴趣。他不留余地的坚持，让我们在冲突中相互妥协。艺术性文字的描述在柔软的涂布纸上用蚕形排列，技术性文字的描述在手感粗糙且没有涂布的纸上用传统的方式排列。妥协的境界在《陌上问蚕》一书中表现出了艺术思维的角力。

《陌上问蚕》一书的主题是蚕，尽管拍摄中我以多角度拍下了蚕的生命过程，但把图片印在书上，无论选择什么角度都没有立体感。而刘先生在设计方案中把一条蚕的颜色与外表的器官隐去，留下一个轮廓，像墨笔渲染下的一个大逗号，放在书的折页里影影绰绰、朦朦胧胧，与浮动的文字一起涌动。一个精致的拟态构成了一种诱惑，增加了一种氛围，格外生动。一种差之千里的加减，构成了一种审美手段、一种游戏化的逼真，从而成了《陌上问蚕》一书的隐喻。

刘先生从蚕的静态图片中感受到动态的美感，从虚拟的示意动作中感受到真实的生活形态，从文字作品的抽象语言描写中感受到蚕的生活画面，又创作出比现实中的蚕更美的艺术，让你不得不仰慕他。但浅浅的交道，还没有使我走进他的世界，他总有一种傲气之下令人压抑之感。

2019 年，《晋城慈善志》经过六年的努力，书稿终于完成。刘先生拿出了一套设计方案，本着体量大的特点分了九册。《晋城慈善志》是一部严肃的书，设计空间不大，他在封面与内文版式上大量用各种线条元素表达晋城的古代建筑，既有宋代书装古朴的影子，又简洁现代，富有秩序感，与地方志体裁不谋而合，从工艺到用材都显示了他团队的非凡才能。

我的写作与摄影配上刘先生的设计使《晋城慈善志》这本书极具设计感，像一盘设计好的棋局。

2021 年，晋城市政府从保护生态的角度决定再版《古树苍烟》一书，以此加强人们保护古树生命的意识。市政府委托刘

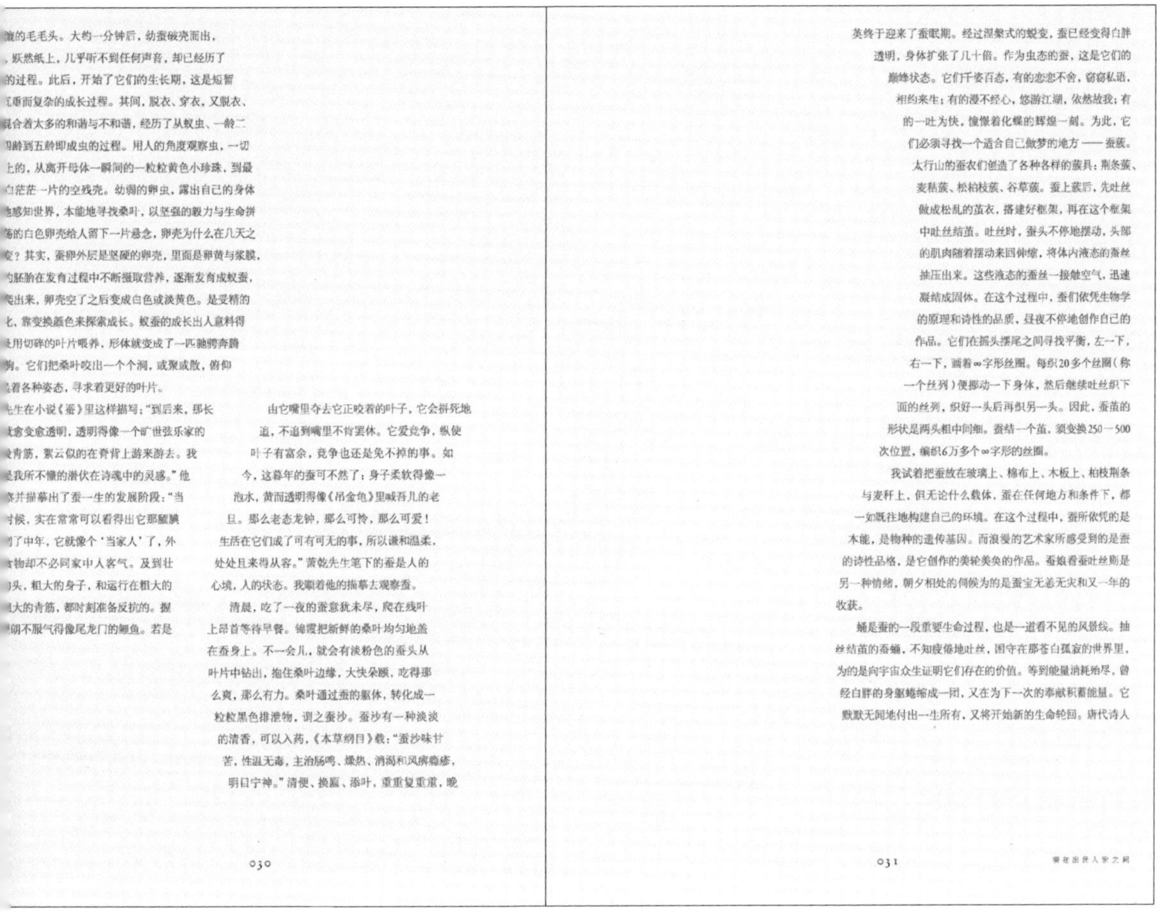

寵的毛毛头。大约一分钟后，幼蚕破壳而出，
，跃然纸上，几乎听不到任何声音，却已经历了
的过程。此后，开始了它们的生长期，这是短暂
t重而复杂的成长过程。其间，脱衣、穿衣，又脱衣，
混合着太多的和谐与不和谐，经历了从蚁虫、一龄二
四龄到五龄即成虫的过程。用人的角度观察虫，一切
上的，从离开母体一瞬间的一粒粒黄色小珍珠，到最
白茫茫一片的空残壳。幼弱的卵虫，露出自己的身体
地感知世界，本能地寻找桑叶，以坚强的毅力与生命拼
荡的白色卵壳给人留下一片悬念，卵壳为什么在几天之
变？其实，蚕卵外层是坚硬的卵壳，里面是卵黄与浆膜，
内胚胎在发育过程中不断摄取营养，逐渐发育成蚁蚕，
爬出来，卵壳空了之后变成白色或淡黄色。是受精的
匕，靠变换颜色来探索成长。蚁蚕的成长出人意料得
发用切碎的叶片喂养，形体就变成了一匹驰骋奔腾
驹。它们把桑叶咬出一个个洞，或聚或散，俯仰
展着各种姿态，寻求着更好的叶片。
先生在小说《蚕》里这样描写：“到后来，那长
就愈变愈透明，透明得像一个旷世弦乐家的
发青筋，絮云似的在脊背上游来游去。我
是我所不懂的潜伏在诗魂中的灵感。”他
察并描摹出了蚕一生的发展阶段：“当
时候，实在常常可以看得出它那腼腆
到了中年，它就像个‘当家人’了，外
食物却不必同家中人客气。及到壮
头，粗大的身子，和运行在粗大的
粗大的青筋，都时刻准备反抗的。握
朗不服气得像尾龙门的鲤鱼。若是
由它嘴里夺去它正咬着的叶子，它会拼死地
追，不追到嘴里不肯罢休。它爱竞争，纵使
叶子有富余，竞争也还是免不掉的事。如
今，这暮年的蚕可不然了：身子柔软得像一
泡水，黄而透明得像《吊金龟》里喊吾儿的老
旦。那么老态龙钟，那么可怜，那么可爱！
生活在它们成了可有可无的事，所以谦和温柔，
处处且来得从容。”萧乾先生笔下的蚕是人的
心境，人的状态。我顺着他的描摹去观察蚕。
清晨，吃了一夜的蚕意犹未尽，爬在残叶
上昂首等待早餐。锦霞把新鲜的桑叶均匀地盖
在蚕身上。不一会儿，就会有淡粉色的蚕头从
叶片中钻出，抱住桑叶边缘，大快朵颐，吃得那
么爽，那么有力。桑叶通过蚕的躯体，转化成一
粒粒黑色排泄物，谓之蚕沙。蚕沙有一种淡淡
的清香，可以入药，《本草纲目》载：“蚕沙味甘
苦，性温无毒，主治肠鸣、燥热、消渴和风痹瘾疹，
明目宁神。”清便、换匾、添叶，重重复重重，晚

030

英终于迎来了蚕眠期。经过涅槃式的蜕变，蚕已经变得白胖透明，身体扩张了几十倍。作为虫态的蚕，这是它们的巅峰状态。它们千姿百态，有的恋恋不舍，窃窃私语，相约来生；有的漫不经心，悠游江湖，依然故我；有的一吐为快，憧憬着化蝶的辉煌一刻。为此，它们必须寻找一个适合自己做梦的地方——蚕蔟。

太行山的蚕农们创造了各种各样的蔟具：荆条蔟、麦秸蔟、松柏枝蔟、谷草蔟。蚕上蔟后，先吐丝做成松乱的茧衣，搭建好框架，再在这个框架中吐丝结茧。吐丝时，蚕头不停地摆动，头部的肌肉随着摆动来回伸缩，将体内液态的蚕丝挤压出来。这些液态的蚕丝一接触空气，迅速凝结成固体。在这个过程中，蚕们依凭生物学的原理和诗性的品质，昼夜不停地创作自己的作品。它们在摇头摆尾之间寻找平衡，左一下，右一下，画着∞字形丝圈。每织20多个丝圈（称一个丝列）便挪动一下身体，然后继续吐丝织下面的丝列，织好一头后再织另一头。因此，蚕茧的形状是两头粗中间细。蚕结一个茧，须变换250—500次位置，编织6万多个∞字形的丝圈。

我试着把蚕放在玻璃上、棉布上、木板上、柏枝荆条与麦秆上，但无论什么载体，蚕在任何地方和条件下，都一如既往地构建自己的环境。在这个过程中，蚕所依凭的是本能，是物种的遗传基因。而浪漫的艺术家所感受到的是蚕的诗性品格，是它创作的美轮美奂的作品。蚕娘看蚕吐丝则是另一种情绪，朝夕相处的伺候为的是蚕宝无恙无灾和又一年的收获。

蛹是蚕的一段重要生命过程，也是一道看不见的风景线。抽丝结茧的蚕蛹，不知疲倦地吐丝，困守在那苍白孤寂的世界里，为的是向宇宙众生证明它们存在的价值。等到能量消耗殆尽，曾经白胖的身躯蜷缩成一团，又在为下一次的奉献积蓄能量。它默默无闻地付出一生所有，又将开始新的生命轮回。唐代诗人

031　　蚕在出世入世之间

先生进行再版设计，我建议他参考第一版的版式。然而，他不仅不看，也不让助手看，我不能接受他的傲慢，强行把自己珍藏的《古树苍烟》一书寄到他的工作室，他给了我礼貌的解释：“怕限制设计师的思维发挥。”

刘先生独特的书籍设计是他对事物的理解与顿悟，他比常人敏感，有夸张的本能与过度的幻想。他会扩大特征，如果作者把特征印在他的心上，他就会把特征印在作品之上。

气质是人类个性心理的特征之一，看不见，摸不着，却无处不在。刘先生的书籍设计与他的个性一样，卷卷没有雷同，却套套透着他的魂魄。与刘先生打交道让你气愤，有时会激起你高贵的怒火；但同时也让你仰慕，因为优秀而强大，因为超越让你折服。

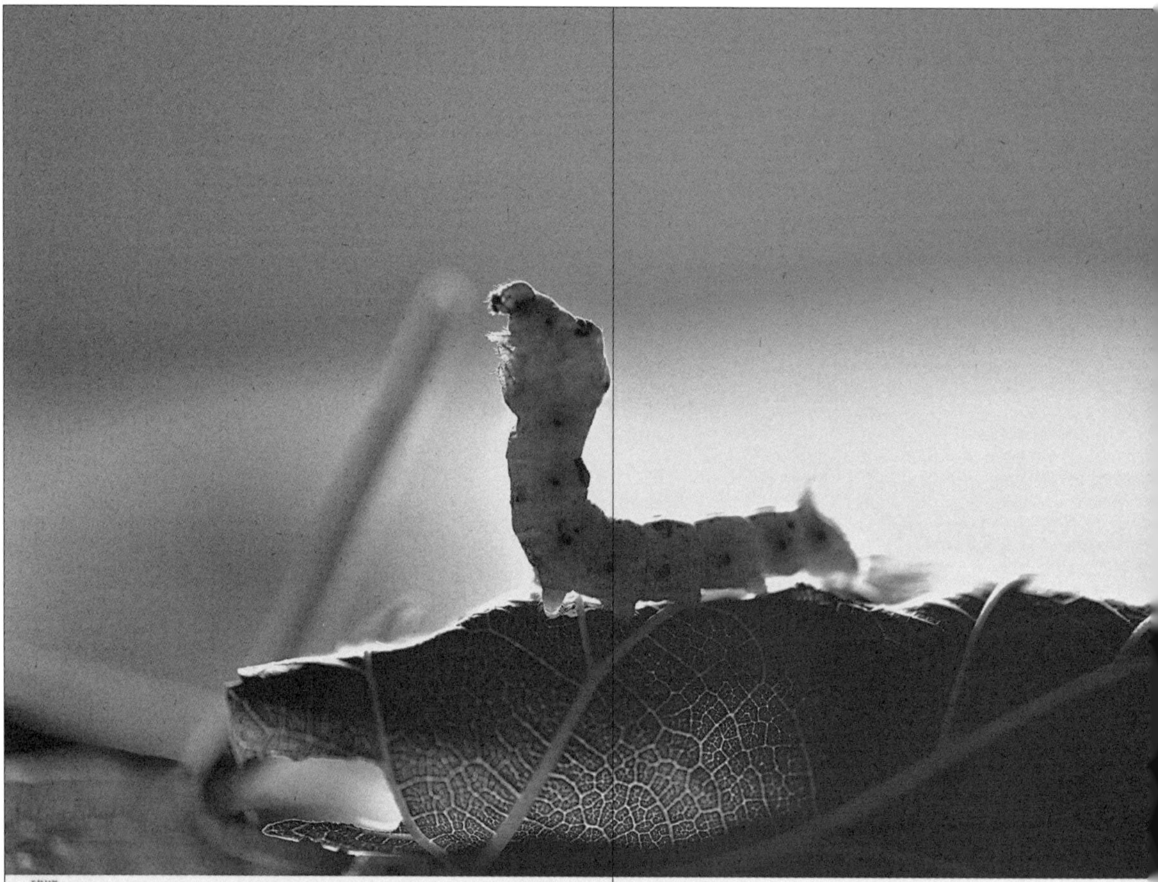

五龄起蚕

名句传诵千年，“春蚕到死丝方尽”，感动了无数仁
就科学而言，这是一个千年的错误，因为蚕在
吐丝的使命后，并没有“死”，而是韬光养晦，
蝶做准备。蛹的颜色不断变化，由米黄色
色，然后变成漂亮的咖啡色。蛹在茧内
的内部器官更换，由原先的浑然一体变
特征的三体段，分化成一头拥有头部、
部的雏蛾体，又经过约15天的时间完
的蜕变。此时，蛹体由硬体再度变软，
有任何征兆的情况下，蛹用积攒了18
浸湿茧壳，再用锋利的触角撞破茧壳，
。

观世界里看这头成蛾，你会惊诧不
一身孝服，化蝶出世，似乎是在为未
奠礼。这时的它像一头史前猛兽，一
翅膀，全身白色鳞毛，鼓起的复眼和视
极强的触角，一派英雄气概。成蛾的翅
种装饰，没有飞的功能。成蛾的祖先原本
间自由飞翔，人类几千年的定向驯化使它失
的能力。虽然不能飞翔，它却不停地拍打着
是求偶的动作。为了捕捉到最精彩的一瞬，我架
整一夜。它迟迟不露真容，等你失去耐心懈怠时，
个茧子的上端染成了一片金黄的晕色，一会儿，一
的花瓶口造型呈现出来，一头雄伟的蚕蛾站在茧子
右盼。蚕蛹终于完成了使命，把那份凝着它心血的洁
人间。疲惫的它总算松了一口气，不为别的，只为它那
体终于长出了丰满的双翼。它如愿以偿地变成了真正
以翩然起舞了。
生孕期是饱满的，它知道自己将不久于人世，于是在最
里，尽情地舞动着双翼，贪婪地呼吸着新鲜的空气，在

五龄大蚕食桑

麦秸蚕吐丝

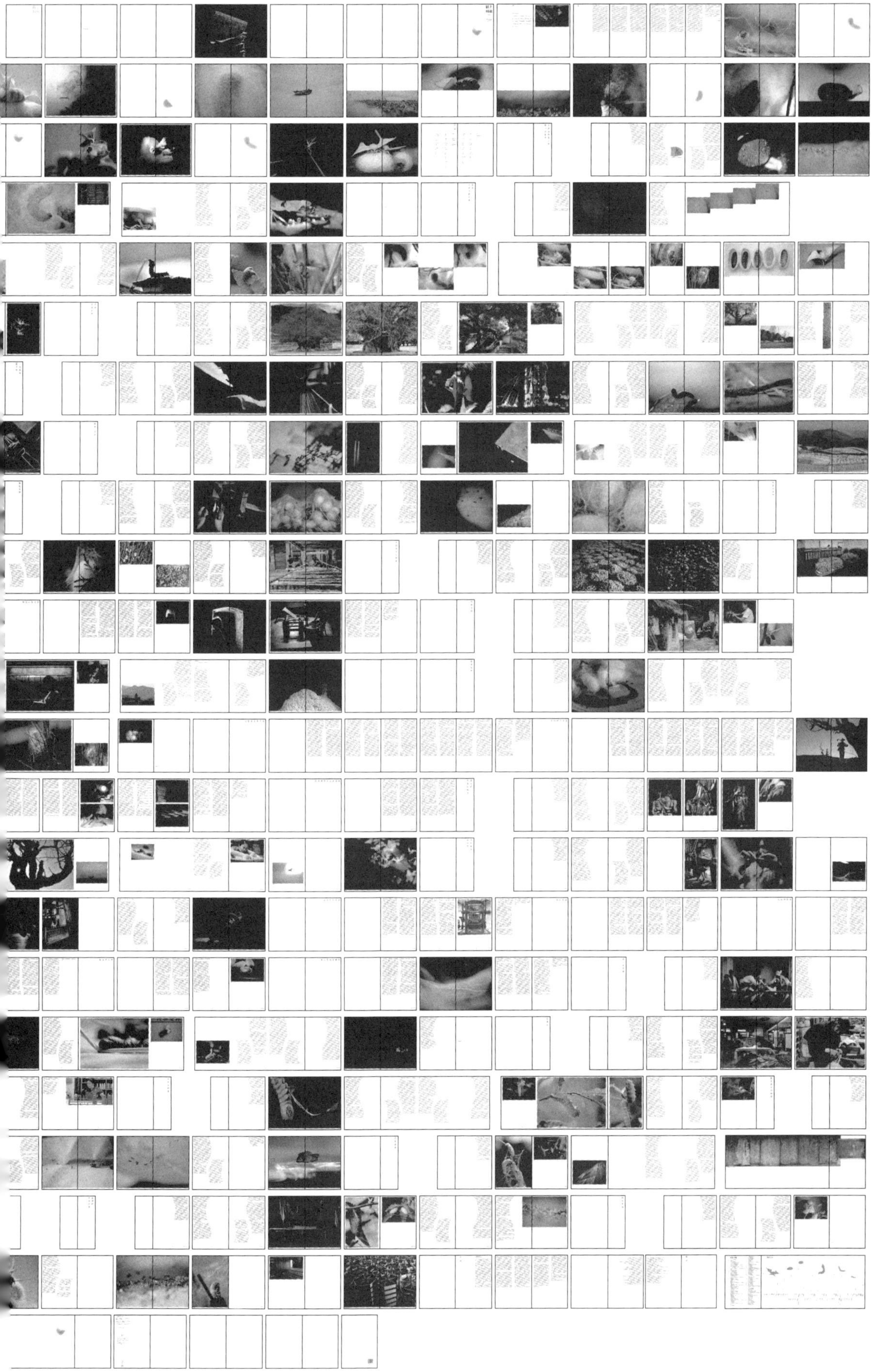

书籍设计从文本开始，而我们观察到的一草一木也会被融入设计中。2017 年 3 月 27 日下午，我们来到北京艺术博物馆，和主编王丹及燕山出版社总编夏艳一起讨论《心在山水 17—20 世纪中国文人的艺术生活》的设计。走进北京艺术博物馆，赫然看到与中国园林不尽相同、类似西式风格的拱门（图 B2-1），这让我们很是吃惊。虽然这种样式在长城等建筑中也曾出现过，但是它的长宽比多少有些令人错愕。

图 B2-1 不同形状的门

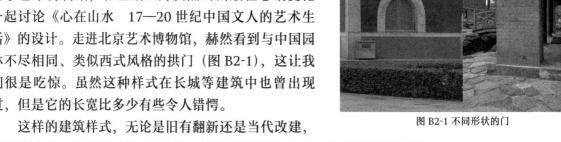

这样的建筑样式，无论是旧有翻新还是当代改建，不正吻合了 17 世纪到 20 世纪初，清王朝所面临的由中央帝国陡降为领土广阔的蕞尔小邦，需要对全体“国民”启蒙之“千年未有之变局”吗？知识分子的心路历程，在孔孟之道与“德先生”“赛先生”间徘徊，从这些样式迥然的门里可窥一斑。本书的封面和封底，把映射出时代变迁的园林拱门形态运用在设计上（图 B2-2）。

《心在山水 17—20 世纪中国文人的艺术生活》是为在法国展出这些来自中国的文人艺术生活所做的图录。全书为中法双语，分为图版、论文两部分。本书开本、文本体例和图片的设计要在控制总成本的前提下完成。馆方与出版社希望它既经济又优美，不能像设计《古韵钟声》那样，把内文的整个文前部分都烫印了，这恐怕也是设计由“奢”到“俭”的必由之路吧。

依据文本内容的不同，本书选择了包括封面在内的 7 种纸张：

1. 封面封底：151 克银灰画布纸；
2. 前后双环衬：116 克紫色平和里纸；
3. 扉页 + 目录 + 序言／ 80 克浅灰色彩色胶版纸；
4. 书画部分：100 克欧维斯纸；
5. 器物部分：128 克尊玛光铜版纸；
6. 法语图版说明：50 克字典纸；

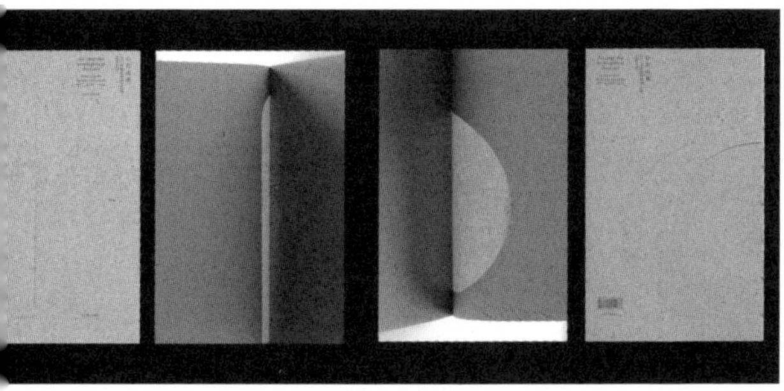

图 B2-2 封面与封底

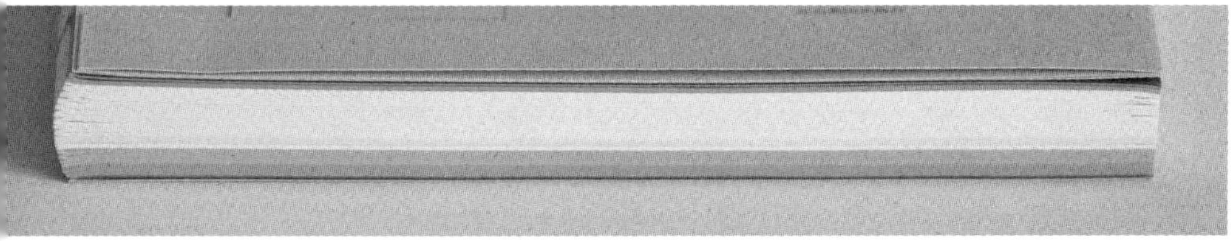

图 B2-3 圆书脊裸背装与不同的纸张

7. 汉语论文：80 克浅紫色彩胶纸。

这 7 种纸张除了面子工程外（封面和环衬），其余都很便宜，虽然一年多的时间里纸张价格经历了大幅度调整。

选择不同的纸张来对应不同的文本体例，必要时调整文本前后位置，努力让书籍整体呈现出视觉与触觉之美，并和阅读逻辑相结合。

图版由书画部分和器物部分组成，在原始文本中，汉语、法语同时出现在一个页面上，不但导致内容过多而不能与图版对比后形成文简（轻灰度）图繁（重灰度）的形式之美，也没有尊重阅读连续性，使汉语、法语都变成了不连贯的碎片。因此，除对照的目录外，汉语、法语在本书中被编辑设计成各自能连贯阅读的形式，并用不同纸张、不同色彩区别。

汉语图注跟随图版，使用 100 克欧维斯纸印刷书画。图版的书画部分的版式为左文右图，文本同字重字体和多种对齐方式来梳理阅读顺序及营造动静对比。图版的器物部分使用 128 克尊玛版纸来还原器物的色彩和层次。这部分依旧采用左文右图的形式，在文字排列、图版版式上做了

。

图版部分之后是用 50 克字典纸印刷的法语图版说明。法语图版说明后是汉语论文，为提示汉语的内容加了法语内容提要。这部分使用了 80 克浅紫色彩胶纸。

论文的法语部分用 80 克浅灰色彩色胶版纸。

把裸背装设计成圆脊，书口切齐，是本书装订的亮点，也是工艺难点（图 B2-3）。为此，北京雅地制作了工艺白样，并在印刷前的拼版文件中对所有页面都做了爬移，保证书籍切口的页边距一本书所使用的多种内文纸之间的差价虽然不大，也没有什么昂贵材料，但是为了做到每种纸张都合印张，所以不得不增加了些许印装成本。

如果把本书所有纸张都替换成 80 克纯质纸，阅读的节奏和层次，以及文字排版所营造的格律美吗？这才是我们考虑问题的出发点。

作者：北京艺术博物馆
书籍设计：XXL Studio 刘晓翔 + 范美玲
正文页数：300 页
装订：裸背拔圆脊，书口切齐
出版发行：北京燕山出版社有限公司
印装：北京雅昌艺术印刷有限公司
版次：2018 年 7 月第 1 版
ISBN 978-7-5402-5127-7
定价：520.00 元

萧俊贤
山水圆光扇面 【清代】

XIAO JUNXIAN.
Montagne et cours d'eau.
Eventail rond / soie 【Dynastic Qing】

萧俊贤
1865 ~ 1949

字雨泉，号铁夫，别署天和逸人，斋名净念楼。
湖南衡阳人。早年从苓崖法师、沈咏荪学画。
应李瑞清聘，曾任教于两江优级师范学堂图画手工科。
民国初年居北京，曾任教于国立北平艺术专科学校。
晚年寓沪卖画为生。长于山水，兼作花卉。
与萧谦中并称北京二萧。作品有《碧海青天图》
《溪山无尽图》《山居图》等。

全幅 纵 44 cm 横 35 cm
画心 纵 26 cm 横 26 cm

作为萧俊贤 1892 年所绘山水圆光扇面。作品仿王时敏山水风格，时敏崇尚摹古，认为"摹古是绘画的最高原则"。此作力追古法，求一种严谨、认真、规矩的画面效果，但相对王作的刻板而言，了些新意。画面峰峦数叠，树丛浓郁，勾线空灵，苔点细密，皴干湿浓淡相间，皴擦点染兼用，形成精细淡雅、清润疏简的艺术色。画面题款"法烟客，星巢仁兄大人教正，壬辰秋日弟萧俊贤写丰石寓斋"，钤印"殿臣"。 杨小军撰

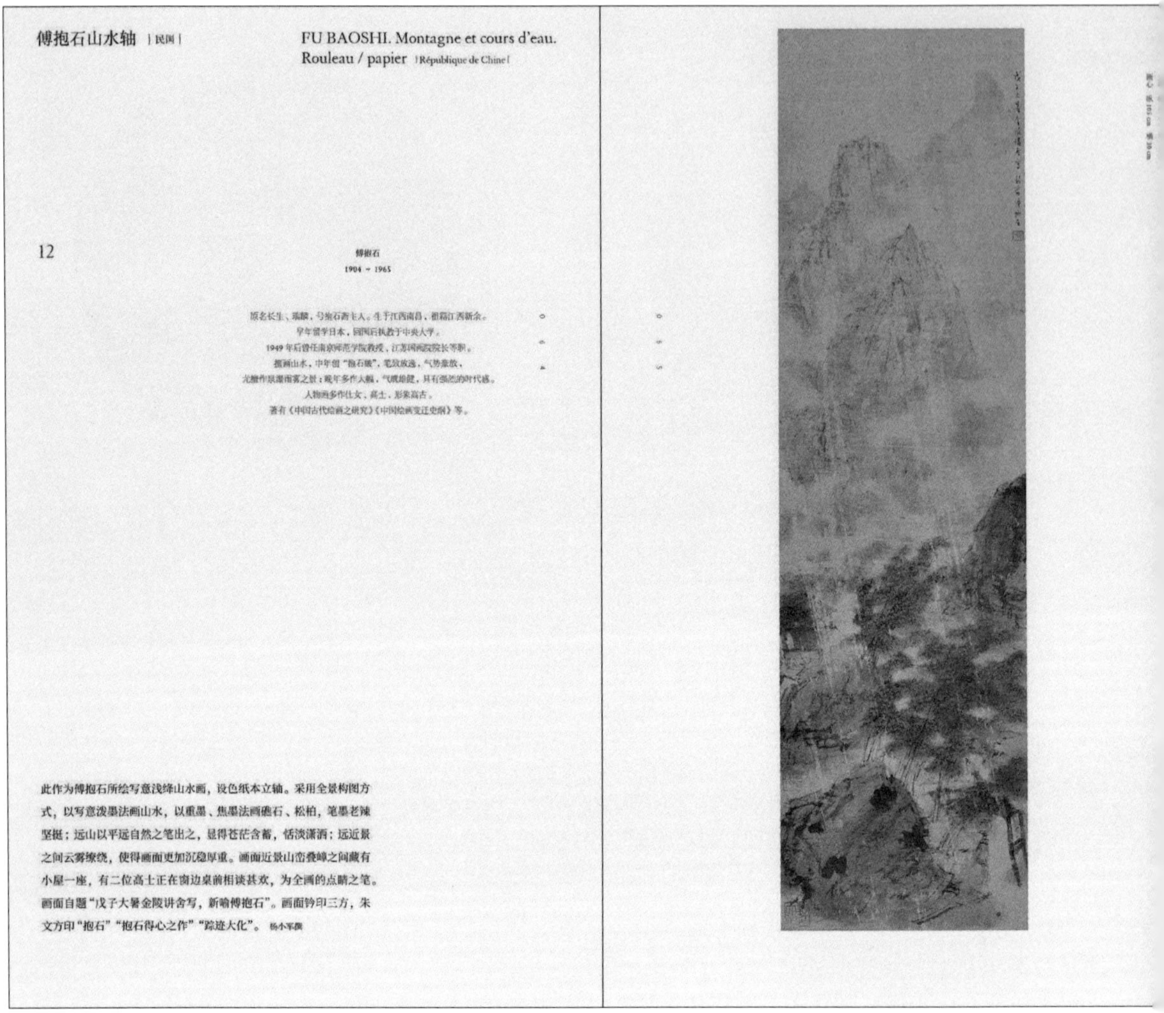

傅抱石山水轴 | 民国 |

FU BAOSHI. Montagne et cours d'eau.
Rouleau / papier | République de Chine |

12

傅抱石

1904 – 1965

原名长生、瑞麟，号抱石斋主人。生于江西南昌，祖籍江西新余。
早年留学日本，回国后执教于中央大学。
1949 年后曾任南京师范学院教授、江苏国画院院长等职。
擅画山水，中年创“抱石皴”，笔致放逸，气势豪放，
尤擅作山瀑雨雾之景；晚年多作大幅，气魄雄健，具有强烈的时代感。
人物画多作仕女、高士，形象高古。
著有《中国古代绘画之研究》《中国绘画变迁史纲》等。

此作为傅抱石所绘写意浅绛山水画，设色纸本立轴。采用全景构图方式，以写意泼墨法画山水，以重墨、焦墨法画礁石、松柏，笔墨老辣坚挺；远山以平远自然之笔出之，显得苍茫含蓄，恬淡潇洒；远近景之间云雾缭绕，使得画面更加沉稳厚重。画面近景山峦叠嶂之间藏有小屋一座，有二位高士正在窗边桌前相谈甚欢，为全画的点睛之笔。画面自题“戊子大暑金陵讲舍写，新喻傅抱石”。画面钤印三方，朱文方印“抱石”“抱石得心之作”“踪迹大化”。 杨小军撰

梅庚金地山水扇面 ｜清代｜

MEI GENG. Montagne et cours d'eau. Eventail en feuille d'or / Papier ｜Dynastie Qing｜

梅庚
1640 – 1716

字耦长，又字子长，号雪坪，
晚号听山翁，安徽宣城人，梅清之从孙。
康熙二十年（1681）举人，官至泰顺知县。
工篆、隶，善山水、花卉，兼工白描。

5

作为清代画家梅庚所绘金地山水扇面。梅庚善画山水，多写黄山名，其山石小景，幽惝逸趣，得剪裁之妙。画面采用一河两岸的构图式，山石在干湿浓淡的笔墨下极富层次。两山之间的河水以大量留方式表现，显得空旷有气势。画面右上题款“元龙意气剧嶙峋，京分携又几春。为写云山几万叠，入君怀袖共情亲。并题寄子老年世先生正，宛陵弟梅庚”。画面钤印三方。 杨小军撰

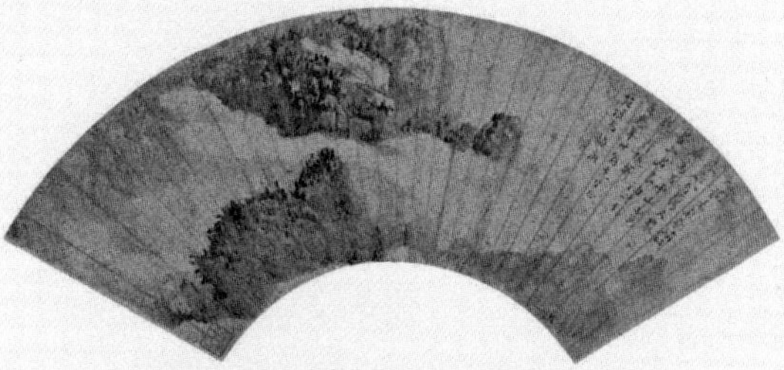

恽冰山水扇面 ｜清代｜

YUN BING. Montagne et cours d'eau. Eventail / papier ｜Dynastie Qing｜

恽冰
生卒年不详

字清於，号浩如，
别号兰陵女史，亦署南兰女子。
清代中期深得家传的一位女画家，武进（今江苏常州）人。
诸生恽钟隆次女，恽南田族玄孙女，后嫁同郡毛鸿调为妻。
其花鸟画注重逼真写实，造型生动传神，以没骨画法名著吴中，
与以擅勾染闻名的马荃合称为清代女性画坛双绝，
深得文人大臣厚爱。

作为清代女画家恽冰所绘山水扇面。恽冰同她祖上恽寿平一样，是山水的高手。此作品采用平远构图，沿用明代中后期一河两岸常用构图范式，以类似米点皴笔法点染山石，由左向右延伸，郁郁朦胧苍润。虽笔墨不多，但清秀淡雅，别有风致，表现出一派润泽的江南风光。画面自题“时在庚戌夏五月仿元人笔意，以应惠大姐大人正之。恽冰女史”下钤白文方印“女史恽冰”。 杨小军撰

上
外纵 纵 33 cm 横 61 cm
扇心 纵 16.4 cm 横 51.3 cm

下
外纵 纵 30 cm 横 56 cm
扇心 纵 17.4 cm 横 51 cm

金农梅树图轴 [清代]

JIN NONG.
Arbre et rocher [Dynastie Qing]

18

此作为清代学者金农所绘梅树图，画面左上角有画家自题“七十二翁金农漫写”，题后钤朱文印两方，“寿”“门”。另有两方朱文方印“章氏字画珍藏”“读汉书楼”。画面上方有行书题记两篇。一篇内容为：“嗜古出神奇，记物造幽眇……起寻野趣回，寒馥带蓬葆。道光甲午春二月，叔斗周梦台书于无悔庵同之台。”题后钤白文印“梦台制印”，朱文印“叔斗”。另一篇内容为：“几点疏香出鬓纨，春风舒卷星犹寒。伴它孤冷倪高士，且作月明林下看。甲午残春之辰秉桂题。”钤印两方，一方圆形白文印“杨”，另一方为白文方印“杨辛甫”。金农晚年常作梅花以为想念。这幅黑白二色的梅花画作，繁花如簇，古朴苍老，用笔十分单纯，并不考虑花的形态，树干和梅枝的表现很抽象，着墨和留白的花枝交相辉映，风采映人。画面繁枝密萼，花光迷离，恍如月夜映在纸窗上的花影。金农的书法融入了浓郁金石韵味，书画融为一体，画面题诗和梅花画风之间有着微妙的呼应关系。 杨小军撰

074

075

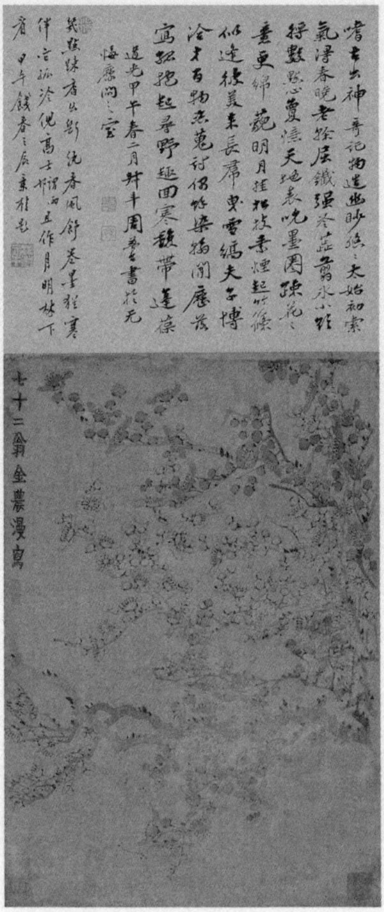

2 **铜兽耳炉** | 清代 |

Brûle-encens avec «oreilles» animalières. Bronze. | Dynastie Qing |

3 **紫砂干果桃式杯** | 清康熙 |

Tasse en forme de pêche avec fruits secs. Terre cuite | Dynastie Qing, période Kangxi |

此炉敞口、弧腹、圈足，底款“大明宣德年制”，肩部饰有兽耳，口衔联珠式环。炉铜质金黄，古朴，器形端庄，以兽首为饰，取其威猛之意。张杰撰

整体为半桃形，杯内底贴塑一瓜籽，外底贴塑核桃、花生、菱角、白果、榛子、荔枝等，既有效果，又可作底足。底款刻“陈鸣远制”四字。陈鸣远，清初康熙、雍正年间人，生于紫砂壶世家。茶具、雅玩无不精美绝伦，开创了壶体镌刻诗铭之风，署款以刻名和印章并用，把中国传统绘画书装饰艺术和书款方式引入了紫砂壶的制作工艺，极大地提高了紫砂壶的艺术价值和文化内涵。杨俊

72 径 7.7cm 高 5cm

73 口 9.7cm 高 4.4cm

tampon qui dit «Prince CHUN QIN», et l'autre tampon qui dit «Qing Hua Zhu Ren».

Le Prince CHUN QIN s'appelle Yi Cong(1831—1889), il est le cinquième fils de l'empereur Daoguang de la dynastie Qing.

5 ZHAO ZHIQIAN. Montagne et cours d'eau. Paravent/papier

Dynastie Qing

Cette œuvre est le paravent de Zhao Zhiqian de la dynastie Qing, qui est composé de quatre peintures à l'encre de couleur. Du point de vue compositionnel, le paysage rocheux des roches est représenté de manière rapprochée. Il y a des pins et des cyprès dans les montagnes, et il y a un ruisseau sous la montagne. Cette peinture est fluide et montre la forme de l'eau et l'élan du galop. Il y a une inscription : «Conifères dans les montagnes». Il y a aussi des vers décrivant les caractéristiques des pins et des cyprès qui n'ont pas peur du froid. À côté de l'inscription, il y a le sceau de l'auteur.

Zhao Zhiqian (1829-1884), premier surnom : Yi Fu, noms de pinceau : Leng Jun, Bei An, Mei An, Wu Men. Il est de nationalité Han, et est né à Shaoxing, Zhejiang. Il est un célèbre peintre et chasseur de la dynastie Qing. Les excellentes compétences en sculpture de Zhao Zhiqian ont eu une profonde influence sur les générations futures. En peinture, il fut une figure pionnière de «l'école marine» et exerça une grande influence sur le développement des peintures de fleurs modernes à main levée, améliorant encore le système de la tablette en gravure, héritant du mode créatif de Deng Shiru.

6 LU HUI. Montagne et cours d'eau. Paravent en 4 rouleaux/papier

Dynastie Qing

C'est un paravent en 4 rouleaux de LU HUI de la dynastie Qing, dans lequel il y a au total 12 images. Chaque image est accompagnée d'une calligraphie superbe. Dans ces images, il y a la scène en février, la scène du village après la neige, la scène de printemps, le saule, le lac avec le fumé, la scène quand il pleut en été, le bois d'hiver, etc. Du point de vue des images et des calligraphies, l'auteur est très compétent et très érudit.

Lu Hui (1851 - 1920), anciennement connu sous le nom de You Hui, You Kui,nom de pinceau : Lianfu, Juansou. Il est né à Wujiang, dans la province du Jiangsu. Plus tard, il a appris la calligraphie et la peinture auprès de Liu Deliu et Wu Dazhao.

7 WU GUANDAI. Feuilles rouges dans la montagne Zhishan. Rouleau/papier

Dynastie Qing

Cette œuvre est un rouleau de feuilles rouges dessinées à la main par Wu Guanlan en août 1914.

Le titre du volume est «feuilles rouges à Zishan». L'artiste a écrit la date et son nom sur le tableau. Dans la peinture, il y a des ruisseaux, les feuilles dans les arbres sont rouges et il y a des pavillons à côté des ruisseaux. Le bâtiment dans la peinture est précis. Dans cette peinture, il y a des vers de WU Zhiying, décrivant les scènes d'automne. À côté de l'inscription, il y a le tampon de l'auteur.

Wu Zhixing (1868 - 1933), surnom : Ziying, nom de pinceau :Xiaowanliutang, Wanliufuren. Elle est née à la fin de la dynastie Qing, à Tongcheng, Anhui. Elle était la nièce de Wu Cheng, un écrivain de l'école Tongcheng. A 19 ans, elle a épousé M. Liang Xilian (Nan Hu) à Wuxi. Puis elle est allée à Pékin avec son mari, elle avait une relation étroite avec Qiu Jin. En 1907, Qiu Jin a été tué, elle s'est mise en colère et a écrit une biographie de Qiu Jin.

Wu Guandai (1862-1929) était un peintre célèbre. Son surnom est Zongtai, et son nom de pinceau est Niankang, Guandai, Jieweng, etc. Il est originaire de Wuxi, Jiangsu. Bon artiste, il est particulièrement doué pour peindre des montagnes, de l'eau, des figures et des fleurs de prunier. Il est parmi les «Jiangnan Siwu», et les gens l'appelaient «ancien peintre de Jiangnan». Il a écrit des ouvrages sur la peinture.

8 HAN LIN, HUANG BINHONG. Calligraphie et peinture. Rouleau/papier

République de Chine

C'est un rouleau créé par Han Lin et Huang Binhong, dans lequel il y a la peinture de paysage et le manuscrit. En tête du rouleau, il y a la calligraphie de Han Lin. Il y a deux paragraphes. La première moitié est le poème de Su Shi, qui est copié par Han Lin. La deuxième moitié est un texte de la dynastie Song, copié par Han Lin. Le cœur de la peinture est une peinture de paysage réalisée par Huang Binhong de la République de Chine. Dans la peinture, il y a une habitation à côté de vieux arbres, les trois personnes de la maison sont très actives dans la discussion. Le peintre s'est servi de son pinceau habilement, et les blancs de la peinture montrent une vaste atmosphère d'ambiguïté et de tranquillité. L'artiste déployait un style gracieux et élégant. En haut de la peinture, l'auteur a écrit la date de création, la saison et le nom de l'auteur. Sur le côté gauche de la peinture, il y a la biographie de Han Lin Han Lin, peintre de la dynastie Ming, né à Luzhou, province du Shanxi. Il aime voyager, peindre et pratiquer la calligraphie et la poésie. Il est très compétent et a écrit beaucoup de livres.

9 XIAO JUNXIAN. Montagne et cours d'eau. Eventail rond/soie

République de Chine

C'est une peinture de paysage peinte par Xiao Junxian en 1892. Cette œuvre est une imitation du style de paysage du peintre Wang Shimin. Wang Shimin a admiré les travaux antiques et a cru que «L'imitation des travaux antiques est le principe le plus élevé de la peinture». Ce travail utilise la technique ancienne pour créer une image rigoureuse, sérieuse et ordonnée. Cependant, les travaux de Wang Shimin sont relativement rigides, cette œuvre est plus novatrice. Dans la peinture, il y a des montagnes et des arbres denses. Les traits sont vraiment fins et élégants. L'inscription dans la peinture donne la date, le lieu de création et le nom de l'auteur.

Xiao Junxian (1865-1949), surnom : Zhi Quan, nom de pinceau : Tie Fu. Il est né à Hengyang, Hunan. Quand il était jeune, il a appris à peindre à partir du Maître Cangya et Shen Yongsun. Li Ruiqing l'a embauché pour enseigner l'art à l'école normale de Liangjiang. Dans les premières années de la République de Chine, il s'est installé à Pékin et a donné des cours de peinture. Dans les dernières années, il a vécu à Shanghai et a vendu des peintures pour vivre. Il est bon dans la peinture de paysages et est aussi bon pour peindre des fleurs. On l'appelle avec Xiao Xun «les deux Xiao à Beijing».

10 DENG HEFU. Lecture dans un pavillon. Rouleau/papier

République de Chine

C'est une peinture qui montre une scène où l'on pratique la lecture dans le bâtiment du sud, créé par Deng Hefu. Dominé par le style de Nanzong, le paysage y est vraiment beau. On peint l'arbre et la pierre avec un trai vigoureux. Les pavillons et les terrasses sont précis, proportionnés et harmonieux. La phras inscrite dans la peinture indique le temps, le lieu et l'intention de la création. Près de la narration, il y a un sceau, qui se lit «peinture e calligraphie de Liyuan».

Deng Hefu, surnom : Zhuo Yuan, est memb du Hu She, avec Yu Zhuyun et Shen Mao. Il est un grand ami de Yao Mangfu. Il est fort en critique de drame, et a publié de nombreux poème d'un nouveau style (Son du mendiant, Discussion sur le poème, l'Abeille...) pendant Mouvement du 4 mai.

11 ZHANG DAQIAN. Montagne, eau et personnage. Rouleau/papier

République de Chine

Cette peinture avec personnage a été réalisée par Zhang Daqian, pendant la période de la République de Chine. Dans la peinture, un ermite est assis tout seul sur le sommet d la montagne et il est calme. Les formes de la montagne et des rochers sont spéciales, l'enc est relativement légère, les couleurs sont chaudes. Il y a une grande zone d'espace vide devant le personnage, ce qui montre que le champ de vision est très ouvert. La composit de cette peinture est très intelligente, et cel suit la conception artistique de la compositi de la peinture de la dynastie des Song du Su Sur le côté gauche de la peinture, il y a un verset écrit par Zhang Daqian, dont le sens g néral est : Le vent souffle sur les vagues et l vagues roulent. Les montagnes sont hautes e raides et se dressent entre ciel et terre. L'erm sédentaire ici, a oublié de rentrer à la maiso La brume s'attardait dans les montagnes. À c du verset, il y a « le tampon de Zhang Jiyu ».

Zhang Daqian, nom original : Zhengquan, surnom : Jiyu, né le 19 mai 1899 et mort le 2 avril 1983. Il est une des figures les plus brillantes et les plus riches de la peinture chinoise du 20ème siècle. Il se rend célèbre p ses tableaux inspirés des plus grands maîtr de la peinture chinoise classique. Par la suit son style évolue radicalement pour intégrer richesses de l'art bouddhique puis des appo de la peinture occidentale. Sa maîtrise technique et ses célèbres contrefaçons ont jeté l doute sur l'authenticité d'un bon nombre de peintures de maîtres.

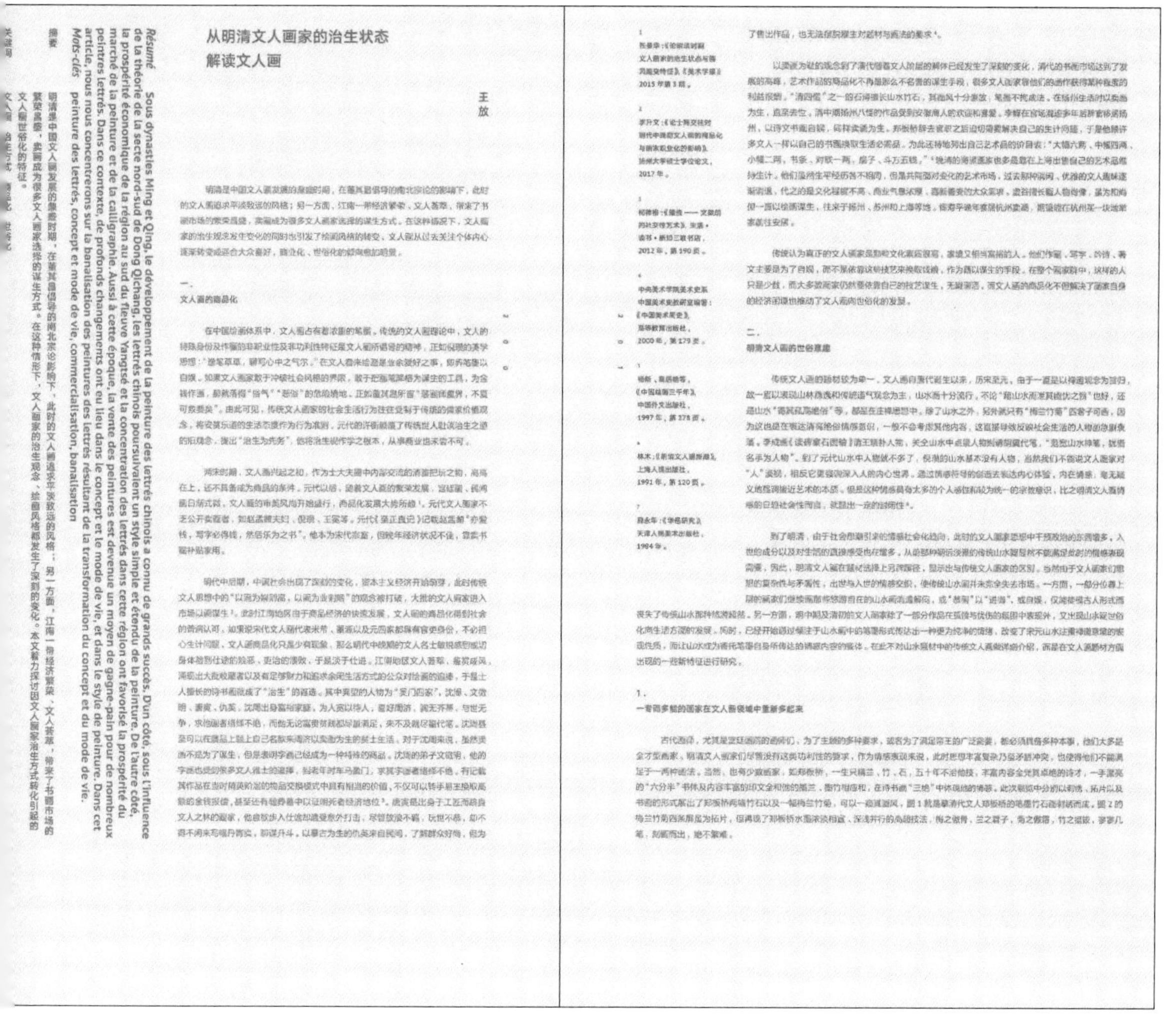
从明清文人画家的治生状态
解读文人画
王放

B New 11×16 XXL Studio

2 心在山水 17—20 世纪中国文人的艺术生活

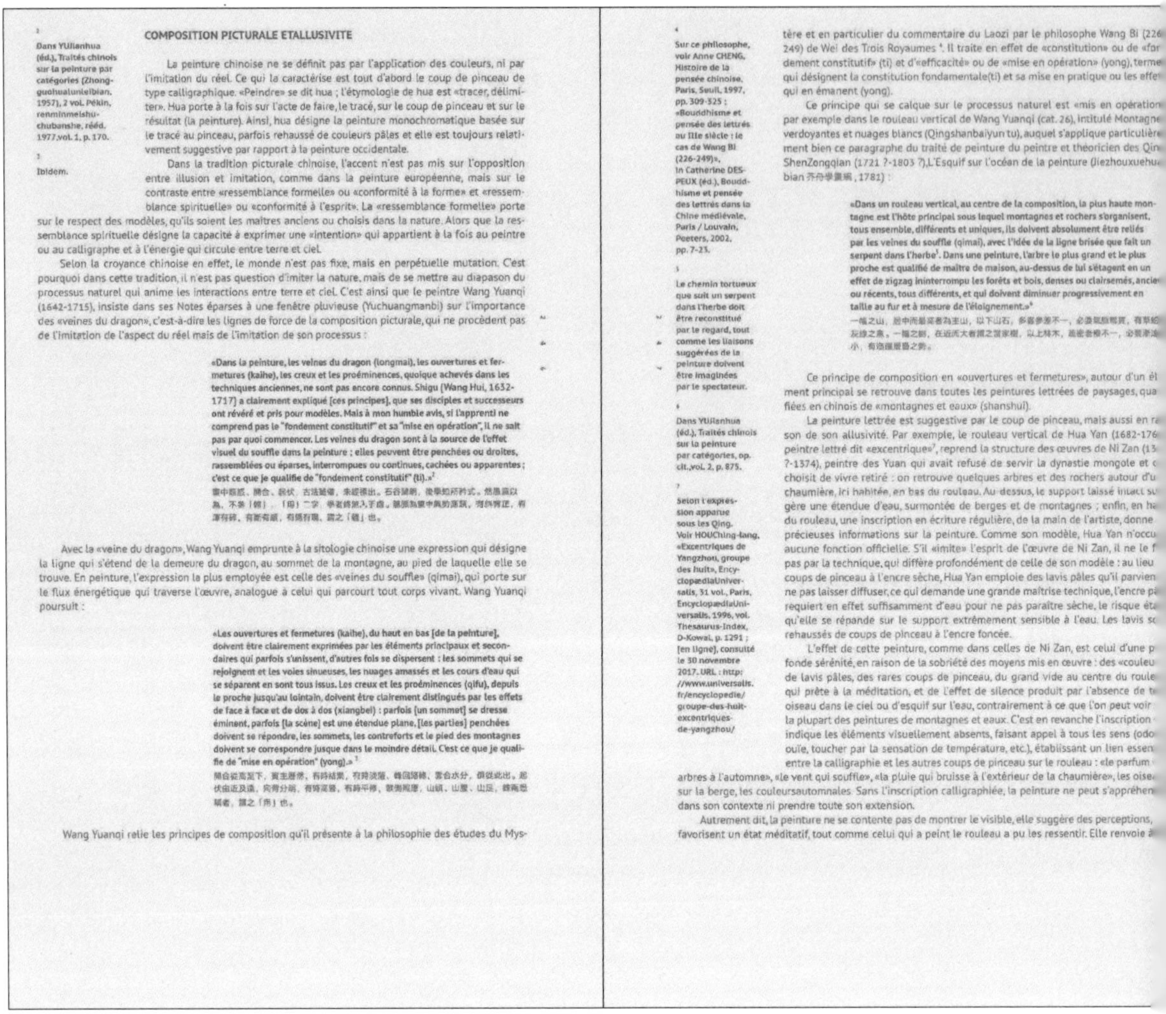

2
Dans YUJianhua (éd.), Traités chinois sur la peinture par catégories (Zhongguohualunleibian, 1957), 2 vol. Pékin, renminmeishu-chubanshe, rééd. 1977,vol. 1, p. 170.

3
Ibidem.

COMPOSITION PICTURALE ETALLUSIVITE

La peinture chinoise ne se définit pas par l'application des couleurs, ni par l'imitation du réel. Ce qui la caractérise est tout d'abord le coup de pinceau de type calligraphique. «Peindre» se dit hua ; l'étymologie de hua est «tracer, délimiter». Hua porte à la fois sur l'acte de faire, le tracé, sur le coup de pinceau et sur le résultat (la peinture). Ainsi, hua désigne la peinture monochromatique basée sur le tracé au pinceau, parfois rehaussé de couleurs pâles et elle est toujours relativement suggestive par rapport à la peinture occidentale.

Dans la tradition picturale chinoise, l'accent n'est pas mis sur l'opposition entre illusion et imitation, comme dans la peinture européenne, mais sur le contraste entre «ressemblance formelle» ou «conformité à la forme» et «ressemblance spirituelle» ou «conformité à l'esprit». La «ressemblance formelle» porte sur le respect des modèles, qu'ils soient les maîtres anciens ou choisis dans la nature. Alors que la ressemblance spirituelle désigne la capacité à exprimer une «intention» qui appartient à la fois au peintre ou au calligraphe et à l'énergie qui circule entre terre et ciel.

Selon la croyance chinoise en effet, le monde n'est pas fixe, mais en perpétuelle mutation. C'est pourquoi dans cette tradition, il n'est pas question d'imiter la nature, mais de se mettre au diapason du processus naturel qui anime les interactions entre terre et ciel. C'est ainsi que le peintre Wang Yuanqi (1642-1715), insiste dans ses Notes éparses à une fenêtre pluvieuse (Yuchuangmanbi) sur l'importance des «veines du dragon», c'est-à-dire les lignes de force de la composition picturale, qui ne procèdent pas de l'imitation de l'aspect du réel mais de l'imitation de son processus :

> **«Dans la peinture, les veines du dragon (longmai), les ouvertures et fermetures (kaihe), les creux et les proéminences, quoique achevés dans les techniques anciennes, ne sont pas encore connus. Shigu (Wang Hui, 1632-1717) a clairement expliqué [ces principes], que ses disciples et successeurs ont révéré et pris pour modèles. Mais à mon humble avis, si l'apprenti ne comprend pas le "fondement constitutif" et sa "mise en opération", il ne sait pas par quoi commencer. Les veines du dragon sont à la source de l'effet visuel du souffle dans la peinture ; elles peuvent être penchées ou droites, rassemblées ou éparses, interrompues ou continues, cachées ou apparentes ; c'est ce que je qualifie de "fondement constitutif" (ti).»**[2]
> 畫中龍脈、開合、起伏，古法雖備，未經標出。石谷闡明，後學知所矜式。然愚意以為，不參「體」、「用」二字，學者終無入手處。龍脈為畫中氣勢源頭，有斜有正，有渾有碎，有斷有續，有隱有現，謂之「體」也。

Avec la «veine du dragon», Wang Yuanqi emprunte à la sitologie chinoise une expression qui désigne la ligne qui s'étend de la demeure du dragon, au sommet de la montagne, au pied de laquelle elle se trouve. En peinture, l'expression la plus employée est celle des «veines du souffle» (qimai), qui porte sur le flux énergétique qui traverse l'œuvre, analogue à celui qui parcourt tout corps vivant. Wang Yuanqi poursuit :

> **«Les ouvertures et fermetures (kaihe), du haut en bas [de la peinture], doivent être clairement exprimées par les éléments principaux et secondaires qui parfois s'unissent, d'autres fois se dispersent : les sommets qui se rejoignent et les voies sinueuses, les nuages amassés et les cours d'eau qui se séparent en sont tous issus. Les creux et les proéminences (qifu), depuis le proche jusqu'au lointain, doivent être clairement distingués par les effets de face à face et de dos à dos (xiangbei) : parfois [un sommet] se dresse éminent, parfois [la scène] est une étendue plane, [les parties] penchées doivent se répondre, les sommets, les contreforts et le pied des montagnes doivent se correspondre jusque dans le moindre détail. C'est ce que je qualifie de "mise en opération" (yong).»**[3]
> 開合從高至下，賓主歷然，有時結聚，有時澹蕩，峰回路轉，雲合水分，俱從此出。起伏由近及遠，向背分明，有時高聳，有時平修，欹側照應，山頭、山腰、山足，銖兩悉稱者，謂之「用」也。

Wang Yuanqi relie les principes de composition qu'il présente à la philosophie des études du Mystère et en particulier du commentaire du Laozi par le philosophe Wang Bi (226-249) de Wei des Trois Royaumes[4]. Il traite en effet de «constitution» ou de «fondement constitutif» (ti) et d'«efficacité» ou de «mise en opération» (yong), termes qui désignent la constitution fondamentale(ti) et sa mise en pratique ou les effets qui en émanent (yong).

4
Sur ce philosophe, voir Anne CHENG, Histoire de la pensée chinoise, Paris, Seuil, 1997, pp. 309-325 ; «Bouddhisme et pensée des lettrés au IIIe siècle : le cas de Wang Bi (226-249)», In Catherine DESPEUX (éd.), Bouddhisme et pensée des lettrés dans la Chine médiévale, Paris / Louvain, Peeters, 2002, pp. 7-23.

5
Le chemin tortueux que suit un serpent dans l'herbe doit être reconstitué par le regard, tout comme les liaisons suggérées de la peinture doivent être imaginées par le spectateur.

6
Dans YUJianhua (éd.), Traités chinois sur la peinture par catégories, op. cit.,vol. 2, p. 875.

7
Selon l'expression apparue sous les Qing. Voir HOUChing-lang, «Excentriques de Yangzhou, groupe des huit», EncyclopædiaUniversalis, 31 vol., Paris, EncyclopædiaUniversalis, 1996, vol. Thesaurus-Index, D-Kowal, p. 1291 ; [en ligne], consulté le 30 novembre 2017. URL : http://www.universalis.fr/encyclopedie/groupe-des-huit-excentriques-de-yangzhou/

Ce principe qui se calque sur le processus naturel est «mis en opération» par exemple dans le rouleau vertical de Wang Yuanqi (cat. 26), intitulé Montagnes verdoyantes et nuages blancs (Qingshanbaiyun tu), auquel s'applique particulièrement bien ce paragraphe du traité de peinture du peintre et théoricien des Qing ShenZongqian (1721 ?-1803 ?),L'Esquif sur l'océan de la peinture (Jiezhouxuehuabian 芥舟學畫編, 1781) :

> **«Dans un rouleau vertical, au centre de la composition, la plus haute montagne est l'hôte principal sous lequel montagnes et rochers s'organisent, tous ensemble, différents et uniques, ils doivent absolument être reliés par les veines du souffle (qimai), avec l'idée de la ligne brisée que fait un serpent dans l'herbe[5]. Dans une peinture, l'arbre le plus grand et le plus proche est qualifié de maître de maison, au-dessus de lui s'étagent en un effet de zigzag ininterrompu les forêts et bois, denses ou clairsemés, anciens ou récents, tous différents, et qui doivent diminuer progressivement en taille au fur et à mesure de l'éloignement.»**[6]
> 一幅之山，居中而最高者為主山，以下山石，多寡參差不一，必氣脈聯貫，有草蛇灰線之象，一幅之樹，在近而大者謂之當家樹，以上林木，疏密叢植不一，必漸遠漸小，有逶迤層疊之勢。

Ce principe de composition en «ouvertures et fermetures», autour d'un élément principal se retrouve dans toutes les peintures lettrées de paysages, qualifiées en chinois de «montagnes et eaux» (shanshui).

La peinture lettrée est suggestive par le coup de pinceau, mais aussi en raison de son allusivité. Par exemple, le rouleau vertical de Hua Yan (1682-176 peintre lettré dit «excentrique»[7], reprend la structure des œuvres de Ni Zan (13 ?-1374), peintre des Yuan qui avait refusé de servir la dynastie mongole et choisit de vivre retiré : on retrouve quelques arbres et des rochers autour d'u chaumière, ici habitée, en bas du rouleau. Au-dessus, le support laissé intact su gère une étendue d'eau, surmontée de berges et de montagnes ; enfin, en ha du rouleau, une inscription en écriture régulière, de la main de l'artiste, donne précieuses informations sur la peinture. Comme son modèle, Hua Yan n'occu aucune fonction officielle. S'il «imite» l'esprit de l'œuvre de Ni Zan, il ne le f pas par la technique, qui diffère profondément de celle de son modèle : au lieu coups de pinceau à l'encre sèche, Hua Yan emploie des lavis pâles qu'il parvien ne pas laisser diffuser, ce qui demande une grande maîtrise technique, l'encre pâ requiert en effet suffisamment d'eau pour ne pas paraître sèche, le risque éta qu'elle se répande sur le support extrêmement sensible à l'eau. Les lavis so rehaussés de coups de pinceau à l'encre foncée.

L'effet de cette peinture, comme dans celles de Ni Zan, est celui d'une p fonde sérénité, en raison de la sobriété des moyens mis en œuvre : des «couleu de lavis pâles, des rares coups de pinceau, du grand vide au centre du roule qui prête à la méditation, et de l'effet de silence produit par l'absence de t oiseau dans le ciel ou d'esquif sur l'eau, contrairement à ce que l'on peut voir la plupart des peintures de montagnes et eaux. C'est en revanche l'inscription indique les éléments visuellement absents, faisant appel à tous les sens (odo ouïe, toucher par la sensation de température, etc.), établissant un lien essen entre la calligraphie et les autres coups de pinceau sur le rouleau : «le parfum arbres à l'automne», «le vent qui souffle», «la pluie qui bruisse à l'extérieur de la chaumière», les oise sur la berge, les couleursautomnales. Sans l'inscription calligraphiée, la peinture ne peut s'appréhen dans son contexte ni prendre toute son extension.

Autrement dit, la peinture ne se contente pas de montrer le visible, elle suggère des perceptions, favorisent un état méditatif, tout comme celui qui a peint le rouleau a pu les ressentir. Elle renvoie à

本页为 p035 的网
计与使用。
.6 磅主文本网格
文的基线作为对齐
参照。段落选择双
行齐左。
.2 磅画家简介用
网格作为对齐行的
。段落选择居中

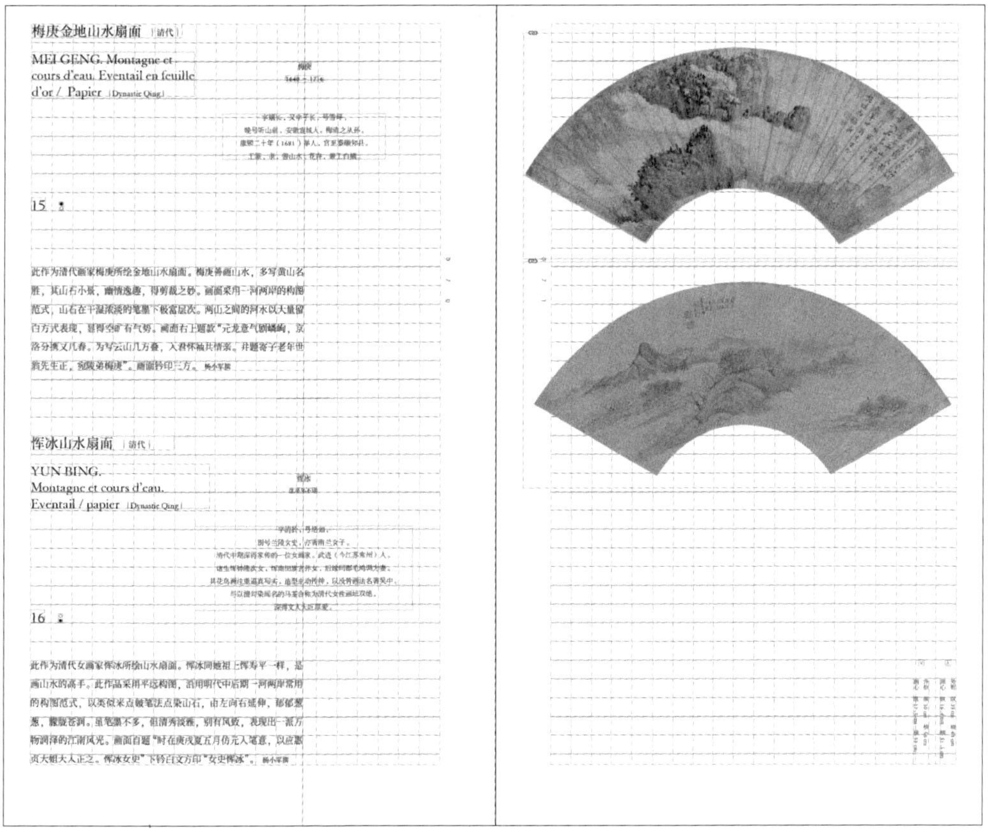

梅庚金地山水扇面 清代
MEI GENG. Montagne et cours d'eau. Eventail en feuille d'or / Papier (Dynastic Qing)
梅庚
1640 — 1716
字耦长，又字子长，号雪坪，
晚号听山翁，安徽宣城人，梅清之从孙。
康熙二十年（1681）举人，官至泰顺知县。
工篆、隶，善山水、花卉，兼工白描。
15
此作为清代画家梅庚所绘金地山水扇面。梅庚善画山水，多写黄山名胜，其山石小景，幽情逸趣，得剪裁之妙。画面采用一河两岸的构图范式，山石在干湿浓淡的笔墨下极富层次。两山之间的河水以大量留白方式表现，显得空旷有气势。画面右上题款"元龙意气剧嶙峋，京洛分携又几春。为写云山几万叠，入君怀袖共情亲。并题寄子老年世翁先生正，宛陵弟梅庚"。画面钤印二方。 杨小军撰
恽冰山水扇面 清代
YUN BING.
Montagne et cours d'eau.
Eventail / papier (Dynastic Qing)
恽冰
生卒年不详
16
此作为清代女画家恽冰所绘山水扇面。恽冰同她祖上恽寿平一样，是画山水的高手。此作品采用平远构图，沿用明代中后期一河两岸常用的构图范式，以类似米点皴笔法点染山石，由左向右延伸，郁郁葱葱，朦胧苍润。虽笔墨不多，但清秀淡雅，别有风致，表现出一派万物润泽的江南风光。画面自题"时在庚戌夏五月仿元人笔意，以应慧贞大姐大人正之。恽冰女史"下钤白文方印"女史恽冰"。 杨小军撰

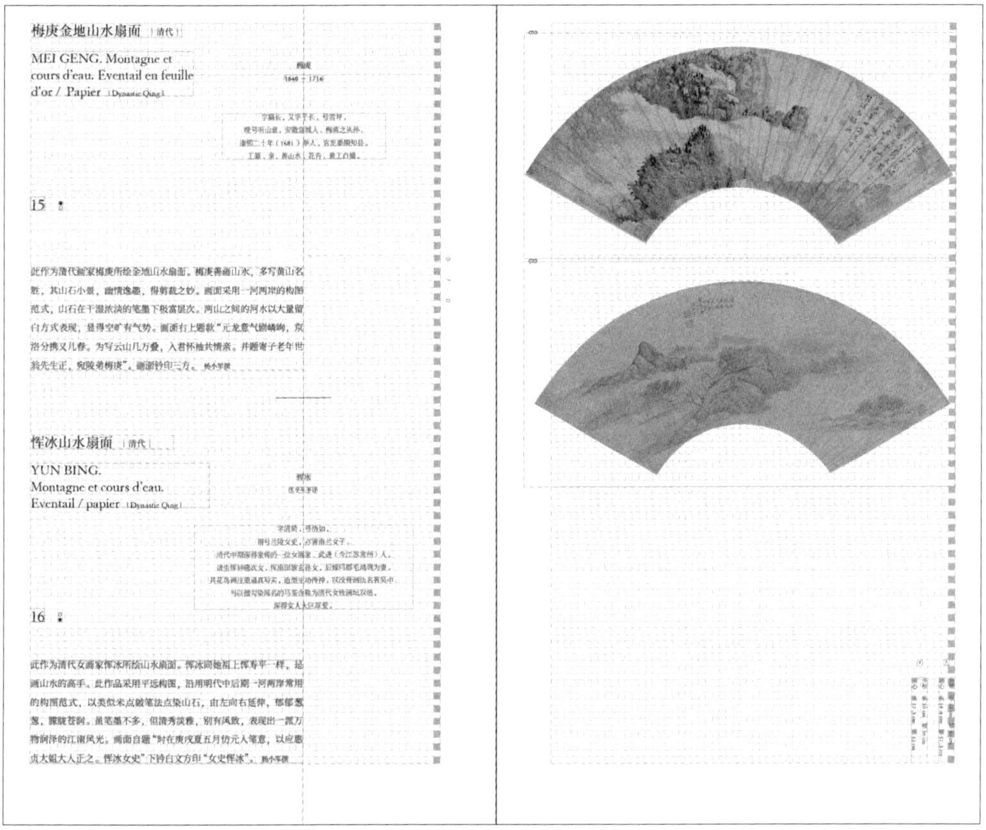

041
B New 11×16 XXL Studio
2 心在山水 17—20 世纪中国文人的艺术生活

为 *BranD* 改版是一项蛮具挑战性的工作。

作为高人气的设计类杂志，*BranD* 的拥趸会期待它有怎样的改变，或者，改变对 *BranD* 是必须的吗？

对我们来说，*BranD* 的改变是必须的。第一是甲方的信任和委托；第二是新载体既然已经改变了读者的阅读习惯，作为纸媒，就不仅是跟上，而是要引领了。毕竟在纸媒上，编辑、作者和设计师投入了数不清的智慧，尤其是 *BranD*。

改版先从寻找与 *BranD* 封面上这几个字符气质相近的字体入手，找到与之搭配的英文（图 B3-1），然后再从极其有限的中文字库里选择一款气质上与找到的英文稍接近些的中文，让文字成为改版杂志的第一个设计语言。我的助手为找英文字体花费了大量时间，终于，TheMix 进入了视野，它的大字重与 *BranD* 中的这几个字符真是绝配（图 B3-2）。巧的是，恰好在改版这一期（39 期），TheMix 的设计者卢卡斯 · 德格鲁特（Luas de Groot）接受了 *BranD* 专访，以“好用的字体”（“Fonts That work”）为题谈了这款字体的特点，有兴趣的朋友可以找到 *BranD* 39 期来阅读。

本次改版有一个要克服的难点，就是如何解决印刷到一定数量时抹去 PS 版上的中文后继续印下去，使中英文混排的 *BranD* 变成一本纯英文杂志。在 PS 版上抹去中文对设计师来说并不是一件简单的事，它使版面空间变得不易驾驭，抹去中文等于扩大了负形（留白），因此必须考虑到抹去中文后和抹去之前的版面美学，使之能够兼顾。本书 p047 是中英双语共存时的版面效果，p048 是抹去中文后的页面，p049、050 与 p047、048 相同。

为改版，我们为 *BranD* 39 期设计了针对不同板块的共用模数多个网格系统，靠着这套系统来处理排版中出现的问题（图 B3-4，见 p053）。每个主题的标题和小标题在版面上以互相垂直的角度旋转来对应正文的四平八稳，使杂志在视觉上具有一种未完成的感受。*BranD* 39 封面和包装袋（图 B3-3）是 *BranD* 设计师依据 XXL Studio 版式自行设计的。

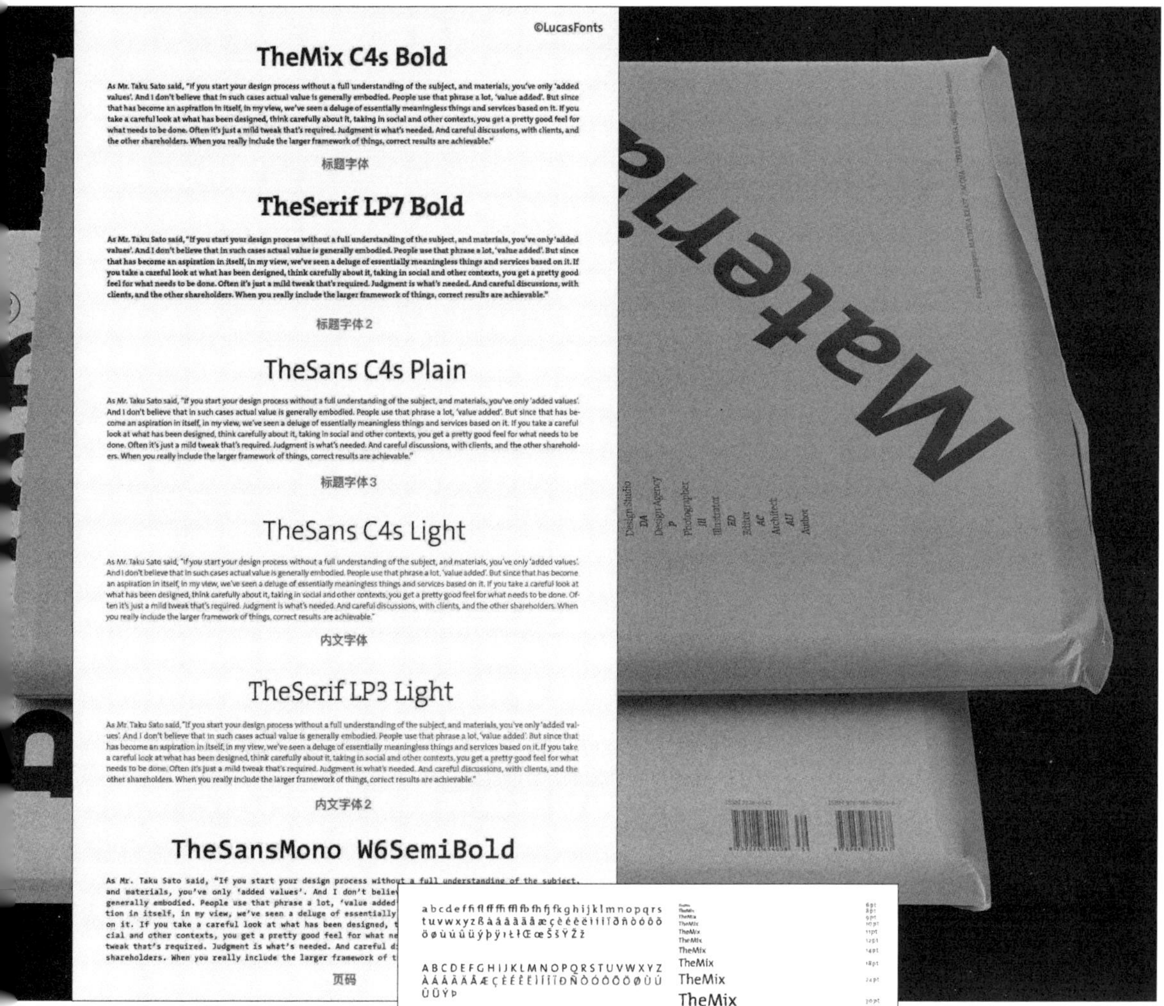
©LucasFonts
TheMix C4s Bold
As Mr. Taku Sato said, "If you start your design process without a full understanding of the subject, and materials, you've only 'added values'. And I don't believe that in such cases actual value is generally embodied. People use that phrase a lot, 'value added'. But since that has become an aspiration in itself, in my view, we've seen a deluge of essentially meaningless things and services based on it. If you take a careful look at what has been designed, think carefully about it, taking in social and other contexts, you get a pretty good feel for what needs to be done. Often it's just a mild tweak that's required. Judgment is what's needed. And careful discussions, with clients, and the other shareholders. When you really include the larger framework of things, correct results are achievable."
标题字体
TheSerif LP7 Bold
标题字体2
TheSans C4s Plain
标题字体3
TheSans C4s Light
内文字体
TheSerif LP3 Light
内文字体2
TheSansMono W6SemiBold
页码

图 B3-1 英文字体 TheMix

图 B3-3 *BranD* 包装袋

BranD
39 期
042

TheMix TheMix
BranD

图 B3-2 大字重 TheMix 与 BranD 对比

作者：BranD 杂志
书籍设计：XXL Studio 刘晓翔 + 洪叶
正文页数：192 页
装订：平装
出版发行：BranD 杂志
印装：佛山华禹彩印有限公司
出版时间：2018 年
ISSN 2226-6542
定价：120.00 元

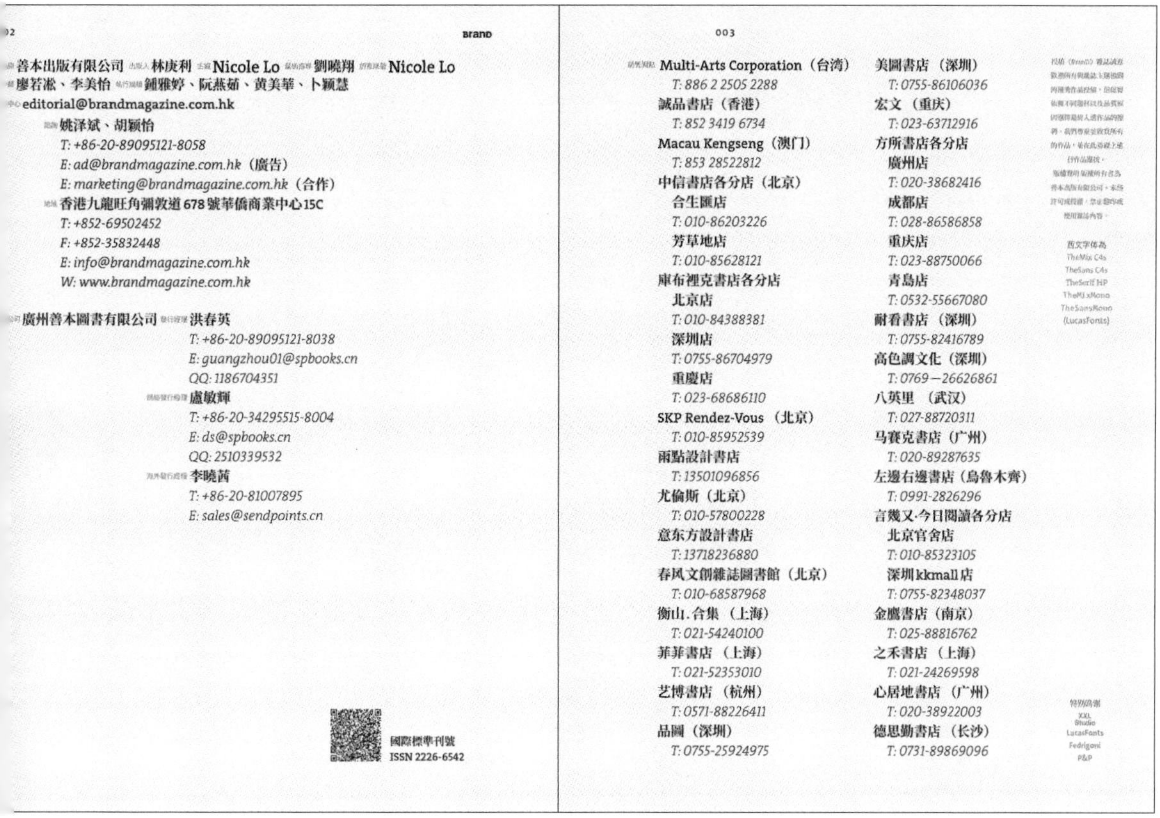
02 BranD

善本出版有限公司 林庚利 Nicole Lo 劉曉翔 Nicole Lo
廖若淞、李美怡 鍾雅婷、阮燕茹、黃美華、卜穎慧
editorial@brandmagazine.com.hk
姚泽斌、胡颖怡
T: +86-20-89095121-8058
E: ad@brandmagazine.com.hk（廣告）
E: marketing@brandmagazine.com.hk（合作）
香港九龍旺角彌敦道678號華僑商業中心15C
T: +852-69502452
F: +852-35832448
E: info@brandmagazine.com.hk
W: www.brandmagazine.com.hk

廣州善本圖書有限公司 洪春英
T: +86-20-89095121-8038
E: guangzhou01@spbooks.cn
QQ: 1186704351
盧敏輝
T: +86-20-34295515-8004
E: ds@spbooks.cn
QQ: 2510339532
李曉茜
T: +86-20-81007895
E: sales@sendpoints.cn

國際標準刊號
ISSN 2226-6542

003

Multi-Arts Corporation（台湾）
T: 886 2 2505 2288
誠品書店（香港）
T: 852 3419 6734
Macau Kengseng（澳门）
T: 853 28522812
中信書店各分店（北京）
合生匯店
T: 010-86203226
芳草地店
T: 010-85628121
庫布裡克書店各分店
北京店
T: 010-84388381
深圳店
T: 0755-86704979
重慶店
T: 023-68686110
SKP Rendez-Vous（北京）
T: 010-85952539
兩點設計書店
T: 13501096856
尤倫斯（北京）
T: 010-57800228
意东方設計書店
T: 13718236880
春风文創雜誌圖書館（北京）
T: 010-68587968
衡山.合集（上海）
T: 021-54240100
菲菲書店（上海）
T: 021-52353010
艺博書店（杭州）
T: 0571-88226411
品圖（深圳）
T: 0755-25924975

美圖書店（深圳）
T: 0755-86106036
宏文（重庆）
T: 023-63712916
方所書店各分店
廣州店
T: 020-38682416
成都店
T: 028-86586858
重庆店
T: 023-88750066
青島店
T: 0532-55667080
耐看書店（深圳）
T: 0755-82416789
高色調文化（深圳）
T: 0769－26626861
八英里（武汉）
T: 027-88720311
马賽克書店（广州）
T: 020-89287635
左邊右邊書店（烏魯木齊）
T: 0991-2826296
言幾又·今日閱讀各分店
北京官舍店
T: 010-85323105
深圳kkmall店
T: 0755-82348037
金鷹書店（南京）
T: 025-88816762
之禾書店（上海）
T: 021-24269598
心居地書店（广州）
T: 020-38922003
德思勤書店（长沙）
T: 0731-89869096

西文字體為
TheMix C4s
TheSans C4s
TheSerif HP
TheMixMono
TheSansMono
(LucasFonts)

特別鳴謝
XXL Studio
LucasFonts
Fedrigoni
P&P

B New 11×16 XXL Studio
3 BranD 39 期

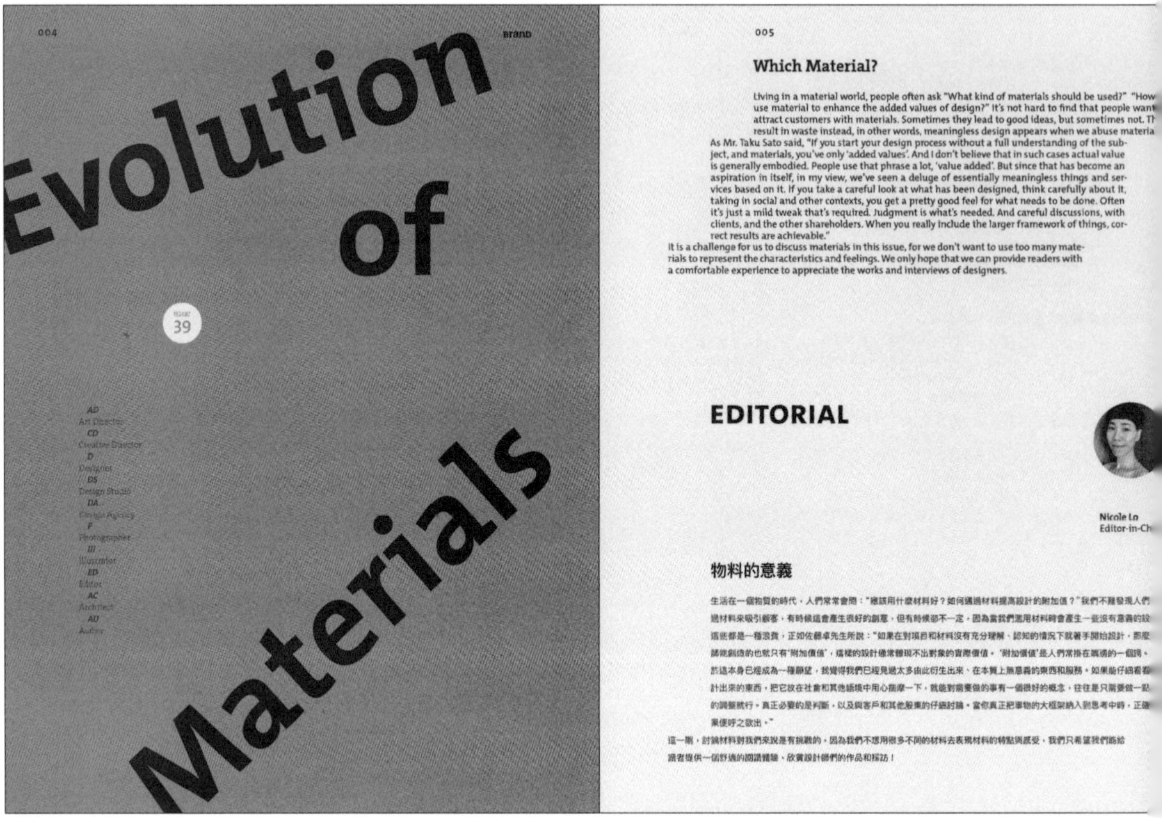
004 BRAND

Evolution of Materials

ISSUE 39

AD
Art Director
CD
Creative Director
D
Designer
DS
Design Studio
DA
Design Agency
P
Photographer
Ill
Illustrator
ED
Editor
AC
Architect
AU
Author

005

Which Material?

Living in a material world, people often ask "What kind of materials should be used?" "How use material to enhance the added values of design?" It's not hard to find that people want attract customers with materials. Sometimes they lead to good ideas, but sometimes not. Th result in waste instead, in other words, meaningless design appears when we abuse materia

As Mr. Taku Sato said, "If you start your design process without a full understanding of the subject, and materials, you've only 'added values'. And I don't believe that in such cases actual value is generally embodied. People use that phrase a lot, 'value added'. But since that has become an aspiration in itself, in my view, we've seen a deluge of essentially meaningless things and services based on it. If you take a careful look at what has been designed, think carefully about it, taking in social and other contexts, you get a pretty good feel for what needs to be done. Often it's just a mild tweak that's required. Judgment is what's needed. And careful discussions, with clients, and the other shareholders. When you really include the larger framework of things, correct results are achievable."

It is a challenge for us to discuss materials in this issue, for we don't want to use too many materials to represent the characteristics and feelings. We only hope that we can provide readers with a comfortable experience to appreciate the works and interviews of designers.

EDITORIAL

Nicole Lo
Editor-in-Ch

物料的意義

生活在一個物質的時代，人們常常會問："應該用什麼材料好？如何通過材料提高設計的附加值？"我們不難發現人們過材料來吸引顧客，有時候這會產生很好的創意，但有時候卻不一定，因為當我們濫用材料時會產生一些沒有意義的設這些都是一種浪費，正如佐藤卓先生所說："如果在對項目和材料沒有充分理解、認知的情況下就著手開始設計，那麼師能創造的也就只有'附加價值'，這樣的設計通常體現不出對象的實際價值。'附加價值'是人們常掛在嘴邊的一個詞，於這本身已經成為一種願望，我覺得我們已經見過太多由此衍生出來、在本質上無意義的東西和服務。如果能仔細看看計出來的東西，把它放在社會和其他語境中用心揣摩一下，就能對需要做的事有一個很好的概念，往往是只需要做一點的調整就行。真正必要的是判斷，以及與客戶和其他股東的仔細討論。當你真正把事物的大框架納入到思考中時，正確果便呼之欲出。"

這一期，討論材料對我們來說是有挑戰的，因為我們不想用很多不同的材料去表現材料的特點與感受，我們只希望我們能給讀者提供一個舒適的閱讀體驗，欣賞設計師們的作品和採訪！

2

BranDesign

Dialogue with KASHIWA SATO

佐藤可士和　創意指導 / 藝術指導

1965年生於日本東京。畢業於多摩美術大學平面設計系，畢業後進入日本最大的廣告公司博報堂任職11年。於2000年成立創意工作室SAMURAI（為"武士"之意）。佐藤可士和曾主導優衣庫、本田、7-11、洋馬、樂天等大品牌的設計，是全球知名的創意指導，為設計界帶來全新的視覺盛宴。從概念設計、制定溝通策略，到創作標誌，佐藤作為品牌設計師，對設計對象的甄別、可視化構建和提煉能力得到了各領域專業人士的廣泛認

Kashiwa Sato
Creative / Art Director

Born in Tokyo in 1965, Kashiwa Sato graduated from Tama Art University. He has 11-year experience in Hakuhodo, one of the largest advertising agencies in Japan. Kashiwa established his own creative studio, SAMURAI in 2000.
One of the world's leading creative directors (for Uniqlo, Honda, Seven Eleven, Yanmar, Rakuten and others), Kashiwa delivers a fresh perspective on design to the world. From designing concepts and crafting communication strategies to creating logos, Kashiwa's abilities as a brand architect to identify, visualize, and distill the essence of the subject is highly acclaimed in a wide range of fields.

013

MATERIAL-BUILT BRANDS

Interviewer & Editor
Virginia Ruan

Everything Around is Design Medium

身外之物皆為設計媒介

您和團隊的工作空間極簡高效，在設計中您也會傾向於選擇簡單易操作的材料嗎？在材料選用方面有沒有什麼標準？

武士工作室的概念在於"展示間"，不是普通意義的"工作間"。所以我們很注重保持工作室的簡單清爽，這樣我們可以隨時檢視、回顧設計出來的作品。我們也想對在這個辦公環境裡的工作方式進行"設計"，這樣的工作環境對創作者來說才是最好的。材料方面，我個人最喜歡的是木頭、白牆和玻璃。

您說您的作品大致分成一次性的和可以重現的兩種類型，這兩種類型的作品是否選擇不同的材料去呈現？

我習慣關注設計的傳播性。不過現在有了互聯網和社交媒體網絡，人們能更便捷地獲取信息。這也讓我們不禁想到，無法複製的東西才真正具有高價值。換句話說，你想看到它，得去它所在的地方；想體驗它，也要到它所在的地方去。出於這個想法，我對品牌構建的理念也往這方面發生了轉變。最近我會有一些新的作品，包括有田燒瓷繪畫、空間環境設計。

The working space for you and your team is highly simplified and efficiently-used. When it comes to design, do you have a preference for simple and easy-to-handle materials? Do you adhere to any criterion in material selection?
The concept of SAMURAI Studio is a "show room", not ordinary "working space". Thus, we carefully keep this studio simple and clear so that nothing prevents us from reviewing and checking our works thoroughly. Also we intend to "design" how to work in our office environment which is the best for creators. My favorite materials are wood, white walls and glass.
You classify your designs roughly into one-off works and those that can be reproduced. Will you opt for different materials to represent these two categories?
I used to focus on the diffusing powers of my designs. However, now we have Internet and social media network, so it becomes easier for people to obtain information. And it makes us think that the only one thing that you cannot reproduce has very high values. In other words, I might say, if you want to see it, you have to visit where it is, or, if you would like to experience it, you have to go where it is. Thus, my idea of branding now is shifting to realize this idea. You can see it in the drawings of Arita porcelain and space or environmental designs of my latest works.
We can see you are keen to use bold colors and abstract symbols to create a concise, bright and positive style. How have you developed this style?
As a creator, I think having a unique way to deal with creativity, or deeply understand creativity is very important. I am trying various ways or methods to express my new ideas and images. However, if my works create impressions of "bold colors and abstract symbols", it's because I always want to create things that you will never forget once you see them.
You favor cooperation with brands that have a global vision. What pleases you herein?
I think doing business in the global market is a natural tendency for high-level companies now. "Does this client

B New 11×16 XXL Studio
3 BranD 39 期

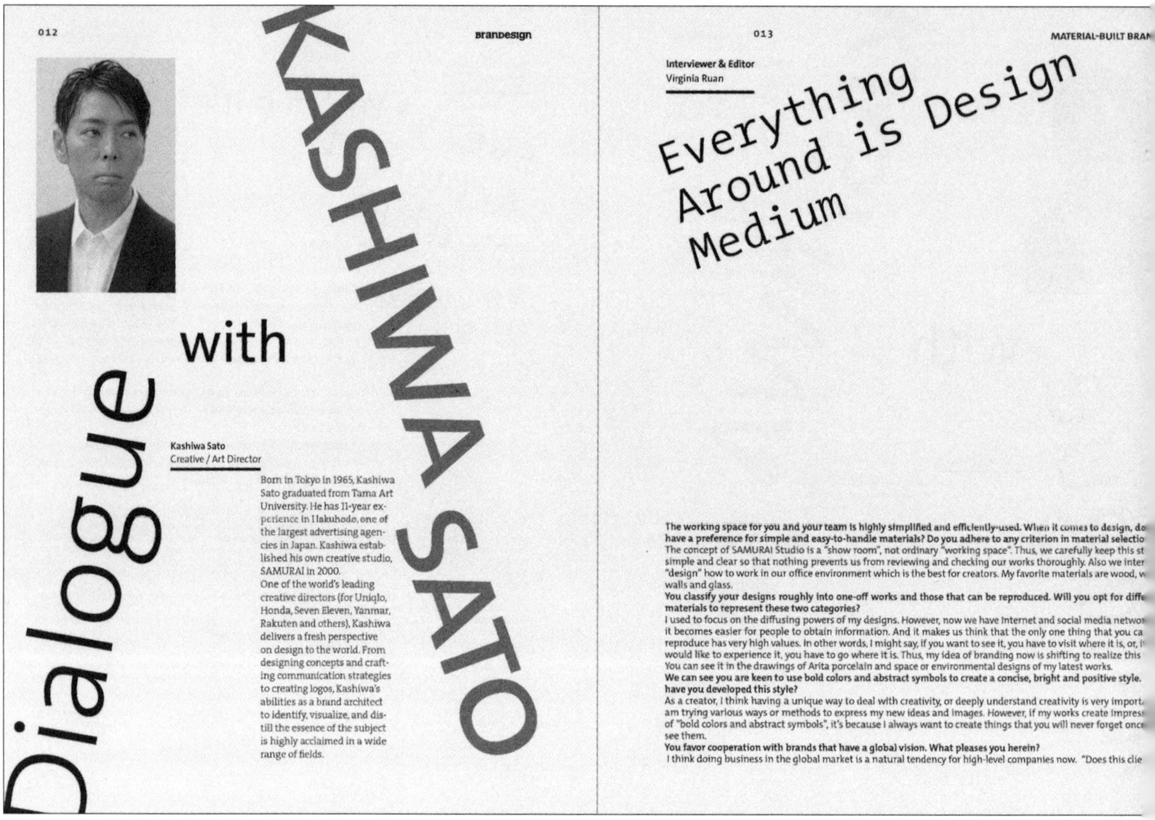
012 BranDesign

Dialogue with KASHIWA SATO

Kashiwa Sato
Creative / Art Director

Born in Tokyo in 1965, Kashiwa Sato graduated from Tama Art University. He has 11-year experience in Hakuhodo, one of the largest advertising agencies in Japan. Kashiwa established his own creative studio, SAMURAI in 2000.
One of the world's leading creative directors (for Uniqlo, Honda, Seven Eleven, Yanmar, Rakuten and others), Kashiwa delivers a fresh perspective on design to the world. From designing concepts and crafting communication strategies to creating logos, Kashiwa's abilities as a brand architect to identify, visualize, and distill the essence of the subject is highly acclaimed in a wide range of fields.

013 MATERIAL-BUILT BRA

Interviewer & Editor
Virginia Ruan

Everything Around is Design Medium

The working space for you and your team is highly simplified and efficiently-used. When it comes to design, do have a preference for simple and easy-to-handle materials? Do you adhere to any criterion in material selectio
The concept of SAMURAI Studio is a "show room", not ordinary "working space". Thus, we carefully keep this st simple and clear so that nothing prevents us from reviewing and checking our works thoroughly. Also we inter "design" how to work in our office environment which is the best for creators. My favorite materials are wood, w walls and glass.
You classify your designs roughly into one-off works and those that can be reproduced. Will you opt for diffe materials to represent these two categories?
I used to focus on the diffusing powers of my designs. However, now we have Internet and social media netwo it becomes easier for people to obtain information. And it makes us think that the only one thing that you ca reproduce has very high values. In other words, I might say, if you want to see it, you have to visit where it is, or, i would like to experience it, you have to go where it is. Thus, my idea of branding now is shifting to realize this You can see it in the drawings of Arita porcelain and space or environmental designs of my latest works.
We can see you are keen to use bold colors and abstract symbols to create a concise, bright and positive style. have you developed this style?
As a creator, I think having a unique way to deal with creativity, or deeply understand creativity is very import am trying various ways or methods to express my new ideas and images. However, if my works create impres of "bold colors and abstract symbols", it's because I always want to create things that you will never forget onc see them.
You favor cooperation with brands that have a global vision. What pleases you herein?
I think doing business in the global market is a natural tendency for high-level companies now. "Does this clie

shiwa Sato worked on the development of a new company name, new logo and new package sign for the flagship product "Hakuryu (White Dragon)" of Miwa Yamamoto, a Tenobe men (hand-stretched Japanese thin wheat noodles) company in Nara Prefecture. In ght of potential future expansion of the company's product line-up, Kashiwa proposed simplified company name, changing "Miwa Somen Yamamoto" to "Miwa Yamamoto". Kashiwa pressed the company's rich history, dating back more than 300 years, and intertwined with the ancient city of Nara, into the company's new logo based on its seal design. akuryu" has been packaged in simple, sharp, white cartons, symbolic of the unique d refined level of skills behind Miwa Yamamoto's ultrafine noodles.

HAKURYU

AD
YOSHIKI OKUSE

CD
KASHIWA SATO

DS
SAMURAI INC.

P
NAHOKO MORIMOTO

2016

藤可士和為Miwa Yamamoto公司設計新名字、新標誌和旗艦產品“白龍”的新包裝，該公司主要產品奈良風味的日式手拉小麥細麵。根據公司產品的未來拓展計劃，佐藤提出了一個簡單的公司命名提案，“Miwa Somen Yamamoto”改成“Miwa Yamamoto”。他將公司超過300年的豐富歷史與奈良的古城氣氛融入到了公司新的印章標誌中。“白龍”包裝在簡單、銳利的白色紙盒中，象徵著Miwa namoto超細麵條背後獨特的技術水平。

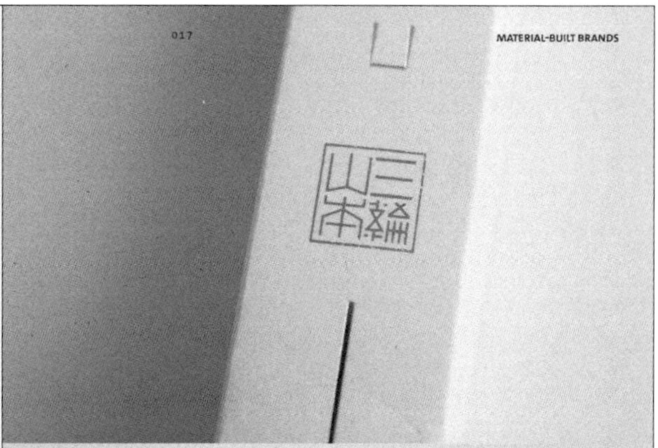

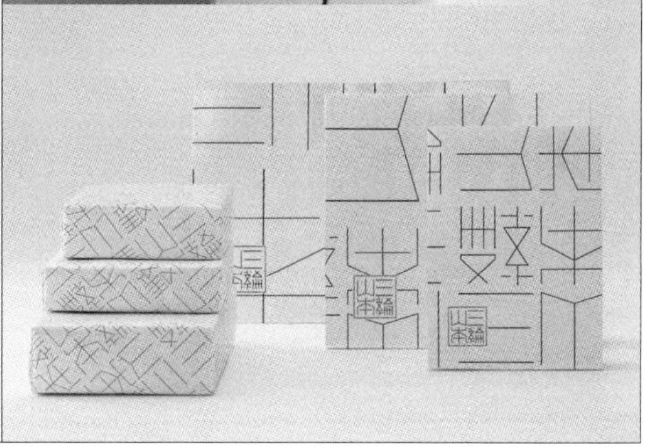

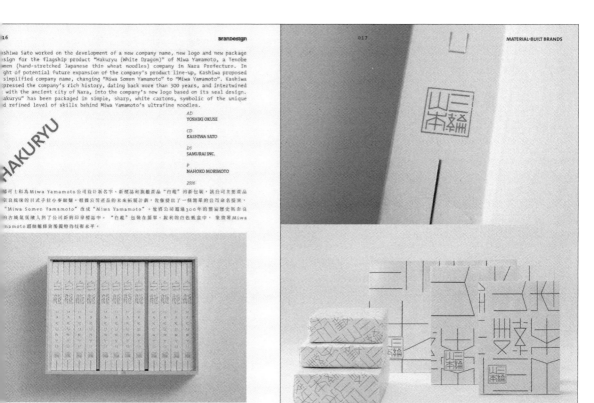

B New 11×16 XXL Studio
3 BranD 39 期

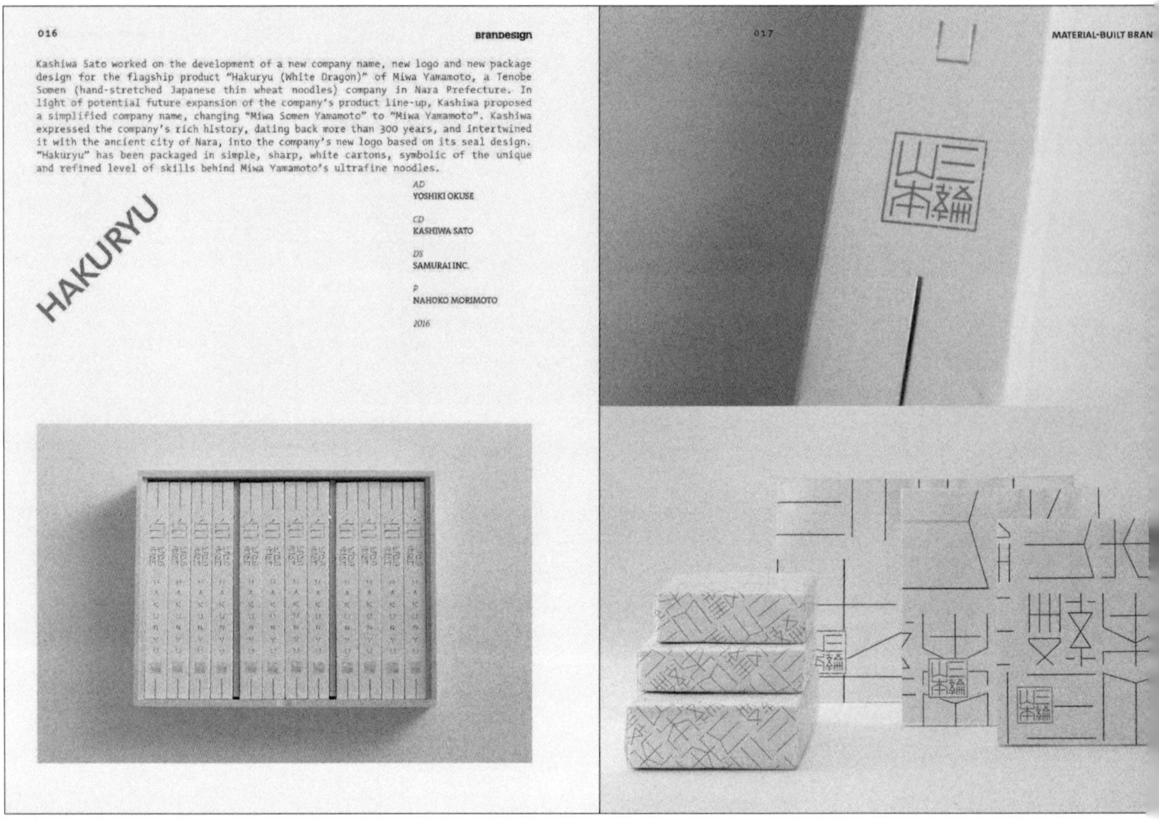

016 BranDesign

Kashiwa Sato worked on the development of a new company name, new logo and new package design for the flagship product "Hakuryu (White Dragon)" of Miwa Yamamoto, a Tenobe Somen (hand-stretched Japanese thin wheat noodles) company in Nara Prefecture. In light of potential future expansion of the company's product line-up, Kashiwa proposed a simplified company name, changing "Miwa Somen Yamamoto" to "Miwa Yamamoto". Kashiwa expressed the company's rich history, dating back more than 300 years, and intertwined it with the ancient city of Nara, into the company's new logo based on its seal design. "Hakuryu" has been packaged in simple, sharp, white cartons, symbolic of the unique and refined level of skills behind Miwa Yamamoto's ultrafine noodles.

HAKURYU

AD
YOSHIKI OKUSE

CD
KASHIWA SATO

DS
SAMURAI INC.

P
NAHOKO MORIMOTO

2016

017 MATERIAL-BUILT BRAN

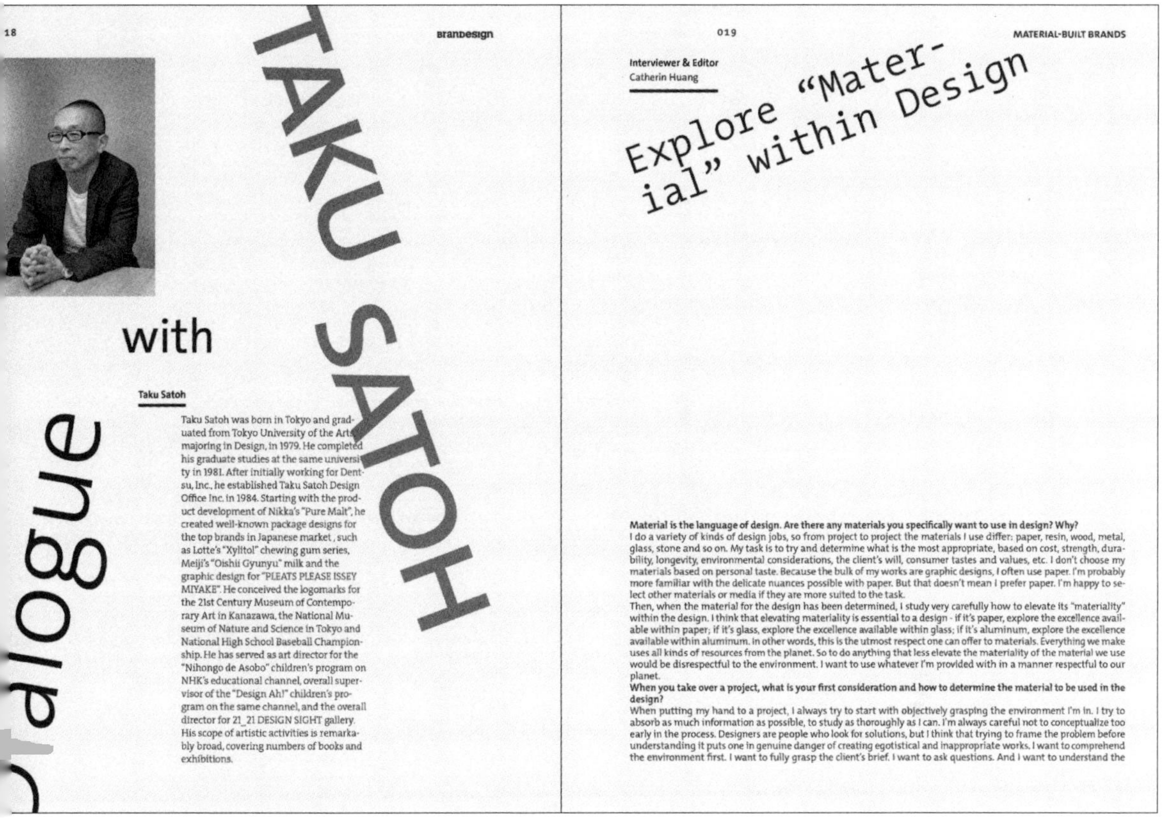

18 BranDesign

Dialogue with TAKU SATOH

Taku Satoh

Taku Satoh was born in Tokyo and graduated from Tokyo University of the Arts, majoring in Design, in 1979. He completed his graduate studies at the same university in 1981. After initially working for Dentsu, Inc., he established Taku Satoh Design Office Inc. in 1984. Starting with the product development of Nikka's "Pure Malt", he created well-known package designs for the top brands in Japanese market , such as Lotte's "Xylitol" chewing gum series, Meiji's "Oishii Gyunyu" milk and the graphic design for "PLEATS PLEASE ISSEY MIYAKE". He conceived the logomarks for the 21st Century Museum of Contemporary Art in Kanazawa, the National Museum of Nature and Science in Tokyo and National High School Baseball Championship. He has served as art director for the "Nihongo de Asobo" children's program on NHK's educational channel, overall supervisor of the "Design Ah!" children's program on the same channel, and the overall director for 21_21 DESIGN SIGHT gallery. His scope of artistic activities is remarkably broad, covering numbers of books and exhibitions.

019 MATERIAL-BUILT BRANDS

Interviewer & Editor
Catherin Huang

Explore "Material" within Design

Material is the language of design. Are there any materials you specifically want to use in design? Why?

I do a variety of kinds of design jobs, so from project to project the materials I use differ: paper, resin, wood, metal, glass, stone and so on. My task is to try and determine what is the most appropriate, based on cost, strength, durability, longevity, environmental considerations, the client's will, consumer tastes and values, etc. I don't choose my materials based on personal taste. Because the bulk of my works are graphic designs, I often use paper. I'm probably more familiar with the delicate nuances possible with paper. But that doesn't mean I prefer paper. I'm happy to select other materials or media if they are more suited to the task.

Then, when the material for the design has been determined, I study very carefully how to elevate its "materiality" within the design. I think that elevating materiality is essential to a design - if it's paper, explore the excellence available within paper; if it's glass, explore the excellence available within glass; if it's aluminum, explore the excellence available within aluminum. in other words, this is the utmost respect one can offer to materials. Everything we make uses all kinds of resources from the planet. So to do anything that less elevate the materiality of the material we use would be disrespectful to the environment. I want to use whatever I'm provided with in a manner respectful to our planet.

When you take over a project, what is your first consideration and how to determine the material to be used in the design?

When putting my hand to a project, I always try to start with objectively grasping the environment I'm in. I try to absorb as much information as possible, to study as thoroughly as I can. I'm always careful not to conceptualize too early in the process. Designers are people who look for solutions, but I think that trying to frame the problem before understanding it puts one in genuine danger of creating egotistical and inappropriate works. I want to comprehend the environment first. I want to fully grasp the client's brief. I want to ask questions. And I want to understand the

051

B New 11×16 XXL Studio
3 BranD 39 期

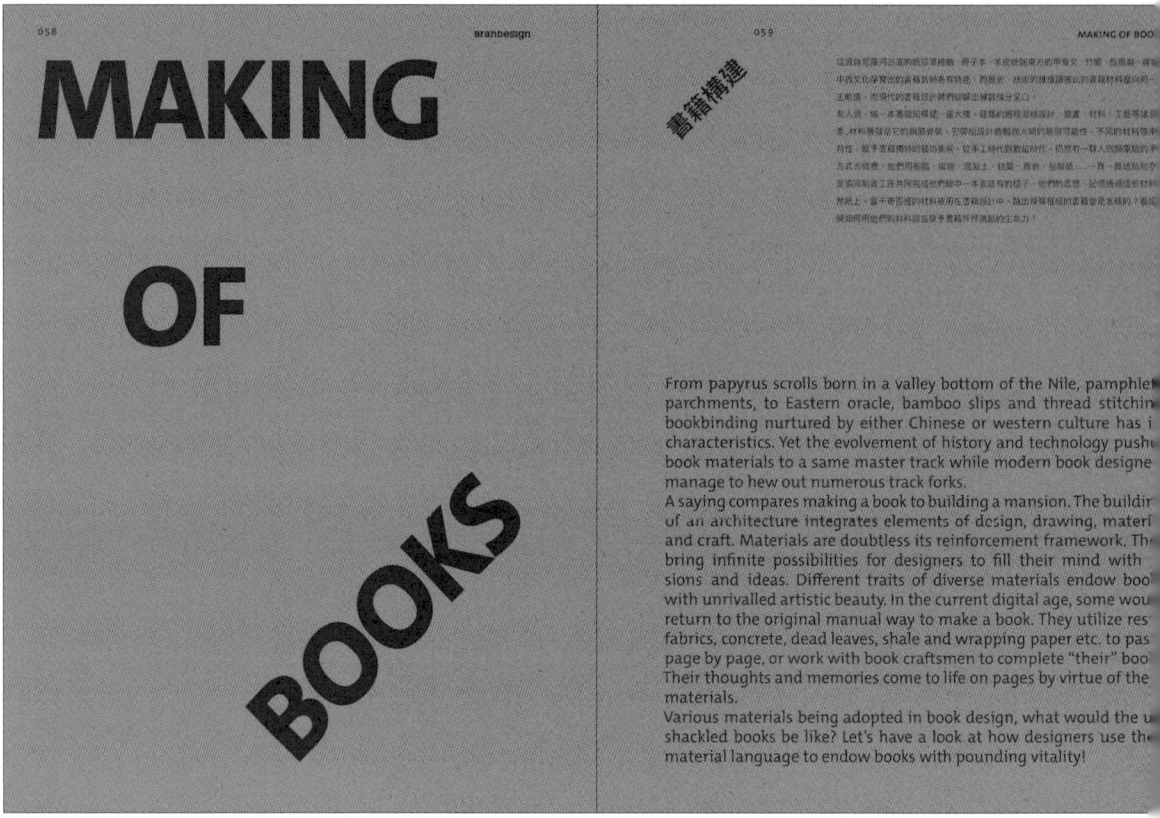
058
BranDesign
MAKING
OF
BOOKS
059
MAKING OF BOO
書籍構建
From papyrus scrolls born in a valley bottom of the Nile, pamphle
parchments, to Eastern oracle, bamboo slips and thread stitchin
bookbinding nurtured by either Chinese or western culture has i
characteristics. Yet the evolvement of history and technology push
book materials to a same master track while modern book designe
manage to hew out numerous track forks.
A saying compares making a book to building a mansion. The buildir
of an architecture integrates elements of design, drawing, materi
and craft. Materials are doubtless its reinforcement framework. Th
bring infinite possibilities for designers to fill their mind with
sions and ideas. Different traits of diverse materials endow boo
with unrivalled artistic beauty. In the current digital age, some wou
return to the original manual way to make a book. They utilize res
fabrics, concrete, dead leaves, shale and wrapping paper etc. to pas
page by page, or work with book craftsmen to complete "their" boo
Their thoughts and memories come to life on pages by virtue of the
materials.
Various materials being adopted in book design, what would the u
shackled books be like? Let's have a look at how designers use th
material language to endow books with pounding vitality!

图 B3-4 版面网格系统

B New 11×16 XXL Studio

3 BranD 39 期

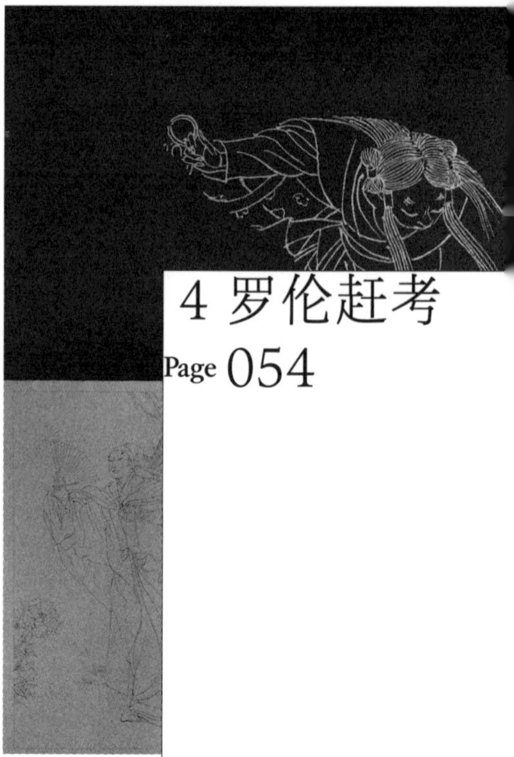

4 罗伦赶考

Page 054

2017 年，我们受上海人民美术出版社康健老师委托，要以 13 幅连环画为主题设计一本书。设计成多大的开本？怎么讲好 13 幅连环画的“故事”？在决定把开本定为 8 开后，连环画阅读群体能接受 8 开的书吗？ 8 开比起 64 开的“小人书”能把定价控制在被读者接受的范围之内吗？我们要为甲方解决的是这一系列问题。

《罗伦赶考》的文本仅仅是高云先生的 13 幅连环画和蔡小容女士针对这 13 幅画面的评论，就文本内容而言，设计成一本丰富饱满的书，成本又必须控制在一定范围之内，对编辑设计来说实在是一种挑战。为此，这本书在我们工作室的案头停留了两年之久。我们长久凝视着这 13 幅画面，直到它不再是具象的画面，抽象为汉字流动排版的点、线、面（图 B4-1）。设计流动排版的目的是，使文字排版和画面融为一体，为阅读增添艺术气息。随流动排版在一起的 13 幅图画，用 1:1 的原大尺寸印刷在纯质纸上，使这 13 幅图画都可以揭下装裱在镜框里。

我们还对 13 幅图画的阅读方式进行了新的尝试：将尺寸为 185×125mm 的连环画，放大到 392×260mm，用潘通（PANTONE）色印刷在很便宜的黑卡纸上，局部还有超过原作数倍的放大，延长了观看画面的明视距离。

2019 年，我们工作室为上海人民美术出版社设计了两本不同于既往范式的新式“连环画”。这两本书都得到了读者的厚爱，《许茂和他的女儿们》在销售期间获得良好的市场反响，而《罗伦赶考》发行一周即告售罄。获得读者喜爱要归功于作者和编辑，但我们也把畅销看作是对设计师的最佳回馈，是对我们 XXL Studio 今后设计的新要求。

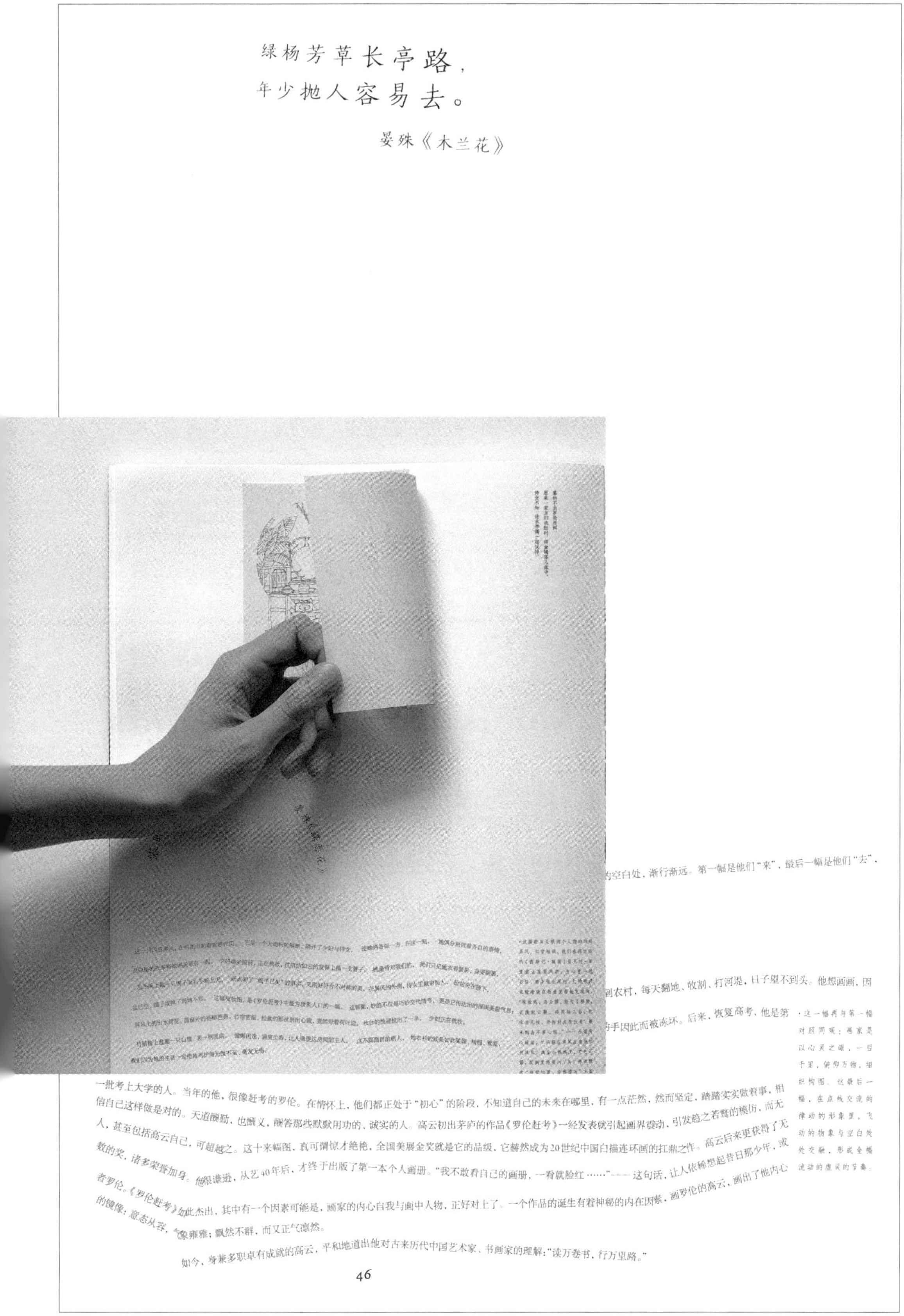

图 B4-1 文本的流动排版

原著：孙恒年
改编：羡智　绘画：高云
图说：蔡小容
书籍设计：XXL Studio
刘晓翔 + 洪叶
正文页数：64 页
装订：裸背装
出版发行：
上海人民美术出版社
印装：
北京雅昌艺术印刷有限公司
版次：2019 年 8 月第 1 版
ISBN 978-7-5586-1195-7
定价：178.00 元

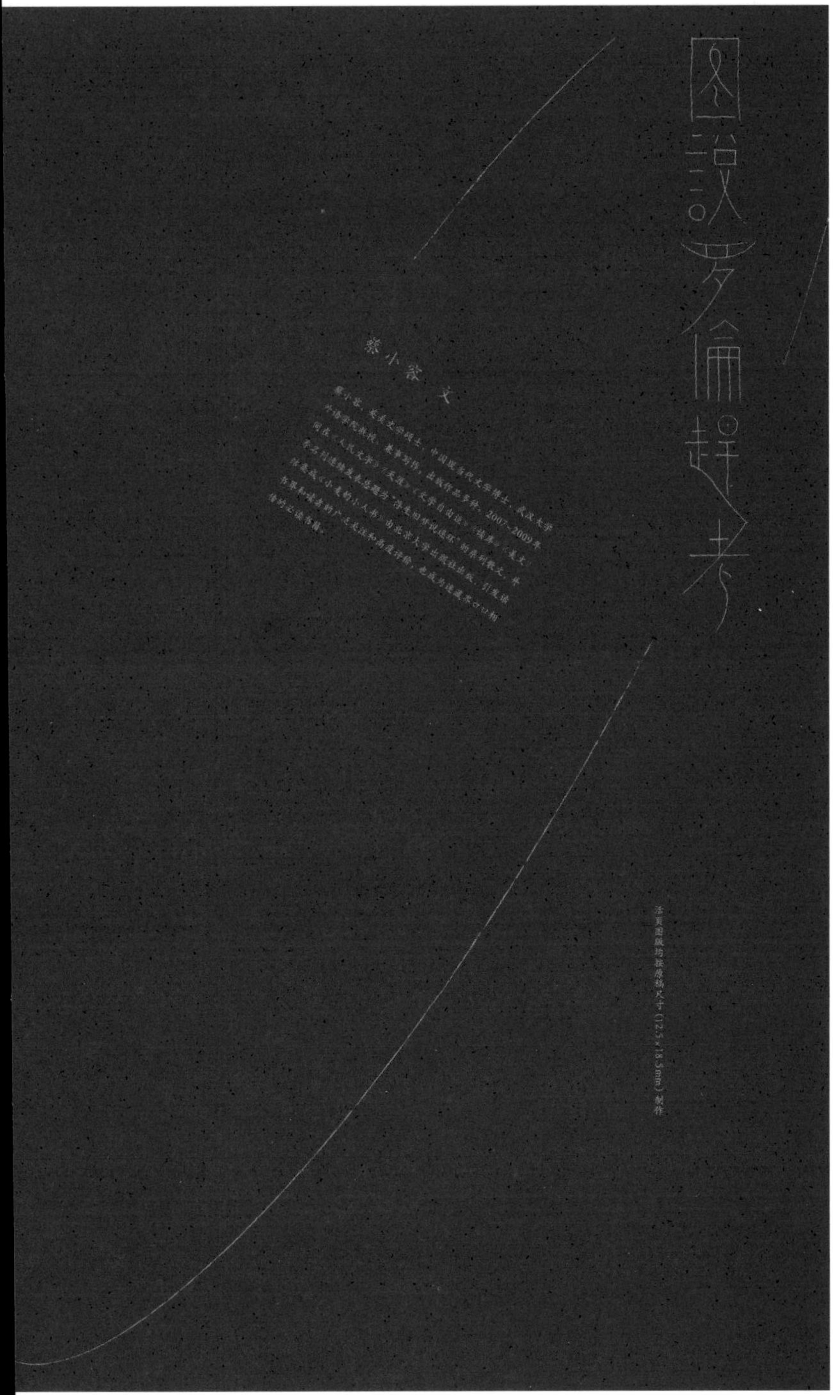

057

B New 11×16 XXL Studio
4 罗伦赶考

明朝年间，
书生罗伦，
携仆人进京赴试。

》13幅，此为起笔。画的起笔，也是故事主人公的出发点。书生罗伦，携仆僮进京赴试。京城路遥，人生漫长。起笔有万千的准备，却不能表达太多，所以这幅图中有大片的留白，在画面的上方和下方，各三分之一。横

构图中，物象的布局不代
实位置和构架，空间不取
。构图反映人的心灵对万
物象深藏，纳于一隅。溪
，是必然的。空是物的外
出空白，才能抵达无限。
万物的内部，参与了万象
白，使得画面中虚实相生，
构成缥缈浮动的氤氲气韵。

贯于中部的，是密密匝匝的屋舍，屋舍都只露出它们的顶，屋顶均由密实的瓦所覆盖，由此，画家蕴蓄着力量的线条，就集中于对屋顶瓦片的勾勒。勾勒出的屋舍也是局部，省略未完的部分继续在空白中延伸，引人想象。

人物出场在画面的下方，是远景，书生与小僮，一骑马，一挑担，书生以扇指路向前，他的扇子与小僮的担子，角度微妙地平行着，使得主仆同心一体，而主人马前的一丛树叶，是压住他俩身姿造型的韵脚，缺之不可。

长安古道马迟迟。

柳永
《少年游》

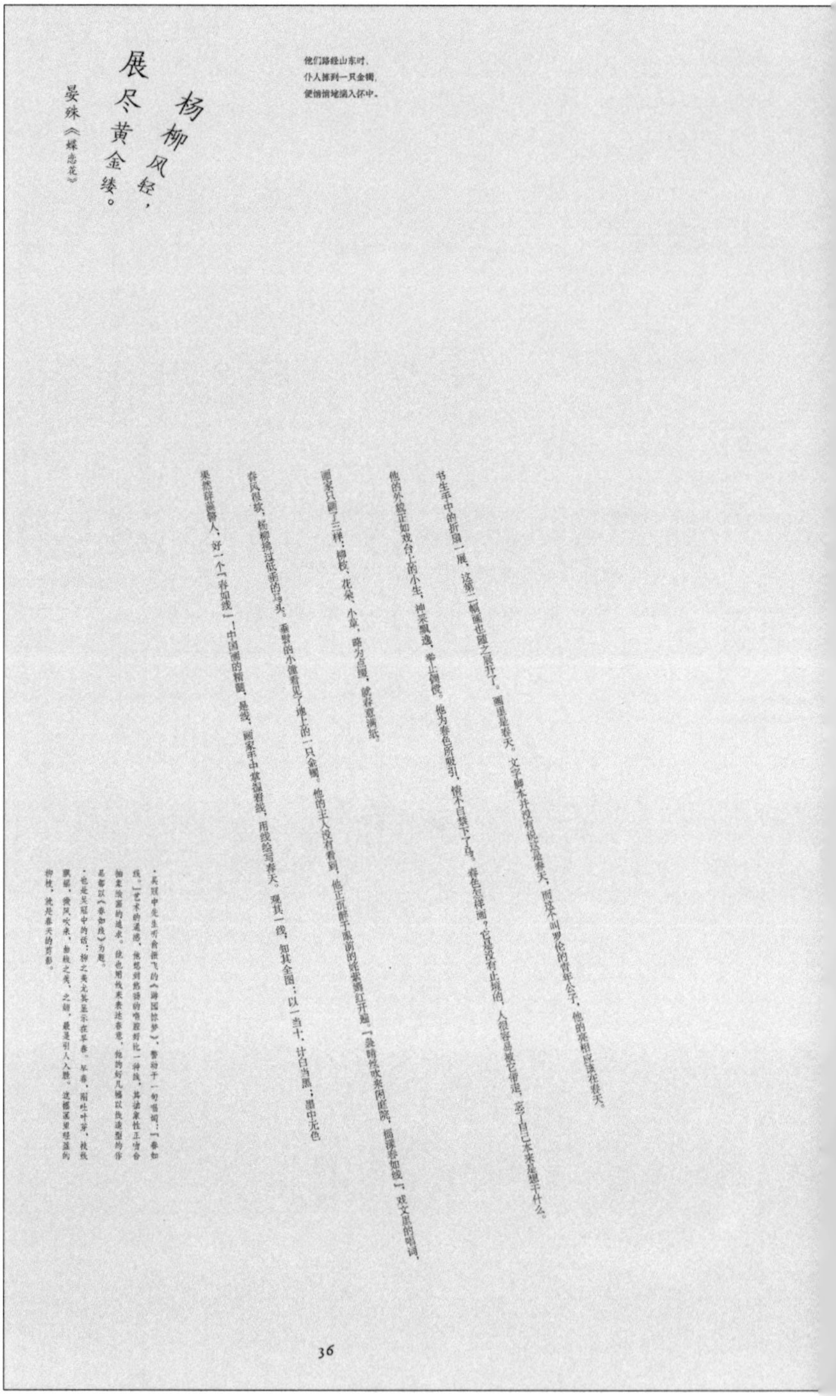

杨柳风轻，展尽黄金缕。

晏殊《蝶恋花》

他们路经山东时，
仆人拣到一只金镯，
便悄悄地揣入怀中。

书生手中的折扇一展，这第二幅画也随之展开了。画里是春天。文字脚本并没有说这是春天，而这个叫罗伦的青年公子，他的亮相应该在春天。

他的外貌正如戏台上的小生，神采飘逸，举止倜傥。他为春色所吸引，情不自禁下了马。春色怎样画？它是没有止境的，人很容易被它带走，忘了自己本来是想干什么。

画家只画了三样：柳枝、花朵、小草，略为点缀，就春意满纸。

春风很软，杨柳拂过低垂的马头。垂髫的小僮看见了地上的一只金镯。他的主人没有看到，他正沉醉于眼前的姹紫嫣红开遍。『袅晴丝吹来闲庭院，摇漾春如线』，戏文里的唱词，

果然辞藻警人，好一个『春如线』！中国画的精髓，是线，画家手中掌握着线，用线绘写春天。观其一线，知其全图；以一当十，计白当黑；墨中无色

·吴冠中先生听俞振飞的《游园惊梦》，警句于一句唱词：『春如线。』艺术的灵感，他想到熟语的唱腔好比一种线，其抽象性正吻合抽象绘画的追求。他也用线来表述春意，他的好几幅以线造型的作品都以《春如线》为题。

·也是吴冠中的话：柳之美尤其显示在早春。早春，刚吐叶芽，枝枝飘摇，微风吹来，每枝之美、之韵，最是引人入胜。这幅画里轻盈的柳枝，就是春天的剪影。

36

叹架构成画面背景，这是客栈。有脸盆架，有靠背椅，有大圆桌配着小圆凳。琴与剑束之于墙；挑灯夜读，书卷还未看完。书生褪去了头巾，手中握一

—— 此时，折扇是不适宜的 —— 可能是算盘珠拨弄出的结果使他焦躁，他双肩微耸，兴许有汗。相比于书卷的清凉，俗务的算计使他不耐。舒缓的

正将床边的帐幔拢起 —— 舞台场景中配角人物的合适动作 —— 一边漫不经心地看主人算账。“怎么了？”他算得个贴心的僮儿。“…… 恐盘费不够

坦白地对他。

过了五六日，

罗伦在店中盘点行资，双眉紧皱。

仆人问他为何忧愁，罗伦说，

「到达京城，尚需时日，恐路费不够了。」

洒空阶，夜阑未休。

周邦彦《琐窗寒》

仆人得意地说：
"相公不必忧虑，我在山东拾到一只金镯，
把它卖掉，足足够了。"

小僮得意了。从怀里掏出那只捡来的金镯，捧在手里，灿然生光。这，哪里来的？捡来的 —— 路边看到这个，当然捡起来咯，
不管它是个玩意儿还是金子。现在主人缺少盘缠，就把它卖掉，足足够了。小僮并不贪心，他只是天真。

如果把他描画得私心浓重，会不甚协调，一个高标清逸的书生，不应有猥琐难看的仆从，仆是主的影子呀。而小僮的得色，
映衬他主人的神态尤其分明：一个忠厚、堂正的书生。书生愕然了。他下意识地举起手，仿佛是一个"不"的手势，
金子动不了他的心，是他认为事情严重。小僮说：这是在山东拾的。—— 山东，那有多远了？

风流不在人知。

这幅图的取景角度是将上一幅旋转了90°，主仆站在窗前说话。从这个角度看过去，竹靠背椅、竹脸盆架显出

晁冲之《汉宫春》

木床的边线也整齐浑朴。大圆桌、小圆凳，线条令人舒适。宋代桌椅都是直线，明代家

横平竖直，弧度规整，一切都有

38

背景都省略，这一幅把左边一半都空出来，以突出罗伦的身段。他仿佛是刚刚一个急转身，襟袍的下摆还带有动势，向外发散，袍袖也舒张，表达着一个态度。这一个漂亮的身段，画家是怎样想来的？是从戏曲里吗——人物的动作以美感为追求，并以最佳角度在舞台呈现。姿态最美的一瞬间，的确给画家找到了。

我们同时还看到书生罗伦的面庞，是那样秀逸夺人。他一指轻点，应是在说一些道理，另一手握剑，表明其意已决，他要不计代价地折返。他们在收拾行装了，尽管小僮还在听着主人的说服，一大摞书籍已经被他胳膊抱着、下颌夹着收进箱奁。言必信，行必果，言出必行。在这幅图里，姿态美是第一位的，而画家用线的极佳发挥，在于小僮的垂发——真是精纯匀滑，流利畅达，线描的真功夫就在这毫发之间展露无遗。

罗伦勃然大怒，命仆人赶快备马，返回山东。仆人惊慌地说："再回山东，往返多日，也不误了您的考期？"

有年纪的方家说：线描不是一朝一夕就能画得好的，需要相当数量的磨炼。所以年轻人想画好线，非常困难。而画出《罗伦赶考》的年轻画家高云，他「拥有极为敏锐细腻的线描感应力，将其笔下线条掌控得如此秩序井然而又不失从容悠游，婉转优美却又不失古雅韵致」。

高云自己则说：线由情生。线有质量不易，有感情更难。而唯其有情——情思、情韵、情怀，这个简单的拾金不昧的小故事，才被他表达得曲折委婉。一幅幅画面充溢着江南丝竹的秀气，与扣人心弦的灵气。倘若换一个人来画，这个故事真没多少可画的。是高云的画笔充盈了这个故事，画得处处可圈可点。「天机云锦用在我，裁剪妙处非刀尺。」

一点浩然气，千里快哉风。

苏轼《水调歌头》

·中国传统的绘画艺术很早就采用虚实相结合的手法，删略背景的刻画，在一片空虚的背景上突出而集中地表现人物的行动姿态，如东晋顾恺之《女史箴图》、唐阎立本《步辇图》、宋李公麟《免胄图》等，皆用此法。这与中国传统的舞台艺术颇有相通之处。戏曲舞台上，布景往往十分简略，较少借助实物布置。如《秋江》表现船行江上，全靠船翁的一支桨，和陈妙常摇曳的舞姿，令观众神游江上。周信芳演萧何月下追韩信，一段唱腔，拜剑后一条腿高高跷起，这条"表情之腿"重有千钧，在空旷的舞台上效果达到了最大化。演员手持一根马鞭，即表示扬鞭策马，马虽无形，而演员尽兴展示了身段动作的真与美。

线的力量继续伸展。纯粹的线描语汇，钉头鼠尾描，铁线游丝描。曹衣出水，吴带当风。罗伦身后的长斗篷，飘拂的衣纹里带有风，足下的袍裾则如行云流水。这些充满语言的
任伯年，有陈老莲，有李公麟，甚至顾恺之，有中国两千多年的民族绘画传统。罗伦牵着马，小僮挑着担，主、仆、马三者保持着平行向前的态势，向左倾侧，小僮因为面对主人，
故尔后仰，被他挑着的箱奁也因惯性而倾斜，达成他们的动感中的统一节奏。花斑马的长尾，飒爽洒脱，描画它的线条再次游刃有余，笔笔精到，增之一分则长，减之一分则短，
的弧线也恰好符合我们心理中的美感期待。

周邦彦《琐窗寒》

少年羁旅。

风灯零乱，

他们是连夜起行的，从马厩里牵出马来，马厩里还点着一盏风灯。这盏深夜里的灯，想必画家高云很熟悉。十七八岁，他在农村插队的时候，每天凌晨4点起床，点起一盏油灯
对着一本《业余大学绘画教材》自学绘画。那盏灯还记得他，跟着他到这幅画里来了。

·张弛有致的格律与节奏，是采用不着墨。
节奏是宇宙中自然现象的一个基本原理。
寒来暑往，山川交错，风波起伏，历史兴亡。
绘画、书法艺术最讲节奏，诗歌讲律韵。
其表现为疏密、曲直、开合、顿挫、向背，
轮廓，也「随形赋彩，因势起伏，
如树木之枝叶扶疏，而彼此相让，
如流水之沦涟奔泻，而先后相承」。
在这一幅和其他图幅中，均可见草木花朵的浓淡、
疏密、阴阳向背相配称，和人物动作之高低、
长短、疾徐的相呼应。

罗伦压下怒火，耐心地对仆人说：
"丢失贵重物品的人，总是焦急万分，
甚至会出人命，非同小可，
宁肯误考，也要送还。"

40

仆人又羞又愧，
二话没说，备好马匹，
和罗伦急急忙忙返回山东。

夜寂静，寒声碎。

范仲淹《御街行》

大道，
上马疾行。

一道逶迤的石板桥，主仆二人正一前一后通过桥上的石牌门。这座石牌门必须在这里。试想将它拿掉，画面的远景与近景就断开了，视觉上缺少一个连接，心理上也缺少一个驿站。

夜深人静，因为静，这幅画里就有了声响，疾驰的马蹄踏过青石板，其声铿然。远处的村庄在沉睡。

了第一幅的叠合的画法，遥相呼应，碣石潇湘无限路。

果然不出罗伦所料，
原来一家主妇洗脸时，将金镯落入盆中。
侍女不知，连水带镯一起泼掉。

浓睡觉来莺乱语。

晏殊《蝶恋花》

这一爿四扇屏风，在构图中起着重要作用。 它是一个大面积的隔断，隔开了少妇与侍女， 使她俩各据一方，在这一刻， 她俩分别做着各自的事情，而隐秘的线索将她俩关联在一起。 少妇端坐镜前，正在梳妆，往绾结如云的发髻上插一支簪子。 她是背对我们的， 我们只见她衣香鬓影，身姿婀娜，左手腕上戴一只镯子而右手腕上无， 既点明了"镯子已失"的事实，又刚好符合不对称的美。在屏风的外侧，侍女正掀帘而入， 脸盆夹在腋下，盆已空，镯子泼掉了而她不知。 这幅梳妆图，是《罗伦赶考》中最为脍炙人口的一幅。 这幅画，妙的不仅是巧妙交代情节， 更是它传达出的深闺美丽气息：屏风上的出水荷花、圆窗外的杨柳芭蕉。竹帘密细，脸盆的形状别出心裁，竟然带着荷叶边。妆台的抽屉拉出了一半， 少妇正在梳妆。

竹躺椅上盘踞一只白猫、丢一柄团扇。 慵懒闲逸，满室生春，让人艳羡这房间的主人。 这不露面目的丽人， 她衣衫的线条如此柔婉、精细、繁复，我们以为她的生活一定把她呵护得无微不至、毫发无伤。

·这隔断并关联两个
屏风，似曾相识，我
的《西厢记·窥简》
莺莺立在屏风前，
书信，那是张生写的
来暗暗放在妆盒里等
"晚妆残，乌云鬓，
乱挽起云髻，将简
妆盒儿按，开拆封皮
来惹去不害心烦。"
心喑动，丫头躲在屏
何反应，偏生小姐端
露，反倒变脸责问了
在"经营位置、传移
的用心，这四扇屏风
引得后人偏摹习学，
伦赶考》，这幅梳妆
其后的《长生殿》又
长挂屏风前的杨玉环
髻，注了红脂，看
支持指抱腰身，添上
她这般妆扮，是要给
就站在屏风前，正在
是天子皇上，嗔人
魅。这番"窥美"
加异曲同工，隔着屏
一松跪一紧张，状态

42

恰到如今，天长漏永，无端自家疏隔。

柳永《浪淘沙慢》

左：主妇发觉后，怀疑金镯被侍女偷去，
百般拷打，逼她招承。

右：主妇的丈夫得知此事，又怀疑妻子有外遇，
定将金镯送与情夫，整日辱骂不休。

身来，情形就变了。
不起翻过来看它的背面。
分作两幅，这边，她在拷打侍女；
被丈夫辱骂。
现在两个场景中，要责罚人又要被责罚，可知人难做。
起家法，侍儿在下跪哀求。
幅，泼了水夹着空盆回房的侍女，脸上的神情空茫，
于做事无所思虑的状态，
忙完了思绪飘散的状态 —— 一个小侍女，
她自家的小心事，在忙碌的间隙里游过她的心口。
看见金镯，我们从她的神情就知道。
相信她？只有天可怜见。
的少妇，我们这回看清了她的面容，
不像她的背影那么美丽，
不相信她就是那个她呢。
见了她的丈夫的面目，原来是如此凶暴的一个人，

失的金镯，他连椅子都举起来了。
劝，他狠毒的言语已将他的妻子伤透。
鸡犬不宁，孩子吓得哭了，四邻都上门来劝解。
己的家中，人却没有了立足点。

自春来、

惨绿愁红，

芳心是事可可。

柳永《定风波》

小侍女蒙冤，被主妇说她偷了东西，主妇蒙冤，

被丈夫说她偷的是人。这两桩冤屈都狠，

正中她们的致命处。古代的女子，走不出家，

无路可走。而被逼着走上的绝路，

总有人把她们拉回来，世间再苦，也要在这世上挨！

画面非常拥挤，男男女女老老少少，乱乱一团。

背景也满，一长排木窗关上了，中间的一扇也正待关来。

木窗的纹理整齐，挂轴，看不真切。

看外面的春色被关来了，

背后的少妇被可爱来。幸亏的窗被打开透进的空气。

你的打扮，像是侍女，大抵是丫鬟，

两个女人原是悬梁的侍女被救下来了——家中的小丫头。

出现一条命，一线生一线死。

侍女和主妇有口难辩，

二人各怀冤屈之情，

正欲悬梁自尽，多亏发现得早，

才救得两条性命。

44

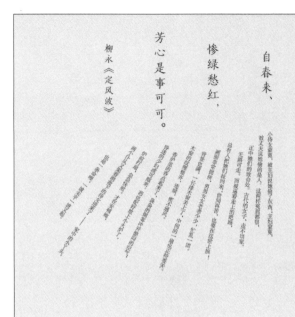

廾解之时，罗伦主仆赶到了。

原来事情真有可能如罗伦猜测的那样坏，他甘冒误考的风险，也要送还这只金镯，证明他是对的。此事才真正地惊动了四邻，

赴赶来看这桩奇事的人，

他们看见这风尘仆仆的少年，洒脱的披风，恳切的眼神。他郑重地将金镯交还给它的主人，主人的神情，是愕然了，也许还惭愧了……

无可奈何花落去，
似曾相识燕归来。
晏殊《浣溪沙》

生活的装饰，它究竟有多大用处不知道，反倒是有可能使得家庭破碎。

了少年的姓名，将来才有“状元还镯”的佳话流传。当时，他们只知道这个少年是

日还这只金镯还有可能误他前程。在他走后的数月或数年，

消息传来，他们才益发地感叹，感念这位状元郎。他中了状元，真是世间最完满的事！

明代的科举，有着“德行为本，文艺次之”的择人方针。状元都很注重道德修养，而身为状元，必得博古通今，文才优异。相对于应试的八股文而言，状元的策文更受重视。金殿对策是一种荣耀，状元策是状元一生中最重要、最引人注目的华彩篇章。成化二年（1466）殿试时，状元罗伦的试卷长达30幅，大学士李贤在读卷时跪得太久，竟然站不起来了。按惯例，状元对策必经删润之后才刻印颁行天下，唯有罗伦的策论一字未改，成为明代状元中最著名的殿试策。由此可见罗伦的心思缜密，从早年他对一只金镯的处理态度上，即露端倪。

这家人正闹得纷纷扰扰，
罗伦主仆寻讯赶到，送还金镯，
失主全家向罗伦主仆千恩万谢。

45

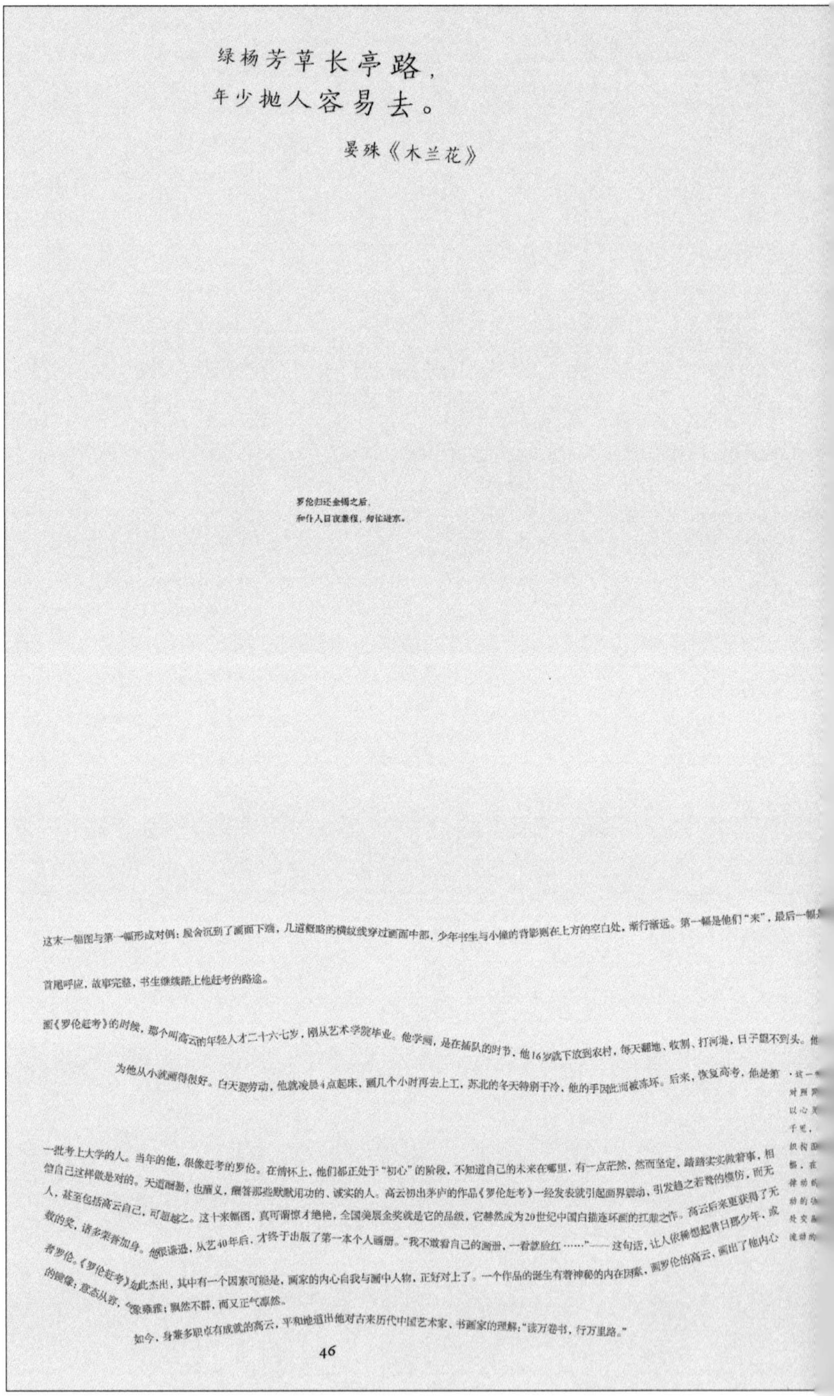

绿杨芳草长亭路，
年少抛人容易去。

晏殊《木兰花》

罗伦归还金镯之后，
和仆人日夜兼程，匆忙进京。

这末一幅图与第一幅形成对倒：屋舍沉到了画面下端，几道粗略的横纹线穿过画面中部，少年书生与小僮的背影则在上方的空白处，渐行渐远。第一幅是他们"来"，最后一幅是

首尾呼应，故事完整，书生继续踏上他赶考的路途。

画《罗伦赶考》的时候，那个叫高云的年轻人才二十六七岁，刚从艺术学院毕业。他学画，是在插队的时节，他16岁就下放到农村，每天翻地、收割、打河堤，日子望不到头。他

为他从小就画得很好。白天要劳动，他就凌晨4点起床，画几个小时再去上工，苏北的冬天特别干冷，他的手因此而被冻坏。后来，恢复高考，他是第

一批考上大学的人。当年的他，很像赶考的罗伦。在情怀上，他们都正处于"初心"的阶段，不知道自己的未来在哪里，有一点茫然，然而坚定，踏踏实实做着事，相信自己这样做是对的。天道酬勤，也酬义，酬答那些默默用功的、诚实的人。高云初出茅庐的作品《罗伦赶考》一经发表就引起画界震动，引发趋之若鹜的模仿，而无人，甚至包括高云自己，可超越之。这十来幅图，真可谓惊才绝艳，全国美展金奖就是它的品级，它赫然成为20世纪中国白描连环画的扛鼎之作。高云后来更获得了无数的奖，诸多荣誉加身。他很谦逊，从艺40年后，才终于出版了第一本个人画册。"我不敢看自己的画册，一看就脸红……"——这句话，让人依稀想起昔日那少年，或者罗伦。《罗伦赶考》如此杰出，其中有一个因素可能是，画家的内心自我与画中人物，正好对上了。一个作品的诞生有着神秘的内在因素，画罗伦的高云，画出了他内心的镜像：意态从容，气象雍雍；飘然不群，而又正气凛然。

如今，身兼多职卓有成就的高云，平和地道出他对古来历代中国艺术家、书画家的理解："读万卷书，行万里路。"

46

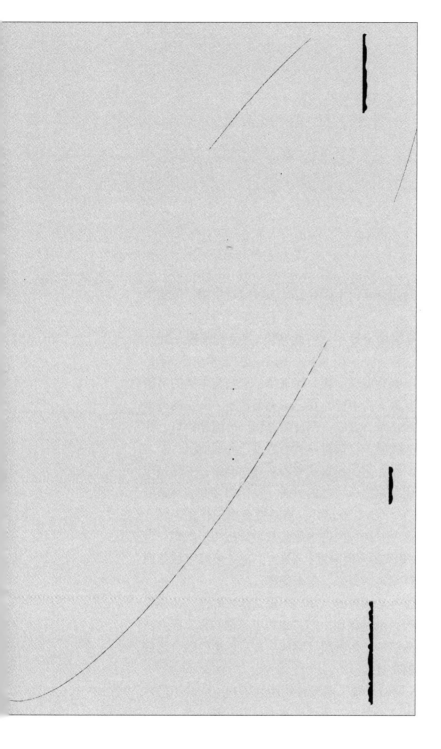

071

B New 11×16 XXL Studio
4 罗伦赶考

2018 年，XXL Studio 为北京燕山出版社设计了《锦衣罗裙　馆藏京城·西域传统服装研究》。

这几年 XXL Studio 为博物馆设计了《古韵钟声》《贞石永固　北京石刻艺术历史文化》《心在山水　17—20 世纪中国文人的艺术生活》《姑苏繁华录　苏州桃花坞木版年画特展作品集》等书籍，这些艺术类的书籍与文学、辞书等类型的书籍有很大的不同。在艺术类书籍里，文字的阅读只是其一。我认为把读者带入文本（文字、图片的总和）的阅读语境，注重视觉美，提升书籍作为物的质感，应该是此类书籍设计的倾向。

任何类型的书籍做多了，设计想法和形式都容易成为套路，尤其是甲方对已出版的同类型设计有比较高的认可度的时候，设计师会变成套路的奴隶，新的东西就不容易有了。XXL Studio 一贯秉持尊重工作室内每一位设计师的想法的原则，在这个原则下由艺术总监对设计把关，把每一位设计师的想象力和设计能力发挥到最大限度。《锦衣罗裙　馆藏京城·西域传统服装研究》的封面好似罗裙的裙摆，丝带飘飘。

本书使用细腻纤薄的纸张传达服装的气质，不规则的打孔方式和丝带系结的装订让本书看上去柔软且洒脱飘逸。印和烫的工艺相结合，配合泛着珠光的书名以及全书对于曲线的运用都将“锦衣”与“罗裙”的元素展现出来，成为具有鲜明个性的设计。

在排版上，《锦衣罗裙　馆藏京城·西域传统服装研究》依据不同内容排印出不同的文本样式。内文秀雅的字体使整本书显得优雅灵动。

图表设计将文本排印成“花团锦簇”的意象，把司空见惯的格式变得生动形象。

B New 11×16 XXL Studio
5 锦衣罗裙 馆藏京城·西域
传统服装研究

编者：北京艺术博物馆　哈密市博物馆
书籍设计：XXL Studio 刘晓翔 + 张宇
正文页数：172 页
装订：对折穿线
出版发行：北京燕山出版社有限公司
印装：北京雅昌艺术印刷有限公司
版次：2018 年 12 月第 1 版
ISBN 978-7-5402-5273-1
定价：498.00 元

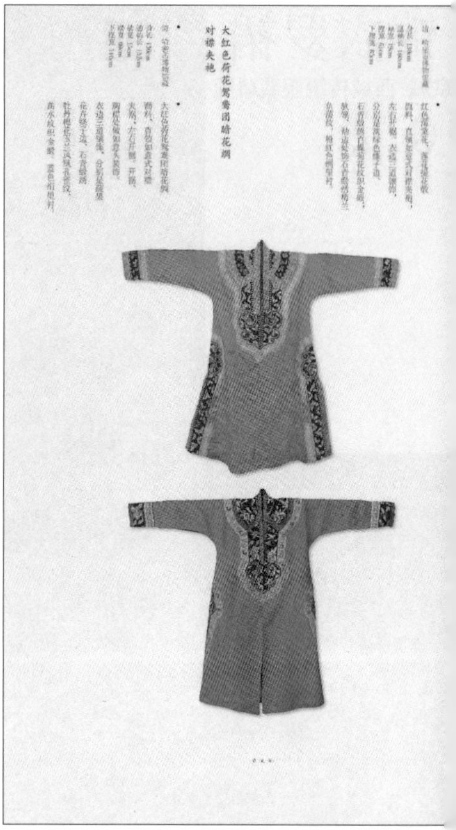

大红色暗花缎绣折枝花对襟夹袍

清 [illegible]

身长 105cm
通袖长 156cm
袖宽 13cm
腰宽 62cm
下摆宽 80cm

大红色暗花缎面料，绣牡丹、荷花、菊花、梅花等四季花卉；直领双如意式衣襟，左右开衩，开裾、前襟处嵌饰如意头装饰，衣边两道镶饰，分别是青地花卉纹绦子边、青地缠枝纹织锦绦，石青缎缘边，蓝色绸里衬。

橘黄色团花纹
暗花缎对襟夹袍

清 哈密市博物馆藏

衣长 107cm
通袖长 137cm
袖宽 17cm
腰宽 60cm
下摆宽 88cm

橘黄色团花纹暗花缎面料，直领如意式对襟夹袍，左右开衩，对襟、开衩处装饰如意云头，袄领、袖边以团窠菜花纹织金锦、绦子边装饰，紫色洋布里料。

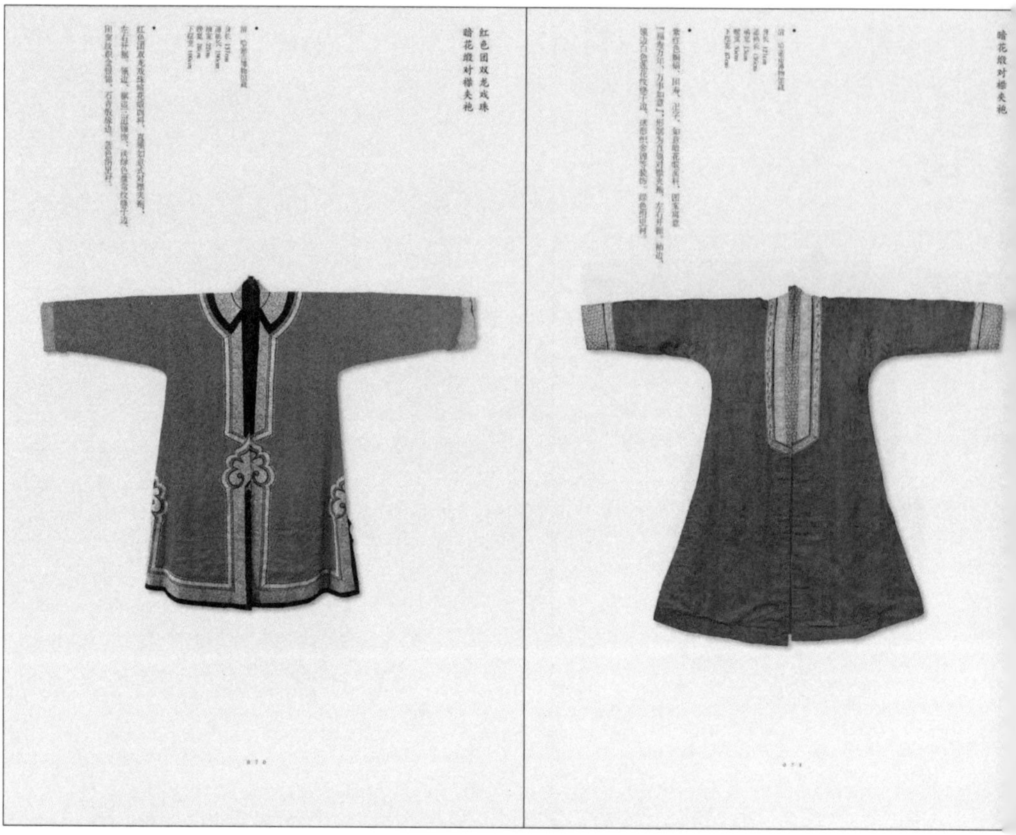
红色团双龙戏珠暗花缎对襟夹袍
暗花缎对襟夹袍

蓝色折枝花提花缎对襟棉袍

清 新疆[illegible]博物馆藏

身长 [illegible]
通袖长 [illegible]
袖宽 [illegible]
腰宽 [illegible]
下摆宽 [illegible]

蓝色折枝花提花缎面料，直领对襟棉袍，左右开衩，领边、袖边三道镶饰，宽锦纹绦子边，石青缎地绣蝶恋花牡丹，象花纹织金锦，绿色印花布里衬。

紫红色福寿纹暗花缎对襟夹袍

清 新疆[illegible]博物馆藏

身长 [illegible]
通袖长 [illegible]
袖宽 [illegible]
腰宽 [illegible]
下摆宽 [illegible]

紫红色福寿纹暗花缎面料，直领如意式对襟夹袍，左右开衩，领边、袖边三道镶饰：绦子边，石青缎地绣团四花卉纹，海水纹织金缎，对襟处挖花如意云头，边缘镶绸绦子边，蓝色布里衬。

清朝时期的西域，不同民族以多姿多彩的服装形式展示了服饰文化多样性的景观。经过对哈密地区清代遗存上衣的初步研究，可以看出其形制存着多元文化共融的特点。袄的形制通常为大襟、窄袖，身长一般比汉地袄短，袖也比汉地略长、窄。褂通常为对襟，直袖，圆领，扣区别于汉地。马褂、坎肩的镶饰融合了草原民族的审美，热烈、奔放。清代中央政府统一了新疆，大规模的屯垦实边，使进入西域汉人不断增加，也有执行军事任务的满族贵族携带家眷而来；兵屯、兵户、民户、商户、遣户与当地原住民的人员组成，使西域的服装发生了变化。这些服装遗存中，既有汉人的袄、褂、马褂、坎肩，也有维吾尔族人仿效汉服的上衣。

月白色绸绣海水江崖纹棉袄

清　哈密市博物馆藏

身长 [illegible]
通袖长 [illegible]
袖宽 [illegible]
腰宽 [illegible]
下摆宽 [illegible]

月白色绸面料，五彩丝线绣海水江崖、金龙、云、蝙蝠纹，立领右衽，左右开衩，棉袄。衣襟边三道镶饰：冰梅纹绦子边、石青缎地绣牡丹蝴蝶纹、菊花纹织金缎；袖边主要以锁子纹织金缎装饰，绛色浮布里衬。

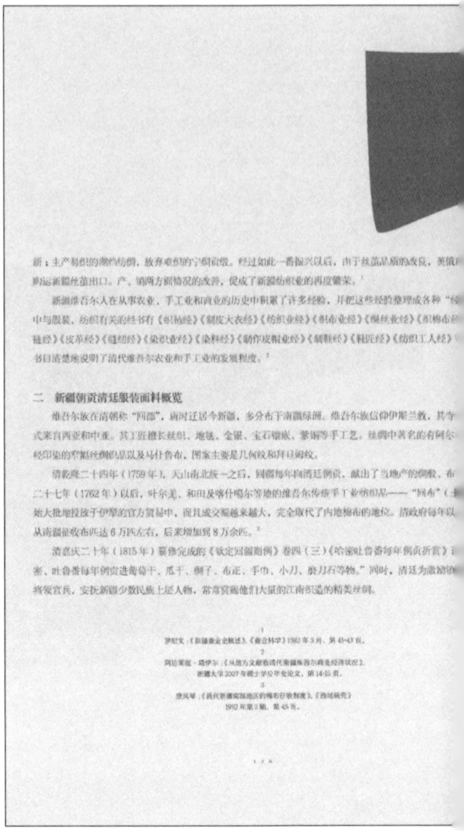

新；主产畅织的绸约纺绸，放弃难织的宁绸和缎。经过如此一番振兴以后，由于丝茧品质的改良，英俄
购运新疆丝茧出口。产、销两方面情况的改善，促成了新疆纺织业的再度繁荣。[1]

新疆维吾尔人在从事农业、手工业和商业的历史中积累了许多经验，并把这些经验整理成各种“经
中与服装、纺织有关的经书有《织袍经》《制皮大衣经》《纺织业经》《织布业经》《缫丝业经》《织棉布
毯经》《皮革经》《缝纫经》《染织业经》《染料经》《制作皮帽业经》《制鞋经》《鞍匠经》《纺织工人经》
书目清楚地说明了清代维吾尔农业和手工业的发展程度。[2]

二　新疆朝贡清廷服装面料概览

维吾尔族在清朝称“回部”，南迁居今新疆，多分布于南疆绿洲。维吾尔族信仰伊斯兰教，其寺
式来自西亚和中亚。其工匠擅长丝织、地毯、金银、宝石镶嵌、紫铜等手工艺。丝绸中著名的有阿尔
经印染的宽幅丝绸织品以及马什鲁布，图案主要是几何纹和拜旦姆纹。

清乾隆二十四年（1759年），天山南北统一之后，回疆每年向清廷例贡，献出了当地产的绸缎、布
二十七年（1762年）以后，叶尔羌、和田及喀什噶尔等地的维吾尔传统手工业纺织品——“回布”（
始大批地投放于伊犁的官方贸易中，而且成交额越来越大，完全取代了内地棉布的地位。清政府每年以
从南疆征收布匹达6万匹左右，后来增加到8万余匹。[3]

清嘉庆二十年（1815年）纂修完成的《钦定回疆则例》卷四（三）《哈密吐鲁番每年例贡折赏》
密、吐鲁番每年例贡进葡萄干、瓜干、绸子、布疋、手巾、小刀、磨刀石等物。”同时，清廷为激励
将领官兵，安抚新疆少数民族上层人物，常常赏赐他们大量的江南织造的精美丝绸。

1
尹绍文：《新疆蚕业史概述》，《蚕业科学》1982年3月，第41-43页。
2
阿达莱提·塔伊尔：《从地方文献看清代南疆维吾尔商业经济状况》，
新疆大学2007年硕士学位毕业论文，第14-15页。
3
唐风华：《清代新疆南部地区的棉布征收制度》，《西域研究》
1992年第2期，第45页。

序号	1	2	3	4	5	6	7	8	9	10	11
时代	顺治	康熙	雍正	乾隆	嘉庆	道光	咸丰	同治	光绪	宣统	清
缘色	/	[illegible]	[illegible]	[illegible]	[illegible]	[illegible]	[illegible]	[illegible]	[illegible]	[illegible]	[illegible]
纹样	/	[illegible]	[illegible]	[illegible]	[illegible]	[illegible]	[illegible]	[illegible]	[illegible]	[illegible]	[illegible]
品类	/	[illegible]	[illegible]	[illegible]	[illegible]	[illegible]	[illegible]	[illegible]	[illegible]	[illegible]	[illegible]
形制	/	[illegible]	[illegible]	[illegible]	[illegible]	[illegible]	[illegible]	[illegible]	[illegible]	[illegible]	[illegible]

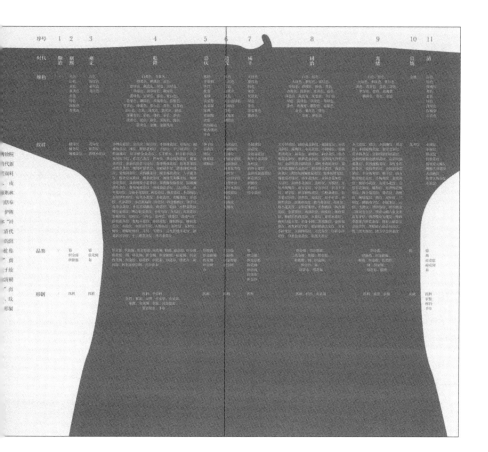

XXL Studio 在 2019 年对 2015 年设计的《中国商事诉讼裁判规则》进行了改版，并增加了对《中国民事诉讼裁判规则》的设计。

对已经做过且获得客户高度认同的设计进行改版，是一件具有挑战的事。如何改才能超越第一版？我觉得可以从我对第一版的期待改进之处入手。2015 年版为区分开不同的案例，在每个案例的开始之处使用了黑色条和比正文字重大的字体，它们在文本排印后所形成的灰度里还是很跳跃的（图 B6-1）。改版选用朱志伟老师设计的“汉仪玄宋”作为正文和标题字体，追求灰度均匀的排印效果（图 B6-2）。这款字体是北京汉仪创新科技股份有限公司的汉仪字库为正文排印而开发的一款新字体，其 35S 具有字重略轻于书宋、排版后灰度均匀、字面较书宋略小、辨识度不受字号大小影响等特点（参见本书 p110—121）。我们在 2018 年使用“汉仪玄宋”时，它还只有 35S 一个字重，也没有与之匹配的英文。因此，在选择与“汉仪玄宋”匹配的英文和数字时，我选择了 Times New Roman ，但是，Times New Roman 的字重略大于“汉仪玄宋”。

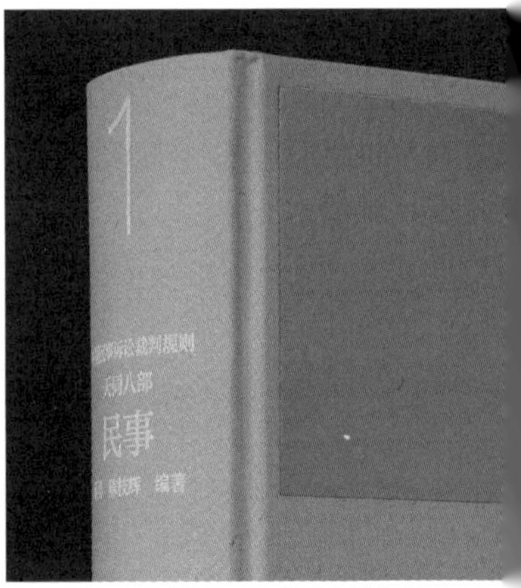

图 B6-6 书脊上的卷号

新设计为使文本排印后的灰度更均匀，先是去掉了黑色条，然后将案例编号放大，靠编号和排印案例标题来做出案例之间的区分。在案例编号的数字字体选择上，26 磅的字号直接选用 New Roman 会有比正文重得多的感觉，从而破坏此次改版的设计目的。不突出也不减弱编号、正文的层级关系，依靠排版对不同体例做出明确区分，才能最有效地控制文本排印后的灰度。案例编号的字体选用了 Helvetica Neue UltraLight 这种字重极轻的字体。

我们用 2 磅作为字号设计的模数（倍率），为这套书设计了版面网格系统（见 p232—243 的案例标题字号是 12 磅，正文字号是 10 磅，注释字号是 8 磅。

这套法律类工具书共 19 卷（含目录 2 卷、判例规则指引 1 卷），每一卷都超过了 1000 页 心设计要尽可能多地在一页里容纳更多的字，同时兼顾视觉美感。与 2015 年第一版相同，我 然借鉴了文艺复兴时期建筑师维拉尔 · 德 · 奥内库尔的黄金分割法来设计版心，并沿着天头

商业银行向社会主体转让金融债权，应系合法有效

——商业银行向社会主体转让金融债权属于将合同权利义务转给第三人，不违反法律法规禁止性规定，应认定有效。

签：不良资产 | 合同效力 | 债权转让 | 转让效力

法院认为：　依《合同法》第79条规定，债权人可将合同权利全部或部分转让给第三人，但依法律规定不得转

图 B6-1《中国商事诉讼裁判规则》第一版，2015

3

违反房产认购意向书约定，仍应承担相应违约责任

——为将来订立确定性本合同而达成预约合同，一方违反诚信原则，致对方合同目的落空的，违约方应承担民事责任。

标签：房屋买卖 | 预约合同 | 意向书

1.2
2008:486
2007

案情简介：　2002 年，仲某与开发商签订意向书，约定商铺对外认购时通知仲某认购，仲某有优先认购权，并约定了拟购商铺面积、均价等，随后仲某依约交纳了 2000 元意向金。后因开发

图 B6-2《中国商事诉讼裁判规则》新版，2019

图 B6-7 封面的卷号与书名

地脚切口的连接线把版心扩大（图 B6-3，见 p095）。

《中国商事诉讼裁判规则》和《中国民事诉讼裁判规则》的文本排印，也是对文本的图形化设计。关于文本图形化，我会在本书 E 章阐述。

《中国商事诉讼裁判规则》和《中国民事诉讼裁判规则》的原始文本体例如下：1. 案例标题与副标题，2. 案例内容与标签，3. 案例编码，4. 案情简介，5. 法院认为，6. 实务要点，7. 案例索引。2015 年版的设计没有遵循文本顺序，新设计对案例中的体例顺序进行了调整，使之与文本契合（图 B6-4、图 B6-5，见 p096、p097）。

本套书的封面设计，突出了卷号，减弱了书名（图 B6-6、B6-7），目的是方便检索，帮助读者快速找到他想找到的那一本。

中国商事
诉讼裁判
规则
084

编著：蒋勇 陈枝辉
书籍设计：XXL Studio 刘晓翔
正文页数：8412 页
装订：布面圆脊精装
出版发行：法律出版社
版次：2019 年 10 月第 1 版
印装：北京富诚彩色印刷有限公司
ISBN 978-7-5197-3790-0
定价：3300.00 元

购房合同
效力

<

预约合同

1 预约合同签订后，双方间是否成立事实本约的认定
——当事人之间虽只签订预约性质合同，但嗣后一方履行主要义务，对方接受的，
应认定双方之间成立事实本约关系。
标签：房屋买卖 | 预约合同 | 合同解除 | 本约 | 事实本约

1.2
201501/219:11
2.1
201401/57:190
2013

案情简介：2006 年，实业公司与通讯公司签订购房协议，约定了房屋位置、面积及价款，同时约定“待购房合同签订时，已支付1000 万元定金自动转为购房款”。随后，实业公司交付房屋。2008 年，实业公司取得该房屋产权证。2009 年，双方就场地使用权、过户税费、付款分期等问题反复磋商，未达成一致。2010 年 3 月，实业公司发出合同解除函。同年 5 月，通讯公司诉请继续履行。

法院认为：①预约是指将来订立一定契约的契约。仅根据当事人合意内容上是否全面，并不足以界分预约和本约。判断合同系预约还是本约根本标准应按当事人意思表示，即当事人是否有意在将来订立一个新合同，以最终明确在双方之间形成某种法律关系具体内容。如当事人存在明确的将来订立本约意思，那么，即使预约内容与本约已十分接近，通过合同解释，从预约中可推导出本约全部内容，亦应尊重当事人意思表示，排除此种客观解释可能性。②本案中，案涉购房协议明确约定了房屋位置、面积和价款，具备正式房屋买卖合同主要内容，可直接据此履行而无须另订本约，但当事人在协议中又约定继续磋商及自动失效条款，表明当事人一致认为在付款方式等问题上需进一步磋商，并明确在将来订立一新合同，以最终明确双方之间房屋买卖法律关系具体内容，故仅

实务要点：认定当事人之间形成本约还是预约，不能仅依协议约定，而应综合审查相关协议约定内容及当事人嗣后为达成交易进行的磋商和有关履行行为等事实，从中探寻当事人真实意思，并据此对当事人之间法律关系性质作出准确界定。

0003　上编　房屋买卖编　购房合同效力　预约合同

从文本到书籍 / 刘晓翔、陈枝辉对谈　　(刘 = 刘晓翔　陈 = 陈枝辉)

陈律师好！

您好，刘老师。

非常感谢您能抽出宝贵的时间到我们这个节目来，能将作者请到我们“制书实话”的现场是主办方和我的荣幸。

您的合作有一段时间了，我也想通过今天我谈话了解一些过去我们俩在合作之中没有谈么深的问题。比如，您编撰这套书，据我所用了非常长的时间，因为我设计的第一套码》虽然是一个 7 卷本，但是每一本都超1000 页。您能不能谈一谈您编撰这套书付多少努力和心血？

7 卷本说的是 2015 年的《天同码》，是我们《天同码》的第一版，一共是 850 多万字。2019 年，我们又出版了本，实际上应该是 19 本，因为其中的一本太厚了，我们就把它拆成了两本。

这套书的编撰从 2013 年起到 2019 年完成，我们用了将近 7 年的时间。在这 7 年的时间里，我全部的精力和时间都放在了这套书上。

为编撰这套书，从 2017 年开始大概有两年多的时间，我都是睡在办公室里的。尤其是到了 2018 年 3 月后，直到发稿前的 300 多天里，我专门做了一个 300 天的闭关计划。虽然有很多人认为我这个人意志力比较强，非常有计划，但是我非常清楚自己一直是个比较软弱的人，所以我需要一些外在的形式，需要一些仪式感来督促自己。要坚持 7 年，像我这种钓鱼待 20 分钟都待不住的人，是真的很难。

刘：　在我们两人多年的合作与交流之中，给我的印象确实是很难想象您能把自己连续关在一个办公室里七年，尤其是闭关

B　New 11×16 XXL Studio
6　中国商事诉讼
裁判规则

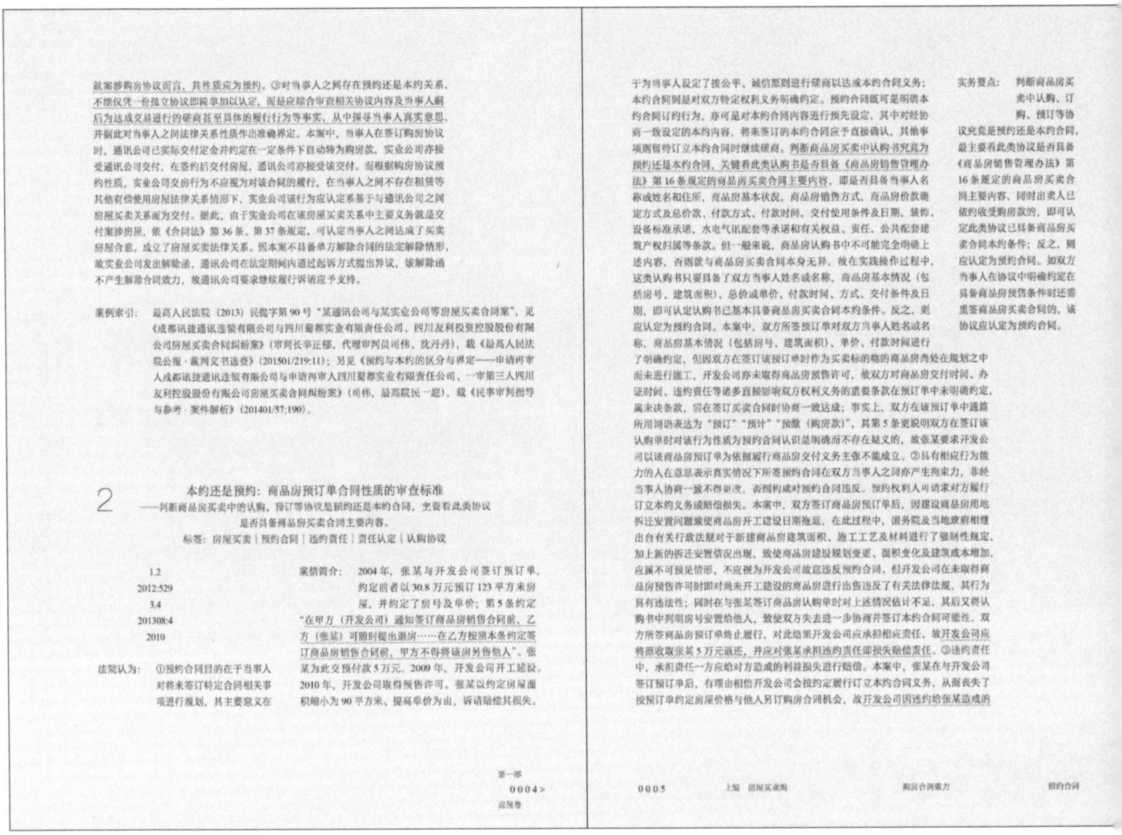
就案涉购房协议而言，其性质应为预约。③对当事人之间存在预约还是本约关系，不能仅凭一份孤立协议即简单加以认定，而是应综合审查相关协议内容及当事人嗣后为达成交易进行的磋商甚至具体的履行行为等事实，从中探寻当事人真实意思，并据此对当事人之间法律关系性质作出准确界定。本案中，当事人在签订购房协议时，通讯公司已实际交付定金并约定在一定条件下自动转为购房款，实业公司亦接受通讯公司交付，在签约后交付房屋，通讯公司亦接受该交付。而根据购房协议预约性质，实业公司交房行为不应视为对该合同的履行，在当事人之间不存在租赁等其他有偿使用房屋法律关系情形下，实业公司该行为应认定系基于与通讯公司之间房屋买卖关系而为交付。据此，由于实业公司在该房屋买卖关系中主要义务就是交付案涉房屋，依《合同法》第 36 条、第 37 条规定，可认定当事人之间达成了买卖房屋合意，成立了房屋买卖法律关系。因本案不具备单方解除合同的法定解除情形，故实业公司发出解除函，通讯公司在法定期间内通过起诉方式提出异议，该解除函不产生解除合同效力，故通讯公司要求继续履行诉请应予支持。

案例索引：　最高人民法院（2013）民提字第 90 号"某通讯公司与某实业公司等房屋买卖合同案"，见《成都讯捷通讯连锁有限公司与四川蜀都实业有限责任公司、四川友利投资控股股份有限公司房屋买卖合同纠纷案》（审判长辛正郁，代理审判员司伟、沈丹丹），载《最高人民法院公报·裁判文书选登》（201501/219:11）；另见《预约与本约的区分与界定——申请再审人成都讯捷通讯连锁有限公司与申请再审人四川蜀都实业有限责任公司、一审第三人四川友利控股股份有限公司房屋买卖合同纠纷案》（司伟，最高院民一庭），载《民事审判指导与参考·案件解析》（201401/57:190）。

2　本约还是预约：商品房预订单合同性质的审查标准
——判断商品房买卖中的认购、预订等协议是预约还是本约合同，主要看此类协议是否具备商品房买卖合同主要内容。
标签：房屋买卖｜预约合同｜违约责任｜责任认定｜认购协议

1.2
2012:529
3.4
201308:4
2010

案情简介：　2004 年，张某与开发公司签订预订单，约定前者以 30.8 万元预订 123 平方米房屋，并约定了房号及单价；第 5 条约定"在甲方（开发公司）通知签订商品房销售合同前，乙方（张某）可随时提出退房……在乙方按照本条约定签订商品房销售合同前，甲方不得将该房另售他人"。张某为此交预付款 5 万元。2009 年，开发公司开工建设。2010 年，开发公司取得预售许可。张某以约定房屋面积缩小为 90 平方米、提高单价为由，诉请赔偿其损失。

法院认为：　①预约合同目的在于当事人对将来签订特定合同相关事项进行规划，其主要意义在于为当事人设定了按公平、诚信原则进行磋商以达成本约合同义务；本约合同则是对双方特定权利义务明确约定。预约合同既可是明确本约合同订约行为，亦可是对本约合同内容进行预先设定，其中对经协商一致设定的本约内容，将来签订的本约合同应予直接确认，其他事项则留待订立本约合同时继续磋商。判断商品房买卖中认购书究竟为预约还是本约合同，关键看此类认购书是否具备《商品房销售管理办法》第 16 条规定的商品房买卖合同主要内容，即是否具备当事人名称或姓名和住所，商品房基本状况，商品房销售方式，商品房价款确定方式及总价款、付款方式、付款时间，交付使用条件及日期，装饰、设备标准承诺，水电气讯配套等承诺和有关权益、责任，公共配套建筑产权归属等条款。但一般来说，商品房认购书中不可能完全明确上述内容，否则就与商品房买卖合同本身无异，故在实践操作过程中，这类认购书只要具备了双方当事人姓名或名称，商品房基本情况（包括房号、建筑面积）、总价或单价、付款时间、方式、交付条件及日期，即可认定认购书已基本具备商品房买卖合同本约条件。反之，则应认定为预约合同。本案中，双方所签预订单对双方当事人姓名或名称，商品房基本情况（包括房号、建筑面积）、单价、付款时间进行了明确约定，但因双方在签订该预订单时作为买卖标的物的商品房尚处在规划之中而未进行施工，开发公司亦未取得商品房预售许可，故双方对商品房交付时间、办证时间、违约责任等诸多直接影响双方权利义务的重要条款在预订单中未明确约定，属未决条款，需在签订买卖合同时协商一致达成；事实上，双方在该预订单中通篇所用词语表达为"预订""预计""预缴（购房款）"，其第 5 条更说明双方在签订该认购单时对该行为性质为预约合同认识是明确而不存在疑义的，故张某要求开发公司以该商品房预订单为依据履行商品房交付义务主张不能成立。②具有相应行为能力的人在意思表示真实情况下所签预约合同在双方当事人之间亦产生拘束力，非经当事人协商一致不得变更，否则构成对预约合同违反。预约权利人可请求对方履行订立本约义务或赔偿损失。本案中，双方签订商品房预订单后，因建设商品房用地拆迁安置问题致使商品房开工建设日期拖延，在此过程中，国务院及当地政府相继出台有关行政法规对于新建商品房建筑面积、施工工艺及材料进行了强制性规定，加上新的拆迁安置情况出现，致使商品房建设规划变更、面积变化及建筑成本增加，应属不可预见情形，不应视为开发公司故意违反预约合同。但开发公司在未取得商品房预售许可时即对尚未开工建设的商品房进行出售违反了有关法律法规，其行为具有违法性；同时在与张某签订商品房认购单时对上述情况估计不足，其后又将认购书中列明房号安置给他人，致使双方失去进一步协商并签订本约合同可能性，双方所签商品房预订单终止履行，对此结果开发公司应承担相应责任，故开发公司应将原收取张某 5 万元退还，并应对张某承担违约责任即损失赔偿责任。③违约责任中，承担责任一方应给对方造成的利益损失进行赔偿。本案中，张某在与开发公司签订预订单后，有理由相信开发公司会按约定履行订立本约合同义务，从而丧失了按预订单约定房屋价格与他人另订购房合同机会，故开发公司因违约给张某造成的

实务要点：　判断商品房买卖中认购、订购、预订等协议究竟是预约还是本约合同，最主要看此类协议是否具备《商品房销售管理办法》第 16 条规定的商品房买卖合同主要内容，同时出卖人已依约收受购房款的，即可认定此类协议已具备商品房买卖合同本约条件；反之，则应认定为预约合同。如双方当事人在协议中明确约定在具备商品房预售条件时还需重签商品房买卖合同的，该协议应认定为预约合同。

第一部
0004>
房屋卷

0005　上编　房屋买卖编　购房合同效力　预约合同

300 天，就更加不可思议了。

陈：　我最后把 300 天的闭关坚持了下来，完成了主体的工作，后来顺利地进入统稿。这套书一共是 4200 万字，扩充到现在的 19 本。

刘：　这些文本真的是您的心血之作，这几年里您倾注了所有的精力，这种精神也是特别感动我。作为设计师，我愿意接受一些有挑战的文本，尤其是只有文字的这种大体量、多体例的文本。您的文本为我提供了设计它的机会。您在委托我们设计的时候，有没有想象一下您这个文本成为书籍后是个什么样子？

陈：　从内容上来讲，我把它定位成一个律师必须要用到的工具书。律师的身份应该是专业人士，这跟医生是一样的。医生为病人治疗疾病，律师为客户解决法律问题。在世界的很多角落，有很多纠纷正在发生，法院每天每月每年都有大量的这种案件记录和保存下来。这些案件对我们的当事人来说，可能一生都遇不到一件，也可能就遇到一件。但是对法院、们专业的律师来说，它就是家常便饭，我们都会跟案件打交道。针对很多案件的法律关其纠纷的性质，我自己的一个判断就是它可去发生过，这个概率达到了 80%—90%，做的工作，就是把发生过的这些案件编撰在作为法律类专业人士的借鉴，为他们提供便

刘：　所以它是一本法律类的工具书，我计的这个定位没有问题吧？

陈：　没问题。这个文本有两个特点：权威；第二，全面。我对设计它的要求是：第一，美；第二，便捷。

刘：　您这两个要求蛮高的，拿美来说，有统一的标准。您的这两点要求，们完成设计之前，您有对它的想象

陈：　有也没有。我只知道要与众不同了与众不同，我们做了很多工作2015 年要出版第一版的时候，我问了好多设计师。我是打电话咨询的，直到

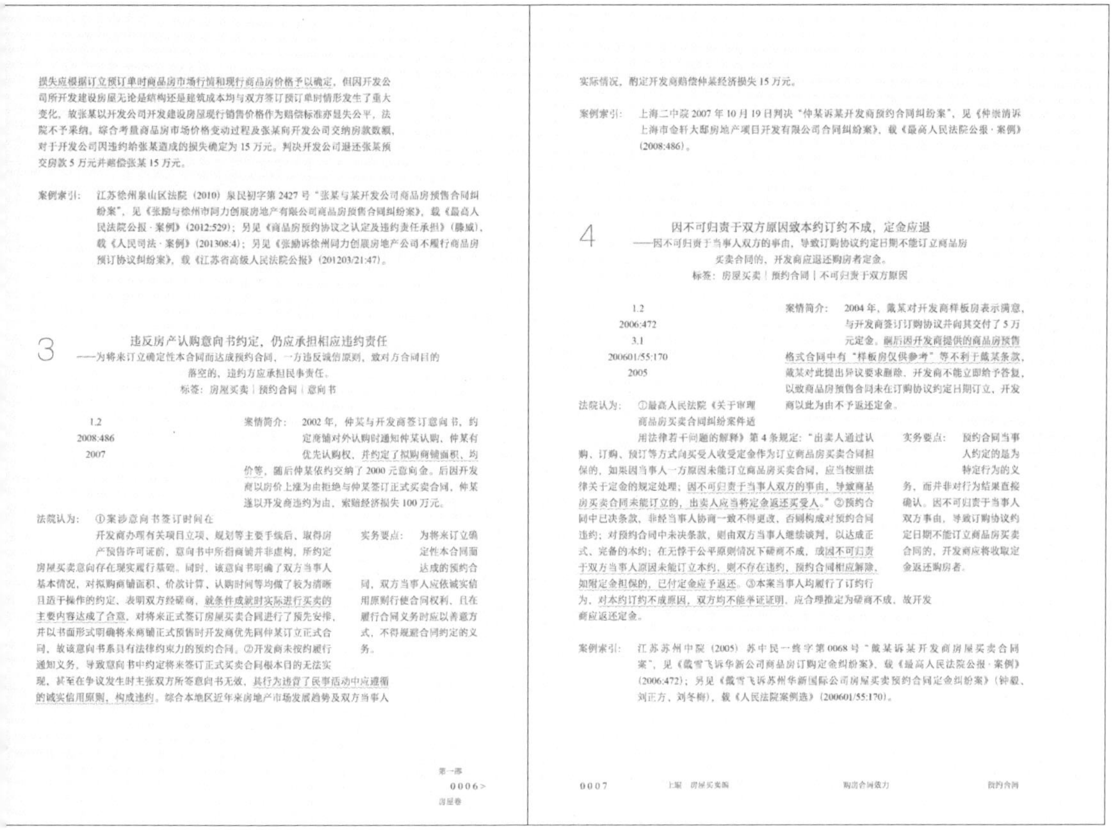

损失应根据订立预订单时商品房市场行情和现行商品房价格予以确定，但因开发公司所开发建设房屋无论是结构还是建筑成本均与双方签订预订单时情形发生了重大变化，故张某以开发公司开发建设房屋现行销售价格作为赔偿标准亦显失公平，法院不予采纳。综合考量商品房市场价格变动过程及张某向开发公司交纳房款数额，对于开发公司因违约给张某造成的损失确定为 15 万元。判决开发公司退还张某预交房款 5 万元并赔偿张某 15 万元。

案例索引：江苏徐州泉山区法院（2010）泉民初字第 2427 号"张某与某开发公司商品房预售合同纠纷案"，见《张励与徐州市同力创展房地产有限公司商品房预售合同纠纷案》，载《最高人民法院公报·案例》（2012:529）；另见《商品房预约协议之认定及违约责任承担》（滕威），载《人民司法·案例》（201308:4）；另见《张励诉徐州同力创展房地产公司不履行商品房预订协议纠纷案》，载《江苏省高级人民法院公报》（201203/21:47）。

3

违反房产认购意向书约定，仍应承担相应违约责任

——为将来订立确定性本合同而达成预约合同，一方违反诚信原则，致对方合同目的落空的，违约方应承担民事责任。

标签：房屋买卖 | 预约合同 | 意向书

1.2

2008:486

2007

案情简介：2002 年，仲某与开发商签订意向书，约定商铺对外认购时通知仲某认购，仲某有优先认购权，并约定了拟购商铺面积、均价等，随后仲某依约交纳了 2000 元意向金。后因开发商以房价上涨为由拒绝与仲某签订正式买卖合同，仲某遂以开发商违约为由，索赔经济损失 100 万元。

法院认为：①案涉意向书签订时间在开发商办理有关项目立项、规划等主要手续后，取得房产预售许可证前，意向书中所指商铺并非虚构，所约定房屋买卖意向存在现实履行基础。同时，该意向书明确了双方当事人基本情况，对拟购商铺面积、价款计算、认购时间等均做了较为清晰且适于操作的约定，表明双方经磋商，就条件成就时实际进行买卖的主要内容达成了合意，对将来正式签订房屋买卖合同进行了预先安排，并以书面形式明确将来商铺正式预售时开发商优先同仲某订立正式合同，故该意向书系具有法律约束力的预约合同。②开发商未按约履行通知义务，导致意向书中约定将来签订正式买卖合同根本目的无法实现，甚至在争议发生时主张双方所签意向书无效，其行为违背了民事活动中应遵循的诚实信用原则，构成违约。综合本地区近年来房地产市场发展趋势及双方当事人实际情况，酌定开发商赔偿仲某经济损失 15 万元。

实务要点：为将来订立确定性本合同面达成的预约合同，双方当事人应依诚实信用原则行使合同权利，且在履行合同义务时应以善意方式，不得规避合同约定的义务。

案例索引：上海二中院 2007 年 10 月 19 日判决"仲某诉某开发商预约合同纠纷案"，见《仲崇清诉上海市金轩大邸房地产项目开发有限公司合同纠纷案》，载《最高人民法院公报·案例》（2008:486）。

4

因不可归责于双方原因致本约订约不成，定金应退

——因不可归责于当事人双方的事由，导致订购协议约定日期不能订立商品房买卖合同的，开发商应退还购房者定金。

标签：房屋买卖 | 预约合同 | 不可归责于双方原因

1.2

2006:472

3.1

200601/55:170

2005

案情简介：2004 年，戴某对开发商样板房表示满意，与开发商签订订购协议并向其交付了 5 万元定金。嗣后因开发商提供的商品房预售格式合同中有"样板房仅供参考"等不利于戴某条款，戴某对此提出异议要求删除，开发商不能立即给予答复，以致商品房预售合同未在订购协议约定日期订立，开发商以此为由不予返还定金。

法院认为：①最高人民法院《关于审理商品房买卖合同纠纷案件适用法律若干问题的解释》第 4 条规定："出卖人通过认购、订购、预订等方式向买受人收受定金作为订立商品房买卖合同担保的，如果因当事人一方原因未能订立商品房买卖合同，应当按照法律关于定金的规定处理；因不可归责于当事人双方的事由，导致商品房买卖合同未能订立的，出卖人应当将定金返还买受人。"②预约合同中已决条款，非经当事人协商一致不得更改，否则构成对预约合同违约；对预约合同中未决条款，则由双方当事人继续谈判，以达成正式、完备的本约；在无悖于公平原则情况下磋商不成，或因不可归责于双方当事人原因未能订立本约，则不存在违约，预约合同相应解除，如附定金担保的，已付定金应予返还。③本案当事人均履行了订约行为，对本约订约不成原因，双方均不能举证证明，应合理推定为磋商不成，故开发商应返还定金。

实务要点：预约合同当事人约定的是为特定行为的义务，而并非对行为结果直接确认。因不可归责于当事人双方事由，导致订购协议约定日期不能订立商品房买卖合同的，开发商应将收取定金返还购房者。

案例索引：江苏苏州中院（2005）苏中民一终字第 0068 号"戴某诉某开发商房屋买卖合同案"，见《戴雪飞诉华新公司商品房订购定金纠纷案》，载《最高人民法院公报·案例》（2006:472）；另见《戴雪飞诉苏州华新国际公司房屋买卖预约合同定金纠纷案》（钟毅、刘正方、刘冬梅），载《人民法院案例选》（200601/55:170）。

第一部 0006> 房屋卷

0007 上編 房屋买卖编 购房合同效力 预约合同

到报价阶段，您的工作室是我们找的第二家。当时我们单位三个人去找您，这是我们的第一次见面。我感觉您好像对我们这个项目不是很上心，您和我说要等您三个月之后从美国回来再做。我当时想，算了，再找其他的设计师吧。最后选择您是因为您诚实回答我的问题，不忽悠我们。

哦，看来我差一点错过您，错过这个优秀的文本啊。我想起来我们第一次见面，您和我说这套书的设计最好要有 100

新，被我当场就否掉了，这可能使您很不愉

当然不愉快了，我怕您不理解什么叫创新。（笑）所以，我当时给您举了例子，比如页码，您不要循规蹈矩地放在什么

为中间或者是左边右边，我还给您提供了就是那种排版丰富的（其实是花里胡哨

—刘注）。当时我说页码位置设计得好也算是一个创新，像这样的创新，我希望您最好给我来它 100 个，这样的话，我就觉得这套书的设计可能是成功的。

刘：您这种要有 100 个创新的要求，给我的感觉是甲方很不靠谱儿，这是不容易设计的。书籍从它诞生到现在，它的形态基本上是固定的，它的开本也是按照纸张的规格来定，页码的位置早有无数的设计师尝试过不同的位置了，哪还会在一本书里有 100 个创新。

陈：文本我是以 word 文件做的，上千万字，按照案例来编排。每一个案件都分出来 7 个板块：案例标题与副标题、案例内容与标签、案例编码、案情简介、法院认为、实务要点、案例索引。每一个案例的标题都是 22 个字，共有 2 万多个案例。我自己形容，我追求的当然是一种变态的形式，是对文本美的要求，就是看上去是整齐的对仗。所有的副标题都是 50 个字，也是整齐的对仗。在 word 文件里，铺天盖地的文字增加了文本阅读的负担。所以我

B New 11×16 XXL Studio
6 中国商事诉讼
裁判规则

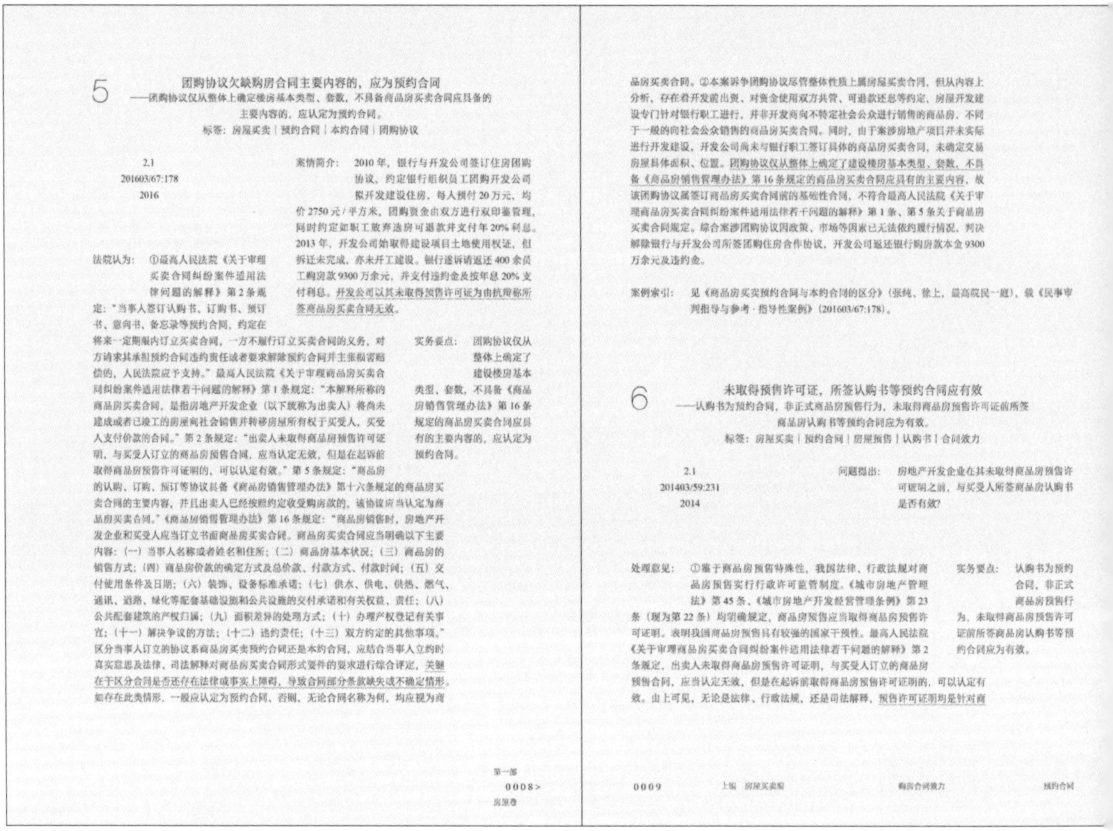

5 团购协议欠缺购房合同主要内容的，应为预约合同

——团购协议仅从整体上确定楼房基本类型、套数，不具备商品房买卖合同应具备的主要内容的，应认定为预约合同。

标签：房屋买卖｜预约合同｜本约合同｜团购协议

2.1
201603/67:178
2016

案情简介：2010 年，银行与开发公司签订住房团购协议，约定银行组织员工团购开发公司拟开发建设住房，每人预付 20 万元，均价 2750 元 / 平方米，团购资金由双方进行双印鉴管理，同时约定如职工放弃选房可退款并支付年 20% 利息。2013 年，开发公司始取得建设项目土地使用权证，但拆迁未完成，亦未开工建设。银行遂诉请返还 400 余员工购房款 9300 万余元，并支付违约金及按年息 20% 支付利息。开发公司以其未取得预售许可证为由抗辩称所签商品房买卖合同无效。

法院认为：①最高人民法院《关于审理买卖合同纠纷案件适用法律问题的解释》第 2 条规定："当事人签订认购书、订购书、预订书、意向书、备忘录等预约合同，约定在将来一定期限内订立买卖合同，一方不履行订立买卖合同的义务，对方请求其承担预约合同违约责任或者要求解除预约合同并主张损害赔偿的，人民法院应予支持。"最高人民法院《关于审理商品房买卖合同纠纷案件适用法律若干问题的解释》第 1 条规定："本解释所称的商品房买卖合同，是指房地产开发企业（以下统称为出卖人）将尚未建成或者已竣工的房屋向社会销售并转移房屋所有权于买受人，买受人支付价款的合同。"第 2 条规定："出卖人未取得商品房预售许可证明，与买受人订立的商品房预售合同，应当认定无效，但是在起诉前取得商品房预售许可证明的，可以认定有效。"第 5 条规定："商品房的认购、订购、预订等协议具备《商品房销售管理办法》第十六条规定的商品房买卖合同的主要内容，并且出卖人已经按照约定收受购房款的，该协议应当认定为商品房买卖合同。"《商品房销售管理办法》第 16 条规定："商品房销售时，房地产开发企业和买受人应当订立书面商品房买卖合同。商品房买卖合同应当明确以下主要内容：（一）当事人名称或者姓名和住所；（二）商品房基本状况；（三）商品房的销售方式；（四）商品房价款的确定方式及总价款、付款方式、付款时间；（五）交付使用条件及日期；（六）装饰、设备标准承诺；（七）供水、供电、供热、燃气、通讯、道路、绿化等配套基础设施和公共设施的交付承诺和有关权益、责任；（八）公共配套建筑的产权归属；（九）面积差异的处理方式；（十）办理产权登记有关事宜；（十一）解决争议的方法；（十二）违约责任；（十三）双方约定的其他事项。"区分当事人订立的协议系商品房买卖预约合同还是本约合同，应结合当事人立约时真实意思及法律、司法解释对商品房买卖合同形式要件的要求进行综合评定，关键在于区分合同是否还存在法律或事实上障碍，导致合同部分条款缺失或不确定情形。如存在此类情形，一般应认定为预约合同，否则，无论合同名称为何，均应视为商品房买卖合同。②本案诉争团购协议尽管整体性质上属房屋买卖合同，但从内容上分析，存在着开发前出资、对资金使用双方共管、可退款还息等约定，房屋开发建设专门针对银行职工进行，并非开发商向不特定社会公众进行销售的商品房，不同于一般的向社会公众销售的商品房买卖合同。同时，由于案涉房地产项目并未实际进行开发建设，开发公司尚未与银行职工签订具体的商品房买卖合同，未确定交易房屋具体面积、位置。团购协议仅从整体上确定了建设楼房基本类型、套数，不具备《商品房销售管理办法》第 16 条规定的商品房买卖合同应具有的主要内容，故该团购协议属签订商品房买卖合同前的基础性合同，不符合最高人民法院《关于审理商品房买卖合同纠纷案件适用法律若干问题的解释》第 1 条、第 5 条关于商品房买卖合同规定。综合案涉团购协议因政策、市场等因素已无法依约履行情况，判决解除银行与开发公司所签团购住房合作协议，开发公司返还银行购房款本金 9300 万余元及违约金。

实务要点：团购协议仅从整体上确定了建设楼房基本类型、套数，不具备《商品房销售管理办法》第 16 条规定的商品房买卖合同应具有的主要内容的，应认定为预约合同。

案例索引：见《商品房买卖预约合同与本约合同的区分》（张纯、徐上，最高院民一庭），载《民事审判指导与参考·指导性案例》（201603/67:178）。

第一部
0008>
房屋卷

6 未取得预售许可证，所签认购书等预约合同应有效

——认购书为预约合同，非正式商品房预售行为，未取得商品房预售许可证前所签商品房认购书等预约合同应为有效。

标签：房屋买卖｜预约合同｜房屋预售｜认购书｜合同效力

2.1
201403/59:231
2014

问题提出：房地产开发企业在其未取得商品房预售许可证明之前，与买受人所签商品房认购书是否有效？

处理意见：①鉴于商品房预售特殊性，我国法律、行政法规对商品房预售实行行政许可监管制度。《城市房地产管理法》第 45 条、《城市房地产开发经营管理条例》第 23 条（现为第 22 条）均明确规定，商品房预售应当取得商品房预售许可证明。表明我国商品房预售具有较强的国家干预性。最高人民法院《关于审理商品房买卖合同纠纷案件适用法律若干问题的解释》第 2 条规定，出卖人未取得商品房预售许可证明，与买受人订立的商品房预售合同，应当认定无效，但是在起诉前取得商品房预售许可证明的，可以认定有效。由上可见，无论是法律、行政法规，还是司法解释，预售许可证明均是针对商

实务要点：认购书为预约合同，非正式商品房预售行为，未取得商品房预售许可证前所签商品房认购书等预约合同应为有效。

0009 上编 房屋买卖编 购房合同效力 预约合同

希望在设计上能借助美的表达使文本读起来具有愉悦感。

刘：说到这里，我想起来您对我的设计有一个很具体的要求，就是每一页都要有留白。从留白这个要求来讲，我感觉我碰到了一个好的甲方，因为现在很多书里那一点点为审美、为调整阅读节奏的留白都消失了。您的留白要求使我感觉到您不仅爱书，而且懂书。

陈：实际上，我都不敢奢望将来能够拥有一种怎样好的阅读体验……但是事实证明您为这个文本所设计的留白，完全超出了我的想象。这种留白不是很单纯地在页面固定位置的留白，它是很灵活的、多变的留白，它把各个板块的特征、特性结合起来。这种纯文字版的留白处理，我至少在法律图书当中没有见过。

刘：谢谢！一般来讲，以文本为主的书，都容易把它设计成一个固定的版心。这是因为很多作者和编辑都有一个观念，就是觉得文本好就已经够了，设不设计已经不是很重要了。您却对这方面有很多超出一般作者求，这让我很意外。这个文本的设计非常有因为它的海量文字对读者来说，存在一个怎便捷地查到想要找的案例的问题。我记得我您一个建议，就是把所有的案例都编上数字这害您为此多做了三个月的工作。

陈：是啊，我是手工将编号一个个加上一卷有 1000 多个案例就加 1000 号，但这是个非常好的建议。这和可能没有多大关系，本来应该是我来考虑的但是您考虑到了，当然我也不认为您是起这对案例的快速定位、便捷地查找是非常有的。为这个建议我非常感激您。

刘：这是我们应该做的工作，它是编辑的一部分。这么大量的文本对于设是挑战，也是一个我实现自己的设想的机会，所以我也特别感谢您将这个文本我，信任我们，由我们来设计。

每一卷的目录都有 200 多页，我在设计的

品房预售行为所作强制性规定。②商品房认购书作为一种独立合同形式，从其订立目的、约定内容看，通常是为将来双方当事人订立确定性的正式商品房买卖合同达成的书面允诺。其目的即通过订立合同来约束双方当事人承担在将来订立正式商品房买卖合同义务，与作为本约合同的商品房买卖合同相对应，商品房认购书即为预约合同。预约合同只是双方当事人承诺在约定期限内订立确定性合同即本约的预备性协议，不得因此认定本约已正式订立。预约合同一方当事人仅可请求对方当事人履行订立本约义务，不能请求履行本约内容。预约合同一般表现为认购书、订购书、预订书、意向书、允诺书、备忘录、谈判纪要、定金收据等多种形式。③既然作为预约合同的商品房认购书是出卖人和买受人双方为将来订立作为本约合同的商品房买卖合同所作承诺，而非正式商品房预售行为，作为法定的商品房预售行为强制性前提条件的商品房预售许可证明即不应认定为出卖人订立预约合同的前提条件。未取得商品房预售许可证前所签商品房认购书等预约合同应为有效。

案例索引：　见《作为出卖人的房地产开发企业在其未取得商品房预售许可证明之前与买受人签订的〈商品房认购书〉是否有效》（《民事审判指导与参考》研究组），载《民事审判指导与参考·民事审判信箱》（201403/59:231）。

7　概括性约定条款，不得作为同时履行或先履行抗辩
——预约条款签订后，在缔结本约的必备条款并不具备，或当事人另有约定的情况下，当事人仅负有诚信磋商的义务。
标签：房屋买卖｜预约合同｜合同成立｜房屋返租｜合同履行｜同时履行

2.3
201501/44:164
3.4
201611:57
2014

案情简介：　2007 年，投资公司就其所有的建筑物及配套、基础设施作价 2.9 亿元转让事宜与大学签订协议。大学依约支付 2.47 亿元后，诉请投资公司移交余下房产。投资公司以大学未履行协议关于“根据投资公司需要”返租“部分房产”的约定，主张同时履行和先履行抗辩权。

法院认为：　①诉争协议租赁条款未将拟租赁标的物特定化，对租赁面积、租金、租期等具体内容缺乏明确约定，“根据甲方需要”“部分”等表述亦过于模糊，难以具体化。基于文义理解，应认定该租赁条款为概括性约定。②由于该条款为概括性约定，租赁面积、租金、租期等具体内容均需另行协商，投资公司基于该条款取得的是要求大学就租赁事宜进行磋商的权利，大学亦负有就租赁事宜与投资公司磋商的义务，经过磋商就租赁事宜达成一致、签署租赁合同，双方之间的租赁法律关系

实务要点：　预约条款签订后，当事人原则上应履行缔结本约义务，但在缔结本约的必备条款并不具备或当事人另有约定情况下，当事人仅负诚信磋商的义务。

第一部
0010>
房屋卷

才得以成立。事实上，双方已就部分教学楼、宿舍楼分别签订租赁协议。尽管双方对上述租赁协议对应的承租安排尚有分歧，但双方对后续房屋租赁事宜实际进行了磋商，只是在租赁面积上差距较大而未能达成一致，对此双方均有责任。③根据协议性质、内容和条文次序，大学主要义务是在投资公司移交标的物后支付相应款项，至于协议约定大学就租赁事宜的磋商义务并非其主要义务，亦非投资公司全面履行协议的条件性约定。现大学已向投资公司支付款项，依投资公司实际移交标的物面积折算，大学比协议约定提前支付了约 2700 万余元。无论针对大学主合同义务，还是协议约定义务，投资公司均不存在可行使同时履行抗辩权或先履行抗辩权的情形。④协议对标的物移交作了明确约定，投资公司未依约履行后续移交义务，属迟延履行和不完全履行情形。又因大学在履行协议过程中亦存在违约行为，故根据本案实际情况，双方各自就对方的违约责任应互不追究，判决双方继续履行，投资公司移交房产，大学支付余款。

案例索引：　最高人民法院（2014）民申字第 1893 号“武汉弘博集团有限责任公司与中南财经政法大学合同纠纷案”，见《预约条款的性质识别及效力认定》（孙超，最高院办公厅；审判长贾清林，代理审判员武建华、叶阳），载《立案工作指导·申诉与申请再审疑案评析》（201501/44:164）；另载《人民司法·案例》（201611:57）。

8　具备商品房买卖实质性要件，不能认定为预约合同
——购房合同已具备商品房买卖合同主要条件，且其他内容不违背法律、行政法规规定的，应认定为商品房买卖合同。
标签：房屋买卖｜预约合同｜实质要件

2.1
200804/36:127
2008

案情简介：　2005 年，开发公司与江某签订购房合同，约定江某购买开发公司建设的商品楼，并约定房屋位置、均价、总房价、首付款、交房时间，并约定其余房款待开发公司办妥工程规划许可证并开工后，双方另行协商支付方式。2007 年，江某与开发公司协商，要求按双方协议约定价格与开发公司签订购房合同，并协商剩余房款支付方式，开发公司以其未依约付款为由要求解除合同。

法院认为：　①案涉购房合同虽系在开发公司未取得商品房预售许可证情况下签订，但在协议中就当事人名称、商品房基本情况、销售方式、价格、付款方式、交付使用条件及日期、违约责任等进行了约定，其约定标的物明确、内容翔实，且现涉诉楼盘已取得商品房预售许可证。依购房合同约定双方应另行签订购房合同。现江某同意与开发公司另行签订购房合同，但

实务要点：　购房合同已具备商品房买卖合同主要条件，且其他内容不违背法律、行

0011　上编　房屋买卖编　购房合同效力　预约合同

是不是要给这个目录再设计一个目录，这个也得到了您的认可。

对。

给目录再建一个目录的方法，很容易查找到目录里一级标题的所在页码，然后再由目录查找到具体页面，通过这样三

的方式，使一个非常有难度的检索依靠逻辑序变得容易了。

而且从逻辑上说它是应该这么处理的，因为目录有 200 多页，它的一级标题是需要体现出来的，这是 2015 年我们索方面做的努力。在实际使用中它还存在一方便的地方，所以在 2019 年版里我做了一目，这样就更加方便查找了。

个非常善意的建议，我把它一直贴在我的书，我要时刻记住，“让‘傻瓜’都能快速找到”，这相当于我的座右铭了。

我们找到了合作的共同点：其一是在海量的文字里，读者能够快速检索到他想要的；其二是通过每一页都不同的留白，为读者减轻阅读压力，带给读者阅读的诗意。

刘：　第一版的设计是 2015 年，几年之后，您对文本增加了大量的内容。所以我们就要再做第二版的设计了。

第二版修正了第一版的一些设计问题，比如第一版的阅读视线流和您的文本是有不同的。陈律师，我最想知道的是我们真正的读者，就是作为法官或者律师这个读者群体，他们对阅读这样的设计有什么反映？有的设计师，或者说学设计的朋友们提出过这样的问题：文本变成了左右挪动的，不在同一位置，页面一翻动就有一种跳动感，读起来会不会不舒服呢？

陈：　实际上我跟所有的法律人一样，阅读市面上几乎所有的法律图书时，看到的都是流水账式的排版，它都是那样直接排下来，留白也大多没有，感觉是没有经过专业的设计。所以在计划出版《天同码》时，我觉得应该有一种对文本的设计。我在编撰时下了这么多

B　New 11×16 XXL Studio
6　中国商事诉讼
裁判规则

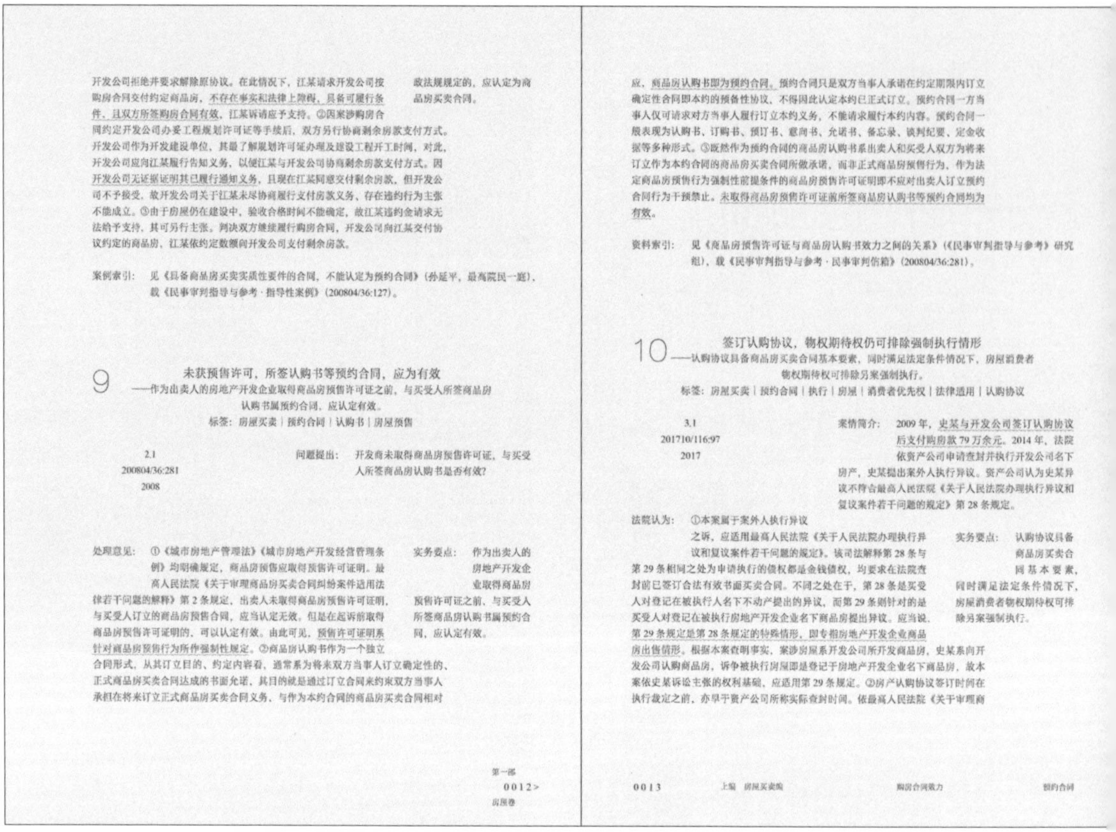
开发公司拒绝并要求解除原协议。在此情况下，江某请求开发公司按购房合同交付约定商品房，不存在事实和法律上障碍，具备可履行条件，且双方所签购房合同有效，江某诉请应予支持。②因案涉购房合同约定开发公司办妥工程规划许可证等手续后，双方另行协商剩余房款支付方式。开发公司作为开发建设单位，其最了解规划许可证办理及建设工程开工时间，对此，开发公司应向江某履行告知义务，以便江某与开发公司协商剩余房款支付方式。因开发公司无证据证明其已履行通知义务，且现在江某同意交付剩余房款，但开发公司不予接受，故开发公司关于江某未尽协商履行支付房款义务、存在违约行为主张不能成立。③由于房屋仍在建设中，验收合格时间不能确定，故江某违约金请求无法给予支持，其可另行主张。判决双方继续履行购房合同，开发公司向江某交付协议约定的商品房，江某依约定数额向开发公司支付剩余房款。

政法规规定的，应认定为商品房买卖合同。

案例索引：　见《具备商品房买卖实质性要件的合同，不能认定为预约合同》（孙延平，最高院民一庭），载《民事审判指导与参考·指导性案例》（200804/36:127）。

9　未获预售许可，所签认购书等预约合同，应为有效
——作为出卖人的房地产开发企业取得商品房预售许可证之前，与买受人所签商品房认购书属预约合同，应认定有效。
标签：房屋买卖｜预约合同｜认购书｜房屋预售

2.1
200804/36:281
2008

问题提出：　开发商未取得商品房预售许可证，与买受人所签商品房认购书是否有效？

处理意见：　①《城市房地产管理法》《城市房地产开发经营管理条例》均明确规定，商品房预售应取得预售许可证明。最高人民法院《关于审理商品房买卖合同纠纷案件适用法律若干问题的解释》第 2 条规定，出卖人未取得商品房预售许可证明，与买受人订立的商品房预售合同，应当认定无效，但是在起诉前取得商品房预售许可证明的，可以认定有效。由此可见，预售许可证明系针对商品房预售行为所作强制性规定。②商品房认购书作为一个独立合同形式，从其订立目的、约定内容看，通常系为将来双方当事人订立确定性的、正式商品房买卖合同达成的书面允诺，其目的就是通过订立合同来约束双方当事人承担在将来订立正式商品房买卖合同义务，与作为本约合同的商品房买卖合同相对

实务要点：　作为出卖人的房地产开发企业取得商品房预售许可证之前，与买受人所签商品房认购书属预约合同，应认定有效。

第一部
0012>
房屋卷

应，商品房认购书即为预约合同。预约合同只是双方当事人承诺在约定期限内订立确定性合同即本约的预备性协议，不得因此认定本约已正式订立。预约合同一方当事人仅可请求对方当事人履行订立本约义务，不能请求履行本约内容。预约合同一般表现为认购书、订购书、预订书、意向书、允诺书、备忘录、谈判纪要、定金收据等多种形式。③既然作为预约合同的商品房认购书系出卖人和买受人双方为将来订立作为本约合同的商品房买卖合同所做承诺，而非正式商品房预售行为，作为法定商品房预售行为强制性前提条件的商品房预售许可证明即不应对出卖人订立预约合同行为干预禁止。未取得商品房预售许可证前所签商品房认购书等预约合同均为有效。

资料索引：　见《商品房预售许可证与商品房认购书效力之间的关系》（《民事审判指导与参考》研究组），载《民事审判指导与参考·民事审判信箱》（200804/36:281）。

10　签订认购协议，物权期待权仍可排除强制执行情形
——认购协议具备商品房买卖合同基本要素，同时满足法定条件情况下，房屋消费者物权期待权可排除另案强制执行。
标签：房屋买卖｜预约合同｜执行｜房屋｜消费者优先权｜法律适用｜认购协议

3.1
201710/116:97
2017

案情简介：　2009 年，史某与开发公司签订认购协议后支付购房款 79 万余元。2014 年，法院依资产公司申请查封并执行开发公司名下房产，史某提出案外人执行异议。资产公司认为史某异议不符合最高人民法院《关于人民法院办理执行异议和复议案件若干问题的规定》第 28 条规定。

法院认为：　①本案属于案外人执行异议之诉，应适用最高人民法院《关于人民法院办理执行异议和复议案件若干问题的规定》。该司法解释第 28 条与第 29 条相同之处为申请执行的债权都是金钱债权，均要求在法院查封前已签订合法有效书面买卖合同。不同之处在于，第 28 条是买受人对登记在被执行人名下不动产提出的异议，而第 29 条则针对的是买受人对登记在被执行房地产开发企业名下商品房提出异议。应当说，第 29 条规定是第 28 条规定的特殊情形，即专指房地产开发企业商品房出售情形。根据本案查明事实，案涉房屋系开发公司所开发商品房，史某系向开发公司认购商品房，诉争被执行房屋即是登记于房地产开发企业名下商品房，故本案依史某诉讼主张的权利基础，应适用第 29 条规定。②房产认购协议签订时间在执行裁定之前，亦早于资产公司所称实际查封时间。依最高人民法院《关于审理商

实务要点：　认购协议具备商品房买卖合同基本要素，同时满足法定条件情况下，房屋消费者物权期待权可排除另案强制执行。

0013　上编　房屋买卖编　购房合同效力　预约合同

的功夫，只有好的版式才能配得上，所以我就一定要借助书籍设计的专业人士或者顶尖的设计师来做这个事情。

刘：　我们前面谈到了这套书的设计怎么驾驭这些不同体例的文本，同时满足您提出的要有留白的设计要求。两个版本的书，我们在设计时诉求不同，但是基本思路是一样的，便于读者阅读和快捷查找仍是排在美学考虑之前，也就是您说的“傻瓜”也能轻易地找到。设计第二版时我把正文字号放大了一点，原来是 9.6 磅，现在变成了 10 磅。同时我每行减少了字数，每页增加了行数，每行由 48 字减少为 45 字，每页则由 35 行变成了 39 行，从而每页增加了 75 字。版心设计上与第一版相同，但仍然使用了古典的精装书版心，它很适合于这一系列的法律类书籍。我说过第一版的设计体例视线流不同于您的 word 文件，第二版则完全吻合了您的最初编撰顺序。在版心里设计分栏时，我把 45 个字的版心分成了 15 栏。

将文本看作图形，在文本排印所形成的（文本框）和留白组成的负形之间，做出平负形的选择，是我第二版设计的重点。还有尝试中文只使用一种字体（汉仪玄宋 35S）一个字重来解决版面上的体例层级问题，尽文本排列后形成的灰度达到均匀。

文本排版的图形化，是将呆板的文本框可欣赏的对象，解决阅读之外的美学问题；从阅读和每页字数的关系上，也可以缓解一版排印会达到 1755 字的阅读压力。这样设有一个好处是，能够帮助读者忽略那些他不读的信息，在版面固定的分栏位置中找到的体例，比如，右侧倒数第 4 栏至第 1 栏“实务要点”。

陈律师，我们合作了两大套的书籍设计合作中还是有一些分歧的，有时候我会变得直接，有时候您又毫不隐讳，我们俩这种直怼对我们这本书的出版或者最终提供给读者读体验，您觉得是有益处的吗？

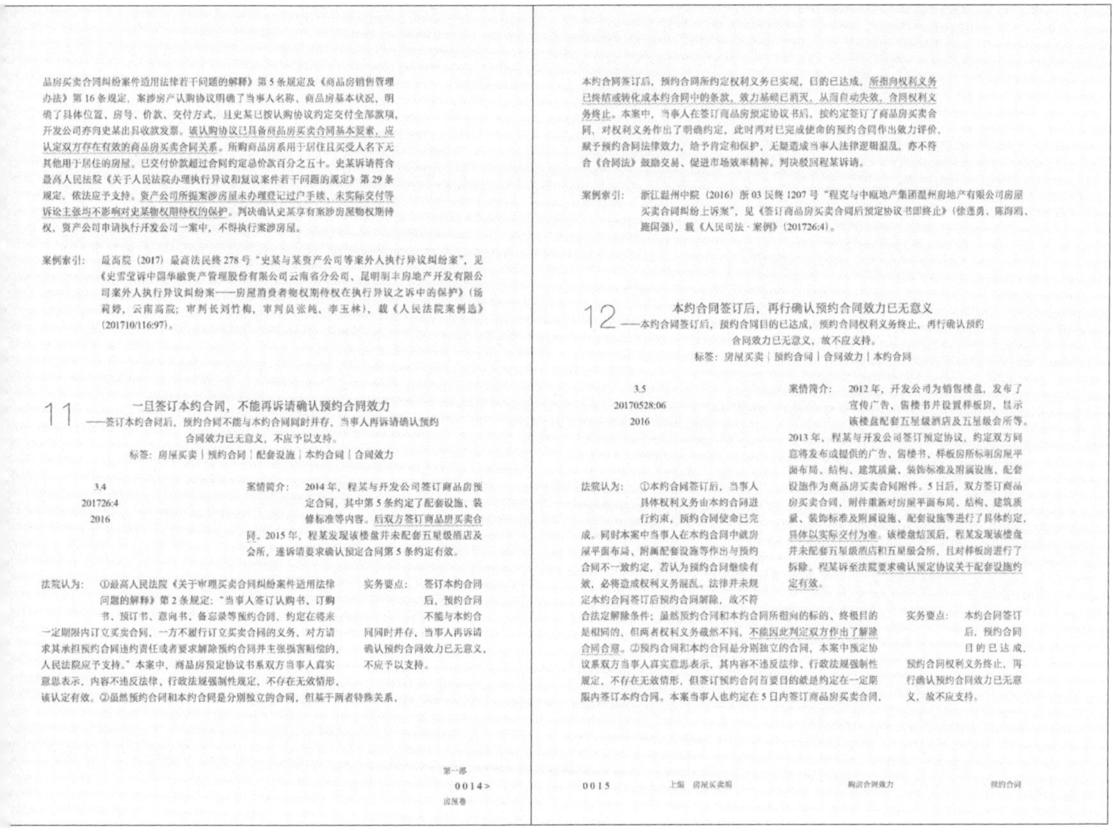
品房买卖合同纠纷案件适用法律若干问题的解释》第5条规定及《商品房销售管理办法》第16条规定，案涉房产认购协议明确了当事人名称、商品房基本状况，明确了具体位置、房号、价款、交付方式，且史某已按认购协议约定交付全部款项，开发公司亦向史某出具收款发票。该认购协议已具备商品房买卖合同基本要素，应认定双方存在有效的商品房买卖合同关系。所购商品房系用于居住且买受人名下无其他用于居住的房屋。已交付价款超过合同约定总价款百分之五十。史某诉请符合最高人民法院《关于人民法院办理执行异议和复议案件若干问题的规定》第29条规定，依法应予支持。资产公司所提案涉房屋未办理登记过户手续、未实际交付等诉讼主张均不影响对史某物权期待权的保护。判决确认史某享有案涉房屋物权期待权，资产公司申请执行开发公司一案中，不得执行案涉房屋。

案例索引：最高院（2017）最高法民终278号"史某与某资产公司等案外人执行异议纠纷案"，见《史雪莹诉中国华融资产管理股份有限公司云南省分公司、昆明润丰房地产开发有限公司案外人执行异议纠纷案——房屋消费者物权期待权在执行异议之诉中的保护》（杨莉婷，云南高院；审判长刘竹梅，审判员张纯、李玉林），载《人民法院案例选》（201710/116:97）。

11 一旦签订本约合同，不能再诉请确认预约合同效力
——签订本约合同后，预约合同不能与本约合同同时并存，当事人再诉请确认预约合同效力已无意义，不应予以支持。
标签：房屋买卖｜预约合同｜配套设施｜本约合同｜合同效力

3.4
201726:4
2016

案情简介：2014年，程某与开发公司签订商品房预定合同，其中第5条约定了配套设施、装修标准等内容。后双方签订商品房买卖合同。2015年，程某发现该楼盘并未配套五星级酒店及会所，遂诉请要求确认预定合同第5条约定有效。

法院认为：①最高人民法院《关于审理买卖合同纠纷案件适用法律问题的解释》第2条规定："当事人签订认购书、订购书、预订书、意向书、备忘录等预约合同，约定在将来一定期限内订立买卖合同，一方不履行订立买卖合同的义务，对方请求其承担预约合同违约责任或者要求解除预约合同并主张损害赔偿的，人民法院应予支持。"本案中，商品房预定协议书系双方当事人真实意思表示，内容不违反法律、行政法规强制性规定，不存在无效情形，该认定有效。②虽然预约合同和本约合同是分别独立的合同，但基于两者特殊关系，

实务要点：签订本约合同后，预约合同不能与本约合同同时并存，当事人再诉请确认预约合同效力已无意义，不应予以支持。

第一部
0014>
房屋卷

本约合同签订后，预约合同所约定权利义务已实现，目的已达成，所指向权利义务已终结或转化成本约合同中的条款，效力基础已消灭，从而自动失效，合同权利义务终止。本案中，当事人在签订商品房预定协议书后，按约定签订了商品房买卖合同，对权利义务作出了明确约定，此时再对已完成使命的预约合同作出效力评价，赋予预约合同法律效力，给予肯定和保护，无疑造成当事人法律逻辑混乱，亦不符合《合同法》鼓励交易、促进市场效率精神。判决驳回程某诉请。

案例索引：浙江温州中院（2016）浙03民终1207号"程克与中瓯地产集团温州房地产有限公司房屋买卖合同纠纷上诉案"，见《签订商品房买卖合同后预定协议书即终止》（徐蓬勇、陈海鸥、施国强），载《人民司法·案例》（201726:4）。

12 本约合同签订后，再行确认预约合同效力已无意义
——本约合同签订后，预约合同目的已达成，预约合同权利义务终止，再行确认预约合同效力已无意义，故不应支持。
标签：房屋买卖｜预约合同｜合同效力｜本约合同

3.5
20170528:06
2016

案情简介：2012年，开发公司为销售楼盘，发布了宣传广告、售楼书并设置样板房，显示该楼盘配套五星级酒店及五星级会所等。2013年，程某与开发公司签订预定协议，约定双方同意将发布或提供的广告、售楼书、样板房所标明房屋平面布局、结构、建筑质量、装饰标准及附属设施、配套设施作为商品房买卖合同附件。5日后，双方签订商品房买卖合同，附件重新对房屋平面布局、结构、建筑质量、装饰标准及附属设施、配套设施等进行了具体约定，具体以实际交付为准。该楼盘结顶后，程某发现该楼盘并未配套五星级酒店和五星级会所，且对样板房进行了拆除。程某诉至法院要求确认预定协议关于配套设施约定有效。

法院认为：①本约合同签订后，当事人具体权利义务由本约合同进行约束，预约合同使命已完成。同时本案中当事人在本约合同中就房屋平面布局、附属配套设施等作出与预约合同不一致约定，若认为预约合同继续有效，必将造成权利义务混乱。法律并未规定本约合同签订后预约合同解除，故不符合法定解除条件；虽然预约合同和本约合同所指向的标的、终极目的是相同的，但两者权利义务截然不同，不能因此判定双方作出了解除合同合意。②预约合同和本约合同是分别独立的合同，本案中预定协议系双方当事人真实意思表示，其内容不违反法律、行政法规强制性规定，不存在无效情形，但签订预约合同首要目的就是约定在一定期限内签订本约合同。本案当事人也约定在5日内签订商品房买卖合同，

实务要点：本约合同签订后，预约合同目的已达成，预约合同权利义务终止，再行确认预约合同效力已无意义，故不应支持。

0015　上编　房屋买卖编　购房合同效力　预约合同

当然有。我觉得最终设计出来的书籍超出了我对设计的想象，我是非常满意的。而且我自己接触到的拿到这套书的，他们在看到外观时首先是很震惊，然后翻个内容之后，也是感到眼前一亮。我原来所的这些效果应该说已经达到了。

这一类书籍的封面通常来说都是放几个字就行了。但是我在第二版上做了一个完全超出法律类书籍认知的设计。它是烫着大面积的电化铝的图形，封面字却是很法律类的读者们能接受这个设计吗？

我觉得这是没有问题的，整体上还是比较雅致的。这种在布质封面上大面积烫印的设计，我知道在印厂是非常不容易的。实际上，我在印制环节找了好几家印厂，丁样看看效果，当然您也帮我们把关，最后了北京富诚彩色印刷有限公司。这套书的装十是跟《天同码》的风格比较搭的，我简单为"简略素雅，低调奢华"。

093

B New 11×16 XXL Studio
6 中国商事诉讼
裁判规则

刘：　我主要是想改变一下法律类书籍的面貌。但是在设计的过程之中，尤其封面的最初方案，好像您拿给您的朋友看时还是有一些不理解。

陈：　对。当时这个封面设计我是坚决要求必须与2015年版的不一样。但我也不知道在哪些方面不一样。是色彩上不一样吗？色彩上，2015年版按我的要求用了7种颜色，即七彩虹。但是现在是19本，我们要用19种颜色吗？那设计思路基本上还是跟原来一样了。那怎么样在色彩方面实现封面的图案呢？我对您寄予很高的希望。

在封面图案的采用上，我记得开始设计的时候您跟我说要用希腊的正义女神像来设计图形，我觉得这个挺好，一个设计师能够想到这个能代表法律的非常经典的视觉形象，我很惊讶。唯一担心的就是版权问题，您得要注意，说不定哪一个正义女神就侵犯了版权。

刘：　哈哈，您真是三句话不离律师本行啊。

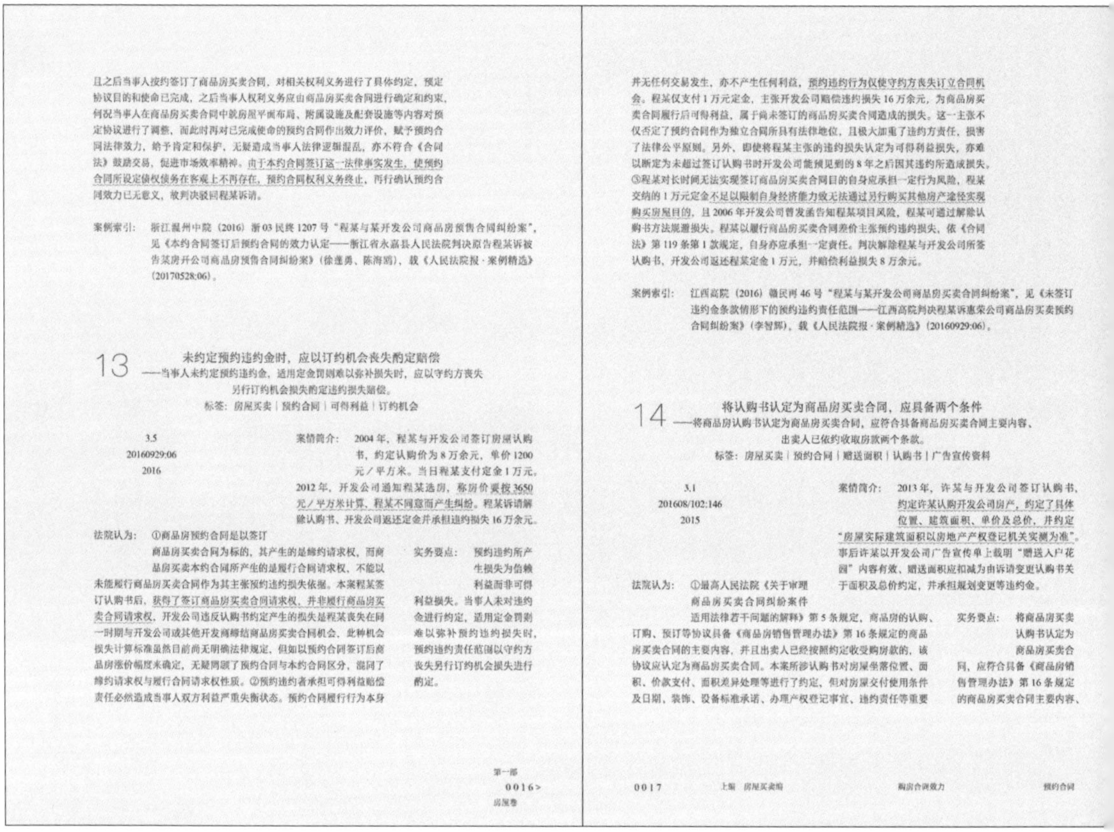
且之后当事人按约签订了商品房买卖合同，对相关权利义务进行了具体约定，预定协议目的和使命已完成，之后当事人权利义务应由商品房买卖合同进行确定和约束，何况当事人在商品房买卖合同中就房屋平面布局、附属设施及配套设施等内容对预定协议进行了调整，而此时再对已完成使命的预约合同作出效力评价，赋予预约合同法律效力，给予肯定和保护，无疑造成当事人法律逻辑混乱，亦不符合《合同法》鼓励交易，促进市场效率精神。由于本约合同签订这一法律事实发生，使预约合同所设定债权债务在客观上不再存在，预约合同权利义务终止，再行确认预约合同效力已无意义，故判决驳回程某诉请。

案例索引：浙江温州中院（2016）浙03民终1207号“程某与某开发公司商品房预售合同纠纷案”，见《本约合同签订后预约合同的效力认定——浙江省永嘉县人民法院判决原告程某诉被告某房开公司商品房预售合同纠纷案》（徐逢勇、陈海鸥），载《人民法院报·案例精选》(20170528:06)。

13 未约定预约违约金时，应以订约机会丧失酌定赔偿

——当事人未约定预约违约金，适用定金罚则难以弥补损失时，应以守约方丧失另行订约机会损失酌定违约损失赔偿。

标签：房屋买卖｜预约合同｜可得利益｜订约机会

3.5
20160929:06
2016

案情简介：2004年，程某与开发公司签订房屋认购书，约定认购价为8万余元，单价1200元／平方米。当日程某支付定金1万元。2012年，开发公司通知程某选房，称房价要按3650元／平方米计算，程某不同意而产生纠纷。程某诉请解除认购书、开发公司返还定金并承担违约损失16万余元。

法院认为：①商品房预约合同是以签订商品房买卖合同为标的，其产生的是缔约请求权，而商品房买卖本约合同所产生的是履行合同请求权，不能以未能履行商品房买卖合同作为其主张预约违约损失依据。本案程某签订认购书后，获得了签订商品房买卖合同请求权，并非履行商品房买卖合同请求权，开发公司违反认购书约定产生的损失是程某丧失在同一时期与开发公司或其他开发商缔结商品房买卖合同机会，此种机会损失计算标准虽然目前尚无明确法律规定，但如以预约合同签订后商品房涨价幅度来确定，无疑混淆了预约合同与本约合同区分，混同了缔约请求权与履行合同请求权性质。②预约违约者承担可得利益赔偿责任必然造成当事人双方利益严重失衡状态。预约合同履行行为本身

实务要点：预约违约所产生损失为信赖利益而非可得利益损失。当事人未对违约金进行约定，适用定金罚则难以弥补预约违约损失时，预约违约责任范围以守约方丧失另行订约机会损失进行酌定。

第一部
0016>
房屋卷

并无任何交易发生，亦不产生任何利益，预约违约行为仅使守约方丧失订立合同机会。程某仅支付1万元定金，主张开发公司赔偿违约损失16万余元，为商品房买卖合同履行后可得利益，属于尚未签订的商品房买卖合同造成的损失。这一主张不仅否定了预约合同作为独立合同所具有法律地位，且极大加重了违约方责任，损害了法律公平原则。另外，即使将程某主张的违约损失认定为可得利益损失，亦难以断定为未超过签订认购书时开发公司能预见到的8年之后因其违约所造成损失。③程某对长时间无法实现签订商品房买卖合同目的自身应承担一定行为风险，程某交纳的1万元定金不足以限制自身经济能力致无法通过另行购买其他房产途径实现购买房屋目的，且2006年开发公司曾发函告知程某项目风险，程某可通过解除认购书方法规避损失。程某以履行商品房买卖合同差价主张预约违约损失，依《合同法》第119条第1款规定，自身亦应承担一定责任。判决解除程某与开发公司所签认购书，开发公司返还程某定金1万元，并赔偿利益损失8万余元。

案例索引：江西高院（2016）赣民再46号“程某与某开发公司商品房买卖合同纠纷案”，见《未签订违约金条款情形下的预约违约责任范围——江西高院判决程某诉惠荣公司商品房买卖预约合同纠纷案》（李智辉），载《人民法院报·案例精选》(20160929:06)。

14 将认购书认定为商品房买卖合同，应具备两个条件

——将商品房认购书认定为商品房买卖合同，应符合具备商品房买卖合同主要内容、出卖人已依约收取房款两个条款。

标签：房屋买卖｜预约合同｜赠送面积｜认购书｜广告宣传资料

3.1
201608/102:146
2015

案情简介：2013年，许某与开发公司签订认购书，约定许某认购开发公司房产，约定了具体位置、建筑面积、单价及总价，并约定“房屋实际建筑面积以房地产产权登记机关实测为准”。事后许某以开发公司广告宣传单上载明“赠送入户花园”内容有效，赠送面积应扣减为由诉请变更认购书关于面积及总价约定，并承担规划变更等违约金。

法院认为：①最高人民法院《关于审理商品房买卖合同纠纷案件适用法律若干问题的解释》第5条规定，商品房的认购、订购、预订等协议具备《商品房销售管理办法》第16条规定的商品房买卖合同的主要内容，并且出卖人已经按照约定收受购房款的，该协议应认定为商品房买卖合同。本案所涉认购书对房屋坐落位置、面积、价款支付、面积差异处理等进行了约定，但对房屋交付使用条件及日期、装饰、设备标准承诺、办理产权登记事宜、违约责任等重要

实务要点：将商品房买卖认购书认定为商品房买卖合同，应符合具备《商品房销售管理办法》第16条规定的商品房买卖合同主要内容、

0017 上编 房屋买卖编 购房合同效力 预约合同

陈：　我是怕您找不到合适的正义女神，也怕您认错正义女神，就把我们律所的正义女神小摆件拍了一张照片发给您，告诉您她是左手拿剑，眼睛蒙着眼罩，右手拿着天平的。您却说不会直接用，而是提炼出元素来，我想这也可以，我充满期待。后来您给我发过来设计方案，刚开始时我觉得太抽象了，您说这是把眼罩、剑和天平三个元素融合在一起了。我觉得挺雅致，意蕴深长，我是很满意的。

我把设计拿给我同事看，您知道我的同事们第一反应是什么吗？这什么东西？眼罩，这是眼罩吗？像文胸知道吗？我就跟您去沟通，我说刘老师我问了好多同事的意见，这个眼罩有问题，像文胸，一定要改变一下。您立刻有一种被亵渎的感觉，反应很激烈，难以接受。您说：“这都什么人啊？乱想！”后来您还是在我的强烈要求下，迁就了一下我们这些俗人的审美观。（笑）然后就变成了现在这个“眼罩”的样子，我觉得还是不错的。我们总能在分歧中找到共同点。

刘：　对。记得您委托我设计第一版的时
提出好多具体的细节要求。比如说
您要放一个钥匙，结果最后被我给
了，我只是设计了这个编码，没有钥匙，所
不是我们第一次争论。我从一个设计师的角
讲，总是想让文本、图形等变得纯粹，但
粹的东西确实与我们的读者群体，与我们
化、审美有相当的距离，这会带来理解上
同。考虑到这一点，我还是按照您的要求让
归具象了一点点。说到以正义女神为设计创
起点，我们俩是非常一致的。因为法律只有
出公平和正义，社会才能够良性和有序。但
计，这套书既有一个非常方便查找、阅读的
关系，同时又关注公平和正义的立法理念。
律师，对于职业要求，您是非常理性的；我
计师，以感性和视觉效果为中心：但是我们
意上找到了一个非常契合的共同点。

陈：　是的。后来在内容的版式设计方面
“绕排”问题，我不知道您还记不

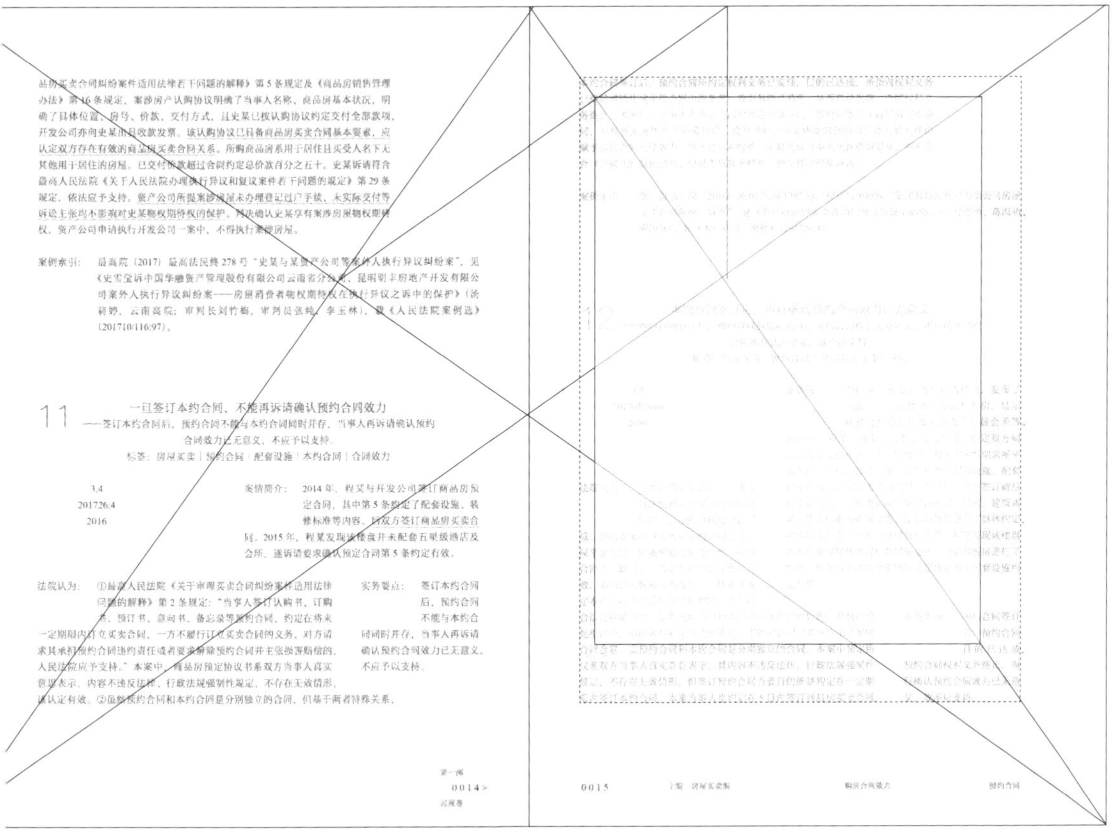

图 B6-3 参考维拉尔·德·奥内库尔的版心法则而设计的版心

哦?

对了，您说那不叫“绕排”是吧?

是的，那叫“文本框变宽”。

好吧。版式中每个案例的不同板块之间有一个变宽的设计是吧？变宽是我提出来的，比如“法院认为”板块因为文本不同，如果固定栏宽，当它字数多的时候留有些太大，我想能不能把它扩展一些。我记时提了这个想法之后，您就接受了。你接受后，我又提出了一个新方案，就是把绕排直到右侧版心。

这我没有接受。如果接受，留白就有问题，格律之美会被减弱。

您的变宽建议说明我们设计师在设计一量文本的时候，只设计一章两章的样张可能遇到这个文本以后会出现的问题，而排版时我们后期再对前面的设计做一个矫正。

陈： 我后来发现您在做处理文本框变宽的时候就是没有顶到右侧版心，往回缩了一点，有一种留白的理念在里面，处理得非常好。还有您在文本框一次变宽之后，还会有第二次变宽。

刘： 这也是由文本长短来决定的。因为文本的长短一定是不一样的，这要求排版有变化，不能僵化处理，需要不断调整。

陈： 就是，在法律方面我可能花的时间比较多一点，但是在设计上，我是相信专业的力量，我也会在设计过程当中提出自己的一些想法，然后请您帮我去实现。

刘： 也包括把您的想法否定了。

陈： 不是否定，是试一试。您看，包括我关于文本框变宽的想法，您不就接受了吗？我们互相理解，互相接受。

刘： 您是文本作者，我是设计师，只要我们

图 B6-4《中国商事诉讼裁判规则》视线流，2019

的目标是一致的，不管这个过程之中有多少不同的意见，甚至意见完全相左，有很大的争执，最后我们还是会回到争取为读者提供一个好的阅读这点上来，这就是我们愉快合作的基础和呈现给读者的结果。说到这儿，我想起来一件小事，但是这个事对我们公司可不是小事：第一版我们按照合同收取了您设计费用之后，您反过来又觉得要再多给我们一些设计费。现在书已经走到了一个越来越便宜的地步，在这样的背景下，各个环节都在想着怎么压缩成本，从出版社到设计师，到耗材，再到印装，都在想着怎么做到成本最低，可是偏偏有一个甲方觉得要多给乙方付些设计费，而且这种事情竟然在我们为两个版本做设计的时候都发生了！

陈： 我觉得这个文本自己是付出了很多的心血，是把自己的性命放在里面去做的一件事情，它就跟我的孩子一样。所以在设计的过程当中，我觉得谁对这个孩子好，谁对这个孩子花了心思，我应该也是要有这种感激之情的。

因为您对设计一以贯之的投入，帮我2019 年这一版做得更完美，这我看到了。方面就是在我们做的过程当中，我们也确实了很多的工作量，提出了更多的设计要求，内容也不断在变化，超出了我们原来合同的约定。所以说，虽然您把我当成朋友，从来有去提这些事情，但是，我觉得应该要有之心。

刘： 我也是非常感激您。因为我们设计或者个体设计师在为作者、出版社服务时，基本都是处于弱势的。像公司还是有非常正规的合同，这个合同当然帮我们完善过。但是有很多设计师他们是没同的，面对作者、出版社时就更加弱势了。您的做法让我们非常感激。我们公司在为甲供设计服务时，有一些必须坚守的原则。当在有些甲方看来是我们很强势，其实我们只想对甲方虚言，让甲方本应得到的优质设计

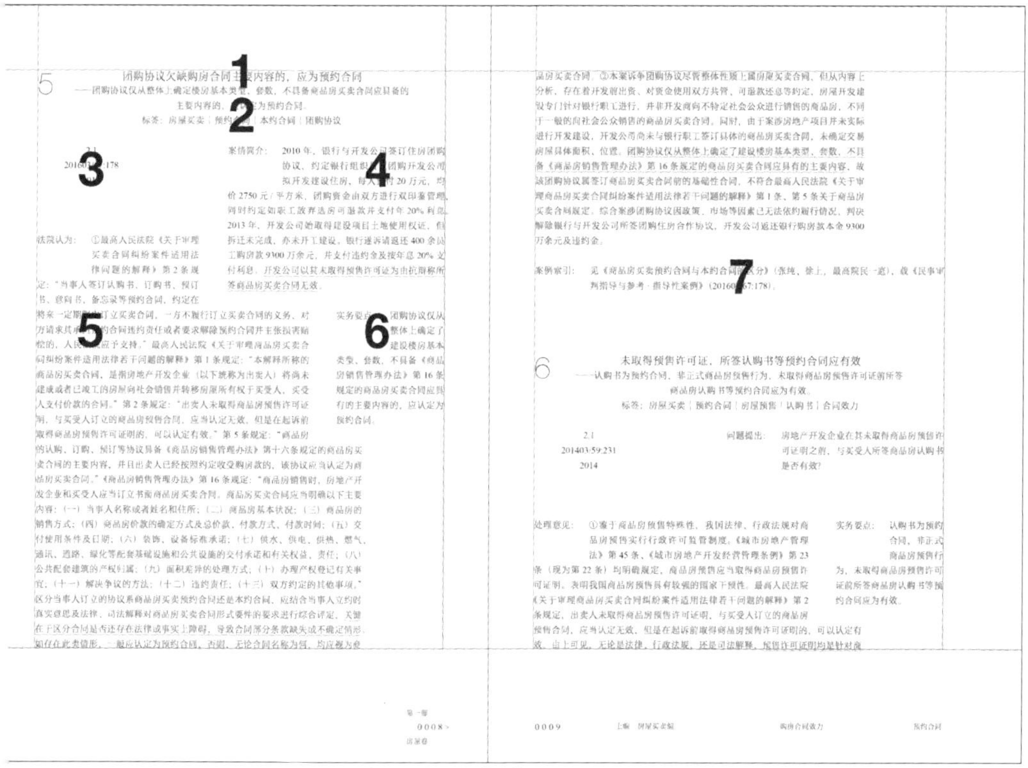

图 B6-5《中国民事诉讼裁判规则》视线流，2019

而已。

我没想到刘老师您会有这种想法。我从一开始就觉得您应该比我们更强势。您是设计师，也更有个性。我们觉得如果并不平等的话，设计师应该在我们上面。

哪能呢，我们设计师是要从甲方的口袋里掏钱的，又不能抢，当然处于弱势啦。

但是我相信我们都是要把事做好的人，是一致的，剩下的就是如何通过我们的共同把一件作品呈现给读者，做好我们分内的

我负责内容，您负责外在的形状、形式和对文本阅读进行符合视觉逻辑又兼顾美学的表达，我们想要把它以一种非常的状态呈现出来，这工作应该是缺一不可，说我们的目标是一致的。在这个基础上，我我们的合作是不会有任何问题的。我没有其杂念，也没有一些其他的想法，我们都是为事情做好，对一个专业的机构、一个专业的人来讲，这是一个基本的、实际上也是一个很难的要求。

刘： 您这句话让我特别感动。虽然我做设计这么多年，但是当我听一个作者，也是我的朋友，当着我的面如此真诚地表白，我还是非常感动，谢谢您。

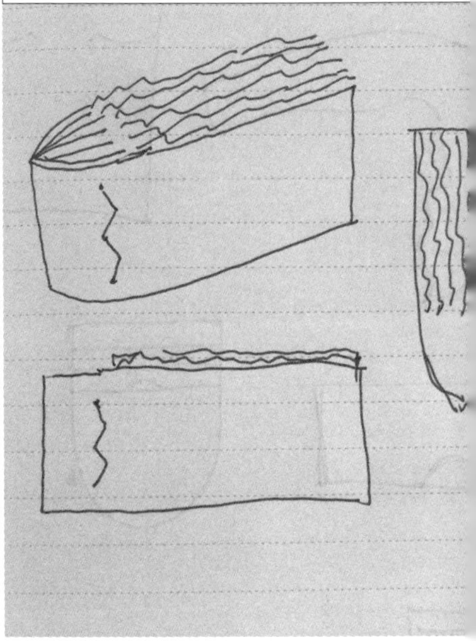

图 B7-1 设计草图

这本书是为第一届“中国最美旅游图书设计大赛”设计的作品集。

书籍的外形设计似一条船，装订采用对称结构，以印蓝色纸张上的评委感言为中心向外对称展开，它是一本厚厚的“骑马钉”的书。42mm 厚的“骑马钉”已经不能订钉，也不能勒皮筋，它是在距离书脊 57mm 处打了五个不等距的孔，再穿线装订的。我们本来设想将孔打成弯折的形态，因为要占用更多的装订位而没能实现。深圳国际彩印穆总在看到我画的设计草图（图 B7-1）后，尝试没做过的工艺的冲动被激发出来，替我解决了非常多的实际问题。比如，首先是一本本地制作白样然后拆开，这样好确定版心的实际位置，在制作了五本白样后，确定了最外面对开页和最中心对开页的版心相差 84mm。然后是确定 8 个模切版在页面中的分配，不然“浪花”的效果会打折扣。最后是裁切，仅靠模切书籍的切口和地脚是参差不齐的，必须再次裁切才能使书籍漂亮（图 B7-2）。

本书将本届比赛的获奖作品按金、银、铜等奖项，分配了与奖项对应的书影页数，金奖页数最多，入选奖页数最少。我们在设计时没有把一件获奖作品所分配到的页码集中在一起，比如分配给金奖的 10 页正文书影分散在了 p04/05、22/23、58/59、280/281、296/297，选择获奖作品内页书影的页码与获奖作品集页码一致，即金奖选择拍摄了 p04/05、22/23、58/59、280/281、296/297。选择哪些获奖作品内页书影是随机的，但一定要将它与获奖作品集的页码对应起来，这成为风吹哪页读哪页，吹到哪本读哪本的设计概念。

为方便查找被拆散后的获奖作品，在获奖作品总索引之后，我们设计了获奖书籍内页书影在《风吹哪页读哪页　第一届中国最美旅游图书设计

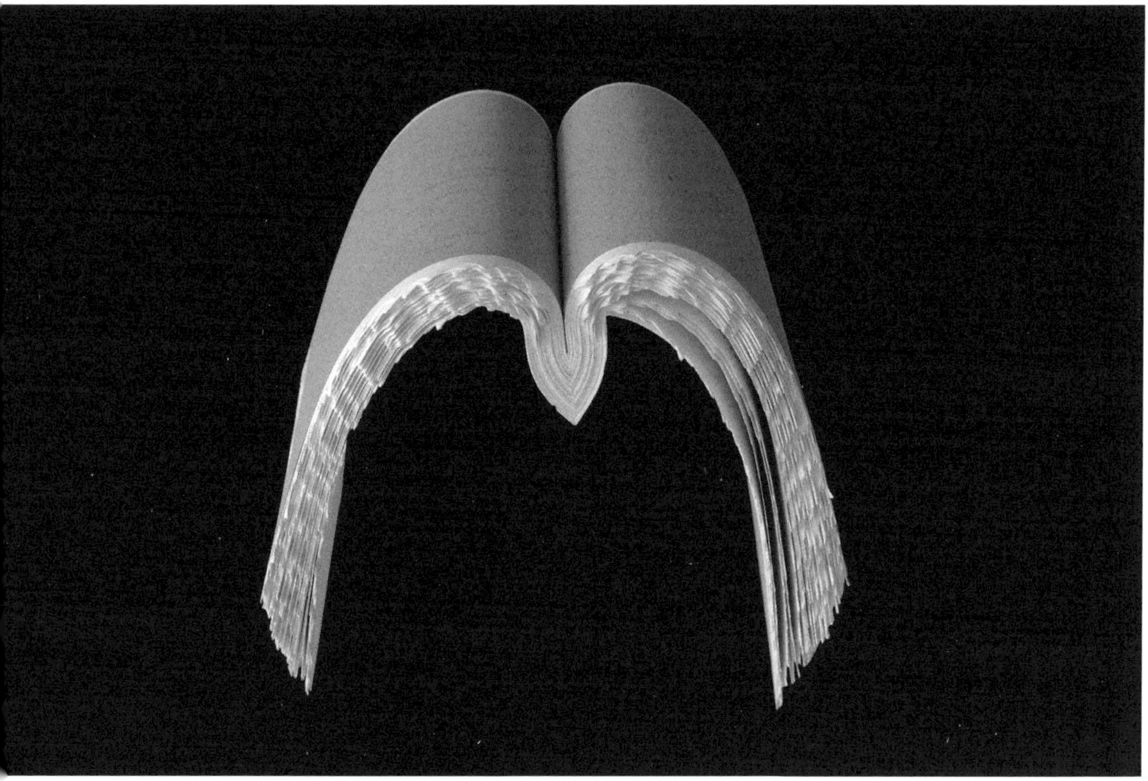

图 B7-3 柔软的书籍似飞翔的海鸥

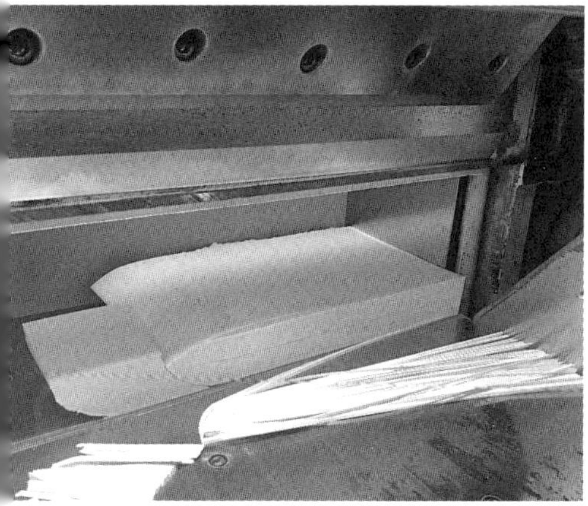

图 B7-2 裁切成品

大赛优秀作品集》中的页码索引（编码方式01—341）和封面页码索引（A—T）。

《风吹哪页读哪页　第一届中国最美旅游图书设计大赛优秀作品集》采用 11.2 磅大字重方正中雅宋作为正文字体，排版是在固定位置下的文本随机流动，连续快速翻动会形成波浪涌动的效果。

获奖作品集文前部分使用了 60 克的半透明彼岸樱花纸；主体部分——获奖作品内页书影使用了 115 克、松厚度 1.80cm³/g 的瑞典蒙肯纸，它的纸张纹路与装订水平，达到非常柔软的效果（图 B7-3）；评委作品使用了 60 克彼岸樱花纸印四色；获奖作品封面使用了 80 克高光铜版纸；评委感言使用了蓝色彩域纸印银。多种纸张结合后，获奖作品集的触感变得丰富，自然而然地，定价也就不菲了。

《风吹哪页读哪页　第一届中国最美旅游图书设计大赛优秀作品集》的工艺水平高超，它凝结着印装艺术家的智慧和辛勤汗水！

编者：中国出版协会书籍设计艺术工作委员会
书籍设计：刘晓翔 + 苗倩 + 彭怡轩
摄影：吴忠平
正文页数：472 页
装订：折叠后打孔穿线
出版发行：海南出版社
印装：深圳市国际彩印有限公司
版次：2019 年 11 月第 1 版
ISBN 978-7-5443-9028-6
定价：998.00 元

Finalist 入选名单

GM Gold Medal 金奖

SM Silver Medal 银奖

BM Bronze Medal 铜奖

CM Creative Medal 创意奖

HA Honorary Appreciation 优秀奖

A 图书类 *B* 地图类

C 海报类 *D* 创意读物

CM

CM[D]

潮州铁枝木偶戏是我国木偶艺术的稀有品种。但由于时代的快速发展，铁枝木偶戏日益衰落，沦为“老爷戏”。

潮州铁枝木偶戏团以家庭为单位演出，因此每个戏团的木偶及表演艺术形式都有差异。

此宣传册主要以老玉春香木偶团为对象介绍潮州这一古老戏种。

宣传册分为三部分：第一部分由9张潮州铁枝木偶的写真组成，里面涵盖了铁枝木偶戏当中的各个经典角色，以潮州铁枝木偶独特的形态吸引大众的目光；

第二部分详细介绍潮州铁枝木偶戏的构成以及现状，让大众能清晰地了解到铁枝木偶戏的情况；

第三部分介绍老玉春香木偶团这个历经三代传承的老牌木偶团的情况，让大众了解如今传统技艺人的所思所想。宣传册结合了木刻与现代构成风格，希望能借此吸引更多年轻人的注意。

C r e a t i v e M e d a l

张 思园

《潮州铁枝木偶戏》

指导老师：蔡仕伟

《潮州铁枝木偶戏》 Page 06/07 20/21 Cover: Page J

《潮汕宗祠研究》 Page 16/17 48/49 Cover: Page J

《双城记》 Page 114/115 120/121 Cover: Page J

《烟火不厌，人间何长》 Page 220/221 286/287 Cover: Page J

《国际大都市系列地图》 Page 336/337 338/339 List: Page J

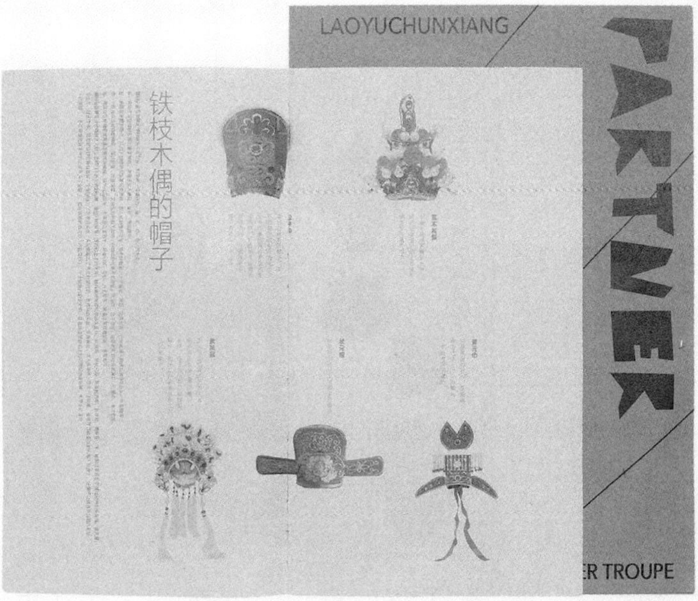

06/07

CM[D]

潮州铁枝木偶戏是我国木偶艺术的稀有品种。但由于时代的快速发展，铁枝木偶戏日益衰落，沦为“老爷戏”。

潮州铁枝木偶戏团以家庭为单位演出，因此每个戏团的木偶及表演艺术形式都有差异。此宣传册主要以老玉春香木偶团为对象介绍潮州这一古老戏种。宣传册分为三部分：第一部分由 9 张潮州铁枝木偶的写真组成，里面涵盖了铁枝木偶戏当中的各个经典角色，以潮州铁枝木偶独特的形态吸引大众的目光；第二部分详细介绍潮州铁枝木偶戏的构成以及现状，让大众能清晰地了解到铁枝木偶戏的情况；第三部分介绍老玉春香木偶团这个历经三代传承的老牌木偶团的情况，

让大众了解如今传统技艺人的所思所想。宣传册结合了木刻与现代构成风格，
希望能借此吸引更多年轻人的注意。

C r e a t i v e　M e d a l

张　思　园

《潮州铁枝木偶戏》

指 导 老 师 ： 蔡 仕 伟

CM

黎瑶
《烟火不灭，人间何长》 P. 230 / 231
肖文云海
《双城记》
先研创 + 一本正经 P. 114 / 115
蒋培博
《潮汕宗祠研究》
汕头大学 P. 16 / 17
张思园
《潮州铁枝木偶戏》 P. 06 / 07
叶超
《国际大都市系列地图》
中国地图出版社 P. 336 / 337

P. 114 / 115

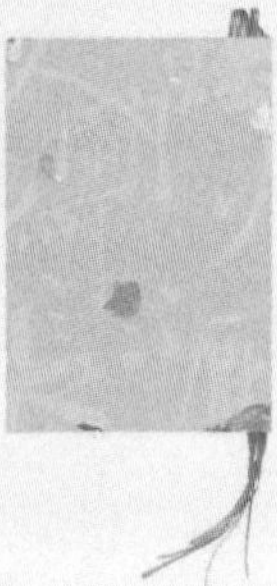

P. 230 / 231

P. 16 / 17

P. 06 / 07

J

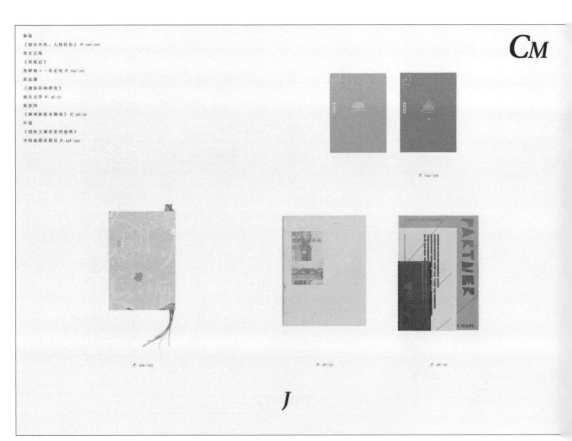

20 / 2I

HA

符晓迪

在美丽的海南三亚金秋收获之际
第一届中国最美旅游图书设计大赛历经两个月的作品征集
评选出入围作品 145 件、优秀作品 76 件
展览将如期拉开帷幕
这是出版界首次对旅游类图书设计进行专业评奖
也是一次书籍设计与旅游文化展现独特魅力的盛会
我们作为设计人和大赛组织者
为共同搭建了一个相聚交流与合作的平台
而感到鼓舞与欣慰

从本次参评作品中
我们大致了解和预测了旅游类书籍设计在中国发展的现状与未来
同时看到一批年轻的书籍设计师对书籍形态、阅读功能以及整体设计观念的理解和突破，可喜可贺
同时，这次大赛也让我们看到了有些方面存在的不足
提倡旅游图书个性化特点的表现与传达
提升文本插图与信息图表在书籍中的功能美感
促进出版观念相对滞后现状的改变
通过展示、展评、论坛等多种形式
推动中国书籍设计艺术发展
是我们举办展览活动的宗旨

J u d g e

符　晓迪

1983年毕业于解放军艺术学院美术系，1986年担任解放军出版社美术编辑一职，1999年创立晓笛设计工作室并担任艺术总监。中国出版协会书籍设计艺术工作委员会副主任兼秘书长，一至四届中国出版政府奖（装帧设计奖）评委，六至九届全国书籍设计艺术展览评委。

BM^A

该书记录了作者地球九极探险历程，以深蓝和橘红双色印刷，直至重点内容——北极开始采用四色加橘红色印刷，

延伸至攀登珠峰。色彩变换使阅读节奏产生变化，重点突出，也降低了印制成本。书中配图以摄影图片为主，

穿插山峰版画和手绘素描山峰图，艺术性地勾勒出要攀登的主山峰。

全书的文字栏以双栏为主，错落有致，文字栏的高度根据内容和图片的布局相应变化，全书不断变化的栏高使每页版面没有重复，起伏变化如同群山。变化的文字栏是显性的线，体现王静登山探险的历程，象征其走过的无数山峦；每一段文字的内容也是对这个历程的描述。

另一条隐性的线，是她坎坷创业路上的探索和坚持。

封面上蓝色的珠峰神秘巍峨，融入深邃的天空背景，

镂空的地球九极的点，

仿佛具有某种神秘的魔力，

吸引着探险者。

B r o n z e　M e d a l

张　志伟

《静静致极》

北 京 出 版 社

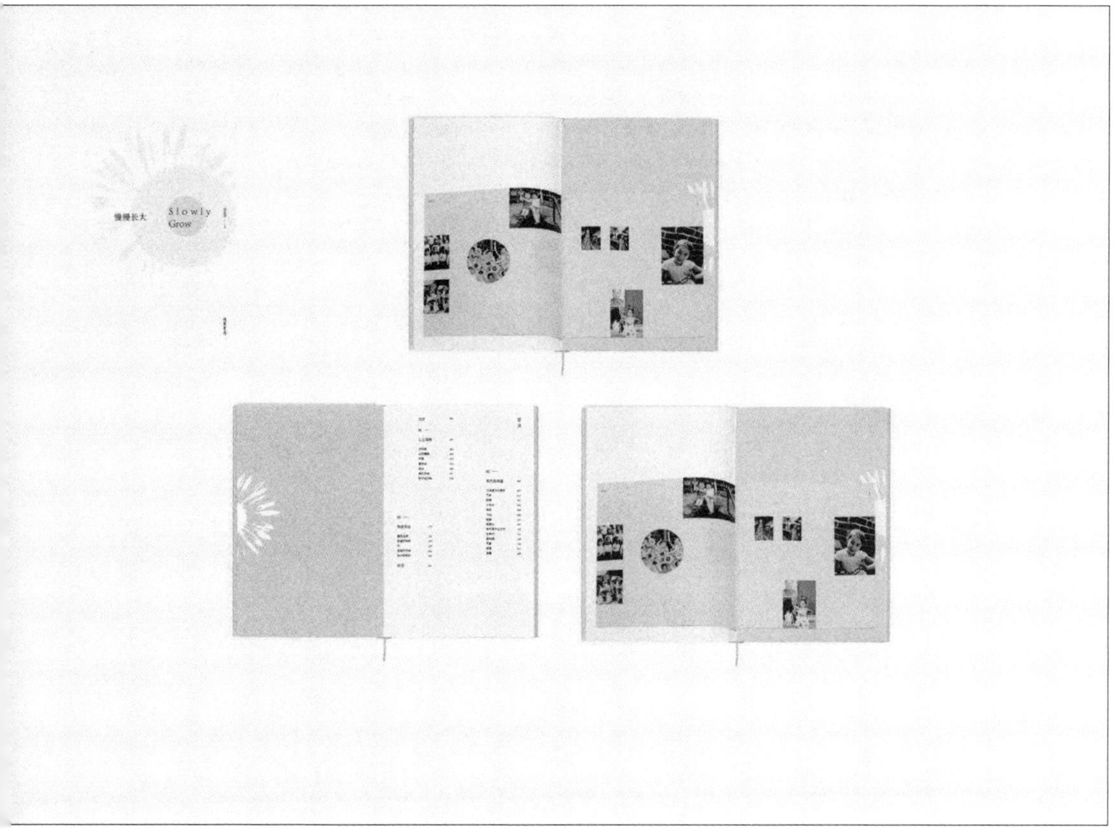

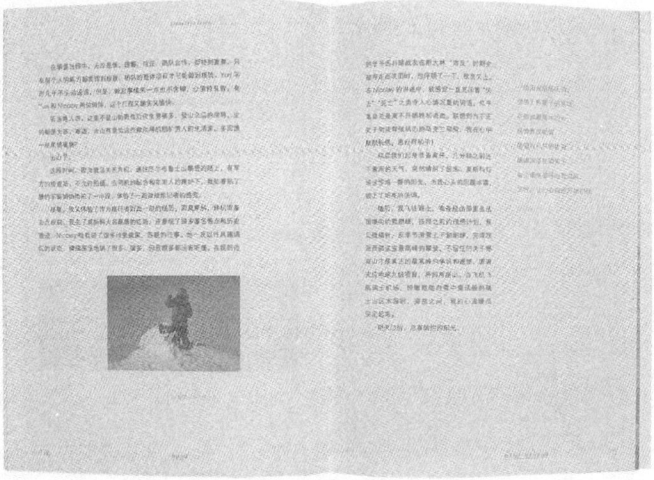

176 / 177

平江路历史街区堪称古城缩影，对照南宋《平江图》，平江路基本延续了唐宋以来的城坊格局，是苏州古城重要的旅游打卡之地。全书以画家视角的图片为主，结合散文，围绕画家画作、闲章及画作题跋、幕后创作花絮、评论性文字、十二位女作家散文，以六条线索结构设计。通过版式变化、装订变化、纸张变化，读者可以悠闲而有条不紊地读画品文。该书利用封面的背面全图展示《平江图》拓片，并且准确标注了平江路的区域位置。

画作部分采用关门折，可以充分将画面的画幅展开，虽为十六开本却能让读者获得八开以上的视觉效果。

十二位女性作家描绘平江路的散文与画家的作品相互呼应，

文字魅力与视觉魅力的组合，远远超出了一加一的简单结果。

BM^A

周　晨

孙宁宁

B r o n z e　M e d a l

《平江新图——吕吉人作品集》

江苏凤凰教育出版社

《十四行》是诗人周海滨第三年“寰行中国”，寻族华夏生灵生生不息的精神故乡时创作的。

该书展示了作者从成都出发，深入中国最东北和最西南，全程 7500 公里的所见所闻。

在中国最西南，历经“彩云之南”、“秘境瑰宝”（丽江—鲁朗）、“高山仰止”（林芝—珠穆朗玛峰大本营）三段行程，探奇西南多民族文化的秘境原味，感悟世代坚守的心传信仰；在中国最东北，历经“林海牧歌”（满洲里—哈尔滨）、“北国风情”（哈尔滨—沈阳）两段行程，造访驯鹿与雄鹰的故乡，领略黑土地的万丈豪情与热血勇气。

HA^A

H o n o r a r y　A p p r e c i a t i o n

陶　雷

《十四行》

湖南文艺出版社

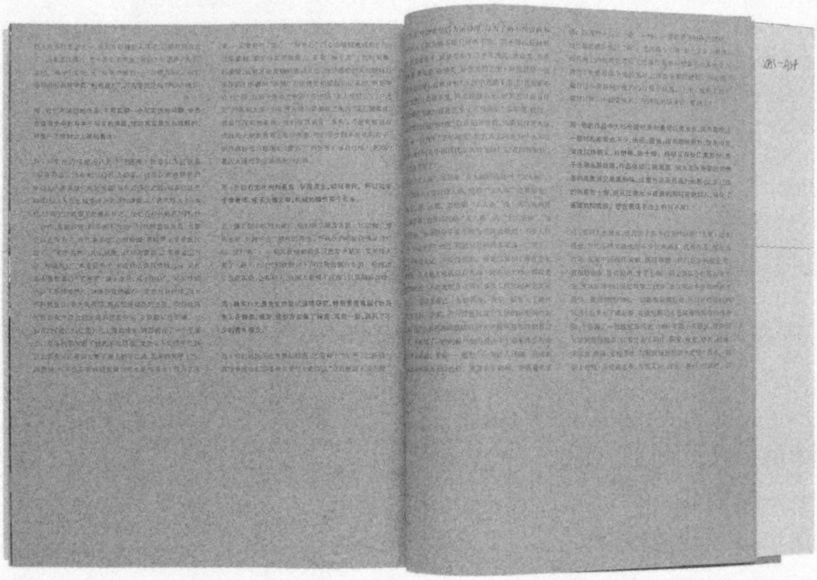

178 / 179

B New 11×16 XXL Studio
吹哪页读哪页 第一届中国最美旅游图书设计大赛优秀作品集

就像面食中的面粉，
字体作为文本和图像，
为书籍排印提供“基础材料”，
XXL Studio 用“充满激情”的工作
为“不带情绪”的“玄宋”
设计了这本《汉仪玄宋字体册》。

“白纸黑字”是朱志伟老师对字体册的希望，“看不到，才能更好地看到”是“玄宋”字体设计的初衷。为呈现“白纸黑字”和“更好地看到”，我们的字体册设计概念就是白纸黑字或黑底白字，它就像钢琴的黑白两列键盘，交互使用可以变幻出美妙的音乐。我们希望用极致的简单表现繁复的汉字排印造型与单个汉字的优美。

这本 64 页的字体册与纸张结合，用分类来展现字体的特征和功能。全书除西文字体部分外选择了同款不同克重的纯白纸张（A、B、C、D、F 部分），在不同柔韧度与光滑度之间交替变化，然后辅以亚黑油墨印刷，带来安静与节奏分明的视觉印象。西文字体展示部分（E）用黑色纸张印刷 PENTONE 专色金属墨，表现汉仪玄宋的高贵、儒雅气质。

A　封面。外封 260 克纯白纸 + 内封 240 克纯白纸。

B　文字叙述。90 克纯白纸。

薄薄的微透纸张呈现出不同页面文字的叠加。大字字号做精细调整来符合人眼的视觉习惯，叙述文字使用不同字重的字体与大字的 35S 匹配，取得视觉上的灰度平衡。

C　字体局部展示。190 克纯白纸。

字体的局部展示是本书设计的重要环节，它将单个文字作为图片使用，

汉仪玄宋
字体册
110

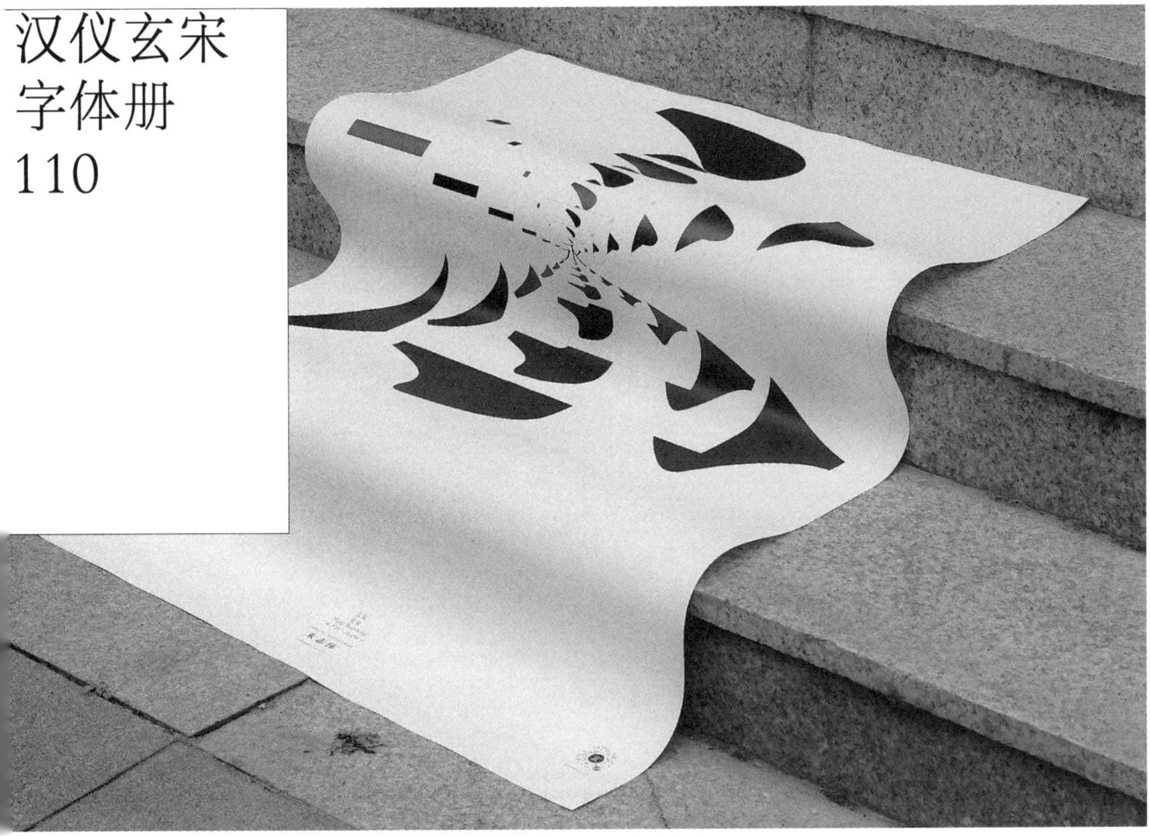

加强了读者对“玄宋”的理解。黑底白色笔画对比鲜明，可以视为整本字体册的支撑，是“黑底白字”乐章的高潮。我们设计时，在黑底上用白细线勾出作为图片文字的其余笔画，在“可见”与“不可见”之间，表现“玄宋”不同于其他宋体的细节；使用不同密度，相同粗细的黑线形成灰色页面，需要强调的笔画在其上反白，可以看成是对“黑底白字”的又一种演绎；依靠黑—灰—白三个层次与节奏的转换，把“玄宋”字体的设计特点抽丝剥茧，一点点展现在读者面前。

D　　字体家族展示。90 克纯白纸。

我们希望使读者对“玄宋”的不同字重有全面而直观的了解。

E　　西文字体展示。140 克黑色纸。

黑色纸张的沉稳细腻，衬托出“玄宋”西文字体的气质。

F　　非中文部分 +OpenType 特性展示。90 克纯白纸。

细线框中是排式案例，框外文字是对案例的叙述。有规则无规律的图形，让“乏味”的文字变得有趣。

另附插页。我们采用 105 克太空梭亚粉纸 + 80 克纯质纸采用两种常用纸张，单黑印刷。

这本字体册的设计将不同克重纸张结合内容后穿插使用，辅以通背双封面的装帧形式，让读者在 64 页里寻求视觉和触觉的丰富变化。

我们将“大中致正”作为设计的出发点，平整地展现左右页的对照关系与简洁明了的设计，用文本排印造型和简洁装订来表现“汉仪玄宋”的字体之美。

编者：汉仪字库
书籍设计：XXL Studio 刘晓翔 + 郑坤
正文页数：64 页
装订：平装 + 外包装
出版：汉仪字库
印装：北京雅昌艺术印刷有限公司
版次：2021 年 6 月第 1 版

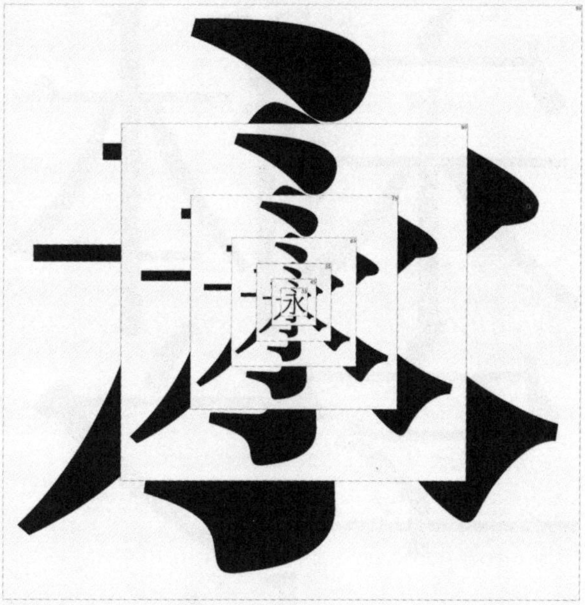

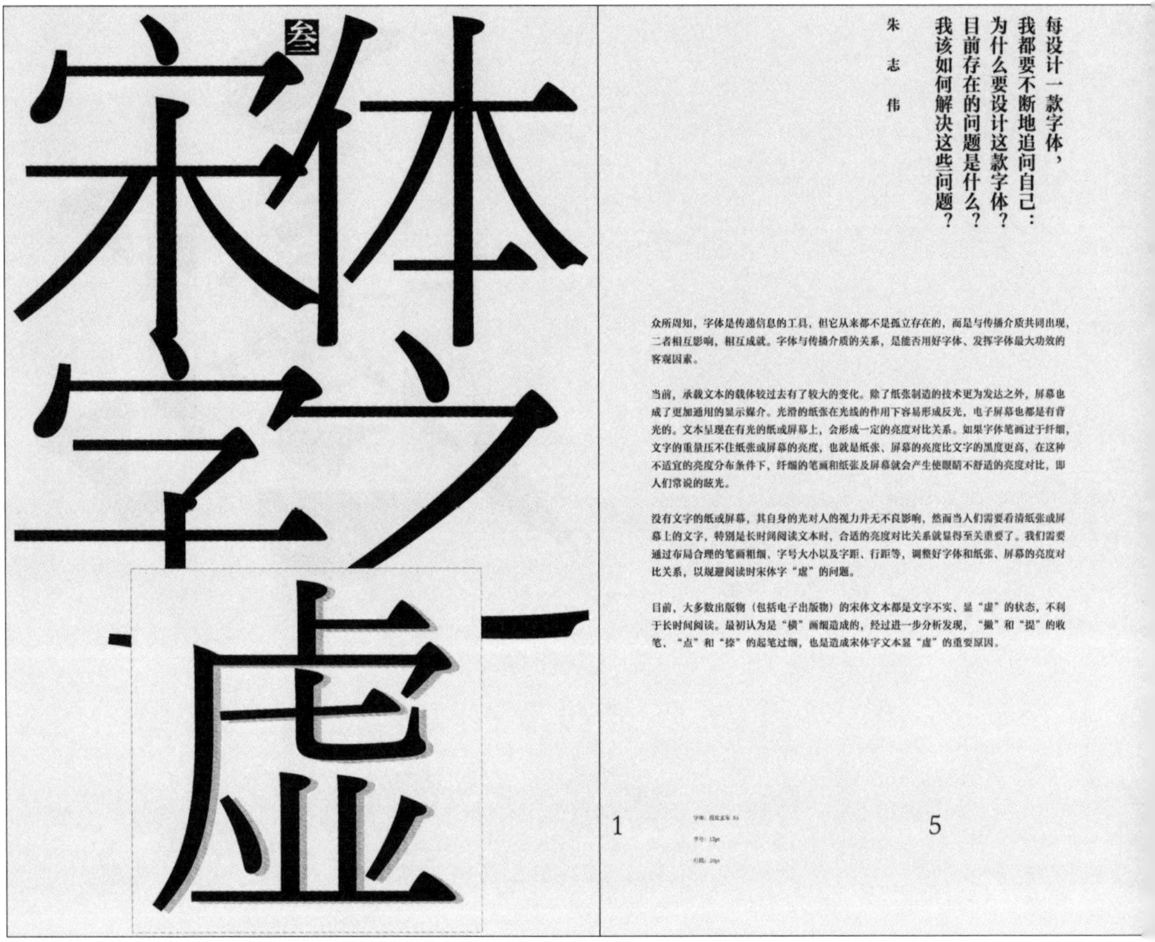

叁

宋体字之虚

每设计一款字体，
我都要不断地追问自己：
为什么要设计这款字体？
目前存在的问题是什么？
我该如何解决这些问题？

朱志伟

众所周知，字体是传递信息的工具，但它从来都不是孤立存在的，而是与传播介质共同出现，二者相互影响，相互成就。字体与传播介质的关系，是能否用好字体、发挥字体最大功效的客观因素。

当前，承载文本的载体较过去有了较大的变化。除了纸张制造的技术更为发达之外，屏幕也成了更加通用的显示媒介。光滑的纸张在光线的作用下容易形成反光，电子屏幕也都是有背光的。文本呈现在有光的纸或屏幕上，会形成一定的亮度对比关系。如果字体笔画过于纤细，文字的重量压不住纸张或屏幕的亮度，也就是纸张、屏幕的亮度比文字的黑度更高，在这种不适宜的亮度分布条件下，纤细的笔画和纸张及屏幕就会产生使眼睛不舒适的亮度对比，即人们常说的眩光。

没有文字的纸或屏幕，其自身的光对人的视力并无不良影响，然而当人们需要看清纸张或屏幕上的文字，特别是长时间阅读文本时，合适的亮度对比关系就显得至关重要了。我们需要通过布局合理的笔画粗细、字号大小以及字距、行距等，调整好字体和纸张、屏幕的亮度对比关系，以规避阅读时宋体字“虚”的问题。

目前，大多数出版物（包括电子出版物）的宋体文本都是文字不实、显“虚”的状态，不利于长时间阅读。最初认为是“横”画细造成的，经过进一步分析发现，“撇”和“提”的收笔、“点”和“捺”的起笔过细，也是造成宋体字文本显“虚”的重要原因。

1

字号：12pt

行距：20pt

5

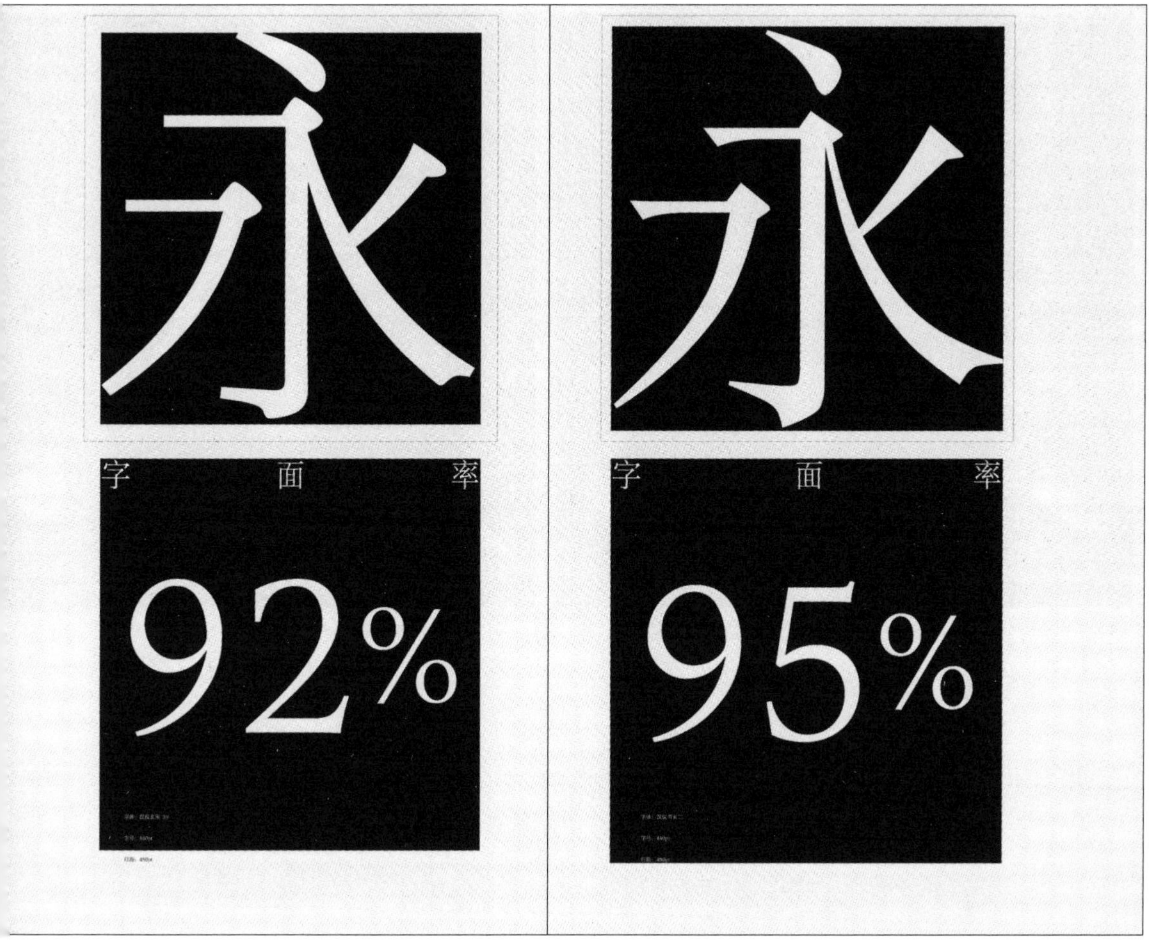
永
字面率
92%
永
字面率
95%

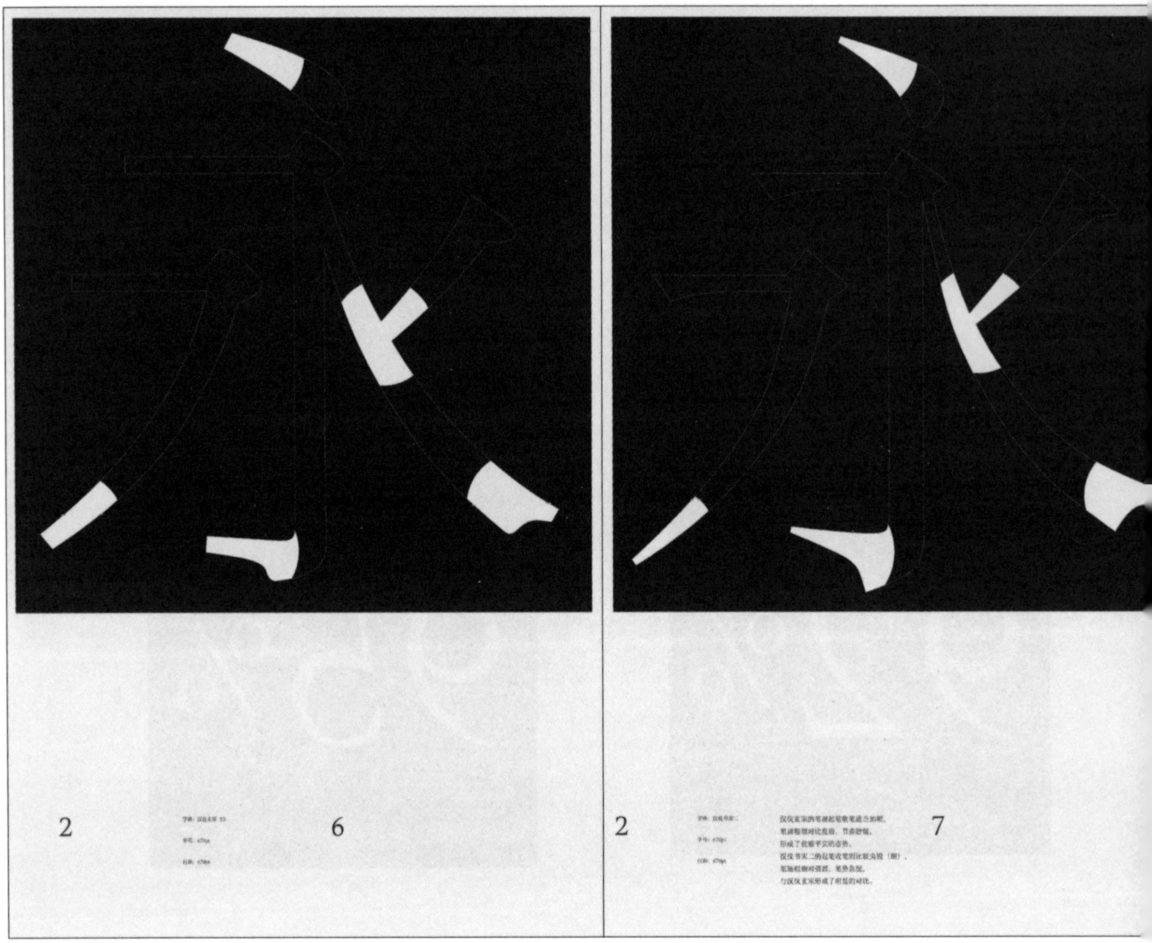
2
字体：汉仪玄宋 55
字号：670pt
行距：670pt
6
2
字体：汉仪书宋二
字号：670pt
行距：670pt
汉仪玄宋的笔画起笔收笔适合加厚，
笔画粗细对比度弱，节奏舒缓，
形成了优雅平实的态势。
汉仪书宋二的起笔收笔则比较尖锐（细），
笔画粗细对强烈，笔势急促，
与汉仪玄宋形成了明显的对比。
7

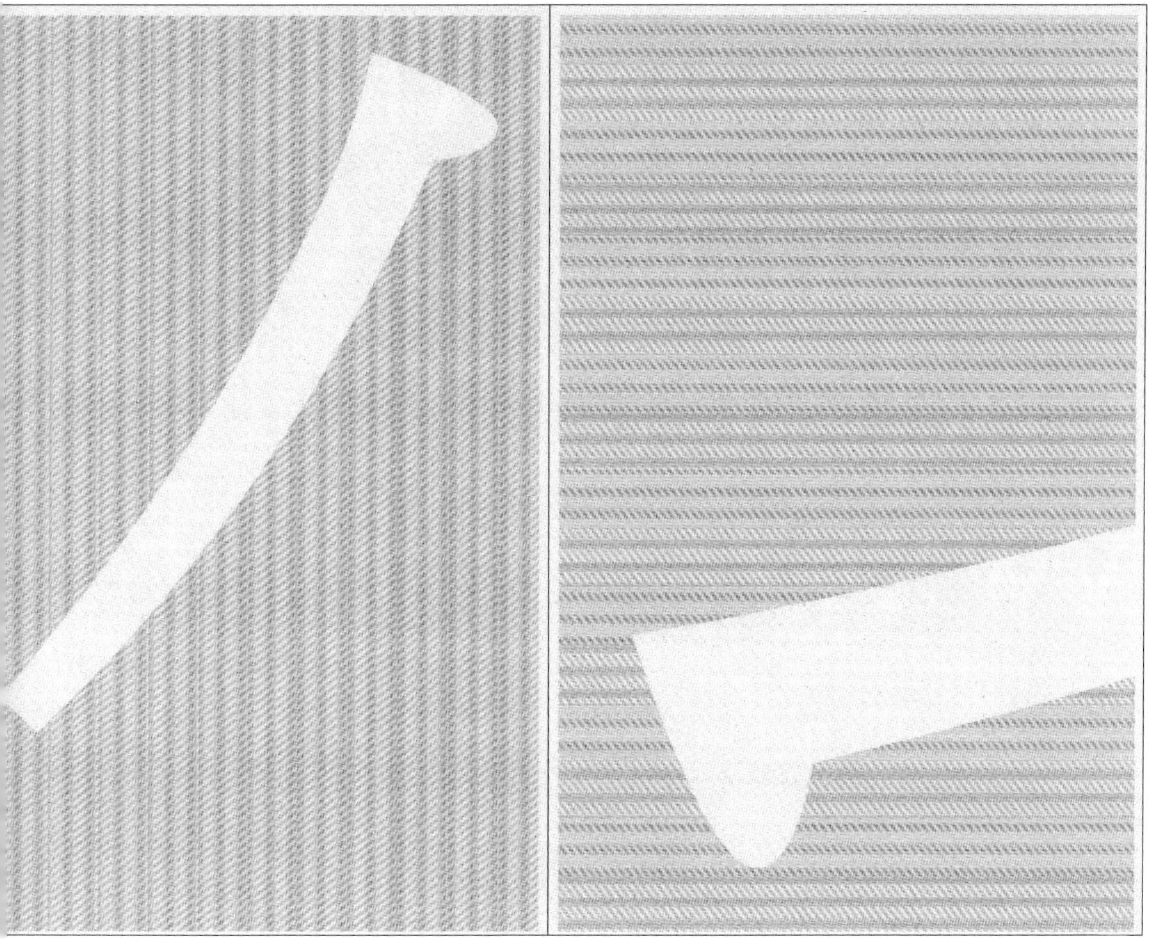

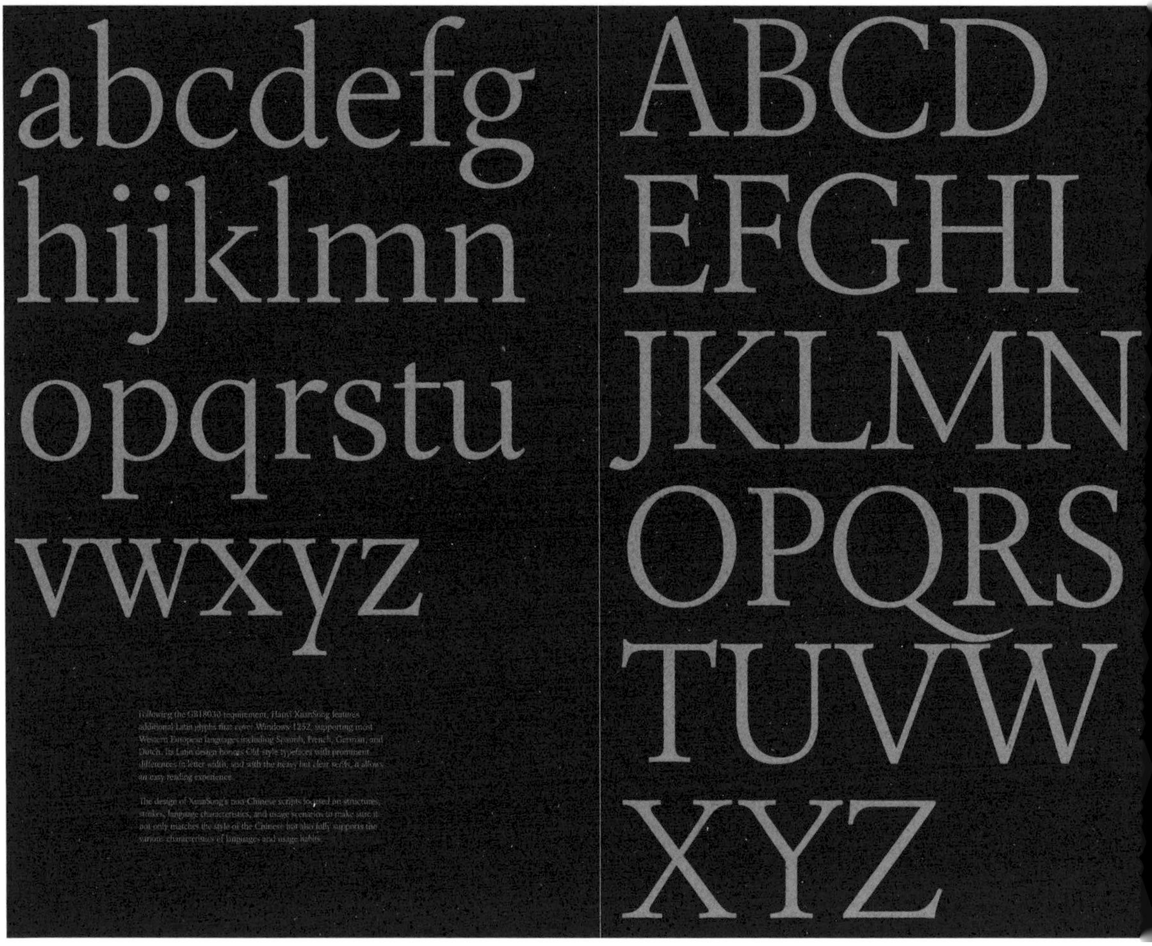
abcdefg
hijklmn
opqrstu
vwxyz

Following the GB18030 requirement, Hanyi XuanSong features additional Latin glyphs that cover Windows 1252, supporting most Western European languages including Spanish, French, German, and Dutch. Its Latin design honors Old-style typefaces with prominent differences in letter width, and with the heavy but clear serifs, it allows an easy reading experience.

The design of XuanSong's non-Chinese scripts focused on structures, strokes, language characteristics, and usage scenarios to make sure it not only matches the style of the Chinese but also fully supports the various characteristics of languages and usage habits.

ABCD
EFGHI
JKLMN
OPQRS
TUVW
XYZ

0
12
345
6789

Shall I compare thee to a summer's day?
Thou art more lovely and more temperate.
Rough winds do shake the darling buds of May,
And summer's lease hath all too short a date.
Sometime too hot the eye of heaven shines,
And often is his gold complexion dimmed;
And every fair from fair sometime declines,
By chance, or nature's changing course, untrimmed;
But thy eternal summer shall not fade,
Nor lose possession of that fair thou ow'st,
Nor shall death brag thou wand'rest in his shade,
When in eternal lines to Time thou grow'st.
So long as men can breathe, or eyes can see,
So long lives this, and this gives life to thee.

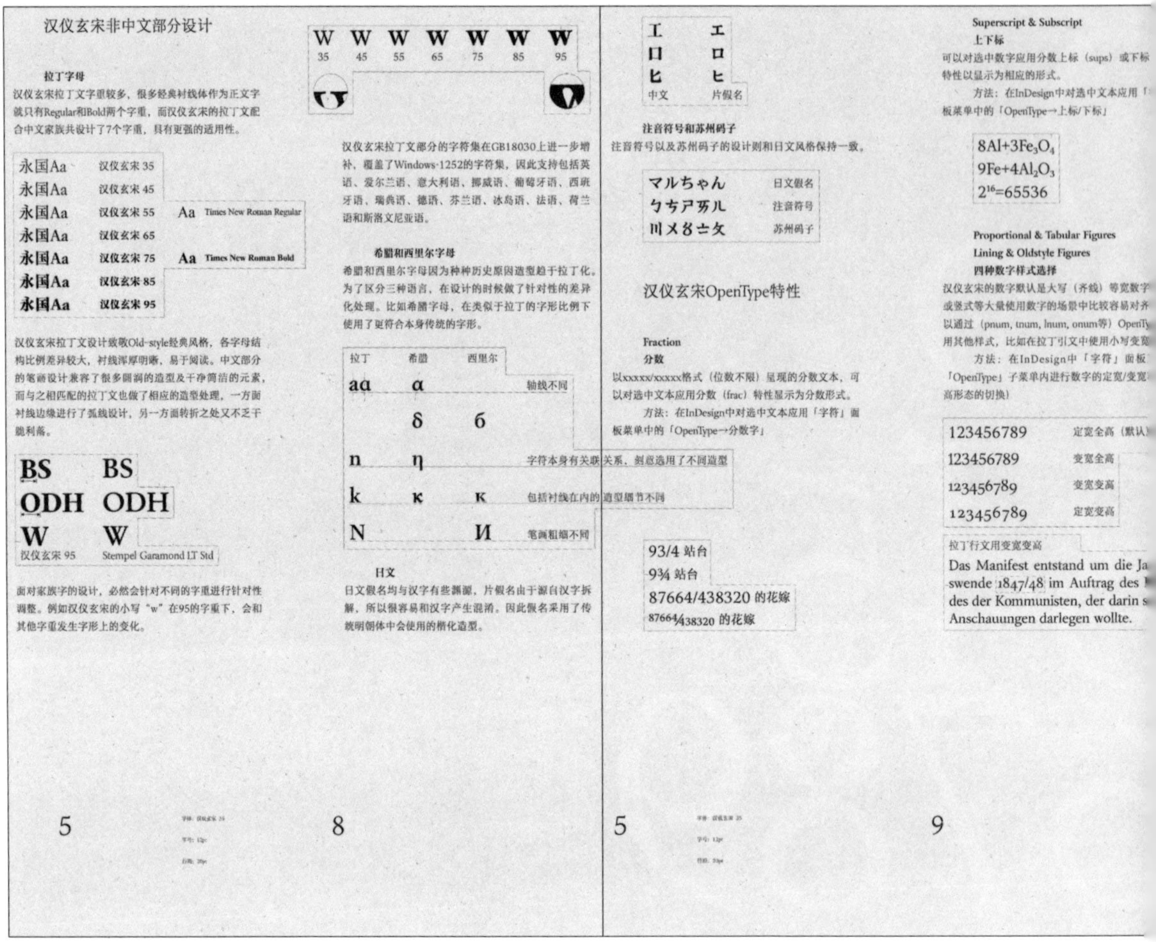

汉仪玄宋非中文部分设计

拉丁字母

汉仪玄宋拉丁文字重较多，很多经典衬线体作为正文字就只有Regular和Bold两个字重，而汉仪玄宋的拉丁文配合中文家族共设计了7个字重，具有更强的适用性。

永国Aa	汉仪玄宋 35		
永国Aa	汉仪玄宋 45		
永国Aa	汉仪玄宋 55	Aa	Times New Roman Regular
永国Aa	汉仪玄宋 65		
永国Aa	汉仪玄宋 75	Aa	Times New Roman Bold
永国Aa	汉仪玄宋 85		
永国Aa	汉仪玄宋 95		

汉仪玄宋拉丁文设计致敬Old-style经典风格，各字母结构比例差异较大，衬线浑厚明晰，易于阅读。中文部分的笔画设计兼容了很多圆润的造型及干净简洁的元素，而与之相匹配的拉丁文也做了相应的造型处理，一方面衬线边缘进行了弧线设计，另一方面转折之处又不乏干脆利落。

BS	BS
ODH	ODH
W	W
汉仪玄宋 95	Stempel Garamond LT Std

面对家族字的设计，必然会针对不同的字重进行针对性调整。例如汉仪玄宋的小写“w”在95的字重下，会和其他字重发生字形上的变化。

W	W	W	W	W	W	W
35	45	55	65	75	85	95

汉仪玄宋拉丁文部分的字符集在GB18030上进一步增补，覆盖了Windows-1252的字符集，因此支持包括英语、爱尔兰语、意大利语、挪威语、葡萄牙语、西班牙语、瑞典语、德语、芬兰语、冰岛语、法语、荷兰语和斯洛文尼亚语。

希腊和西里尔字母

希腊和西里尔字母因为种种历史原因造型趋于拉丁化。为了区分三种语言，在设计的时候做了针对性的差异化处理。比如希腊字母，在类似于拉丁的字形比例下使用了更符合本身传统的字形。

拉丁	希腊	西里尔	
aɑ	α		轴线不同
	δ	б	
n	η		字符本身有关联关系，刻意选用了不同造型
k	κ	к	包括衬线在内的造型细节不同
N		И	笔画粗细不同

日文

日文假名均与汉字有些渊源，片假名由于源自汉字拆解，所以很容易和汉字产生混淆。因此假名采用了传统明朝体中会使用的楷化造型。

中文	片假名
工	エ
口	ロ
匕	ヒ

注音符号和苏州码子

注音符号以及苏州码子的设计则和日文风格保持一致。

マルちゃん	日文假名
ㄅㄘㄕㄞㄦ	注音符号
〢〤〨〩〥	苏州码子

汉仪玄宋OpenType特性

Fraction

分数

以xxxxx/xxxxx格式（位数不限）呈现的分数文本，可以对选中文本应用分数（frac）特性显示为分数形式。

方法：在InDesign中对选中文本应用「字符」面板菜单中的「OpenType→分数字」

93/4 站台

9¾ 站台

87664/438320 的花嫁

87664⁄438320 的花嫁

Superscript & Subscript

上下标

可以对选中数字应用分数上标（sups）或下标特性以显示为相应的形式。

方法：在InDesign中对选中文本应用「字板菜单中的「OpenType→上标/下标」

$8Al+3Fe_3O_4$

$9Fe+4Al_2O_3$

$2^{16}=65536$

Proportional & Tabular Figures

Lining & Oldstyle Figures

四种数字样式选择

汉仪玄宋的数字默认是大写（齐线）等宽数字或竖式等大量使用数字的场景中比较容易对齐以通过（pnum, tnum, lnum, onum等）OpenTy用其他样式，比如在拉丁引文中使用小写变宽

方法：在InDesign中「字符」面板「OpenType」子菜单内进行数字的定宽/变宽高形态的切换）

123456789	定宽全高（默认）
123456789	变宽全高
123456789	变宽变高
123456789	定宽变高

拉丁行文用变宽变高

Das Manifest entstand um die Ja
swende 1847/48 im Auftrag des
des der Kommunisten, der darin s
Anschauungen darlegen wollte.

5 8 5 9

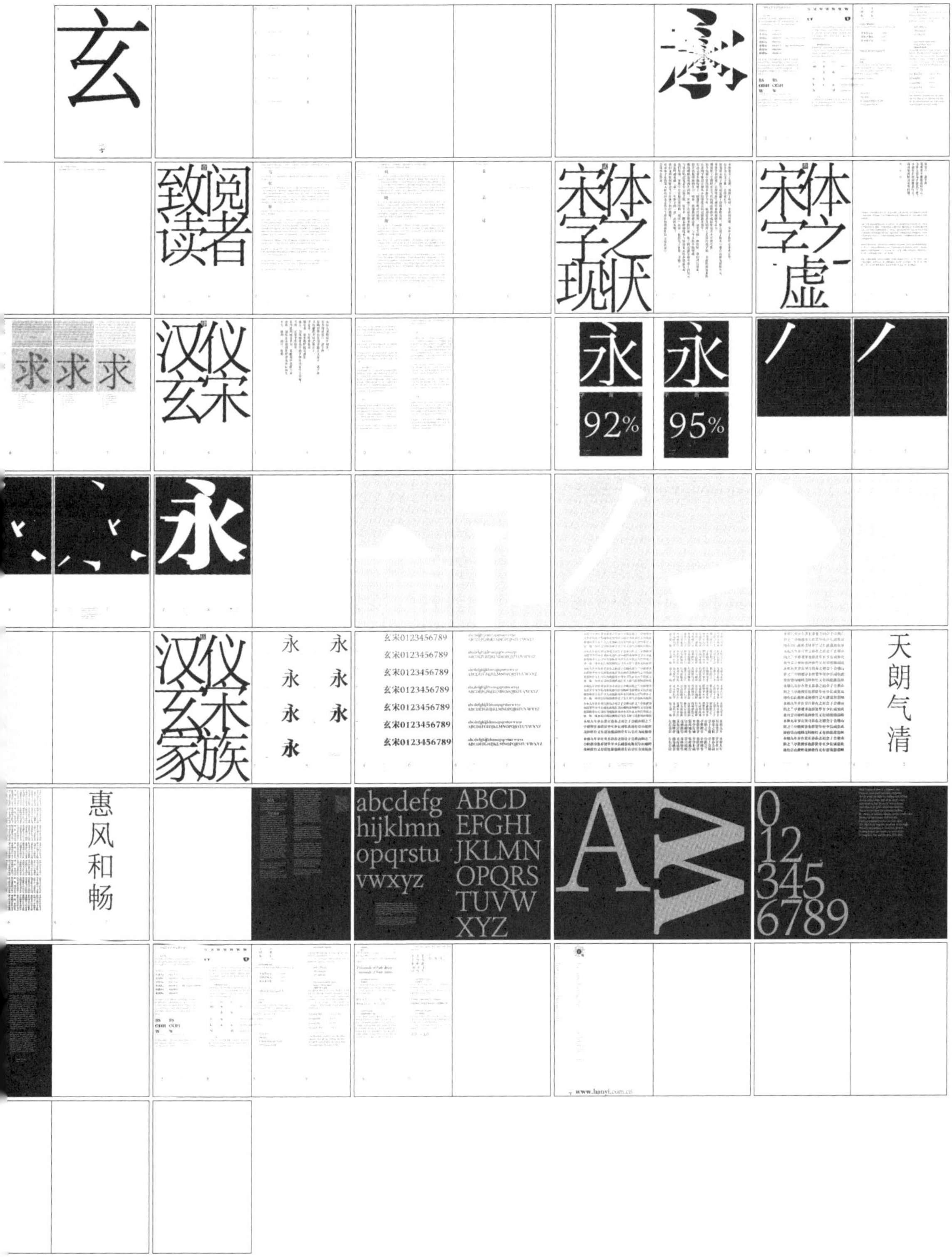

B New 11×16 XXL Studio
8 汉仪玄宋字体册

《字腔字冲　16 世纪铸字到现代字体设计》在翻译出版中文版之前已经有英文、日文等多种语言版本。我们在设计中文版时改原版平装为中文版精装。

弗雷德 · 斯迈尔斯（Fred Smeijers）是一位荷兰字体设计师、教师和作家，他这本书不仅从书写和平面角度对文字设计进行了论述，还从更广泛的工具和技术角度，讨论了文字物质形态与设计之间的相互影响。

封面设计展示了实体字母“e”，通过“字腔内笔画字冲—烟熏校样—字腔字冲—烟熏校样—字冲”等一系列步骤后，从二维平面变成三维实物的过程（图 B9-1）。封面、内文色彩设计参考了英文原版和日文版。

全书改用文字字号的计量单位 point 来设计书籍的开本。从英文版的 145×220mm 和日文版的 150×210mm 更改为 400×630point（约 141×222mm），开本横纵比约为 5:8，使开本瘦长，手感舒适。

版心设计同 p084—097《天同码》一样，参考了中世纪建筑师维拉尔 · 德 · 奥内库尔的版面结构，对其做了适应中文和每面字数要求的调整。

我们还为本书设计建立了以 2 磅为模数的网格系统（图 B9-2）。10 磅正文和 8 磅图片说明共用 2 磅作为模数，在这个版面网格系统里，正文 25 行、每行 28 个字的文本框（版心），与图片说明 32 行、每行 35 字的文本框尺寸相同，都是宽 280 磅，高 442 磅，这是设计网格系统时不同字号共用模数的结果。

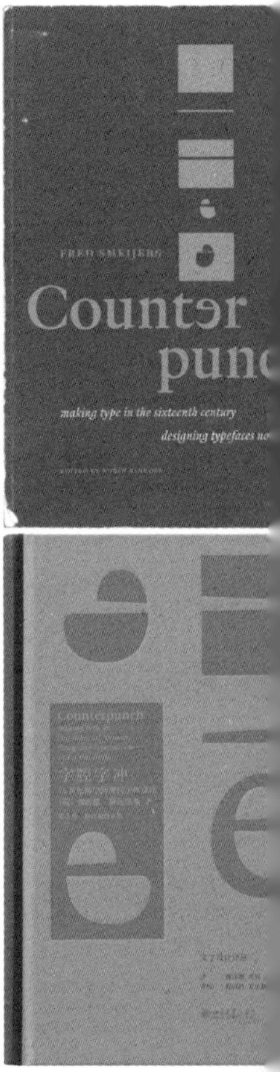
图 B9-1 英文原版与中
封面设计

《字腔字冲　16 世纪铸字到现代字体设计》的正文网格将每行 28 字平均分成了 7 栏，每栏
正文段首缩进 4 字。页眉、节标题和图注文字从第 2 栏开始排印，每行 30 字，与正文段首缩进
保持纵向一致，提升了文本排印造型的格律感（图 B9-3）。

字体选择方正“筑紫明朝”D、R、L 等字重加 Sirba Regular。“筑紫明朝”具有金属活字特点
点），字重丰富，可用于正文排版的字体。“Sirba”是一款低对比度的古典衬线，与“筑紫明朝
配时能保持正文灰度均匀。页码选用“Althelas”，过渡时期衬线体的特征使页码跳出了正文古典
围，使用变高来区分正文中的等高数字。

学术类书籍从设计的角度来说要具有长期保存的特性，为此我们选择了顺纹、有韧性、

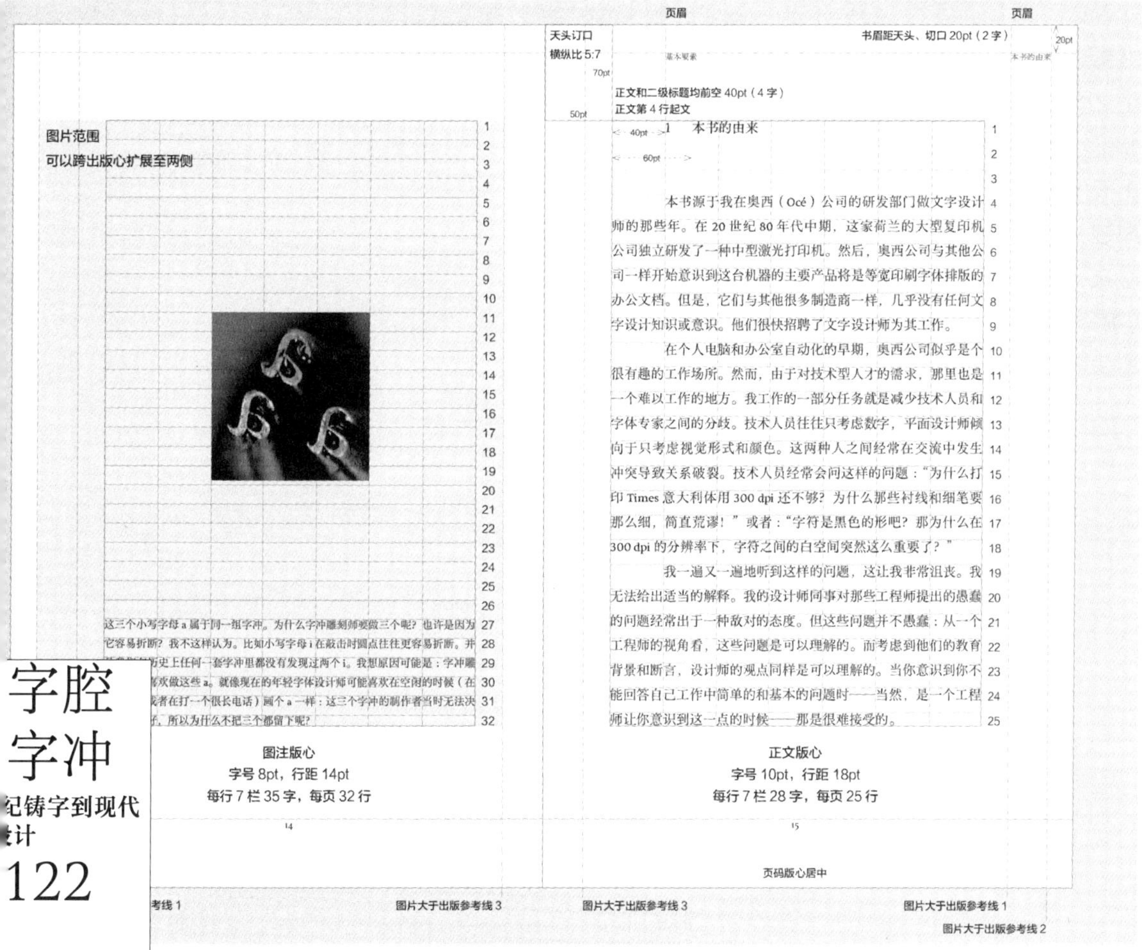

图 B9-2 版面网格系统与排印规则

阅的 80 克、松厚度 m³/g 的内文纸张“素 纸张的白度与文字字 对比度关系适于连续大 阅读。

设计改变阅读，会使阅 得轻松且诗意，而设计 因为追求强烈的感官刺 给阅读文本带来伤害。 术学术著作中，我们始 望展现出温和、耐看的 不让设计“说话”。

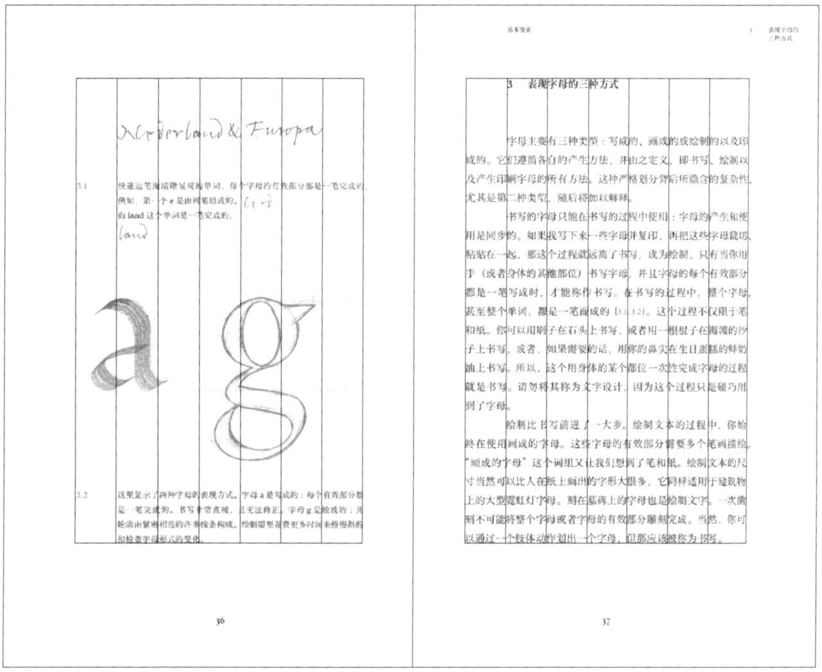

图 B9-3 段首空格与图注占栏

作者：［荷］弗雷德·斯迈尔斯　译者：税羊珊 刘钊 滕晓铂
书籍设计：XXL Studio 刘晓翔＋彭怡轩
正文页数：264 页
装订：纸面精装圆脊
出版发行：北京大学出版社
印装：北京九天鸿程印刷有限责任公司
版次：2021 年 6 月第 1 版
ISBN 978-7-301-32194-2
定价：86.00 元

编委会

扬 · 米登多普　Jan Middendorp
旅德荷兰设计作家，独立策展人。
卡罗琳 · 阿彻　Caroline Archer
英国伯明翰城市大学教授，印刷历史学家。
里克 · 鲍伊诺　Rick Poynor
英国雷丁大学教授，设计类书籍作家。
大卫 · 卡比安卡　David Cabianca
加拿大安大略艺术与设计学院（OCAD）副教授。
马修 · 罗曼　Mathieu Lommen
荷兰阿姆斯特丹大学特别收藏部（Amsterdam University Special Collections）策展人。
安 · 贝斯曼　Ann Bessemans
比利时哈塞尔特大学（University of Hasselt）博士。
塞巴斯蒂安 · 莫里亨　Sebastien Morlighem
法国亚眠高等艺术与设计学院博士。
普莉希拉 · 法里亚斯　Priscila Farias
巴西圣保罗大学（University of São Paulo）博士。
王子源　中央美术学院设计学院教授，博士研究生导师，国际设计组织联合会（ico-D）副主席（2015—2019），中央美术学院中国文字艺术设计研究中心副主任，中国出版者协会装帧艺术委员会副秘书长。
林存真　中央美术学院设计学院副院长，博士，教授，北京冬奥组委文化活动部形象景观艺术总监、高级专家。1997 年创办《艺术与设计》杂志。
李少波　湖南师范大学美术学院院长，博士，北京大学中国文字设计与研究中心学术委员。
邢立　印刷文化遗产收藏与研究者。
谭智恒　香港知专设计学院传意设计学系主任、传意设计研究中心总监，上海美术学院字体设计工作室特聘研究员。
孙明远　澳门理工学院艺术高等学校副教授，博士，中央美术学院中国文字艺术设计研究中心研究员。

4

胡雪琴　中央美术学院副教授，博士，硕士研究生导师，中央美术学院城市视觉文化研究所副主任。
周博　中央美术学院副教授，博士。
吴帆　美国耶鲁大学艺术学院平面设计硕士，中央美术学院副教授。
吴轶博　设计学博士，教授，硕士研究生导师，吉林艺术学院设计学院视觉传达系主任。
王静艳　上海美术学院字体工作室负责人，博士，副教授，硕士研究生导师，中央美术学院中国文字艺术设计研究中心研究员。
杜钦　同济大学设计创意学院助理教授，博士，中央美术学院中国文字艺术设计研究中心研究员。
陈永聪　国际标准化组织表意文字小组（ISO/IEC JTC1/SC2/WG2/IRG）专家（Authorized Expert）。

5

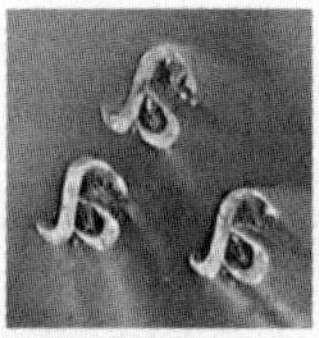

这三个小写字母 a 属于同一组字冲。为什么字冲雕刻师要做三个呢？也许是因为它容易折断？我不这样认为。小写字母 i 在敲击时圆点处往往更容易折断，但我们在历史上任何一套字冲里都没有发现过两个 i。我想原因可能是：字冲雕刻师就是喜欢做这些 a，就像现在有些年轻的字体设计师喜欢在空闲的时候（等待打印，或者打一个很长的电话时）画个 a 一样。这三个字冲的制作者当时无法决定哪个最好，那么为什么不把三个都留下呢？

30

基本要素　1　本书的由来

1　本书的由来

本书源于我在奥西（Océ）公司的研发部门做文字设计师的那些年。在 20 世纪 80 年代中期，这家荷兰的大型复印机公司独立研发了一种中型激光打印机。然后，奥西公司与其他公司一样开始意识到这台机器的主要产品将是等宽印刷字体排版的办公文档。但是，与其他很多制造商一样，奥西几乎没有任何文字设计知识或意识。于是，他们很快招聘了文字设计师为其工作。

在个人电脑和办公自动化的早期，奥西公司似乎是个很有趣的工作场所。然而，由于对技术型人才的需求，那里也是一个难以工作的地方。我工作内容的一部分就是减少技术人员和字体专家之间的分歧。技术人员往往只考虑数字，而平面设计师倾向于只考虑视觉形式和颜色。这两种人经常在交流中发生冲突，导致关系破裂。技术人员经常会问这样的问题："为什么打印 Times 意大利体用 300 dpi 还不够？为什么那些衬线和细笔要那么细，简直荒谬！"或者："字符是黑色的形吧？那为什么在 300 dpi 的分辨率下，字符之间的白空间突然这么重要了？"

我一遍又一遍地听到这样的问题，这让我非常沮丧。我无法给出适当的解释。我的设计师同事对那些工程师提出的愚蠢的问题经常呈现出一种敌对的态度。但这些问题其实并不愚蠢：从一个工程师的视角看，提出这些问题是可以理解的。而考虑到设计师的教育背景和责任，他们的观点同样是可以理解的。当你意识到你不能回答自己工作中简单的和基本的问题时——而且是一个工程师让你意识到这一点的时候——那是很难接受的。

31

125
B New 11×16 XXL Studio
9 字腔字冲　16 世纪铸字到现代字体设计

我决定去寻找答案。已有的书籍里面几乎没有。那怎么办？从头开始。不是所有关于字体的问题都可以用扁头笔的知识解决。在写、凿、划、画之后，字冲登上历史舞台，但是我从未见过真正的字冲。我住在荷兰的埃因霍温：距离比利时的安特卫普的普朗坦－莫雷蒂斯博物馆只有一小时的车程，而且我知道我有可能在那里看到一些字冲。字冲雕刻是引致450年印刷字形发展的设计技术。普朗坦－莫雷蒂斯博物馆——2005年被联合国教科文组织列入世界遗产名录——藏有迄今为止发现的最大规模的16世纪以来的字冲、铜模及相关文献，因此，我们可以使用（接触到）最古老的印刷材料。除此之外，当设计被转化为一种新的排版技术时，手工雕刻的字体经常被用作参考。当一个人长期从事与活版打交道的设计时，活版印刷的图片无疑是一种很好的参考。为了更好地了解当前技术中的典型问题，更明智的做法应当是尽可能多地去了解我们参考资料背后的技术。当我第一次低头浏览普朗坦－莫雷蒂斯博物馆的展柜时，我想：就是这些吗？这是所有的秘密所在吗？这是一项极其难以完成的任务吗？不，我不相信。金属是一种需要人付出极大耐心的材料。它可能需要很长时间，但也不难。我们试试看会发生什么。

于是我开始自己制作字冲。第一次的尝试不能更令人沮丧了。我对普朗坦－莫雷蒂斯博物馆的敬仰之情与日俱增。过了一段时间，我意识到我做不到：不是今天做不到，未来也不行。我唯一能做的就是求助于我的父亲。第二次世界大战后，14岁的他进入了一家机床厂工作，在重建社会中发挥着作用。据我所知，但凡涉及金属或者机械方面，他好像就没有什么做不出来的、修不好的或解释不了的。最后，我说服了他陪我一起去普朗坦－

莫雷蒂斯博物馆。

然而，我父亲对这些字冲完全不以为然。当我告诉他这些字冲大概制作于16世纪60年代，现在仍然没人确切地知道它们是如何被制作出来的，而且今天我们也不知道怎样将其复制出来，情况变得更糟糕了，他开始大笑起来。他不得不承认制造这些古董的人毫无疑问一定是优秀的工匠。然而，要声称今天无法复制这些字冲，也绝对是不真实的。他说，如果我想要字冲，他至少知道十几个人能做，包括他自己。他说他这辈子做过很多字冲或者类似字冲的东西。比如制作雪茄烟带的模切刀，它们经常有一些类似的讨厌的小卷片和小尖头。他说这话时，指了指箱子里的一个字冲，那是一个罗马体的小写r。我父亲看到的当然与字体无关，它引发的是一个技术问题。这是字冲雕刻中经常出现的情况。很明显，字冲制作首先是关于技术和手工技巧的问题。

这次短暂的参观是一件好事。我父亲开始谈论钢材以及能用它来做什么：将其回火、淬火到各种温度。他告诉我关于字腔字冲的敲击方法，谈论锉刀、刻刀以及制作它们的方法，告诉我如何切割棱角，以及关于手工技巧的一切。但他从未刻过字。

现在我真正开始了，很快就进入了切割字冲的过程。在做了一些x高约2 mm的字冲之后，我决定把一些小钢卷碎片带到奥西的摄影部门，这些钢卷是在改进图形时用刻刀推字冲形成的。我对它们做了一些电子显微镜下的拍照和测量。当然，测量结果只是表示这些小钢卷的大小以及厚度的数据。但是，有了这些数据，加上一点点活版排印的历史，就可以回答一些来自工程师的问题，它们提供的信息比任何一本书都要清晰得多。

2 术语

本书使用的更多的技术术语将在出现时进行解释。其他术语如“衬线”（serif）或者“小写字母”（lowercase）的含义可以在任何词典中找到，如果在这里重复就显得很迂腐。但是在通用英语中，一些印刷类词汇和概念经常被混淆使用，我将在这里解释一下我对它们的理解。

“字符”（character）是一个含义范围很广的术语，包括我们指称的“字母”（letter）、“数字”（numeral）、标点符号以及人们可能在“字符集”（character set）中找到的所有其他符号。在计算机领域，“字符”仅表示码位，视觉可见的黑色的形是“数字轮廓”（glyph）。但在本书中，字符是指可见的符号。“figure”（数字）是与“numeral”表意相同的另一个术语。在讨论这些标记的外观时，我经常使用“形式”（form）和“形状”（shape）这两个词，有时两者之间有一些区别，尽管这很难确定。“字形”（letterform）也是一个有用的词，其含义是显而易见的。

关于术语“字体”，我习惯使用“type”和“typeface”而非现在很常见的“font”。这三个词的含义来自于本书主要议题的阐述过程。在活版印刷中，“type”是一块金属，在其一端的表面上，有一个字符的图形。术语“字体”（font）是指一套具有统一的视觉相似性的、字号一致的铅字。（“font”为美式英

语，在英式英语中为“fount”。）字冲雕刻师会切割一派卡（pica）* 的字体。即使是现在，人们也可以从幸存的铸字厂购买到12点（12 point）的“字体”（font）。这是“font”的最初含义，我认为最好保留其所描述的确切内容。

全套字号的铅字（types）——一套字体（fonts）——我们称为一个“字体”（typeface）。字体的概念是逐渐形成的。正如本书（第20章）所讨论的，在16世纪——而非更早——我们才看到字模之间开始结合，形成一致的、统一的概念形式。后来，字体的概念扩大到包括各种字符集：意大利体、小型大写（small capitals）、粗体、细体等。大约在20世纪初，字体成为商品，有了商业名称，以便于识别和销售。Garamond字体就是20世纪的产品，而非16世纪的。

“行距”（leading），就像“字体”（font）一样，是金属技术带来的混乱的遗留问题。它其实没有描述任何东西。我将避免使用这个术语，代之以“行增”（line increment）。这样做的优点是可以描述文本基线之间的距离，即详细描述文本排版时实际有用的量度。

* 派卡，印刷行业使用的长度单位，1派卡=12点。——译者注

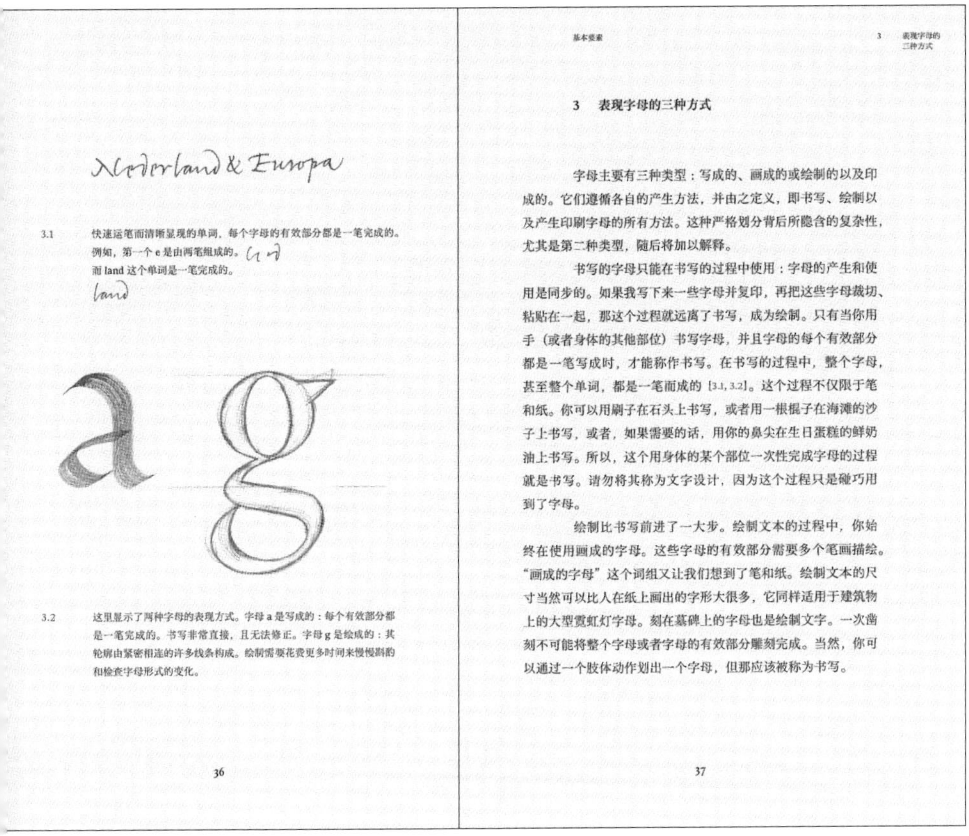

3.1 快速运笔而清晰显现的单词，每个字母的有效部分都是一笔完成的。例如，第一个 e 是由两笔组成的。而 land 这个单词是一笔完成的。

3.2 这里显示了两种字母的表现方式。字母 a 是写成的：每个有效部分都是一笔完成的。书写非常直接，且无法修正。字母 g 是绘成的：其轮廓由紧密相连的许多线条构成。绘制需要花费更多时间来慢慢斟酌和检查字母形式的变化。

36

基本要素　　3 表现字母的三种方式

3 表现字母的三种方式

字母主要有三种类型：写成的、画成的或绘制的以及印成的。它们遵循各自的产生方法，并由之定义，即书写、绘制以及产生印刷字母的所有方法。这种严格划分背后所隐含的复杂性，尤其是第二种类型，随后将加以解释。

书写的字母只能在书写的过程中使用：字母的产生和使用是同步的。如果我写下来一些字母并复印，再把这些字母裁切、粘贴在一起，那这个过程就远离了书写，成为绘制。只有当你用手（或者身体的其他部位）书写字母，并且字母的每个有效部分都是一笔完成时，才能称作书写。在书写的过程中，整个字母，甚至整个单词，都是一笔而成的 [3.1, 3.2]。这个过程不仅限于笔和纸。你可以用刷子在石头上书写，或者用一根棍子在海滩的沙子上书写，或者，如果需要的话，用你的鼻尖在生日蛋糕的鲜奶油上书写。所以，这个用身体的某个部位一次性完成字母的过程就是书写。请勿将其称为文字设计，因为这个过程只是碰巧用到了字母。

绘制比书写前进了一大步。绘制文本的过程中，你始终在使用画成的字母。这些字母的有效部分需要多个笔画描绘。“画成的字母”这个词组又让我们想到了笔和纸。绘制文本的尺寸当然可以比人在纸上画出的字形大很多，它同样适用于建筑物上的大型霓虹灯字母。刻在墓碑上的字母也是绘制文字。一次凿刻不可能将整个字母或者字母的有效部分雕刻完成。当然，你可以通过一个肢体动作划出一个字母，但那应该被称为书写。

37

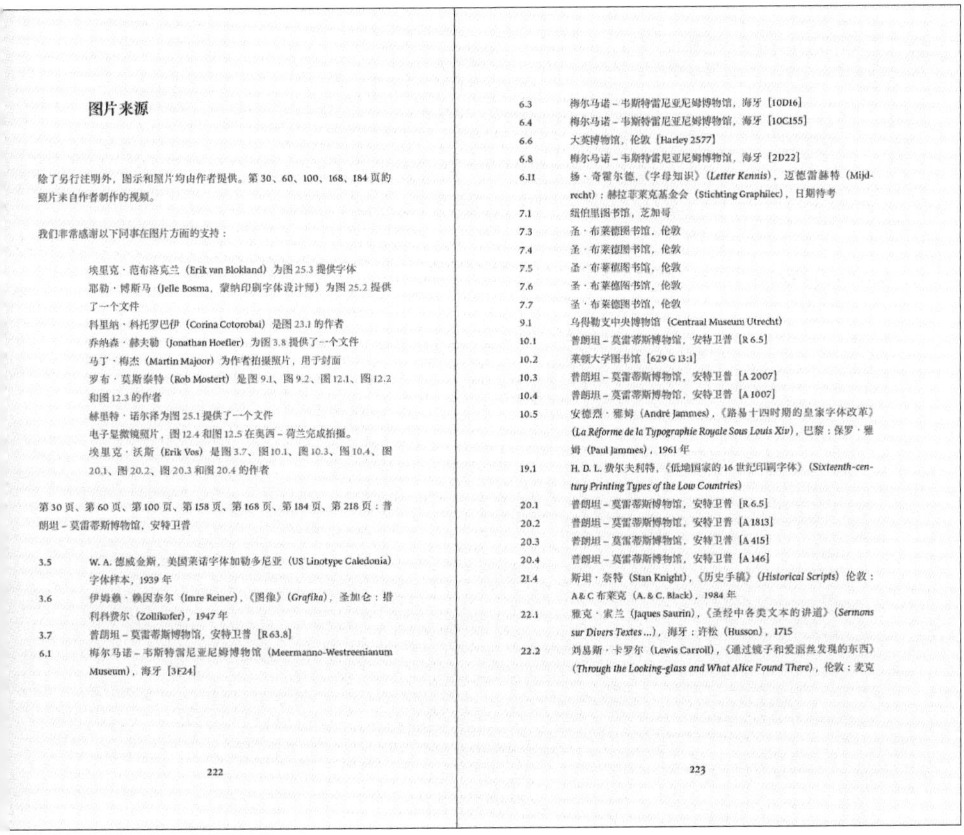

图片来源

除了另行注明外，图示和照片均由作者提供。第 30、60、100、168、184 页的照片来自作者制作的视频。

我们非常感谢以下同事在图片方面的支持：

埃里克·范布洛克兰（Erik van Blokland）为图 25.3 提供字体
耶勒·博斯马（Jelle Bosma，蒙纳印刷字体设计师）为图 25.2 提供了一个文件
科里纳·科托罗巴伊（Corina Cotorobai）是图 23.1 的作者
乔纳森·赫夫勒（Jonathan Hoefler）为图 3.8 提供了一个文件
马丁·梅杰（Martin Majoor）为作者拍摄照片，用于封面
罗布·莫斯泰特（Rob Mostert）是图 9.1、图 9.2、图 12.1、图 12.2 和图 12.3 的作者
赫里特·诺尔泽为图 25.1 提供了一个文件
电子显微镜照片，图 12.4 和图 12.5 在奥西－荷兰完成拍摄。
埃里克·沃斯（Erik Vos）是图 3.7、图 10.1、图 10.3、图 10.4、图 20.1、图 20.2、图 20.3 和图 20.4 的作者

第 30 页、第 60 页、第 100 页、第 158 页、第 168 页、第 184 页、第 218 页：普朗坦－莫雷蒂斯博物馆，安特卫普

3.5 W. A. 德威金斯，美国莱诺字体加勒多尼亚（US Linotype Caledonia）字体样本，1939 年
3.6 伊姆赖·赖因奈尔（Imre Reiner），《图像》（*Grafika*），圣加仑：措利科费尔（Zollikofer），1947 年
3.7 普朗坦－莫雷蒂斯博物馆，安特卫普 [R 63.8]
6.1 梅尔马诺－韦斯特雷尼亚尼姆博物馆（Meermanno-Westreenianum Museum），海牙 [3F24]

222

6.3 梅尔马诺－韦斯特雷尼亚尼姆博物馆，海牙 [10D16]
6.4 梅尔马诺－韦斯特雷尼亚尼姆博物馆，海牙 [10C155]
6.6 大英博物馆，伦敦 [Harley 2577]
6.8 梅尔马诺－韦斯特雷尼亚尼姆博物馆，海牙 [2D22]
6.11 扬·奇霍尔德，《字母知识》（*Letter Kennis*），迈德雷赫特（Mijdrecht）：赫拉菲莱克基金会（Stichting Graphilec），日期待考
7.1 纽伯里图书馆，芝加哥
7.3 圣·布莱德图书馆，伦敦
7.4 圣·布莱德图书馆，伦敦
7.5 圣·布莱德图书馆，伦敦
7.6 圣·布莱德图书馆，伦敦
7.7 圣·布莱德图书馆，伦敦
9.1 乌得勒支中央博物馆（Centraal Museum Utrecht）
10.1 普朗坦－莫雷蒂斯博物馆，安特卫普 [R 6.5]
10.2 莱顿大学图书馆 [629 G 13:1]
10.3 普朗坦－莫雷蒂斯博物馆，安特卫普 [A 2007]
10.4 普朗坦－莫雷蒂斯博物馆，安特卫普 [A 1007]
10.5 安德烈·雅姆（André Jammes），《路易十四时期的皇家字体改革》（*La Réforme de la Typographie Royale Sous Louis Xiv*），巴黎：保罗·雅姆（Paul Jammes），1961 年
19.1 H. D. L. 费尔夫利特，《低地国家的 16 世纪印刷字体》（*Sixteenth-century Printing Types of the Low Countries*）
20.1 普朗坦－莫雷蒂斯博物馆，安特卫普 [R 6.5]
20.2 普朗坦－莫雷蒂斯博物馆，安特卫普 [A 1813]
20.3 普朗坦－莫雷蒂斯博物馆，安特卫普 [A 415]
20.4 普朗坦－莫雷蒂斯博物馆，安特卫普 [A 146]
21.4 斯坦·奈特（Stan Knight），《历史手稿》（*Historical Scripts*）伦敦：A & C 布莱克（A. & C. Black），1984 年
22.1 雅克·索兰（Jaques Saurin），《圣经中各类文本的讲道》（*Sermons sur Divers Textes ...*），海牙：许松（Husson），1715
22.2 刘易斯·卡罗尔（Lewis Carroll），《通过镜子和爱丽丝发现的东西》（*Through the Looking-glass and What Alice Found There*），伦敦：麦克

223

B New 11×16 XXL Studio
9 字腔字冲　16 世纪铸字到现代字体设计

米伦，1908 年

22.3 斯坦利·莫里森，《活版排印基础》（*Grondbeginselen van de Typografie*），乌得勒支（Utrecht）：德汉（De Haan），1951 年

22.4 理查德·鲁宾斯坦（Richard Rubenstein），《数字文字设计》（*Digital Typography*），马萨诸塞州雷丁：艾迪生·韦斯利（Addison Wesley），1988 年

A.3 普朗坦－莫雷蒂斯博物馆，安特卫普 [A 1813]

图 4.4 和图 5.2—图 5.5 中使用的文本来自尼尔·阿舍森（Neal Ascherson）在《星期日独立报》（*Independent on Sunday*）中的专栏〔"游历字母表"（"Journey to the End of An Alphabet"）〕，1993 年 11 月 7 日。

如上文所述，向以下允许本书重现他们所拥有的资料的机构致谢：安特卫普的普朗坦－莫雷蒂斯博物馆、芝加哥纽伯利图书馆、海牙梅尔马诺－韦斯特雷尼亚尼姆博物馆、莱顿大学图书馆、伦敦大英博物馆、伦敦圣·布莱德图书馆、乌得勒支中央博物馆。

224

索引

225

hyphen
连字符
hyphenation
断行用连字

I indents
缩进
initial capital
段首大写字母
initial
首字母
ink trap
挖角
斯卡藤内：在笔画交叉点人为地拓宽空间，尤其是当笔画交叉的角度非常小的时候。印刷时，这些空间会留住多余的油墨，以使笔画交叉处线条分明，轮廓清晰。

inline
空心字
instance
生成字
基于一对基准字体由电脑自动生成的字符轮廓
interlinear space
(interlinear spacing)
行间距
数字排版中，两行连续文本的基线之间的距离。
italic
意大利体
与罗马体的形式和结构不同的变体，通常具有一定的自然、有机的倾斜，使人们想起快速的书写动作。

J jobbing printer
印散件的印刷工人
jobbing type
小批量字体
junction
交叉点，两个笔画相交的点

K kerned letter
紧排字母（铅字）

kerning
字偶间距
梅塞格尔：特定字符对之间专有的字间距。
埃内斯特罗萨：在很多情况下，相邻字符间的空间不能实现最佳的字符间距，所以就需要一系列必要的调整。

L laser typesetting
激光排版
黄陈列："激光照排"概念在西方并没有对应词，西方只有 phototypesetting 和 laser typesetting 两个词，分别对应照相排版和激光排版。

leading
行距（铅字时代两行文字之间的距离）；铅条（在金属活版印刷中，是指两行活字之间插入的较宽的以点数为单位的软金属条）；行间距（数字时代，同 interlinear space）
legibility
易读性
特定字体中字符轮廓的可识别程度。尽管在这方面已经有大量的研究和科学实验，但还没有任何一个量化指标是有说服力的，因此它仍然是一个主观参数。

Letraset
（字母、符号）印字传输系统
letterform (lettershape)
字形（字母形式或形状）
程训昌：设计语境下，letterform 的"字"并不能指"字符"，因为有的字符（空格）没有形。
委光勤：编码语境下，是可见字符的抽象的呈现形式，主要包含的是字体信息，一般不包括具象的设计风格信息。
lettering
绘制文字（对字母或其他符号的独特绘制）
letterpress
活版印刷
ligature
连字
指两个字符结合而产生的位于一个字身框的字符轮廓。其中最重要的是 and 缩略号"&"、审美趣味性的如"ct"、

236

技术性的如"fi"，以及语音学或者语言学的如"æ"。

line break
换行
line spacing
（铅字）两行文字之间的距离与字高的相加之和
lining figure
正文等高数字
Linotype
莱诺 / 莱诺整行铸排机
lowercase (minuscule)
小写字母
"lowercase"来自小写字母位于活版印刷字盘下半部分的位置。

M margin
页边空白（页边距）
master
基准字体
matrix
铜模
程训昌：个人认为"母型"更准确，但是在行业内"铜模"已经是一个约定俗成的词汇，正如"印刷字体"从字面上看也不准确是一样的。

metric kerning
字偶间距参数
modulation
笔画粗细对比调节
梅塞格尔：字体的笔画粗细和匀称性的变化。笔画粗细对比调节的程度涵盖了很大范围，从（几乎是）等线字体的笔画粗细零对比，到通过围绕一个经典字体轴线的细微变化，再到哥特字体的完全不同的笔画粗细。笔画粗细对比调节也与这个字体的草书体的属性有关。
modulation axis
笔画粗细对比调节轴
monolinear
等线字体
一种文字设计风格，其特征是笔画没有明显的轴线变化及粗细对比，没有衬线，犹如用一条始终如一的笔画绘制而成。在 Vox-ATypI 分类法中，它们被称为线型。

monospacing
等宽字体
一种文字设计风格，指所有的字符都占有相同宽度，字间距也一样。
Monotype
蒙纳 / 蒙纳单字铸排机
multiple master
多基准字体
斯卡藤内：这项技术由 Adobe 公司开发，将数字字体及字符的轮廓存为数字或数学方程式。因此，如果设计出最粗和最细的字符，就可以通过插值获得中间字重或风格的字体。

N nonbreaking space
不断行空格
non-ranging numeral
(non-lining, old-style figures)
不等高数字
适合与小写混排的数字，高度通常与 x 高一致，并且有延伸部。0、1、2 和 x 高一致，3、4、5、7、9 有下伸部，6、8 有上伸部。

number
数字 / 数目字（偏重数字的概念）
numeral
数字 / 数目字（偏重数字的数值或编号）
numerator and denominator
分子（数字）和分母（数字）

O oblique
斜体
斯卡藤内：拥有正体结构却倾斜的字体（非草书体）。
（这类斜体通常由机械自动生成。与意大利体相对。）

offset printing
胶印 / 平版印刷
oldstyle figure (old style figure)
正文不等高数字
old-style roman
古典罗马体
oldstyle
古典体

237

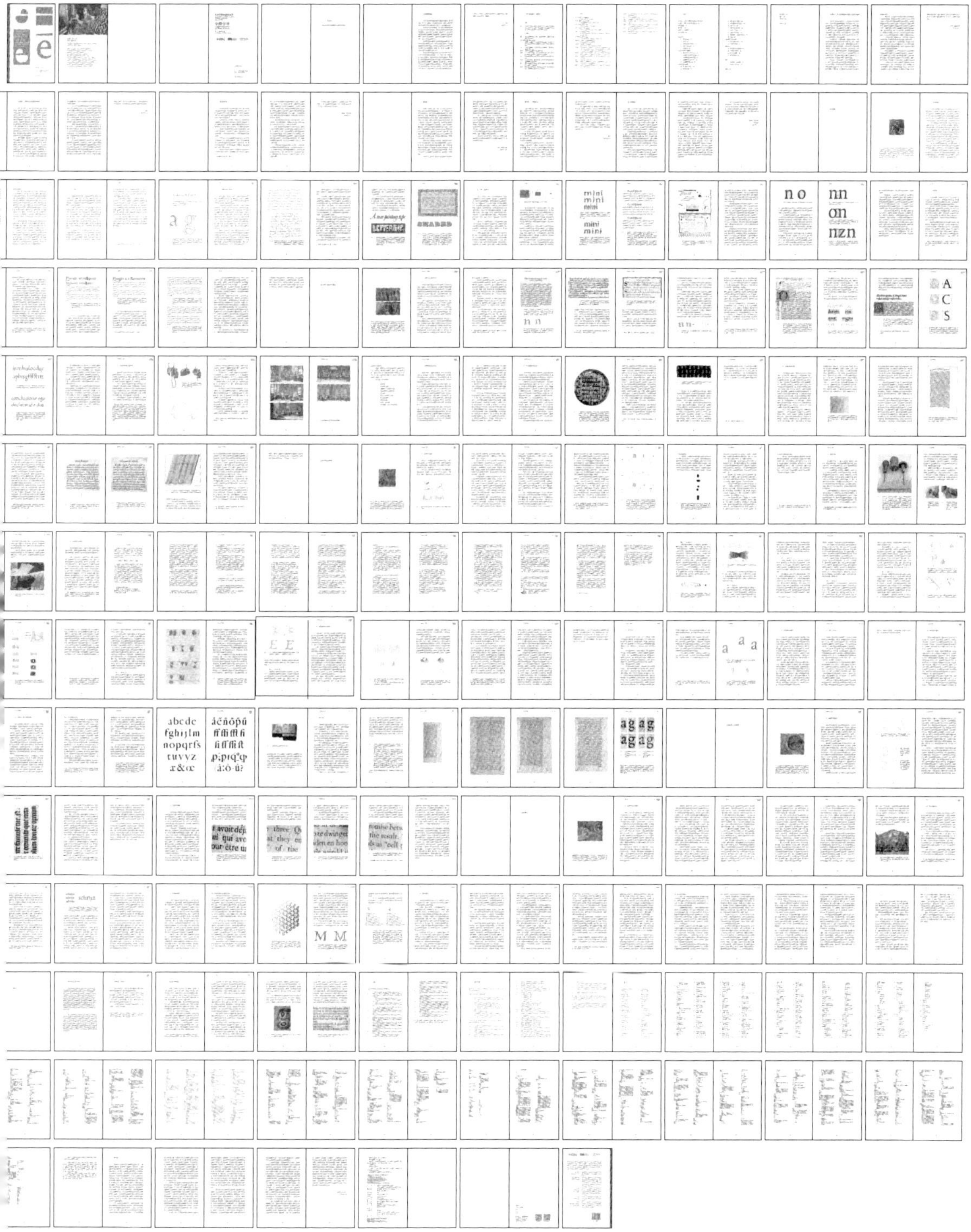

129

B New 11×16 XXL Studio

9 字腔字冲 16 世纪铸字
到现代字体设计

10 GDC Award 21

Page 130

图 B10-1 打样

2021 年，GDC Award 即将迎来他 30 岁的生日。一代又一代的设计师们通过 GDC Award 这个平台为人们所熟知，GDC 也因此成为引领汉语区未来设计的风向标。

受 SGDA（深圳市平面设计协会）委托，XXL Studio 为“GDC Award 21”设计了作品集。《GDC Award 21》作品集的书籍形态设计，我只画了草图给深圳市和谐印刷的王总。为完成透明书脊这个设计，在极短的时间里王总试验了不同厚度的 PVC（聚氯乙烯），反复体会不同的内部材料与 PVC 结合后的强度和翻阅感受，找到最适合的 PVC 厚度，做成了这本“透明书脊的圆脊精装”作品集（图 B10-1）。

封面和封底分别使用了麻布和仿皮两种材料，结合 PVC 书脊，读者拿在手里会体会到不同材料所带来的丰富手感（图 B10-2，深圳慢物质设计公司拍摄）。

PVC 材料被弯折后形成的圆与书脊扳圆之间会有一个空隙，随着光线变化，丝印的金色书脊文字“GDC Award 21”会在书脊的不同位置投下时间流过的影（见 p165、p166）。

这本 GDC 作品集初次使用 SGDA 订制的“方正 GDC 体”，字重选择上以 Medium 为主（字号 11.4 磅和 6 磅），辅以 Bold（字号 8.4 磅）和 Regular（字号 22.8 磅），只在一级标题上使用了 Light（字号 45.6 磅）。

使用大字重字体的目的是加强纸与字的对比度，让白纸更白，黑字更黑，在已经被新载体改变的屏—字关系上重塑纸面阅读，将新载体阅读上形成的快速浏览习惯置于纸面阅读之中（图 B10-3）。因为关乎载体未来的是阅读体验而不仅仅是情怀。

文本在页面上流动，是 XXL Studio 对时间的解读。

《GDC Award 21》作品集收集了从入选（优异奖）到全场大奖的

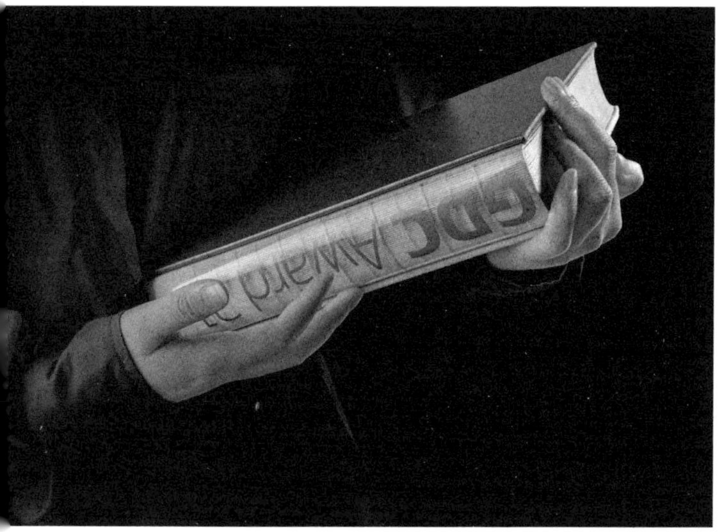

图 B10-2《GDC Award 21》作品集

图 B10-3 字重与屏显字重对比

600 多件作品，我们把 GDC Award 21 作为“事件”编辑成了《GDC Award 21》作品集。我们设计时还依据 2021 年 5 月 15 日、2021 年 10 月 15 日和 2021 年 11 月 12 日这些代表启动、Show 和评选的时间点，建立了作品集的检索系统（图 B10-4，见 p139）。

由于是按照“事件”发生的时间（初评、终评和全场大奖）来编辑《GDC Award 21》作品集的，因此，同一件作品会在本作品集里“会见自己”。如 b-3 类入选作品“月之暗面”，就分别在《GDC Award 21》的 p133 和 p488—491 页“会见自己”。《GDC Award 21》作品集的内文采用一种纸张四色印刷，在白纸黑字的氛围里将流光溢彩的获奖作品铺陈在纸张之上。

编者：SGDA（深圳市平面设计协会）
书籍设计：XXL Studio 刘晓翔 + 马庆晓
正文页数：696 页
装订：布、皮双材料精装，透明圆书脊
出版发行：SGDA（深圳市平面设计协会）
印装：深圳市和谐印刷
版次：2021 年 12 月第 1 版
ISBN 978-988-74503-8-2
定价：USD 60.00 元

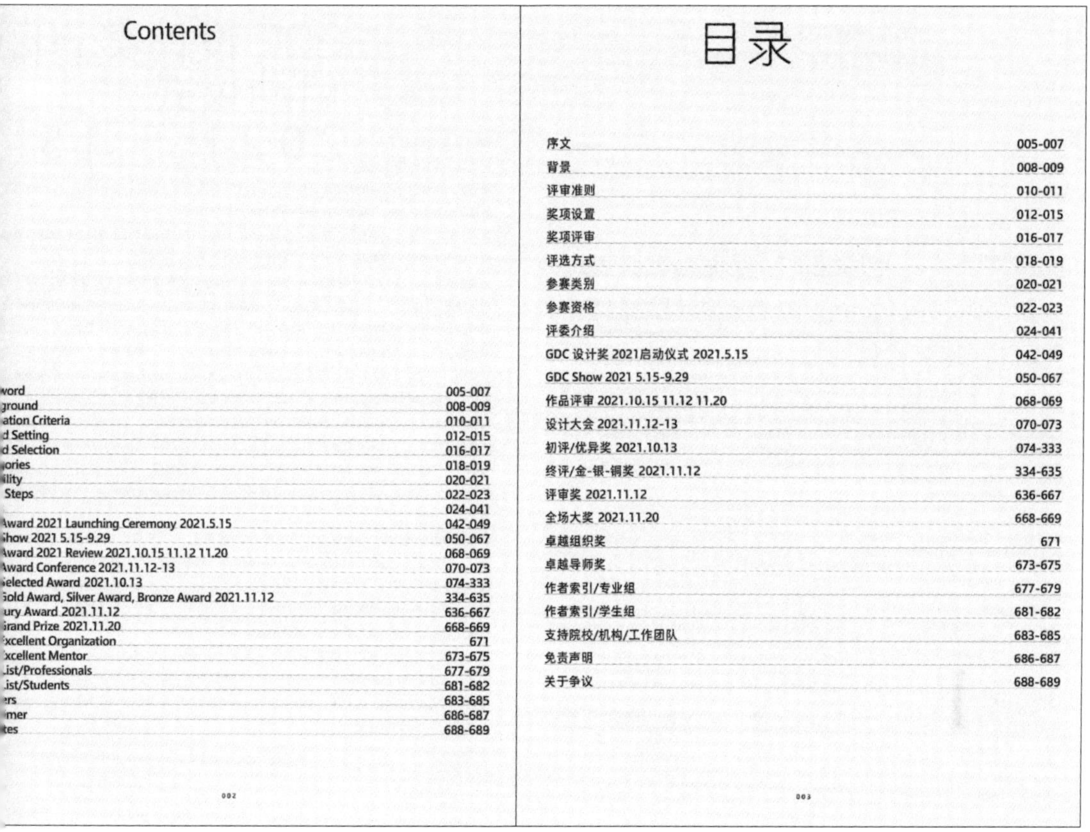

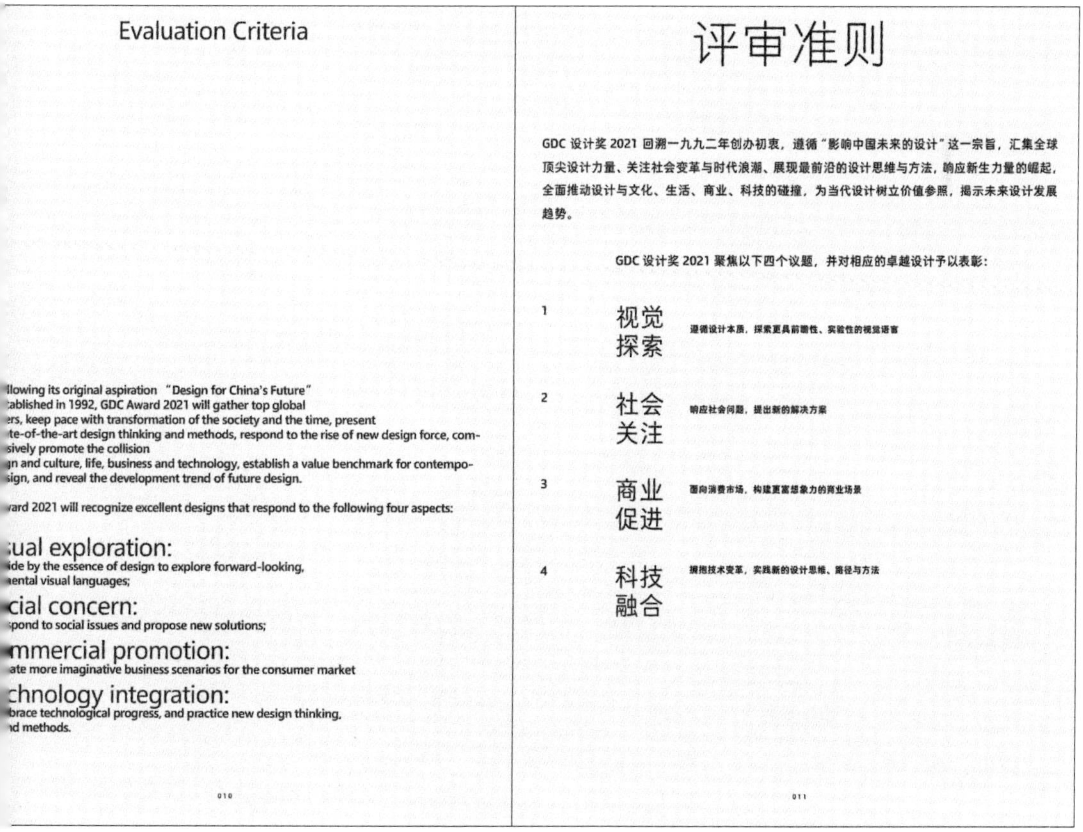

Evaluation Criteria
llowing its original aspiration "Design for China's Future"
tablished in 1992, GDC Award 2021 will gather top global
ers, keep pace with transformation of the society and the time, present
te-of-the-art design thinking and methods, respond to the rise of new design force, com-
sively promote the collision
gn and culture, life, business and technology, establish a value benchmark for contempo-
sign, and reveal the development trend of future design.
ard 2021 will recognize excellent designs that respond to the following four aspects:
sual exploration:
ide by the essence of design to explore forward-looking,
ental visual languages;
cial concern:
spond to social issues and propose new solutions;
mmercial promotion:
ate more imaginative business scenarios for the consumer market
chnology integration:
brace technological progress, and practice new design thinking,
d methods.
010
评审准则
GDC 设计奖 2021 回溯一九九二年创办初衷，遵循"影响中国未来的设计"这一宗旨，汇集全球顶尖设计力量、关注社会变革与时代浪潮、展现最前沿的设计思维与方法，响应新生力量的崛起，全面推动设计与文化、生活、商业、科技的碰撞，为当代设计树立价值参照，揭示未来设计发展趋势。
GDC 设计奖 2021 聚焦以下四个议题，并对相应的卓越设计予以表彰：
1 视觉探索 遵循设计本质，探索更具前瞻性、实验性的视觉语言
2 社会关注 响应社会问题，提出新的解决方案
3 商业促进 面向消费市场，构建更富想象力的商业场景
4 科技融合 拥抱技术变革，实践新的设计思维、路径与方法
011

B New 11×16 XXL Studio
10 GDC Award 21

GDC Award 2021
Launching Ceremony

GDC Award 2021 Launching Ceremony and the first GDC Show were held in Nanshan Museum on May 15, 2021. This biennial was witnessed by leaders, guests, SGDA members, designers and friends from the media.

The launching ceremony was hosted by Mr. Zhang Tao, SGDA Secretary General. It was addressed by SGDA Chairman Zhang Hao, Professor Wang Min and Dr. Han Wangxi respectively. They extended warm welcome to all the guests who came from afar, and expressed their expectations to a series of activities of GDC Award 2021.

In his speech, SGDA Chairman Zhang Hao said that GDC has been attracting the attention of design industry by its distinctive pioneering nature since its foundation in 1992. In the year of 2021, a special and significant point for human history, GDC celebrates its 30th birthday. Over the past three decades, GDC Design Award have faced with all kinds of challenges, ranging from core issues to judging criteria, from organizational model to working boundaries. In response to that, GDC Award has undergone detailed and significant iteration. Zhang Hao invited designers from all over the world to be part of this biennale so as to explore the value of design, the field and boundary of design, and the design power which engages in the evolving human civilization, to embrace vivid and multiple social changes, and to influence and ultimately contribute to a foreseeable and better future.

Professor Wang Min said he has cooperated with Shenzhen designers and governmental agencies for years, and he felt Shenzhen is the most innovative city of China, and is truly worthy of the title of "City of Design". GDC was established in 1992 in Shenzhen, and it became a beacon and a force for the development of design in China. He was glad to see GDC grew more and more professional, academic and international, and brought together so many great designers, especially young designers. Professor Wang also shared his expectation to designers to use GDC as a platform to present their talents and innovative force.

Dr. Han Wangxi warmly congratulated the opening of GDC Award 2021 in his speech. He believed that graphic design is important and lays a foundation for all kinds of design. He thought that the significance of graphic design lies in presentation of the essential mind power of mankind. Shenzhen is a market-oriented city that stimulates people's potential. Designers can definitely find a platform to play their role here. He also encouraged designers, no matter where they are, to freely, completely, whole-heartedly express their thoughts about the world and the future of mankind in a delicate way.

At the ceremony, Mr. Zhang Hao, Chairman of Shenzhen Graphic Design Association(SGDA), and Mr. Qi Xin, Curator of Shenzhen Nanshan Museum, signed a strategic cooperation agreement

042

GDC 设计奖 202
启动仪式
2021.5.15

2021 年 5 月 15 日下午，GDC
设计奖 2021 启动仪式及首
场 GDC Show，于南山博物馆隆重举行！来自全国各地的领导嘉宾、协会同仁、设计师朋友
体朋友们齐聚深圳，共同见证这两年一度的设计界盛事。

启动仪式由 SGDA 秘书长张涛主持，张昊主席、王敏教授和韩望喜博士分别上台致辞，表达
位远道而来的客人的欢迎，和对 GDC 设计奖 2021 系列活动的厚望。

张昊主席表示，从 1992 年创办以来，GDC 一直以其鲜明的先锋性而备受行业瞩目。2021 年
即将迎来 30 岁生日，此刻全人类都处于一个特殊而重大的历史节点，走过 30 年的 GDC 设
同样面临着方方面面的全新课题，从核心议题到评判标准，从组织模式到工作边界，GDC 设
都相应进行了细致而重要的迭代。张昊向全球设计师发出邀请，希望通过这场横跨两年的系
计活动，来探讨设计的价值，探讨设计的场域和边界，探讨以设计的力量去介入不断演进的
文明，去拥抱鲜活多态的社会变化，去影响并最终促成一个可预见的、更加美好的未来。

王敏教授表示多年来在与深圳设计师、深圳政府机构合作过程中，深深地感受到深圳是中国
创新仪式的城市，名副其实的设计之都。1992 年 GDC 在深圳开启，成为推动中国设计发展
盏明灯、一股力量。如今 GDC 更为专业、更为学术、更为国际，看到 GDC 将这么多好的设
年轻的设计师聚在一起，由衷地高兴。并期待所有设计师能够利用 GDC 这个平台，展示自己
华与创新力量。

韩望喜博士在讲话中热情祝贺 GDC 设计奖 2021 的开启。他认为平面设计很重要，是所有设
基础，他更觉得平面设计的意义在于从内心到表达，能够呈现人的心灵本质力量。同时他认
深圳这个激发人能力、以市场经济为导向的地方，设计师一定能找到发挥自己作用的平台。
望每一位设计师无论身在何处，都能够自由无碍地、完全地、发自心灵地把才能和对这个世
思考，以及对人类未来的思考充分高妙地表达并呈现出来。

活动现场，深圳市平面设计协会主席张昊与深圳市南山博物馆馆长戚鑫代表各自机构共同签
战略合作协议。这次合作仪式的签署代表着一个新的开始，两大文化 IP 双方的强强联手，共
动文化艺术和创意设计的交流、传播与发展，必将为深圳、粤港澳大湾区乃至全国、全球输
多有价值的文化内容和精彩活动。

043

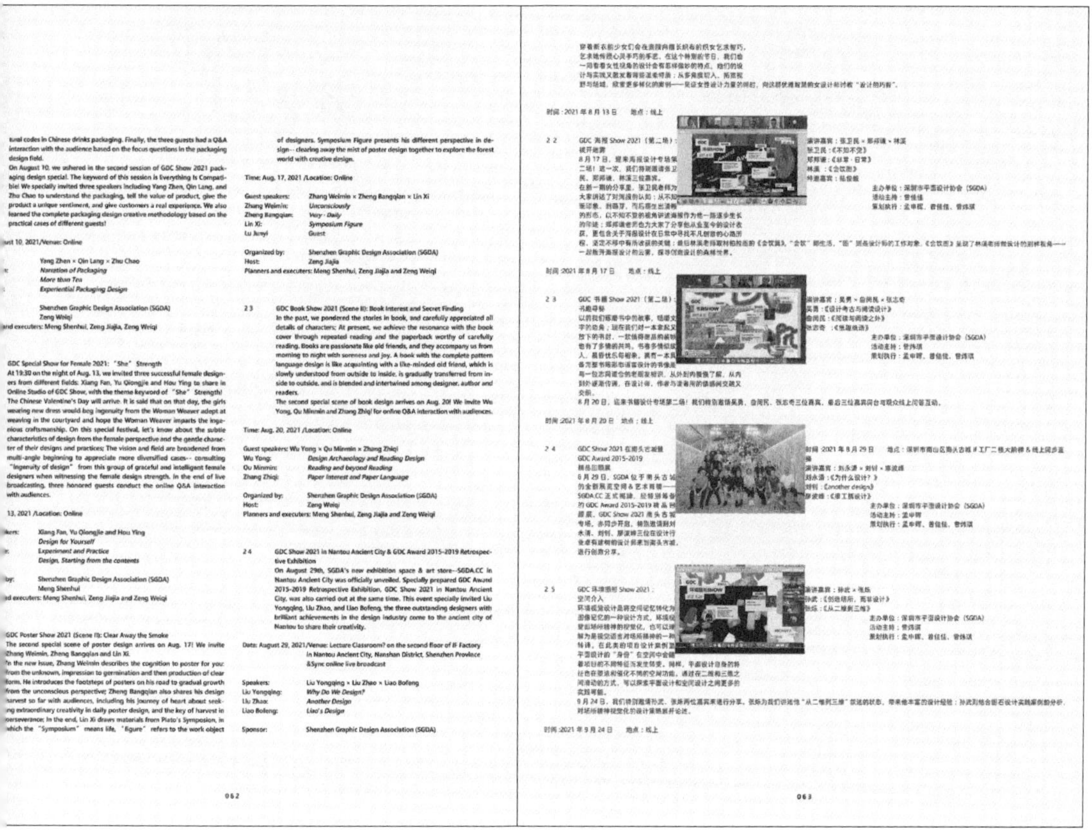

tural codes in Chinese drinks packaging. Finally, the three guests had a Q&A interaction with the audience based on the focus questions in the packaging design field.
On August 10, we ashered in the second session of GDC Show 2021 packaging design special. The keyword of this session is Everything Is Compatible! We specially invited three speakers including Yang Zhen, Qin Lang, and Zhu Chao to understand the packaging, tell the value of product, give the product a unique sentiment, and give customers a real experience. We also learned the complete packaging design creative methodology based on the practical cases of different guests!

…ust 10, 2021/Venue: Online

Yang Zhen × Qin Lang × Zhu Chao
Narration of Packaging
More than Tea
Experiential Packaging Design

Shenzhen Graphic Design Association (SGDA)
Zeng Weiqi
…and executers: Meng Shenhui, Zeng Jiajia, Zeng Weiqi

GDC Special Show for Female 2021: "She" Strength
At 19:30 on the night of Aug. 13, we invited three successful female designers from different fields: Xiang Fan, Yu Qiongjie and Hou Ying to share in Online Studio of GDC Show, with the theme keyword of "She" Strength! The Chinese Valentine's Day will arrive. It is said that on that day, the girls wearing new dress would beg ingenuity from the Woman Weaver adept at weaving in the courtyard and hope the Woman Weaver imparts the ingenious craftsmanship. On this special festival, let's know about the subtle characteristics of design from the female perspective and the gentle character of their designs and practices; The vision and field are broadened from multi-angle beginning to appreciate more diversified cases-- consulting "Ingenuity of design" from this group of graceful and intelligent female designers when witnessing the female design strength. In the end of live broadcasting, three honored guests conduct the online Q&A interaction with audiences.

…13, 2021 /Location: Online

…kers: Xiang Fan, Yu Qiongjie and Hou Ying
Design for Yourself
Experiment and Practice
Design, Starting from the contents

…by: Shenzhen Graphic Design Association (SGDA)
Meng Shenhui
…d executers: Meng Shenhui, Zeng Jiajia and Zeng Weiqi

GDC Poster Show 2021 (Scene II): Clear Away the Smoke
The second special scene of poster design arrives on Aug. 17! We invite Zhang Weimin, Zheng Bangqian and Lin Xi.
In the new issue, Zhang Weimin describes the cognition to poster for you: from the unknown, impression to germination and then production of clear form. He introduces the footsteps of posters on his road to gradual growth from the unconscious perspective; Zheng Bangqian also shares his design harvest so far with audiences, including his journey of heart about seeking extraordinary creativity in daily poster design, and the key of harvest in perseverance; In the end, Lin Xi draws materials from Plato's Symposion, in which the "Symposium" means life, "figure" refers to the work object of designers. Symposium Figure presents his different perspective in design-- clearing away the mist of poster design together to explore the forest world with creative design.

Time: Aug. 17, 2021 /Location: Online

Guest speakers: Zhang Weimin × Zheng Bangqian × Lin Xi
Zhang Weimin: *Unconsciously*
Zheng Bangqian: *Very · Daily*
Lin Xi: *Symposium Figure*
Lu Junyi: Guest

Organized by: Shenzhen Graphic Design Association (SGDA)
Host: Zeng Jiajia
Planners and executers: Meng Shenhui, Zeng Jiajia and Zeng Weiqi

2 3 GDC Book Show 2021 (Scene II): Book Interest and Secret Finding
In the past, we pondered the stories in book, and carefully appreciated all details of characters; At present, we achieve the resonance with the book cover through repeated reading and the paperback worthy of carefully reading. Books are passionate like old friends, and they accompany us from morning to night with soreness and joy. A book with the complete pattern language design is like acquainting with a like-minded old friend, which is slowly understood from outside to inside, is gradually transferred from inside to outside, and is blended and intertwined among designer, author and readers.
The second special scene of book design arrives on Aug. 20! We invite Wu Yong, Qu Minmin and Zhang Zhiqi for online Q&A interaction with audiences.

Time: Aug. 20, 2021 /Location: Online

Guest speakers: Wu Yong × Qu Minmin × Zhang Zhiqi
Wu Yong: *Design Archaeology and Reading Design*
Ou Minmin: *Reading and beyond Reading*
Zhang Zhiqi: *Paper Interest and Paper Language*

Organized by: Shenzhen Graphic Design Association (SGDA)
Host: Zeng Weiqi
Planners and executers: Meng Shenhui, Zeng Jiajia and Zeng Weiqi

2 4 GDC Show 2021 in Nantou Ancient City & GDC Award 2015-2019 Retrospective Exhibition
On August 29th, SGDA's new exhibition space & art store--SGDA.CC in Nantou Ancient City was officially unveiled. Specially prepared GDC Award 2015-2019 Retrospective Exhibition, GDC Show 2021 in Nantou Ancient City, was also carried out at the same time. This event specially invited Liu Yongqing, Liu Zhao, and Liao Bofeng, the three outstanding designers with brilliant achievements in the design industry come to the ancient city of Nantou to share their creativity.

Date: August 29, 2021/Venue: Lecture Classroom? on the second floor of IF Factory in Nantou Ancient City, Nanshan District, Shenzhen Province &Sync online live broadcast

Speakers: Liu Yongqing × Liu Zhao × Liao Bofeng
Liu Yongqing: *Why Do We Design?*
Liu Zhao: *Another Design*
Liao Bofeng: *Liao's Design*

Sponsor: Shenzhen Graphic Design Association (SGDA)

062

时间：2021 年 8 月 13 日　地点：线上

2 2 GDC 海报 Show 2021（第二场）：

时间：2021 年 8 月 17 日　地点：线上

2 3 GDC 书籍 Show 2021（第二场）：

时间：2021 年 8 月 20 日　地点：线上

2 4 GDC Show 2021 在南头古城暨
GDC Award 2015-2019

2 5 GDC 环境图形 Show 2021：

时间：2021 年 9 月 24 日　地点：线上

063

B New 11×16 XXL Studio
10 GDC Award 21

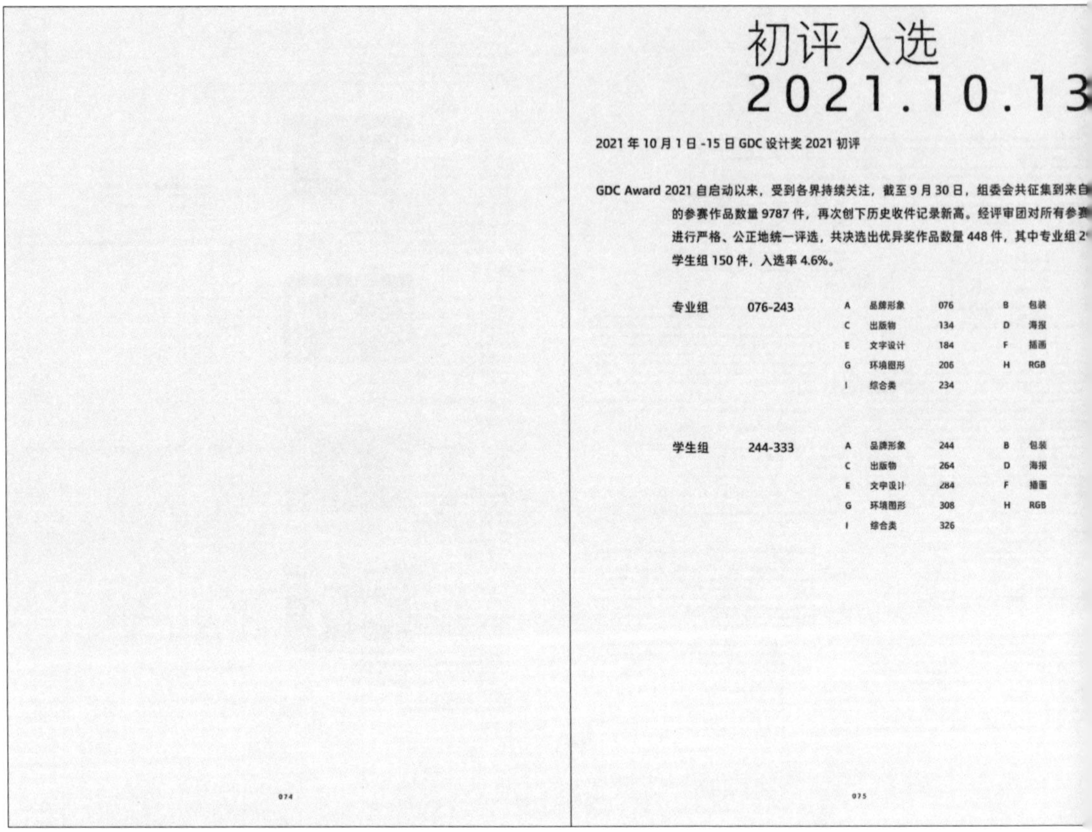

初评入选
2021.10.13

2021 年 10 月 1 日 -15 日 GDC 设计奖 2021 初评

GDC Award 2021 自启动以来，受到各界持续关注，截至 9 月 30 日，组委会共征集到来自
的参赛作品数量 9787 件，再次创下历史收件记录新高。经评审团对所有参赛
进行严格、公正地统一评选，共决选出优异奖作品数量 448 件，其中专业组 2
学生组 150 件，入选率 4.6%。

专业组	076-243	A	品牌形象	076	B	包装
		C	出版物	134	D	海报
		E	文字设计	184	F	插画
		G	环境图形	206	H	RGB
		I	综合类	234		
学生组	244-333	A	品牌形象	244	B	包装
		C	出版物	264	D	海报
		E	文字设计	284	F	插画
		G	环境图形	308	H	RGB
		I	综合类	326		

074

075

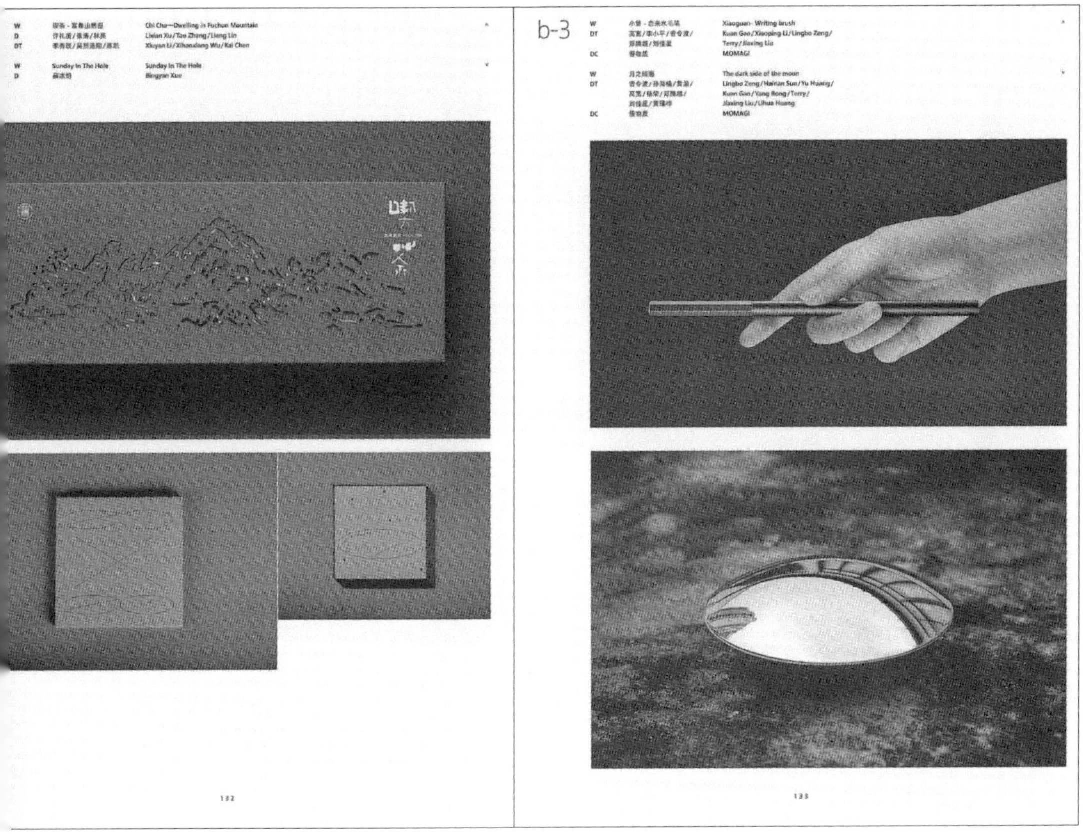
W Chi Cha—Dwelling in Fuchun Mountain
D Lixian Xu/Tao Zhang/Liang Lin
DT Xiuyan Li/Xihaoxiang Wu/Kai Chen
W Sunday In The Hole Sunday In The Hole
D Bingyan Xue
b-3
W Xiaoguan- Writing brush
DT Kuan Gao/Xiaoping Li/Lingbo Zeng/
Terry/Jiaxing Liu
DC MOMAGI
W The dark side of the moon
DT Lingbo Zeng/Hainan Sun/Yu Huang/
Kuan Gao/Yang Rong/Terry/
Jiaxing Liu/Lihua Huang
DC MOMAGI

b-3

W 月之暗面 The dark side of the moon
DT 曾令波/孙海楠/黄渝/高宽/杨荣/郑腾越/刘佳星/黄理华 Lingbo Zeng/Hainan Sun/Yu Huang/Kuan Gao/Yang Rong/Terry/Jiaxing Liu/Lihua Huang
DC 慢物质 MOMAGI

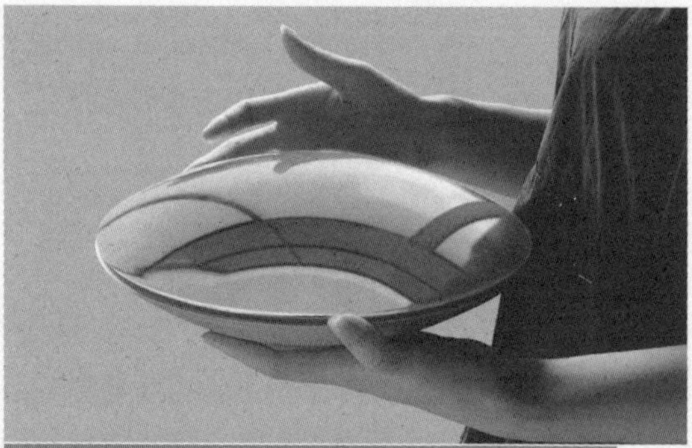

488

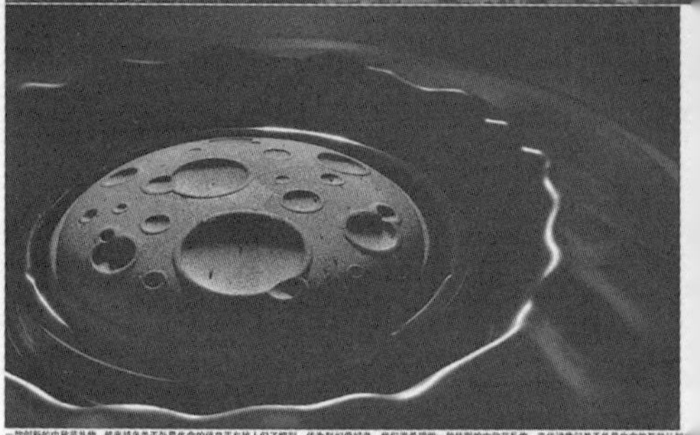

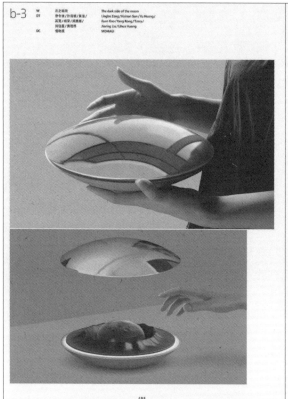

一款创新的中秋节礼物。越来越多关于外星生命的信息正在被人们了解到，作为科幻爱好者，我们很希望做一款特别的中秋节礼物，来传递我们关于外星生命的某种认知
宇宙中，每一个生命体所发出的讯息，都有机会被其他生命体接收到，而他们相对于彼此，都将被认为是"天外来客"。这是一款颠覆式的中秋礼物，其本身是一个带容
时集成了 led 夜灯的功能。外形被设计为一个飞碟状，上盖为超高清镜面金属制成，不同环境在镜面上留下各异的扭曲影像，让它的外观一直处于变化状态。开启上盖，
石坑内放置一只大号月饼。开机之后，陨石坑即缓慢旋转，外沿灯带亮起。飞碟底座为蓝牙音箱，通过控制侧面的感应装置，可滑动调节灯光大小及音量强弱。月饼被拿
处可放置各种小物件，甚至可以养一条小鱼，或种一颗小型植物。如果盖上外盖，仅作蓝牙音箱使用，亦是一件充满未来感的艺术装置。

More and more information about extraterrestrial life has been known by the public. As science fiction lovers, we would like to make a special Mid-Autumn Festival gif
some certain knowledge or expectation about extraterrestrial life - in the vast universe, the message sent by every living being may be received by others, while they
ered as "extraterrestrials". This is a subversive Mid-Autumn Festival gift, the main body is a Bluetooth speaker with a container, while integrating LED night light functi
is designed as a flying saucer, the top cover is made of ultra-high definition mirror metal. Different environments will leave distinct distorted images on the mirror sur
appearance is always in a state of change. Open the top cover, the interior is a meteorite crater, and a large moon cake is placed inside the crater. After power on, the
rotating and the light band along the outer edge lights up. The base of the flying saucer is a Bluetooth speaker, you can slide to adjust the light size and volume inten
the sensor device on the side. After the mooncake is taken out, various small objects can be placed in the crater cavity, even a small fish, or plant a small plant. If you
lid, only used as a Bluetooth speaker, is also a futuristic art installation.

489

490

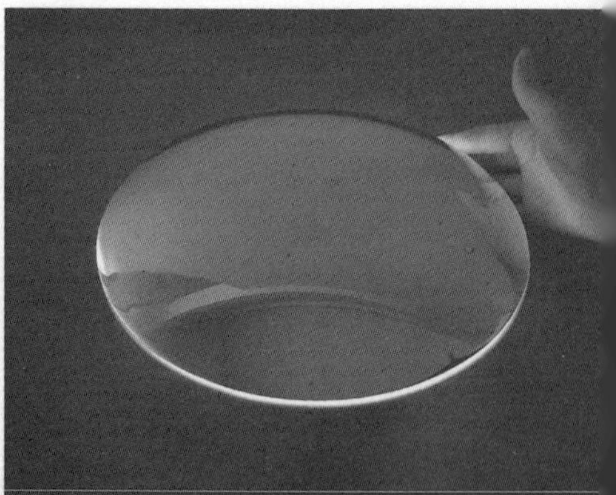

491

图 B10-4《GDC Award 21》作品集检索系统动画演示截屏图

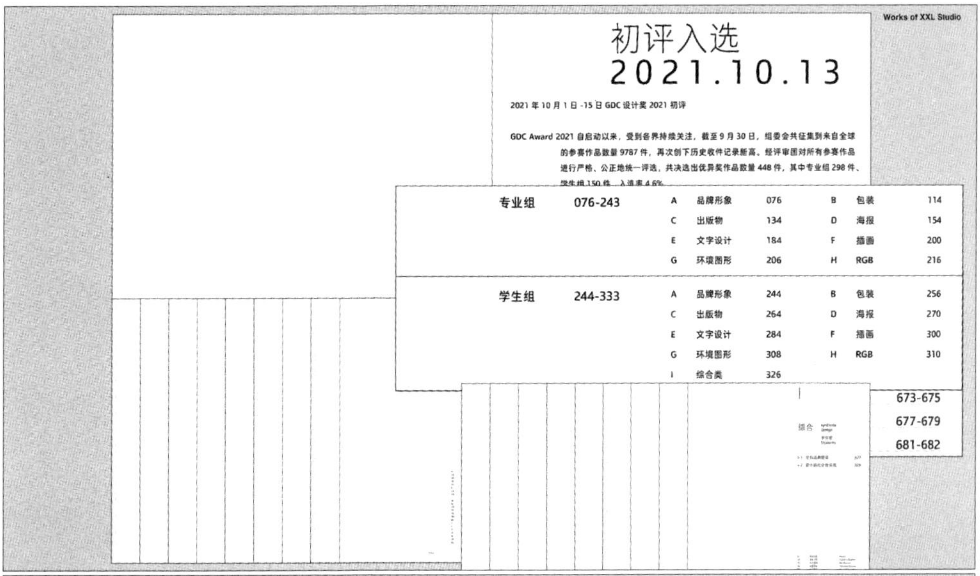

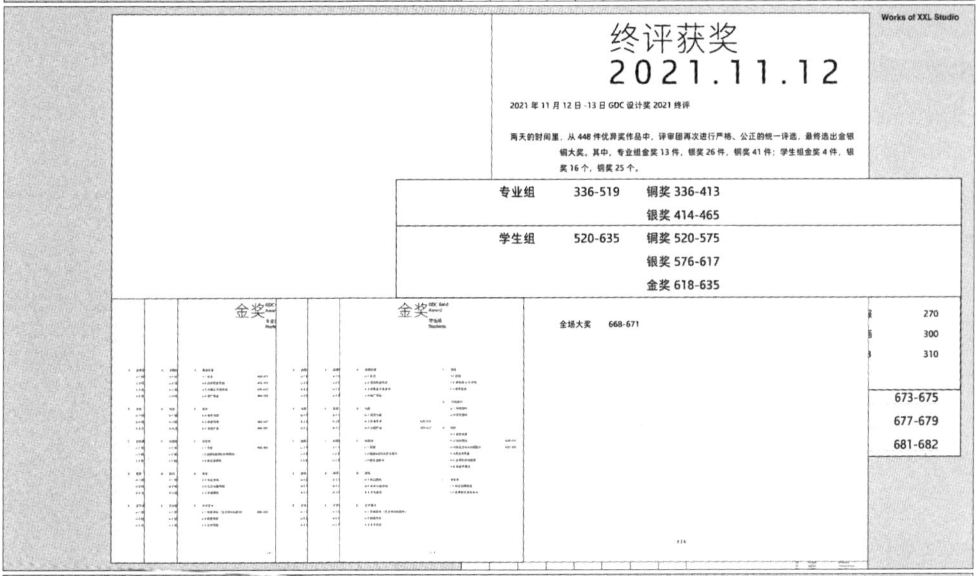

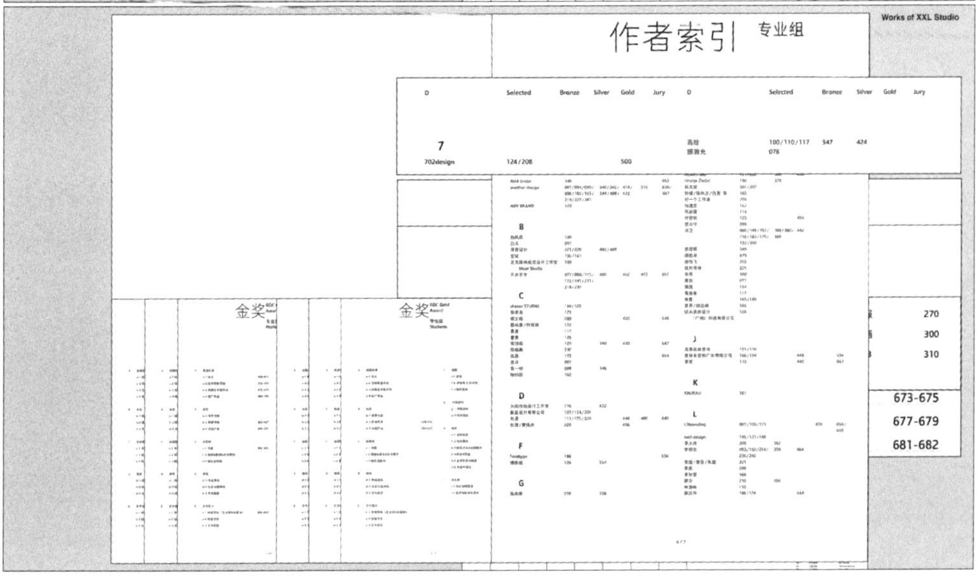

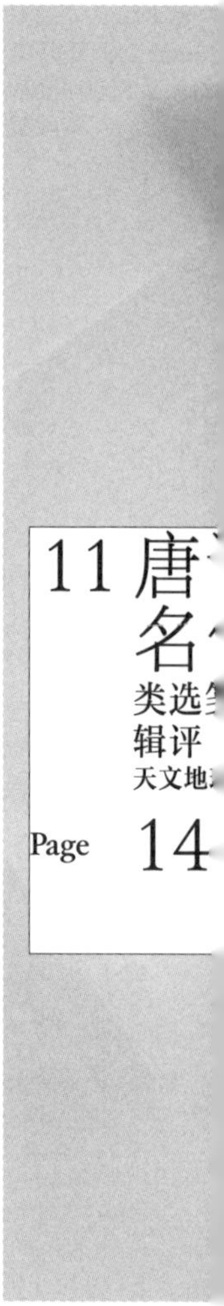

集多种体例在一个文本里，是我最感兴趣的设计题材。看着这些在 word 文档里的视觉流水账（图 B11-1），在自己的思考中慢慢地变得空间板块分明、逻辑与诗意并存后，再经由助手的劳作将之设计排印成书，心中总不免有些涟漪荡来荡去。

《唐诗名句类选笺释辑评 天文地理 卷》的文本，作者将每篇名句下划分为 6 个体例：1. 唐诗名句；2. 编号；3. 作者与作品名称；4. 注释；5. 名句今译；6. 历代评论。作者在编写时，文本体例的逻辑性是很强的，只不过还不能在版面美学上体现出来，而我要做的，正是把作者的意图用设计的语言，在版面上竭尽所能地展现出来（图 B11-2）。

我为本书设计了“复杂”的空间留白，用这些形态、大小不一的负形与文本一起，组合成诗句流动的阅读体验，在没有设计任何装饰图案的版面上，依靠文本排印为阅读带来视觉的诗意。

本设计选择了有 7 种字重的汉仪玄宋，它气质优雅端庄，与其匹配的英文和数字可以直接选用，不必编辑复合字体。

开本尺寸设计为瘦长的 405×648 磅（约 143×229mm），宽高比是 5:8，精细的网格系统由 0.5 磅作为模数。这是我迄今为止设计的模数最小的网格系统，它使正文中 15 磅、10.5 磅、9 磅和 7.5 磅的不同体例字号，具有尺寸完全一致的版心（315×495 磅，见 p246、p247）。在篇章页上设计了 120 磅、82.5 磅、67.5 磅、60 磅和 31.5 磅等字号，让这些有变化且造成视觉跳跃的字号设计，与正文的 4 种字号一起，成为文字组成的视觉交响（图 B11-3）。

虽然是平装，但本书应该算作较为奢侈的平装书了。它的封面由 248 克白色纸张经双色印刷后对裱 245 克橙色纸，然后压凹书名，这三个工序完成后，第二次对裱 216 克白色环衬。被裱在两层白色纸之间的橙色纸，会沿着封面的立面（三个切面）形成一条细细的橙色线，与封面上印刷的 PANTONE 021U 和翻开后的书脊内面所露出的 245 克橙色纸形成呼应（p168），为读者留下了恬淡而丰富的视觉印象。

图 B11-3《唐诗名句类选笺释辑评 天文地理 卷》书影

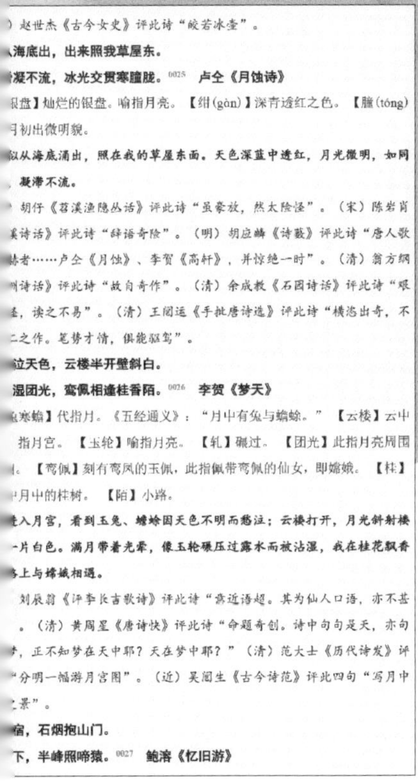

) 赵世杰《古今女史》评此诗“皎若冰壶”。

海底出，出来照我草屋东。

凝不流，冰光交贯寒朣胧。0025 **卢仝《月蚀诗》**

银盘】灿烂的银盘。喻指月亮。【绀(gàn)】深青透红之色。【朣(tóng)

月初出微明貌。

似从海底涌出，照在我的草屋东面。天色深蓝中透红，月光微明，如同

凝滞不流。

胡仔《苕溪渔隐丛话》评此诗“虽豪放，然太险怪”。（宋）陈岩肖

溪诗话》评此诗“辞语奇险”。（明）胡应麟《诗薮》评此诗“唐人歌

赫者……卢仝《月蚀》、李贺《高轩》，并惊绝一时”。（清）翁方纲

洲诗话》评此诗“故自奇作”。（清）余成教《石园诗话》评此诗“艰

怪，读之不易”。（清）王闿运《手批唐诗选》评此诗“横恣出奇，不

二之作。笔势才情，俱能驱驾”。

泣天色，云楼半开壁斜白。

湿团光，鸾佩相逢桂香陌。0026 **李贺《梦天》**

寒蟾】代指月。《五经通义》：“月中有兔与蟾蜍。”【云楼】云中

指月宫。【玉轮】喻指月亮。【轧】碾过。【团光】此指月亮周围

。【鸾佩】刻有鸾凤的玉佩，此指佩带鸾佩的仙女，即嫦娥。【桂】

月中的桂树。【陌】小路。

入月宫，看到玉兔、蟾蜍因天色不明而愁泣；云楼打开，月光斜射楼

一片白色。满月带着光晕，像玉轮碾压过露水而被沾湿，我在桂花飘香

上与嫦娥相遇。

刘辰翁《评李长吉歌诗》评此诗“意近语超。其为仙人口语，亦不甚

。（清）黄周星《唐诗快》评此诗“命题奇创。诗中句句是天，亦句

，正不知梦在天中耶？天在梦中耶？”（清）范大士《历代诗发》评

“分明一幅游月宫图”。（近）吴闿生《古今诗范》评此四句“写月中

景”。

宿，石烟抱山门。

下，半峰照啼猿。0027 **鲍溶《忆旧游》**

11-1《唐诗名句类选笺释辑评 天文地理 卷》作者 word 文件

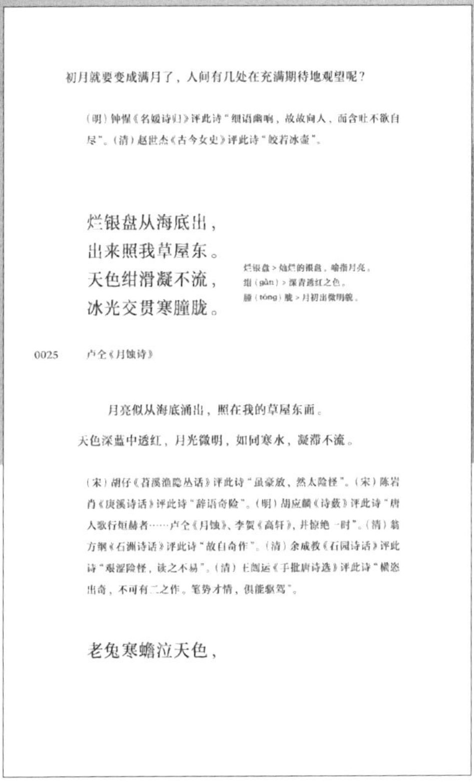

初月就要变成满月了，人间有几处在充满期待地观望呢？

（明）钟惺《名媛诗归》评此诗“细语幽响，故故向人，而含吐不欲自尽”。（清）赵世杰《古今女史》评此诗“皎若冰壶”。

烂银盘从海底出，
出来照我草屋东。
天色绀滑凝不流，
冰光交贯寒朣胧。

烂银盘 > 灿烂的银盘，喻指月亮。
绀（gàn）> 深青透红之色。
朣（tóng）胧 > 月初出微明貌。

0025 卢仝《月蚀诗》

月亮似从海底涌出，照在我的草屋东面。
天色深蓝中透红，月光微明，如同寒水，凝滞不流。

（宋）胡仔《苕溪渔隐丛话》评此诗“虽豪放，然太险怪”。（宋）陈岩肖《庚溪诗话》评此诗“辞语奇险”。（明）胡应麟《诗薮》评此诗“唐人歌行烜赫者……卢仝《月蚀》、李贺《高轩》，并惊绝一时”。（清）翁方纲《石洲诗话》评此诗“故自奇作”。（清）余成教《石园诗话》评此诗“艰涩险怪，读之不易”。（清）王闿运《手批唐诗选》评此诗“横恣出奇，不可有二之作。笔势才情，俱能驱驾”。

老兔寒蟾泣天色，

图 B11-2《唐诗名句类选笺释辑评 天文地理 卷》对作者编辑体例的设计

编著：张福庆
书籍设计：XXL Studio 刘晓翔 + 郑坤
正文页数：600 页
装订：平装
出版发行：北京燕山出版社
印装：北京富诚彩色印刷有限公司
版次：2022 年 10 月第 1 版
ISBN 978-7-5402-6610-3
定价：168.00 元

唐诗名句类选笺释辑评

天文 地理 卷

张福庆 编著

143
B New 11×16 XXL Studio
11 唐诗名句类选笺释辑评
天文地理 卷

001 >
壹
0001
0192
日—冰雪
天文，。

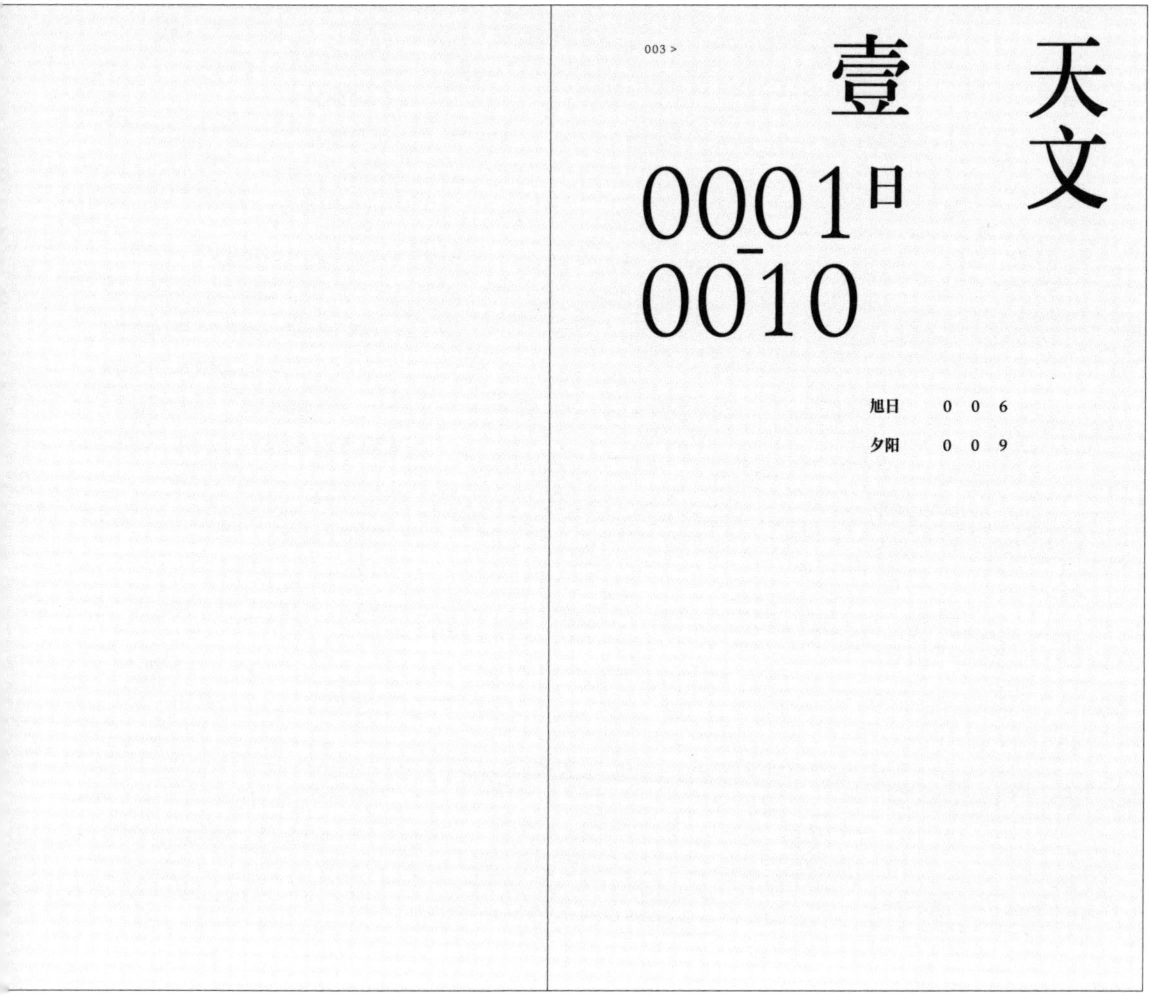
003 >

壹

天文

0001-0010 日

旭日 006

夕阳 009

145

B New 11×16 XXL Studio
11 唐诗名句类选笺释辑评
天文地理　卷

005 >

仙驭随轮转，
灵乌带影飞。
临波无定彩，
入隙有圆晖。

仙驭 > 仙驾。此指皇帝的车驾。
灵乌 > 指太阳。相传太阳中有三足
故称。

0001　李世民《赋秋日悬清光赐房玄龄》

圆圆的太阳，好像皇帝车驾转动的车轮；

经过天空，好像是传说中的三足乌飞过。

照在动荡的水面上，形状就不固定；

而从无论多小的缝隙中，看到的都是它圆圆的光辉。

忽遇惊风飘，
自有浮云映。
更也人皆仰，
无待挥戈正。

惊风飘 > 曹植《赠徐干诗》："惊风飘
忽然归西山。"
更也 > 《论语·子张》："子贡曰：'君子
过也，如日月之食焉：过也，人
之；更也，人皆仰之。'"
挥戈 > 《淮南子·览冥训》："鲁阳公与
难，战酣日暮，援戈而扔（huī, 挥
之，日为之反三舍。"

0002　董思恭《咏日》

疾风吹动着太阳，太阳落下西山，映照着浮云。

太阳有过（指日食）能改，人们都仰望敬慕；

日

太阳的经天西落，也无需神话中的鲁阳公来挥戈阻止。

旦出扶桑路，
遥升若木枝。
云间五色满，
霞际九光披。

003 李峤《日》

扶桑 > 神话中的树名。传说日出于其下，拂其树杪而升，因谓为日出处。《山海经·海外东经》："汤谷上有扶桑，十日所浴，在黑齿北。"
若木 > 神话中的树名，一说即扶桑，为日所出处。《山海经》："大荒之中，有衡石山、九阴山、洞野之山，上有赤树，青叶赤华，名曰若木。"
五色 > 泛指各种颜色。《易传》："圣王在上，则日光明而五色备。"
九光 > 多种色彩。《北堂书钞》引《尚书·考灵曜》："日照四极生九光。"

日出东方，从扶桑若木间升起。云间五彩缤纷，朝霞光辉灿烂。

(清) 王夫之《姜斋诗话》："李峤称'大手笔'，咏物尤其属意之作，裁剪整齐。"(清) 张揔《唐风采》评此诗"藻雅可观"。(清) 贺裳《载酒园诗话又编》："读李巨山 (李峤) 咏物百馀诗，固是淹雅 (高雅) 之士"。(清) 翁方纲《石洲诗话》："李巨山咏物百二十首，虽极工切，而声律时有未调。"

日出东方隈，
似从地底来。
历天又入海，
六龙所舍安在哉。

0004 李白《日出入行》

隈 (wēi) > 水边弯曲处。
历 > 经过。
六龙 > 神话传说羲和驾着六条龙拉的车子，载着太阳每天在空中驶过。《淮南子》注："日乘车，驾以六龙，羲和御之。"
舍 > 指休息的地方。

日出东方遥远的水边，它可是从地底升起的？
经过天空，沉入大海，六条龙拉的车子载着太阳，
会在什么地方休息呢？

(元) 萧士赟《分类补注李太白诗》评此诗"大意全是祖《庄子》内云将鸿濛问答之意……谓日月之运行，万物之生息，皆元气之自然，人力不能与乎其间也"。(明) 周敬、周珽《删补唐诗选脉笺释会通评林》周珽评此诗"精奇玄奥，出天入渊……得屈子《天问》意，千载以上人物呼之欲出"。

杲杲冬日出，
照我屋南隅。
负暄闭目坐，
和气生肌肤。
初似饮醇醪，
又如蛰者苏。

杲杲 > 明亮貌。《诗经·卫风·伯兮》："其雨其雨，杲杲出日。"
负暄 > 冬天受日光曝晒取暖。
和气 > 天地间阴阳交合而生之气。此指温暖的气息。
醇醪 > 味厚的美酒。
苏 > 苏醒。

0005　白居易《负冬日》

冬日明亮的太阳升起，照在房屋朝南的墙壁上。

我闭上眼睛，晒着太阳取暖，一股温暖的气息在肌肤上油然而生。

那感觉，好像是喝了醇酒，

又好像是蛰伏在身体里的小虫子苏醒过来。

想象咸池日欲光，
五更钟后更回肠。
三年苦雾巴江水，
不为离人照屋梁。

0006　李商隐《初起》*

咸池 > 神话中日浴之处。《淮南子·天文训》："日出于旸谷，浴于咸池，拂于扶桑，是谓晨明。"

五更（gēng）> 旧时以漏刻计时，自黄昏至拂晓一夜间分为甲、乙、丙、丁、戊五刻，曰一更至五更，或一鼓至五鼓。五更即天将晓时。

回肠 > 形容内心焦虑不安。

三年 > 李商隐宣宗大中五年入东川节度使柳仲郢幕，至大中七年，首尾已三年。

苦 > 多，久。甚辞。

照屋梁 > 宋玉《神女赋》："耀乎如白日初出照屋梁。"

想象着日浴咸池、初升时光彩夺目的情景，

我从五更起就焦急地等待着日出。

可叹我滞留蜀中三年，巴江上总是大雾笼罩，

始终没看到初升的太阳照在我的屋梁上。

<008
009 >

（清）屈复《玉溪生诗意》评此诗"五更即望日出，乃日出而不照屋
三年于兹矣"。（清）程梦星《重订李义山诗集笺注》评此诗"东川幕
感叹流滞之作……玩起语'想象咸池'四字，则寄情遥远可知，非
为蜀中漏天之谚也"。（清）姚培谦《李义山诗集笺注》评此诗"喻见
于时之意。'日'喻君恩，'苦雾'喻排摈者"。（清）沈厚塽《李义山
集辑评》何焯评此诗"固是两川实事，亦自诉戴盆（冤屈难伸）之怨
深曲"。

寒日临清昼，
寥天一望时。
未销埋径雪，
先暖读书帷。

清昼 > 白天。

寥天 > 辽阔的天空。

0007　陈讽《赋得冬日可爱》

白天寒冷的冬日升起，极目眺望辽阔的天空。

日出并未使小路上的积雪融化，但却照亮了我书房的窗帘。

夕
阳

南登杜陵上，
北望五陵间。
秋水明落日，

杜陵 > 汉宣帝陵墓。在长安城南杜陵
五陵 > 汉高祖长陵、惠帝安陵、景帝
武帝茂陵、昭帝平陵。均在渭水北

日
夕阳

流光灭远山。

今陕西咸阳市附近。
流光 > 流动、闪烁的光彩。

08 李白《杜陵绝句》*

登上长安城南的杜陵原，眺望城北，
可见长陵、安陵、阳陵、茂陵、平陵五座汉陵。
落日映照渭水，秋水一片明亮；
夕阳的光辉在水上闪烁，远山也变得迷离不清。

（宋）严羽《评点李太白诗集》评后二句“此景从无人拈出”。

物象归馀清，
林峦分夕丽。
亭亭碧流暗，
日入孤霞继。

物象 > 自然界的景物。
馀清 > 日落时的清凉疏爽之景。谢灵运《游南亭》：“密林含馀清，远峰隐半规。”
夕丽 > 夕阳的光辉。丽，光华。
亭亭 > 远貌。司马相如《长门赋》：“澹偃蹇而待曙兮，荒亭亭而复明。”李善注：“亭亭，远貌。”

09 常建《西山》

日落之时，万物景象清凉疏爽，
夕阳的馀辉照亮树木山峦。
碧绿深暗的流水流向远方；太阳西沉，彩霞也随之飞逝。

（明）钟惺、谭元春《唐诗归》谭评“物象”句“不妙在‘归’字，（而）在‘馀’字”。钟评“日入”句“孤霞凑趣，若灯烛则败兴矣”。（明）钟惺《唐诗笺注》评此四句“平铺直叙，自是出世语”。（明）陆时雍《唐诗镜》评此诗“霁色清音”。（明）周敬、周珽《删补唐诗选脉笺释会通评林》唐汝询评此诗“置谢康乐（谢灵运）集中，不露苍白”。黄家鼎评此诗“清绝，无烟火气”。（清）沈德潜《唐诗别裁集》评此诗“步骤（效法）谢公”。（清）范大士《历代诗发》评此诗“神孤响逸”。（清）王尧衢《唐诗合解笺注》评此诗“平铺直叙，自见清澈”。（清）黄培芳《唐贤三昧集笺注》评“日入”句“五字晚景传神”。

向晚意不适，
驱车登古原。
夕阳无限好，
只是近黄昏。

向晚 > 傍晚。
古原 > 指乐游原。汉武帝时建，名宜春苑。故址在今陕西西安市南。《长安志》：“乐游原居京城之最高，四望宽敞，京城之内，俯视指掌。”唐时为长安仕女游赏胜地。

0010 李商隐《乐游原》*

傍晚时意绪不佳，所以驱车来到乐游原上。
看夕阳缓缓垂落，无限美好，只是接近黄昏，好景无多了。

（宋）杨万里《诚斋诗话》评此诗“忧唐之衰”。（明）黄克缵、卫一凤《全唐风雅》评此诗“忧唐祚将衰也”。（明）唐汝询《汇编唐诗十集》评后二句“国步（国家的命运）岌岌”。（清）姚培谦《李义山诗集笺注》评此诗“销魂（极哀愁）之语，不堪多诵”。（清）屈复《玉溪生诗意》评此诗“时事遇合，俱在个中，抑扬尽致”。（清）李锳《诗法易简录》评此诗“以末句收足‘向晚’意，言外有身世迟暮之感”。（清）孙

任国绪　陕西人民出版社 1992 版
《刘希夷诗注》
陈文华　上海古籍出版社 1997 版
《沈佺期宋之问集校注》
陶敏等　中华书局 2001 版
《陈子昂诗注》
彭庆生　四川人民出版社 1981 版
《张说集校注》
熊飞　中华书局 2013 版
《张九龄诗文选》
罗韬　广东人民出版社 1994 版
《张九龄集校注》
熊飞　中华书局 2008 版
《贺知章、包融、张旭、张若虚诗注》
王启兴、张虹　上海古籍出版社
1986 版
《孟浩然诗集笺注》
佟培基　上海古籍出版社 2019 版
《孟浩然集校注》
李景白　巴蜀书社 1988 版
《孟浩然、韦应物诗选》
李小松　广东人民出版社 1985 版
《常建诗歌校注》
王锡九　中华书局 2017 版
《李颀诗评注》
刘宝和　山西教育出版社 1990 版
《李颀集校注》
隋秀玲　河南人民出版社 2007 版
《王昌龄集编年校注》
胡问涛　巴蜀书社 2000 版
《王昌龄诗注》
李云逸　上海古籍出版社 1984 版
《王维集校注》
陈铁民　中华书局 1997 版
《高适集校注》
孙钦善　上海古籍出版社 1984 版
《高适诗集编年笺注》
刘开扬　中华书局 1981 版
《崔颢诗注 崔国辅诗注》
万竞君　上海古籍出版社 1981 版

《李白诗选注》
刘开扬等　上海古籍出版社 1989 版
《李白全集校注汇释集评》
詹锳　百花文艺出版社 1996 版
《李白集校注》
瞿蜕园、朱金城　上海古籍 2018 版
《岑参诗集编年笺注》
刘开扬　巴蜀书社 1995 版
《岑参集校注》
侯忠义、陈铁民　崇文书局 2016 版
《张谓诗注》
陈文华　上海古籍出版社 1997 版
《杜诗详注》
仇兆鳌　中华书局 1979 版
《杜甫选集》
聂石樵　上海古籍出版社 1983 版
《杜甫全集校注》
萧涤非　人民文学出版社 2014 版
《刘长卿诗编年笺注》
储仲君　中华书局出版社 1996 版
《钱起诗集校注》
王定璋　浙江古籍出版社 1992 版
《钱起诗集校注》
阮廷瑜　台北新文丰出版社 1996 版
《司空曙诗集校注》
文航生　人民文学出版社 2011 版
《大历十才子诗选》
焦文彬　陕西人民出版社 1988 版
《元结诗解》
聂文郁　陕西人民出版社 1984 版
《张继诗注》
周义敢　上海古籍出版社 1987 版
《顾况诗注》
王启兴、张虹　上海古籍出版社
1994 版
《戴叔伦诗集校注》
蒋寅　上海古籍出版社 2010 版
《戴叔伦诗文集笺注》
戴文进　南京师大出版社 2013 版
《韦应物诗集系年校笺》

< 576
577 >

孙望　中华书局 2002 版
《李益诗注》
范之麟　上海古籍出版社 1984 版
《李益集注》
王亦军、裴豫敏
甘肃人民出版社 1989 版
《卢纶诗集校注》
刘初棠　上海古籍出版社 1989 版
《王建诗集校注》
王宗堂　中州古籍出版社 2006 版
《王建诗集校注》
尹占华　上海古籍出版社 2020 版
《孟郊诗集校注》
华忱之　人民文学出版社 1995 版
《孟郊集校注》
韩泉欣　浙江古籍出版社 2012 版
《张籍集注》
李冬生　黄山书社 1989 版
《张籍集系年校注》
徐礼节、余恕诚　中华书局 2016 版
《韩昌黎诗系年集释》
钱仲联　上海古籍出版社 1984 版
《韩愈全集校注》
屈守元、常思春
四川大学出版社 1996 版
《薛涛诗笺》
张篷舟　人民文学出版社 2012 版
《刘禹锡全集编年校注》
陶敏　岳麓书社 2003 版
《柳宗元诗笺释》
王国安　上海古籍出版社 1993 版
《李贺诗歌集注》
王琦　上海古籍出版社 1977 版
《李贺诗歌选注》
流沙　百花文艺出版社 1982 版
《李贺诗集》
叶葱奇　人民文学出版社 1958 版
《李长吉歌诗编年笺注》
吴企明　中华书局 2012 版
《茶仙卢仝诗作赏析》

史颂光　河南人民出版社 2016 版
《白居易选集》
王汝弼　上海古籍出版社 1980 版
《白居易集笺校》
朱金城　上海古籍出版社 1988 版
《白居易诗集校注》
谢思炜　中华书局 2017 版
《李绅诗注》
王旋伯　上海古籍出版社 1985 版
《元稹集编年笺注》
杨军　三秦出版社 2002 版
《元稹集校注》
周相录　上海古籍 2011 版
《元稹诗全集》
谢永芳　崇文书局 2016 版
《姚合诗集校注》
吴河清　上海古籍出版社 2012 版
《李德裕文集校笺》
傅璇琮　河北教育出版社 2000 版
《张祜诗集校注》
尹占华　巴蜀书社 2007 版
《雍陶诗注》
周啸天　上海古籍出版社 1988 版
《贾岛诗集笺注》
黄鹏　巴蜀书社 2002 版
《杜牧集系年校注》
吴在庆　中华书局 2008 版
《杜牧诗选》
周锡䪖　香港三联书店 1983 版
《丁卯集笺证》
罗时进　中华书局 2012 版
《李商隐诗歌集解》
刘学锴、余恕诚　中华书局 1988 版
《李商隐诗集疏注》
叶葱奇　人民文学出版社 1985 版
《李商隐诗选》
刘学锴　人民文学出版社 1986 版
《李商隐诗选注》
陈伯海　上海古籍出版社 1982 版
《李商隐诗选译》

唐诗名句类选笺释辑评
千山鸟飞绝，
万径人踪灭。
孤舟蓑笠翁，
0163
柳宗元《江雪》*
漫天大雪，千山飞鸟绝迹，
万径人迹被覆盖。
雪中一个披蓑衣戴斗笠的渔翁乘着孤舟，
天文地理 卷
张福庆 编著
北京燕山出版社
独钓寒江雪。
在寒冷的江面上独自垂钓。
飞绝：飞尽，绝迹。
径：小路。
人踪：人的足迹。
蓑（suō）笠（lì）：蓑，用棕或稻草编成的雨具。笠，用竹皮、草叶编成的挡雨的帽子。
ISBN 978-7-5402-6610-3
定价：168.00元

《唐诗名句类选笺释辑评 天文地理 卷》封底、书脊与封面的文字排版

1 陌上问蚕

2 心在山水
17—20 世纪中国文人的
艺术生活

3 BranD 39 期

4 罗伦赶考

5 锦衣罗裙
馆藏京城·西域传统服装研究

6 中国商事诉讼裁判规则

7 风吹哪页读哪页
第一届中国最美旅游图书设计大赛
优秀作品集

8 汉仪玄宋字体册

9 字腔字冲
16 世纪铸字到现代
字体设计

10 GDC Award 21

11 唐诗名句类选
笺释辑评
天文地理 卷

B New 11×16 XXL Studio 11 个设计案例书脊厚度关系表

陌上
问蚕

心在山水

17～20世纪中国文人的艺术生活

Au cœur des montagnes et des eaux

L'Art et la vie des lettrés chinois du 17ème au 20ème siècle

ISBN 978-7-5402-5127-7
9 787540 251277 >
定价：520.00 元

心在
山水
·20 世纪中国文人的
生活
154—
155

BranD
Issue 39
No.39
BranD 6th Anniversary Special Issue:
Evolution of Materials
BranD
Material-built Brands 010
Kashiwa Sato 012-017 / Taku Satoh 018-025
A Winter Warmer/Ace Reserve/CARPOS/Don't Hide it. Period/APartMENT/CAECV/Wurst/EPNY/THE DAYS OF JOSS PAPER CALENDAR/gimme a hug/THE Utopia of the Manifesto/PARTs OF LIFE // ITEM/Local Design Studies-20 Projects for Regional Revitalization/Noon Afterschool Care 026-057
Making of Books 058
Shin Akiyama 060-065
Codex Romanoff/360°
Book/EL AZAR FIEL/REEXTRACCIÓN DE LA PIEDRA DE LA LOCURA/ELLE Decoration Fifth Anniversary/Friederike Stanitzek Publication/RIVER KUO 2010 ARTWORK COLLECTION/Talking Ceramics/MIKROKOSMOS/Tactile Picture Book for Blind Children/mean/nrd001/Materials for Design/THE ARCHIVES OF AGRICULTURAL/The Little Food Book/Solid Memory 066-103
Potent Product Development 122
TAKEO Co., Ltd. 124-129 / Taku Satoh 130-137
Phenomena: Plateless printing combined with fine paper/Brosmind TECH/Complements/Gravity and Grace/Liminal Air space – time/Inflated Typography/Lumber side table collection/Sample Slippers /Vinyl Capsule :$2/Vinyl Capsule :88¢/PopsiclePersonal Collection/Stone Stationary/Playful Cooking /Little Clam Brooches/Electric Squid Christmas Card/Reconstype 138-175

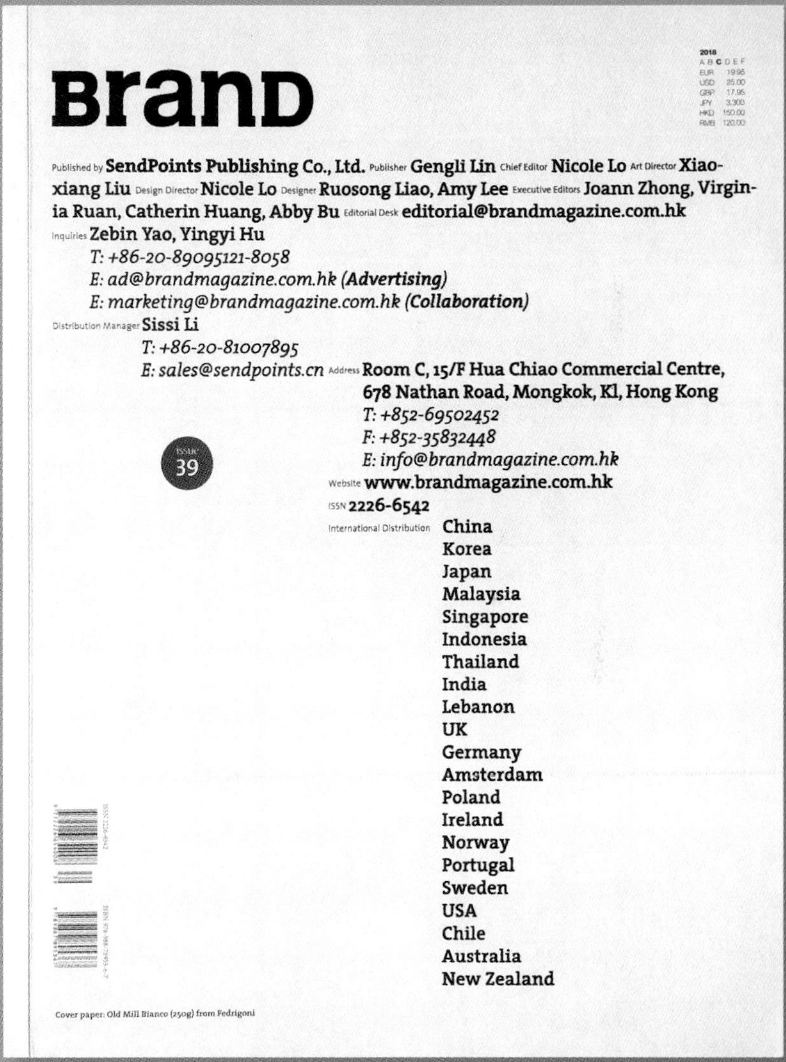

BranD

2018
A B C D E F

EUR	19.95
USD	25.00
GBP	17.95
JPY	3,300
HKD	150.00
RMB	120.00

Published by **SendPoints Publishing Co., Ltd.** Publisher **Gengli Lin** Chief Editor **Nicole Lo** Art Director **Xiaoxiang Liu** Design Director **Nicole Lo** Designer **Ruosong Liao, Amy Lee** Executive Editors **Joann Zhong, Virginia Ruan, Catherin Huang, Abby Bu** Editorial Desk **editorial@brandmagazine.com.hk**

Inquiries **Zebin Yao, Yingyi Hu**

T: +86-20-89095121-8058

E: ad@brandmagazine.com.hk ***(Advertising)***

E: marketing@brandmagazine.com.hk ***(Collaboration)***

Distribution Manager **Sissi Li**

T: +86-20-81007895

E: sales@sendpoints.cn

Address **Room C, 15/F Hua Chiao Commercial Centre, 678 Nathan Road, Mongkok, Kl, Hong Kong**

T: +852-69502452

F: +852-35832448

E: info@brandmagazine.com.hk

Website **www.brandmagazine.com.hk**

ISSN **2226-6542**

ISSUE 39

International Distribution **China**
Korea
Japan
Malaysia
Singapore
Indonesia
Thailand
India
Lebanon
UK
Germany
Amsterdam
Poland
Ireland
Norway
Portugal
Sweden
USA
Chile
Australia
New Zealand

Cover paper: Old Mill Bianco (250g) from Fedrigoni

BranD
39 期
156—157

4 罗伦赶考

Page 158

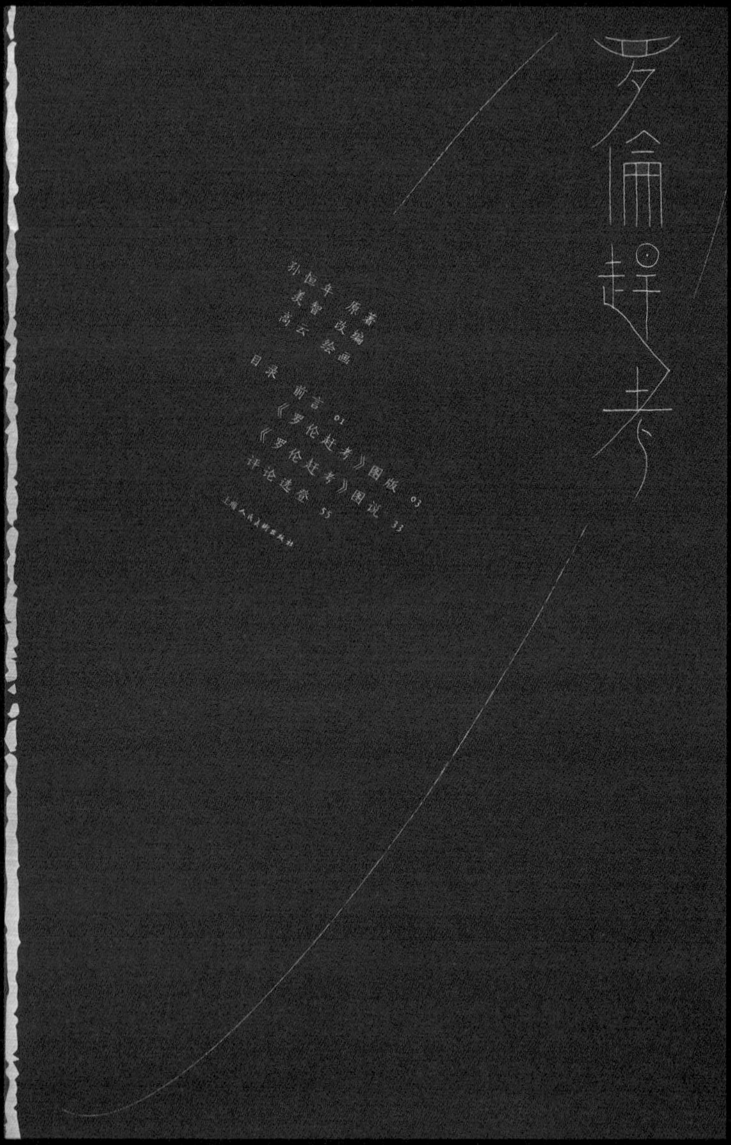

锦衣罗裙

京城·西域传统服装研究

159

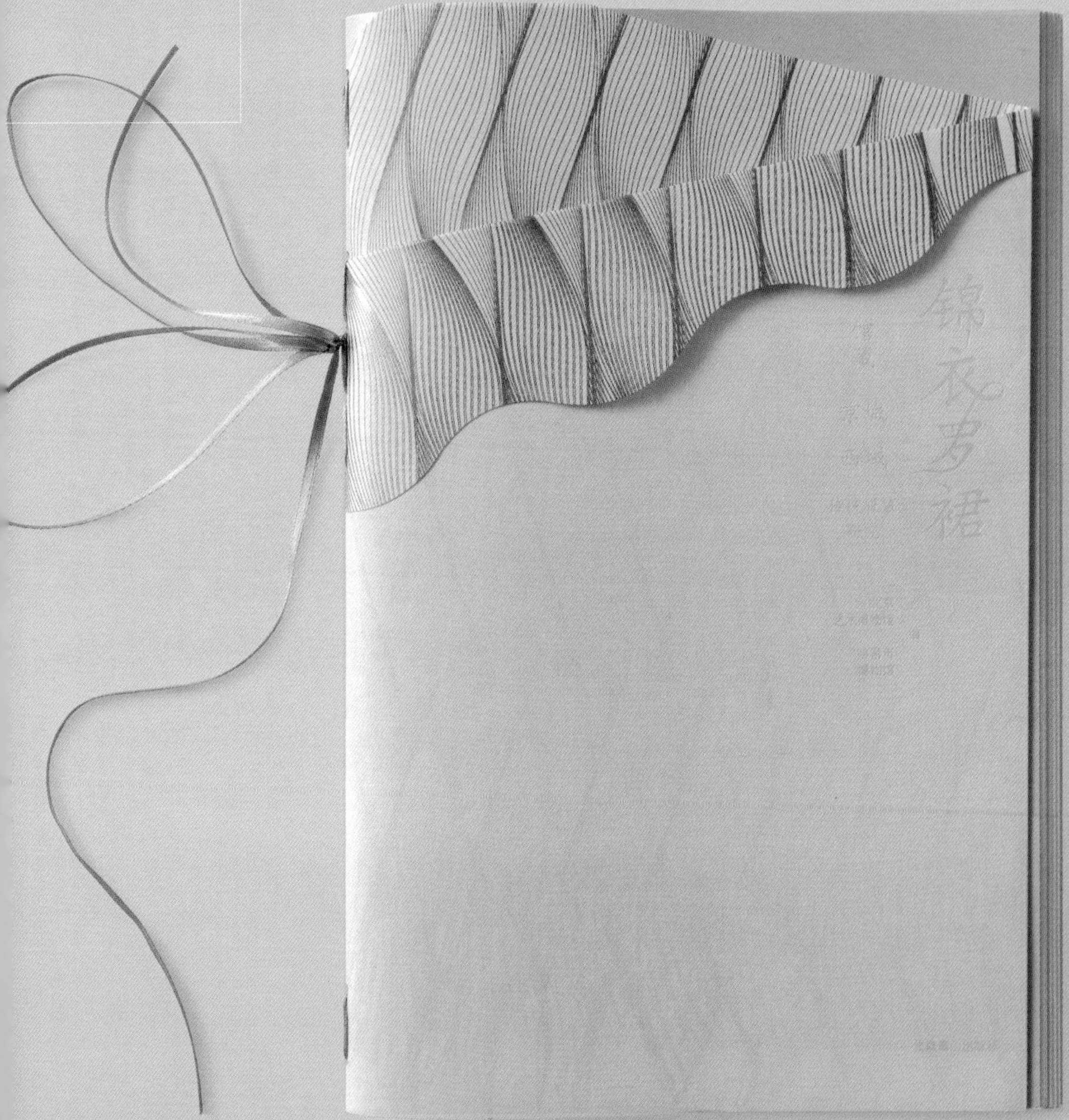

中国商事
诉讼裁判
规则
160—161

7 风吹哪页读哪页

第一届中国最美旅游图书设计大赛优秀作品

Page 162

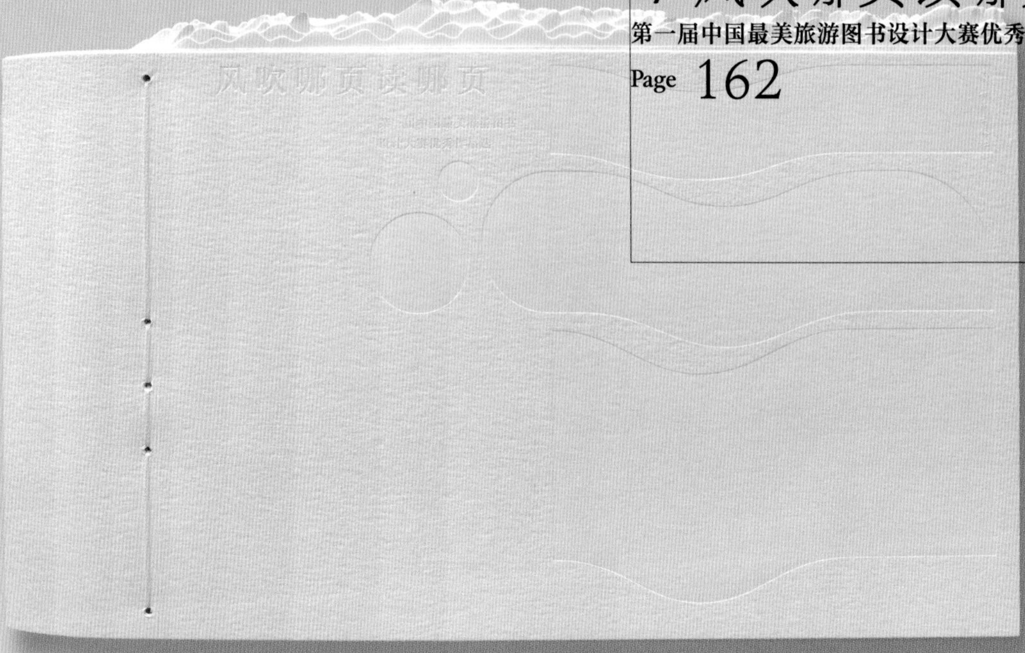

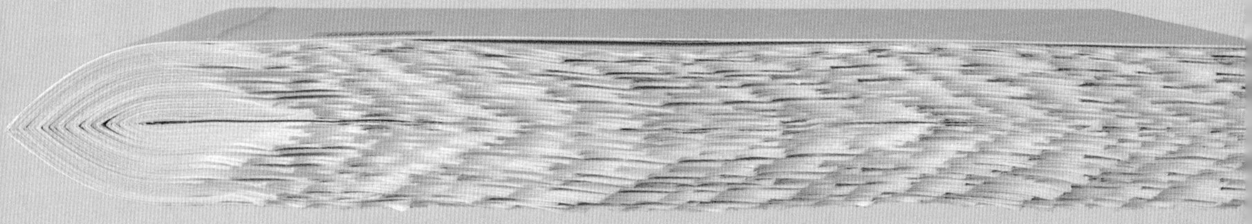

汉仪玄宋
字体册
163—164

字腔
字冲
纪铸字到现代
计
165

2021.5.15
2021.10.15

GDC Award 21
平面设计在中国

11 唐名

类选
辑评
天文地

Page 16

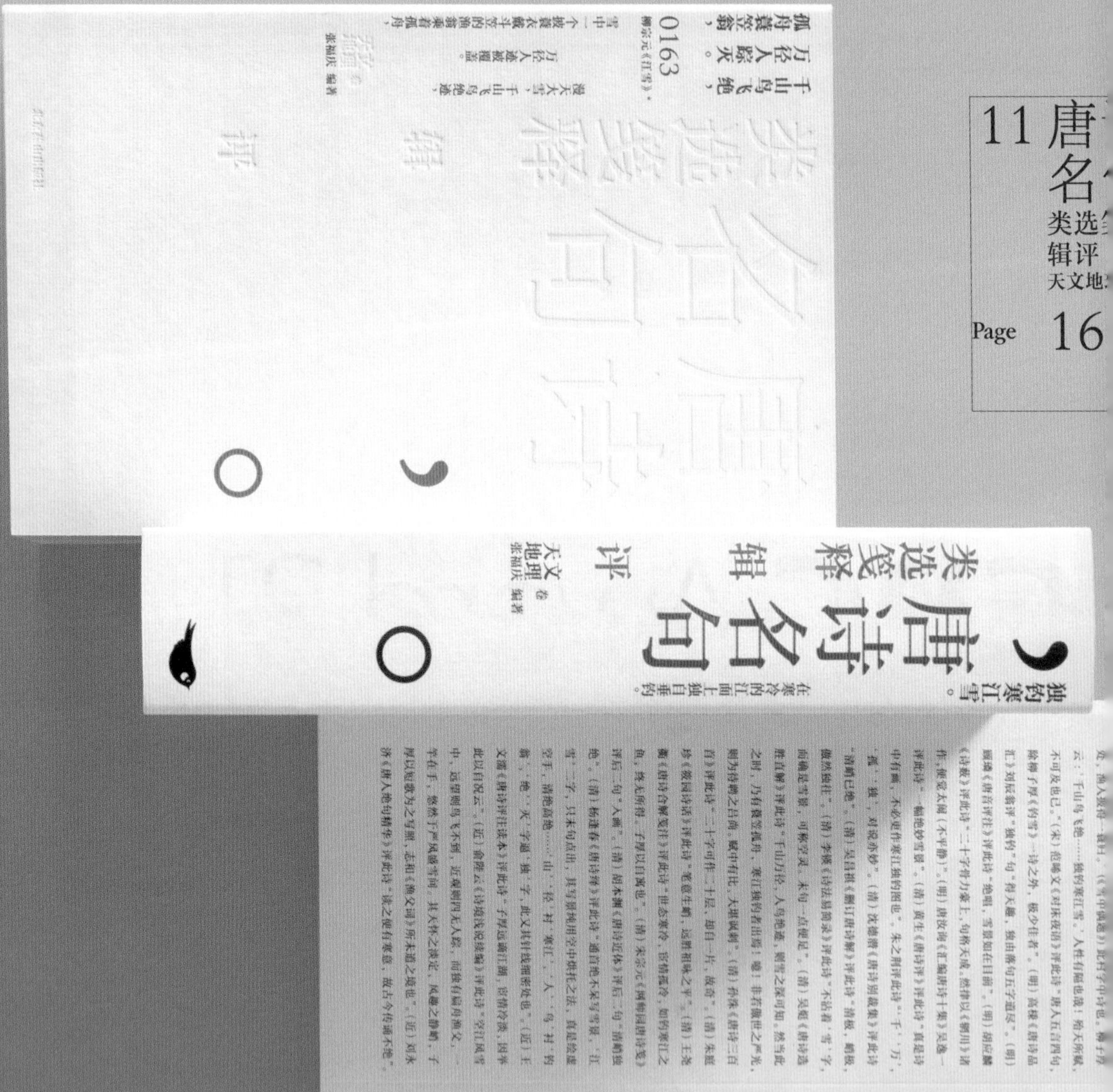

+

操作流程及
三个网格设计案例

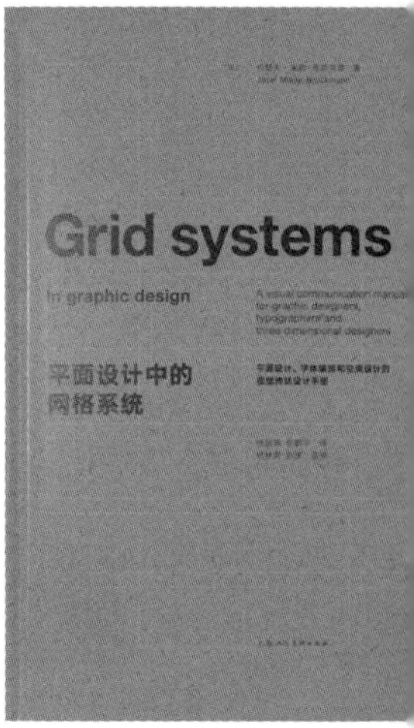

图 C-1《平面设计中的网格系
中文版

一　为什么要有源于汉字字形的版面网格系统

让读者看不见却能感受到秩序的存在，是网格系统的核心功能。出版物设计在古腾堡发明铅活字印刷术后，已经逐步发展出具有系统逻辑思维的设计理论，为工业化生产书籍，为清晰、流畅地阅读，为提高社会审美品位，提供了来自平面设计的排印解决方案。在瑞士，设计师约瑟夫 · 米勒 - 布罗克曼对此进行总结，出版了《平面设计中的网格系统》，在本不可能应用“格”的拉丁文里，发展出了影响至今的出版物排印“法则”（图 C-1）。

系统逻辑思维广泛存在于今天的工业产品之中，这在出版物里也有所体现。比如，纸张的对折再对折，是书籍和出版物的开本依据（图 C-2）；又如，文字字号大小之间，存在着一个能将所有字号整除的数值。

在铅活字进入现代排印体系之初，字号的铸字标准就开始逐步形成，1886 年经由美国铸字协会颁布后开始在世界通行。现在被书籍设计师广泛使用的排版软件 InDesign 里，字号设定仍

尺寸（毫米及吋）					
A系		B系		C系	
毫米	吋	毫米	吋	毫米	吋
841 x 1189	33.1 x 46.8	1000 x 1414	39.4 x 55.7	917 x 1297	36.1 x 51.1
594 x 841	23.4 x 33.1	707 x 1000	27.8 x 39.4	648 x 917	25.5 x 36.1
420 x 594	16.5 x 23.4	500 x 707	19.7 x 27.8	458 x 648	18.0 x 25.5
297 x 420	11.7 x 16.5	353 x 500	13.9 x 19.7	324 x 458	12.8 x 18.0
210 x 297	**8.3 x 11.7**	250 x 353	9.8 x 13.9	229 x 324	9.0 x 12.8
148 x 210	5.8 x 8.3	176 x 250	6.9 x 9.8	162 x 229	6.4 x 9.0
105 x 148	4.1 x 5.8	125 x 176	4.9 x 6.9	114 x 162	4.5 x 6.4
74 x 105	2.9 x 4.1	88 x 125	3.5 x 4.9	81 x 114	3.2 x 4.5
52 x 74	2.0 x 2.9	62 x 88	2.4 x 3.5	57 x 81	2.2 x 3.2
37 x 52	1.5 x 2.0	44 x 62	1.7 x 2.4	40 x 57	1.6 x 2.2
26 x 37	1.0 x 1.5	31 x 44	1.2 x 1.7	28 x 40	1.1 x 1.6

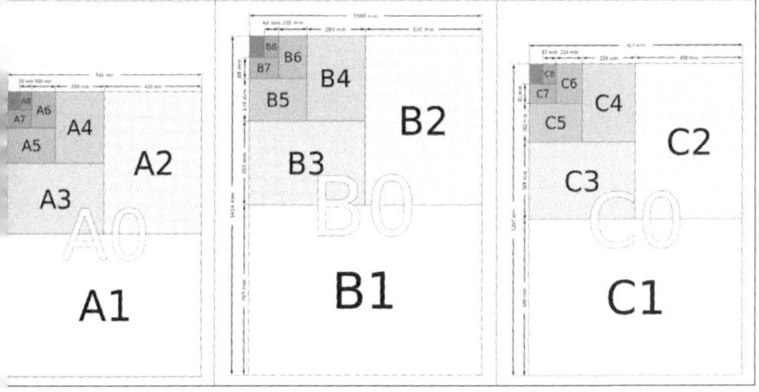

图 C-2 纸张 ISO216 标准，纸张规格／ mm ／ in 对照表

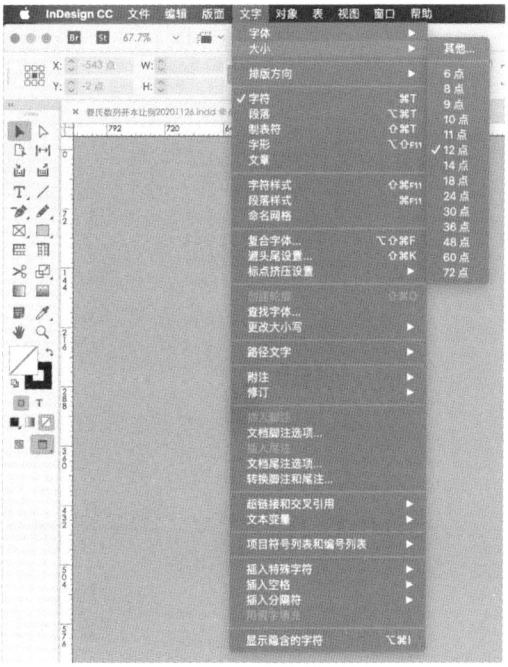

图 C-3 InDesign 里的字号设定对话框

然是以此套标准为依据而进行的数字化[1]（图 C-3）。在美国铸字协会的铸字标准中，1 英寸可以均分成 12 派卡，1 派卡可以均分成 12 磅，思维逻辑与 1 张纸对折再对折后成为不同尺寸的开本，具有高度的一致性。

从排版软件 InDesign 字号设定对话框的初始设定中可以看到，字号 6 磅与 8 磅之间相差了 2 磅；8—12 磅是用 1 磅作为整数值后，每隔一级增加 1 磅；字号 12—18 磅是每隔一级增加 2 磅；字号 18—36 磅是每隔一级增加 6 磅；字号 36—72 磅是每隔一级增加 12 磅。字号 8—18 磅在 InDesign 里的划分较细，是出于正文排版对字号细分的需要，如正文、标题和注释的字号，需要既有差别又不能差别太大。

886 年美国铸字协会颁布字号示准：1 英寸（inch）=12 派卡 pica)，1 派卡 =12 磅（point），磅 =0.3527mm。

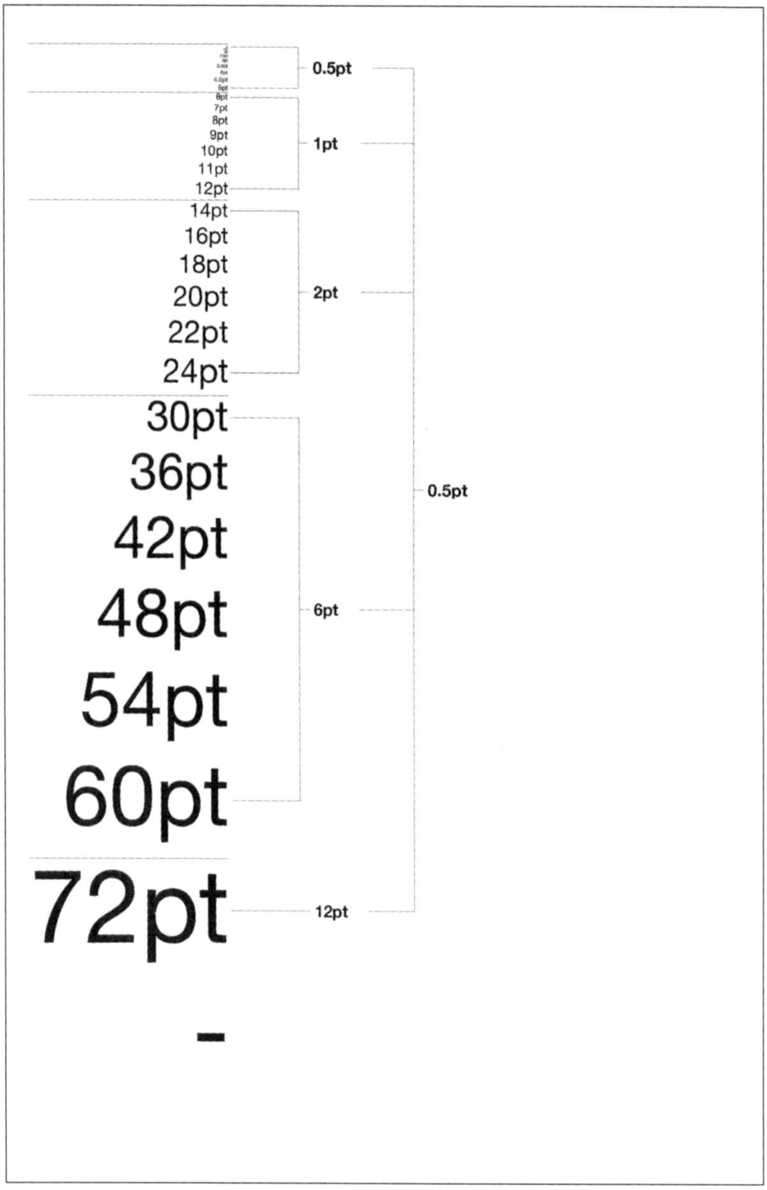

图 C-4《由一个字到一本书　汉字排版》，刘晓翔著，高等教育出版社，2017

对铅字字号大小之间所存在的能将所有字号整除的数值，我在 2017 年出版的《由一个字到一本书　汉字排版》的 p061 有如下归纳：1 磅—5 磅是 0.5 磅的累积相加[1]，6 磅—12 磅是 1 磅的累积相加，14 磅—24 磅是 2 磅的累积相加，30 磅—60 磅是 6 磅的累积相加。使这些字号按照一个磅数累积相加的 0.5 磅、1 磅、2 磅和 6 磅，也是 0.5 磅的累积相加（图 C-4）。

由此可知，铅字字号大小之间的逻辑关系，表现为它们都具备字号从小到大，由一个固定字号作为“常数”[2] 将之联系在一起的关系。在桌面虚拟排版系统里，如前所述也具备这样的特征。

1　铅字之间的空格，需要插号有相同计量单位的实1—5 磅为此而存在。

2　常数，数学名词。具有多其中之一指一定的重复规

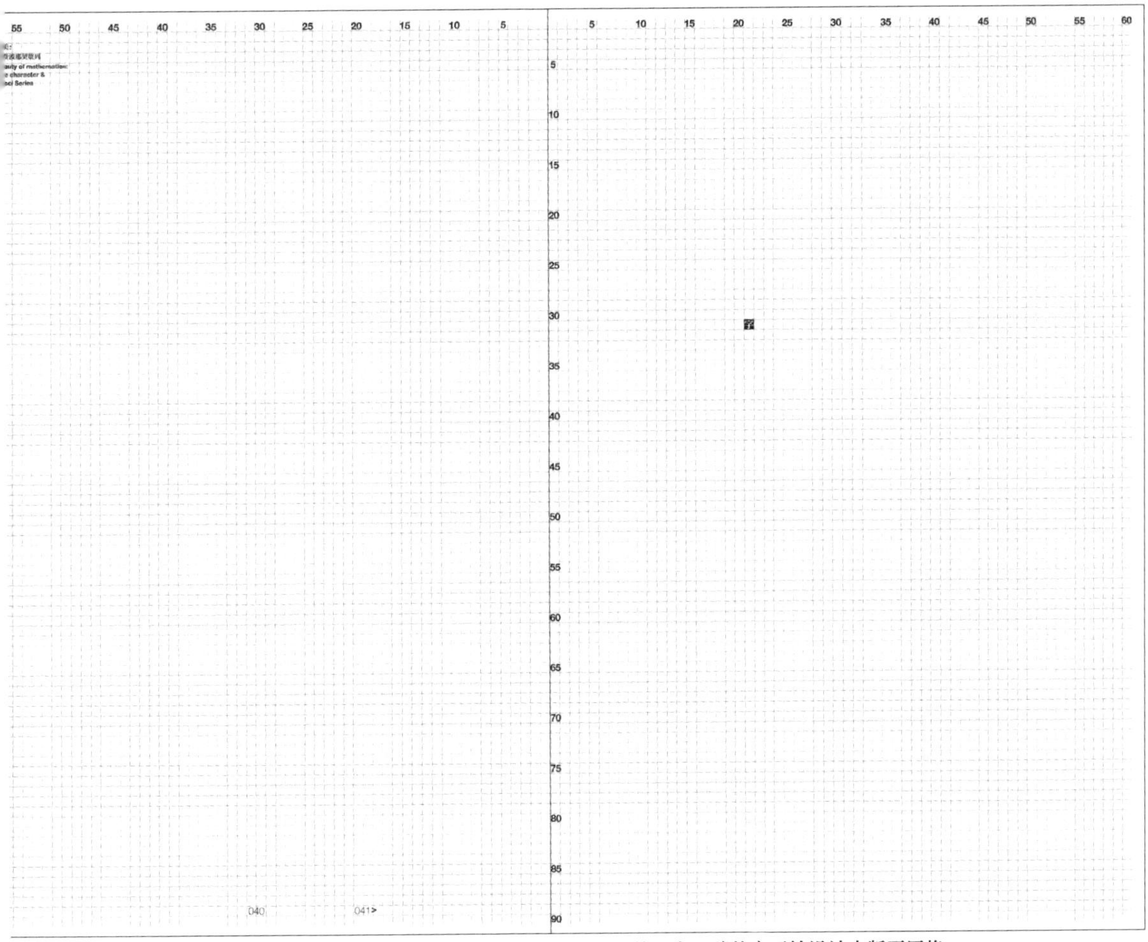

图 C-5《由一个字到一本书　汉字排版》p040、p041，从一个 9 磅的字开始设计出版面网格

比如，从 30 磅到 60 磅，就是“常数”6 磅的不断增加；就如纸张的 B1 是 2 个 B2，B2 是 2 个 B3，以此类推（图 C-2）。这种由一个“常数”将不同大小的字号联系在一起的逻辑关系，构成了汉字平面设计网格系统的起点。吕敬人先生将“常数”称为倍率[1]。我借用建筑设计对基本单元的定义，把它称为模数。其实，“能将所有字号整除的数值”到底应该叫什么并不重要，怎么定义它都是为了便于理解页面空间比例之间的关系。

字号模数与用毫米作为度量单位还是有所区别的，这是因为模数将字号作为页面的起始，它与汉字的联系更为密切了（图 C-5）。由一个字到一本书的工作程序，乍看起来与设计工作先在页面上建立页边距的工作程序相反，但它揭示出了汉字字号与页面之间应该存在的看不见的逻辑关系。

约瑟夫 · 米勒 - 布罗克曼说：“如我们所知，网格作为一种控制形式的法则，仍然还有许多可以发展的空间。但针对网格需要做的第一步，就是在排版中尽可能地利用版面中的资源来达到

1 吕敬人 . 书艺问道 [M]. 上海：上海人民美术出版社，2017：第 254—276 页。通过设计案例，详细论述了网格设计方法。

秩序和经济的最大可能性。”[1] 对纸张、开本、字号和版面各部分比例等要素进行理性而详细的梳理，讲清楚它们之间的内在逻辑关系，发展出与汉字字形结合的版面网格系统，使其成为在虚拟空间里进行设计的辅助工具，这是我 2017 年写作《由一个字到一本书　汉字排版》的目的。

本章是对《由一个字到一本书　汉字排版》做些概念之外的文图说明，并在本章第四节中抽取出最核心的部分。本章所选案例，都是 XXL Studio 这些年来的设计。选择的案例以文本排版为主，如本书“B　New 11×16 XXL Studio”一章中的 11 个案例，就是舍弃了原设计质感的导出图片。还有一些案例散见于已经出版的 XXL Studio 书籍设计中。没有引用其他设计师的优秀书籍设计作品，而只选择 XXL Studio 的设计，是我必须在有 InDesign 设计文件的情况下才更便于说明。

约瑟夫 · 米勒 - 布罗克曼对网格系统的论述也适合汉字所构成的系统 ：“本书主要介绍了网格的主要功能和使用方法，旨在为平面和空间的设计师们提供一个实际的工具，让他们可以从概念、组织结构和设计上更有效、自信地处理和解决视觉问题。”“具有建设性的、可供分析和理解的设计作品不仅可以提高

1　[瑞士] 约瑟夫 · 米勒 - 曼 . 徐宸熹、张鹏宇译 . 刘庆监修 . 平面设计中的统 [M]. 上海 ：上海人民版社，2016 ：第 7 页。

社会的审美品位，还可以对其造型文化和色彩文化产生影响。具有客观性的设计作品符合公众利益，并且能够很好地构成民主行为的基础。用构成化、系统化的手段来进行设计，也意味着将设计法则转化为实际的解决方案。网格系统的应用意味着：系统化和清晰化 集中精力看透关键问题 用客观取代主观[1] 理性地去看待创造和制造产品的过程 将色彩、形式和材料进行结合 从建筑的角度来驾驭内外空间 采取积极前瞻的态度。”[2]

“网格将二维平面划分为更小的单元网格，或者将三维空间划分为更小的单元区域。这些单元网格或者单元区域的大小既可相同也可不同。单元网格的高度相当于文本的整行数，宽度则与文本栏的宽度相当。这些高度与宽度都是用排版中特有的度量单位来进行计算的，即点数（point）和西塞罗（ciceros）。”对于单元格的设计和所采用的度量单位，我赞同约瑟夫·米勒-布罗克曼的论述。单元网格可以理解为排印文本的“栏”。结合汉字字形特点，我对单元网格（栏）的设定做以下调整：汉字平面设计网格系统的单元网格设计，一定要结合汉字字形的定宽、定高来考虑，无论一个页面上的单元网格或大或小，它们的最基本单元（模数）必须是完全相同的。这是将布罗克曼“单元网格或者

1 对于设计而言，绝对的客观并不存在，我将布罗克曼的说法理解为一种设计取向或追求，旨在消除由于设计师过于追求个性化的设计给文本阅读带来不良影响。

2 《平面设计中的网格系统》，第10页第18—25行。笔者为节约页面，将原文的每句话另起一行用空半个字格代替。

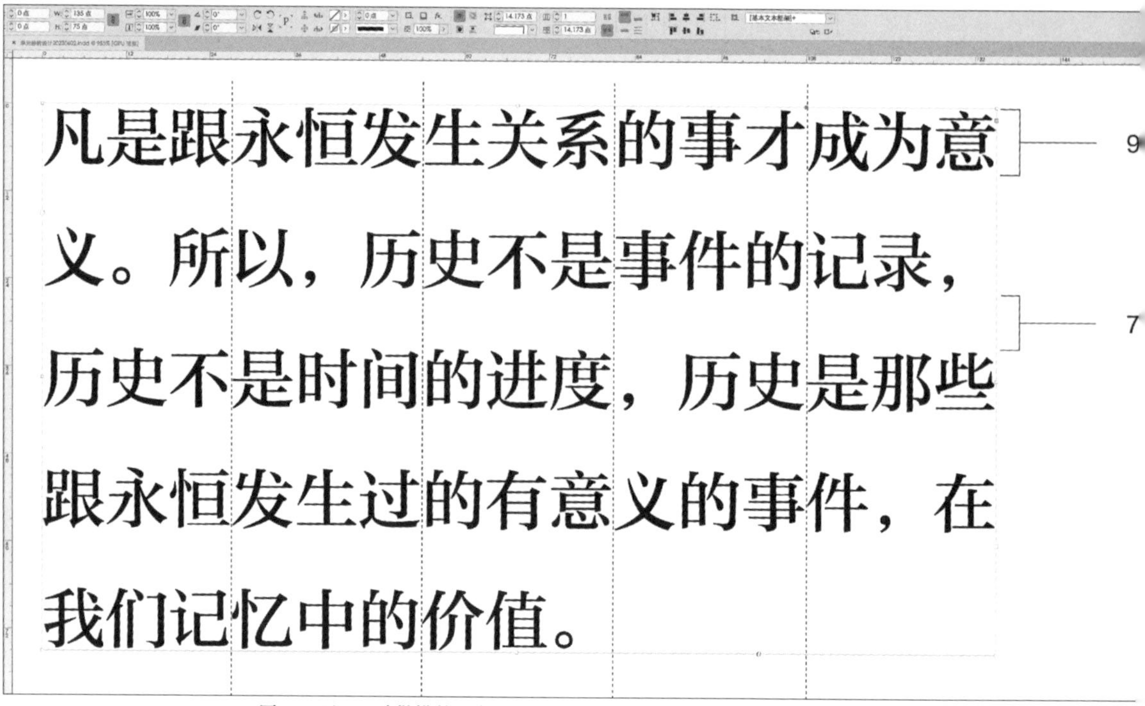
凡是跟永恒发生关系的事才成为意
义。所以，历史不是事件的记录，
历史不是时间的进度，历史是那些
跟永恒发生过的有意义的事件，在
我们记忆中的价值。
9
7

图 C-6 用 1.5 磅做模数，字号 9 磅，行间距 7.5 磅，尺寸 135×75 磅的单元网格

单元区域的大小既可相同也可不同”，做出更为精密的与汉字相连接的划分（图 C-6）：单元格的高度，是行数之和加上行间距之和。如用 1.5 磅做模数，字号 9 磅，行间距 7.5 磅，每个单元格 7 行，单元格的高度为 7×9 + 6×7.5（6 是指在 7 行里有 6 个行间距），即 108 磅。单元格的宽度是文本字号的每行字数的整数，如 9 磅每行 15 字，单元格宽度是 135 磅。图 C-6 的 135×108 磅文本框，是由 1.5 磅为模数组成的有 9720 个单元格的网格矩阵。设计单元格时，计量单位采用磅（point）来计算，可以使文本框与单元网格精确吻合，文本排印的视觉感受紧凑连贯。

设计版心、单元网格时，必须注意的是要用磅（point）作为计量单位而不能用毫米（mm）。毫米不是字号的计量单位（图 C-3）[1]。

图 C-7 是具有不同属性的汉字和英文字形、对齐与行距特点分析。通过对比看到，字号同样是 60 磅，两者的视觉差距非常大。汉字没有西文的 X 高度和升部、降部，它是定宽定高的文字。排印汉字在水平与垂直双方向上都可以对齐，这个特点英文是不

1 在汉化的 InDesign 里，“
翻译为“点”。笔者遵循
代的传统，仍将其称为磅

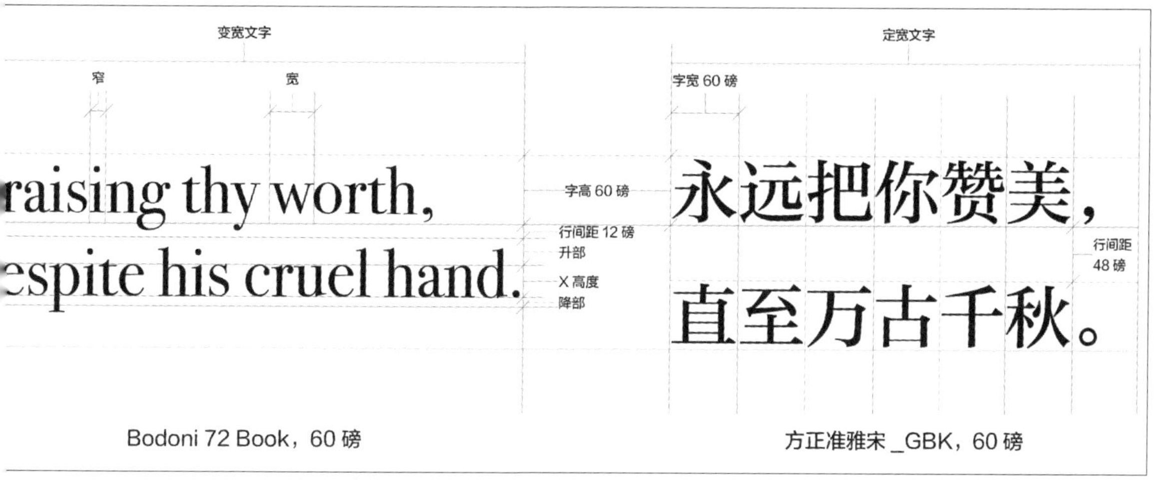

图 C-7 中文和西文各自的属性决定了对齐的不同和行间距设计

具备的。图中英文的小写 w 宽度与小写 i 的宽度存在非常大的差异，这决定了它上下行之间的字符垂直对齐不是必须做到的，因此不需要横向精确按字符个数计算栏宽的网格。汉字横排上一行的文字一定要与下一行垂直对齐吗？不一定。但是汉字的这个特点不应该忽视，它关系到版心和分栏设计（单元网格）。也因为汉字能做到水平和垂直双方向对齐，汉字网格设计的精密程度才会远超西文网格系统，成为与西文平面设计网格系统逻辑相通却各具特点的不同体系。

二　溯源——东拼西凑

从汉字字形的特点来看，它很适合进行网格设计。比如将任意一个 12 磅汉字看作单元网格，都可以用 1.5 磅作为模数，将它分解为水平、垂直各 8 个的 64 个 1.5 磅汉字。用 0.5 磅作为模数，可以进一步将 1.5 磅分解为由水平和垂直各 3 个，由 9 个

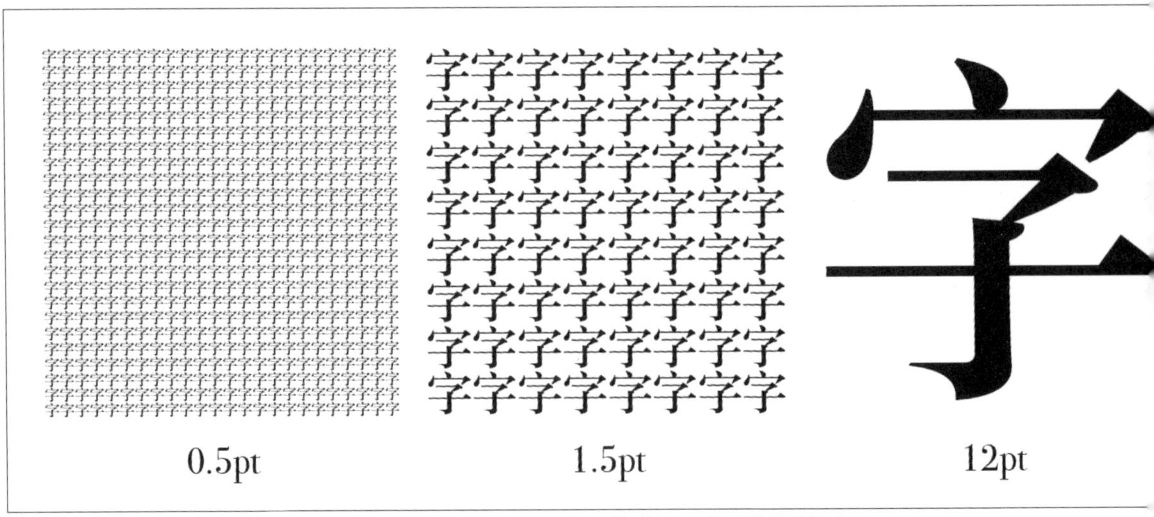

图 C-8 汉字版面网格系统是适合进行无限细分的精密体系

0.5 磅构成的单元网格，这样一来，12 磅等于被 0.5 磅分割为水平、垂直各 24 个 0.5 磅的组合。按此规律反推，水平、垂直各 24 个 0.5 磅或者 8 个 1.5 磅组成一个 12 磅（图 C-8）的单元网格。将模数进一步缩小为 0.25 磅，就成为水平、垂直各 48 个 0.25 磅组合为 12 磅。汉字字号可以按模数分级、组合的特点，做到小至无限，大则无穷。由此而来的网格矩阵，会成为使用汉字的设计师手中的魔方。因为一个汉字，就是一个单元。

依据汉字字形特点来设计水平、垂直对齐的单元网格，从现存的古代文物和一个多世纪前出版的书籍中，可以找到很多例子，如：约公元前 475 年—前 221 年的中山王厝壶铭文，文字就有水平和垂直都能对齐的特点（图 C-9）；公元前 404 年的𠫤羌钟，则将“单元网格”直接铸在了青铜上（图 C-10）。700 多年后，南京博物馆馆藏 359 年的《王丹虎墓志》（图 C-11）与𠫤羌钟一样，用细线在碑身上凿出均分的多个横纵比接近 1:1 的单元格，汉字则被雕刻在单元网格内。从以上文物遗存中看到，远在约 2400—1600 年前，汉字的使用者已经有了逻辑秩序的雏形。近代的《澄衷蒙学堂字课图说》（图 C-12），则将这种思维进一步发展，在内文单元网格的设计有了上一级约是下一级 1 倍、大

-9 中山王厝壶铭文，约公元前 475 年—公元前 221 年

图 C-10 𪓐羌钟，公元前 404 年，《海外藏中国古代文物精粹 · 日本泉屋博古馆卷》第 216、217 页

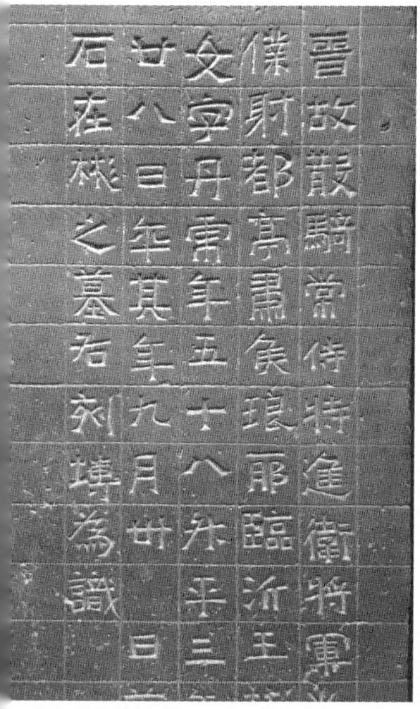

南京博物馆馆藏 359 年（东晋升平三年）的《王丹虎墓志》

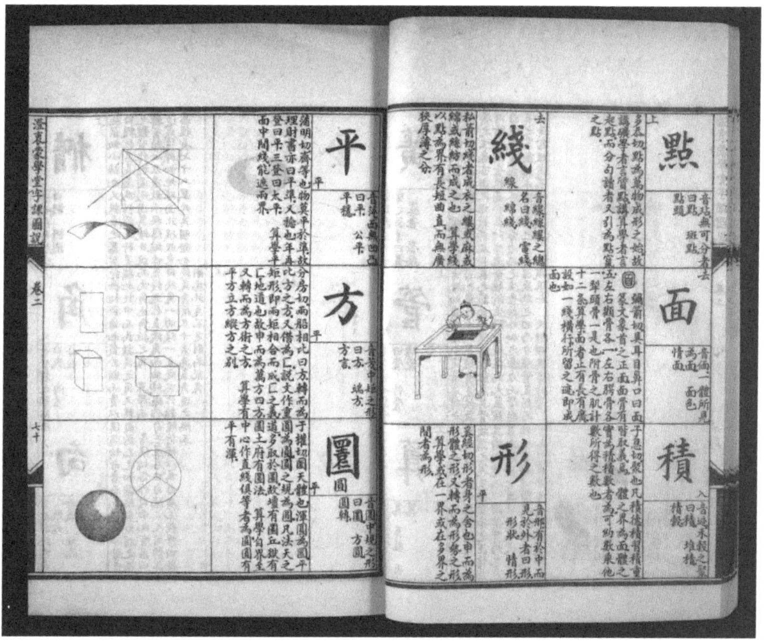

图 C-12《澄衷蒙学堂字课图说》，1901 年（清，光绪二十一年）出版，图片提供：杨林青

图 C-13 罗伯特 · 马礼逊（Robert Morrison）

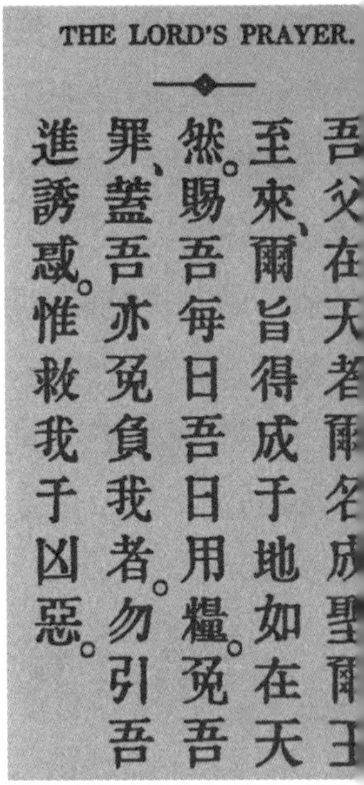

THE LORD'S PRAYER.
至來、爾旨得成于地如在天
然。賜吾每日吾日用糧。免吾
罪、蓋吾亦免負我者。勿引吾
進誘惑。惟救我于凶惡。

图 C-14 53 个铅活字的《圣经》新约
福音 6:9-13（主祷文）

字字号是小字字号的 6 倍的逻辑关系。这样的例子如果去查找，我相信还有很多。

说起由古腾堡而来的汉字排印历史，1826 年是非常值得纪念的年份。这一年，来到清国 19 年后的英国基督新教宣教士罗伯特 · 马礼逊（图 C-13）在英国伦敦呼吁：“‘具有公义精神（public-spirited）的铸字匠能生产优美而便宜的中文活字，……有心于普世传教的慷慨朋友，或有心于文学的高贵赞助者，或两者联合一致，促使英国最先铸造两三亿人口的中国语文活字的荣誉。’马礼逊的呼吁有了回应。伦敦一位著名的铸字匠费金斯（Vincent Figgins，1766—1844）表示自己愿意尝试，并请当时已回到伦敦的马礼逊字典印工汤姆斯指点自己的儿子，在 1826 年 4 月初铸造了一些活字，印成共 53 字的《主祷文》（图 C-14），这也是英国第一次铸造的中文活字。”[1]

铸造这第一批铅活字的荣耀不仅仅属于英国，它也是后来中文书籍进入现代排印体系的起点。对于平面设计来说，我认为可以把伦敦铸字匠铸造的汉字看作现代中国平面设计的发端。

在马礼逊之后，来自英国伦敦的传教士撒母耳 · 台约尔（Samuel Dyer，1804—1843，图 C-15）在马六甲（Malacca）

1　苏精 . 铸以代刻 传教士印刷变局 [M]. 中国台湾出版中心，2014：第一18 页。

图 C-15 撒母耳 · 台约尔（Samuel Dyer）

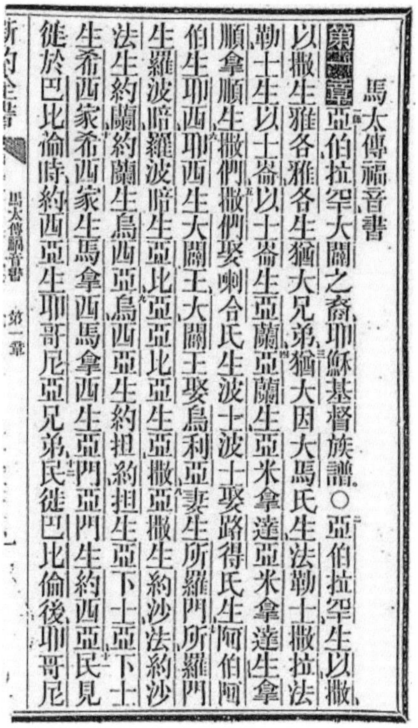
馬太傳福音書
第一章亞伯拉罕大闢之裔耶穌基督族譜。○亞伯拉罕生以撒
以撒生雅各雅各生猶大兄弟。猶大因大馬氏生法勒士撒拉法
勒士生以士畨以士畨生亞蘭亞蘭生亞米拿達亞米拿達生拿
順拿順生撒們撒們娶喇合氏生波士波士娶路得氏生阿伯阿
伯生耶西耶西生大闢王大闢王娶烏利亞妻生所羅門所羅門
生羅波暗羅波暗生亞比亞亞比亞生亞撒亞撒生約沙法約沙
法生約蘭約蘭生烏西亞烏西亞生約担約担生亞下士亞下士
生希西家希西家生馬拿西馬拿西生亞門亞門生約西亞民見
徙於巴比倫時約西亞生耶哥尼亞兄弟民徙巴比倫後耶哥尼
新約全書　馬太傳福音書　第一章

图 C-16 1833 年，台约尔在马六甲印刷的金属活字版《马太福音》

研究并设计了汉字阳文钢模和阴文铜模，铸造出汉字金属活字 3000 余字，第一次成功地用金属活字印刷出汉字《圣经》（图 C-16）。

在汉字铅活字出现后至现代平面设计网格系统来到之前，前辈设计师们有多年应用铅字字符网格纸来设计版面的大量出版物遗存。这些遗存，都为我梳理出以汉字字形为基础的平面设计网格系统，使其在虚拟排版软件里得以展开做了预备。我对汉字网格的梳理和设计实践，都来自古腾堡印刷术进入中国后，使用这一体系的前辈们的奠基。

尽管汉字字形有利于将其设计成精细的网格系统，约瑟夫 · 米勒 - 布罗克曼也曾写道“自网格系统在 60 年代大放异彩以来，不少日本设计师便开始在自己的作品中尝试。日文很像中文的方块字——字形方正、棱角分明，非常适合网格系统的版面编排”[1]，但是因为各种因素的综合作用，平面设计网格系统像自然科学一样，并未发端于这个使用方块字的古老文化。拥有独特审美的古代制书，也没有从视觉经验中抽象出规律，升华成有据可依的版面美学体系，发展出“具有建设性的、可供分析和理解的”版面网格系统。

瑞士] 约瑟夫 · 米勒 - 布罗克曼 . 徐宸熹、张鹏宇译 . 杨林青、刘庆监修 . 平面设计中的网格系统 [M]. 上海 : 上海人民美术出版社，2016 : 第 116 页。

最适合用网格系统来编排版面的汉字，在西方的网格系统方法论来到以后，挟当代设计软件之便利，到了发展出以汉字字形特征为根基的汉字版面“宇宙”之时刻。

三　东渐的平面设计方法论对中文网格系统的启发

1. 不同体系的版面美学

中文书籍在推行简化字横向阅读自左向右排印之前，一直延续着由竹简（木简）而来的垂直行文右翻身的书籍制度[1]（图 C-17），并有自己一以贯之的美学传统（图 C-18）。这一独特的美学传统，曾经引起罗伯特 · 马礼逊的共鸣。他在翻译印刷第一种中文书《耶稣救世使徒行传传真本》时，对书籍出版的美学和质量要求即：“由工匠刻印成一部纸幅天地宽广、字大疏朗优美、书品相当精良的线装书”[2]。可见，自简帛发展为卷轴，后因佛

1　图片引用自《文明》20… 10 期，《竹简上的经典 … 华简》。

2　苏精 . 铸以代刻 传教士 … 印刷变局 [M]. 中国台湾 … 出版中心，2014：第一 … 10 页。

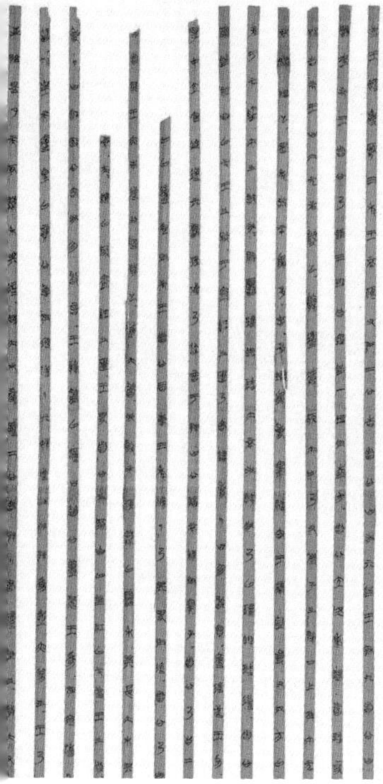

图 C-17 清华简 · 金滕

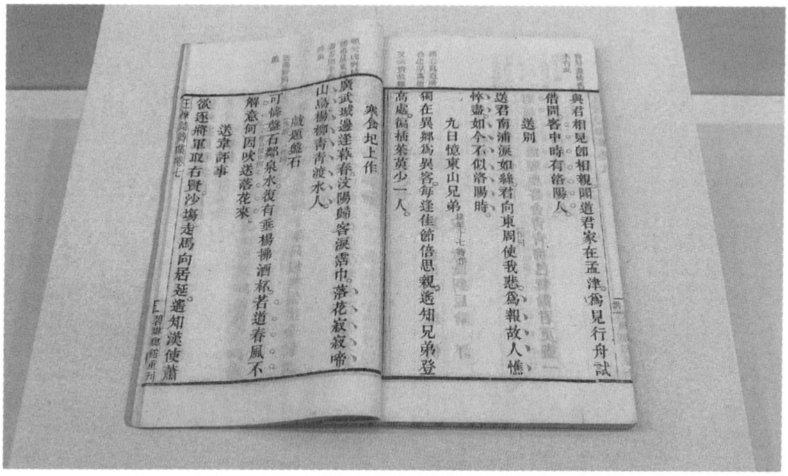

图 C-18《王摩诘诗集七卷》[唐]，王维撰，清光绪五年（1879）巴陵方氏碧琳琅刻朱墨套印本

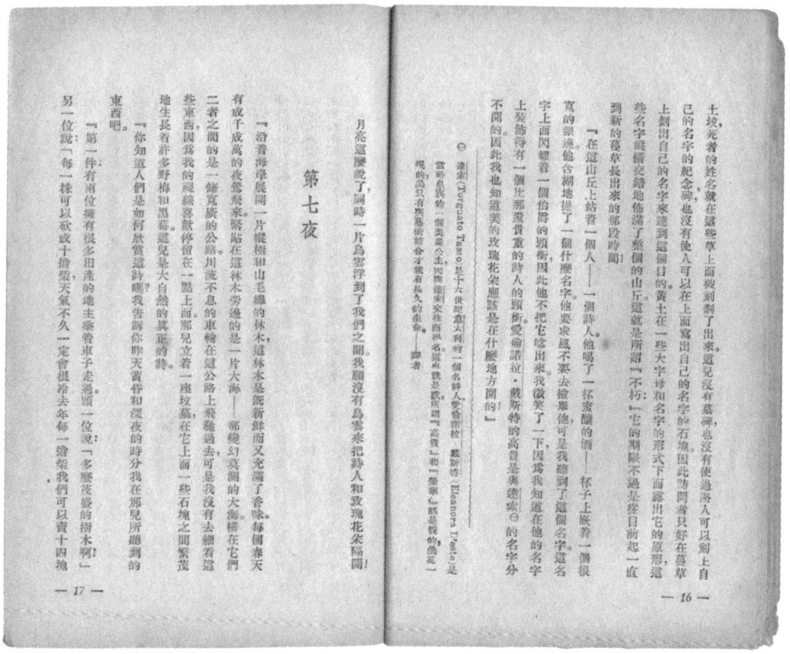

图 C-19《没有画的画册》，安徒生著，叶君健译，新文艺出版社 1956 年版

图 C-20 约翰内斯 · 古腾堡

图 C-21 古腾堡印刷机的复制品
图片来源 :https://www.dkfindout.com/us/more-find-out/special-eve
how-is-book-made/

教传入而变为经折装，再后发展出线装，直到被古腾堡铅活字排印取代，垂直行文右翻身的阅读习惯与书籍形制并没改变（图C-19），其独特的版面美学，亦足以吸引汉文化的旁观者向其投来尊敬的目光。现今的东亚出版，仍可以在日本、韩国和中国台湾地区书店里，看到数不胜数的传统形制书籍，证明文字垂直排印仍然适应铅活字和当代胶版印刷。

约翰内斯·古腾堡（Johannes Gutenberg，1398—1468年，图 C-20）发明的铅活字排版印刷（图 C-21）来到之前，垂直行文的古代汉语书籍虽有独特的美学传统，但没能从中抽象出可以量化的美学法则，也没有建立适合大批量工业化生产的纸张与书籍体系。量化的页面与版面美学规则所依据的方法论，要等到古希腊数学家欧几里得（Ευκλειδης，公元前 325—265年，图 C-22）所著的《几何原本》(*Stoicheia*，图 C-23)，在1607 年由意大利传教士利玛窦和明朝学者徐光启（图 C-24）根据德国神父克里斯托弗·克拉维乌斯（Christopher Klau/Clavius，1538—1612 年，图 C-25）校订增补的拉丁文本《几何原本》（15 卷）翻译出版（图 C-26），才具备了把书籍开本比例和版面空间的设计感觉用数学精确描述出来的可能性。

C-22 位于牛津大学自然历史博物馆的
欧几里得石像

图 C-23 俄克喜林库斯 29 号莎草纸，现存最早的几何原本残页之一，
在俄克喜林库斯发现的，其年代约为公元后 100 年。
插图和第 2 卷的命题 5 相同。

图 C-24 利玛窦与徐光启

图 C-25 德国神父克里斯托弗 · 克拉维乌斯
(Christopher Clavius)

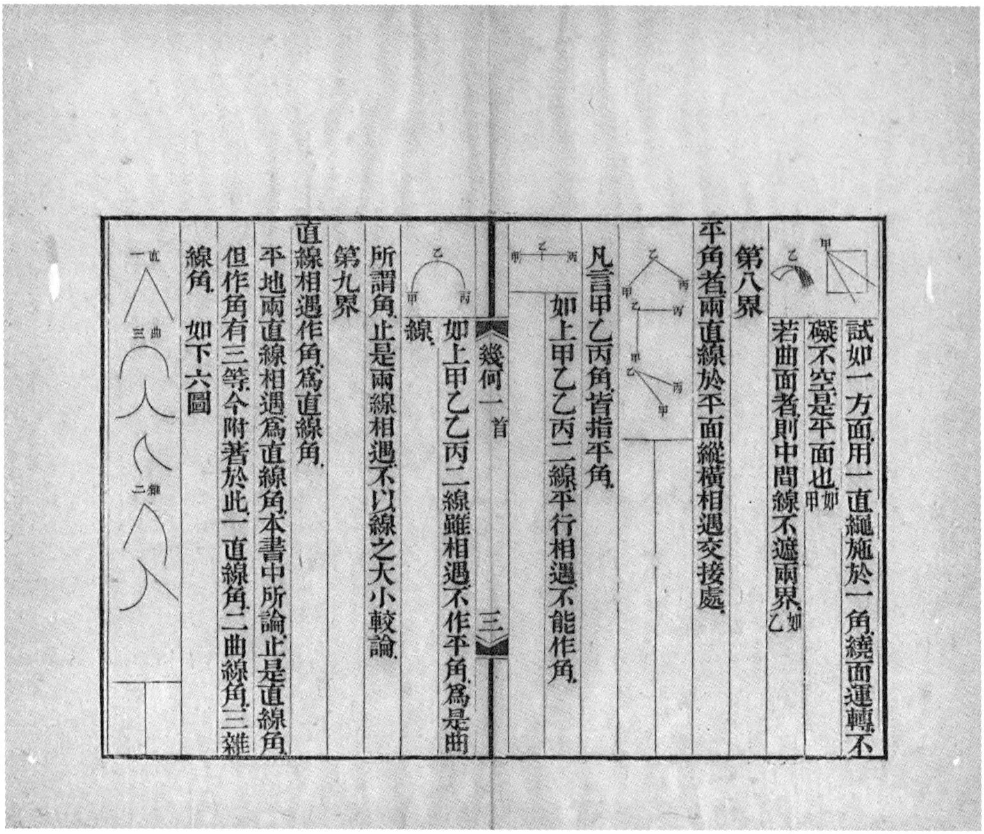

試如一方面用一直繩施於一角繞面運轉不
礙不空是平面也如甲
若曲面者則中間線不遮兩界如乙
第八界
平角者兩直線於平面縱橫相遇交接處
凡言甲乙丙角皆指平角
如上甲乙乙丙二線平行相遇不能作角
幾何一　首　三
如上甲乙乙丙二線雖相遇不作平角為是曲
線
所謂角止是兩線相遇不以線之大小較論
第九界
直線相遇作角為直線角
平地兩直線相遇為直線角本書中所論止是直線角
但作角有三等今附著於此一直線角二曲線角三雜
線角　如下六圖

图 C-26 利玛窦与徐光启合译《几何原本》书影

7《字体的技艺》(*The Elements of Typographic Style*)

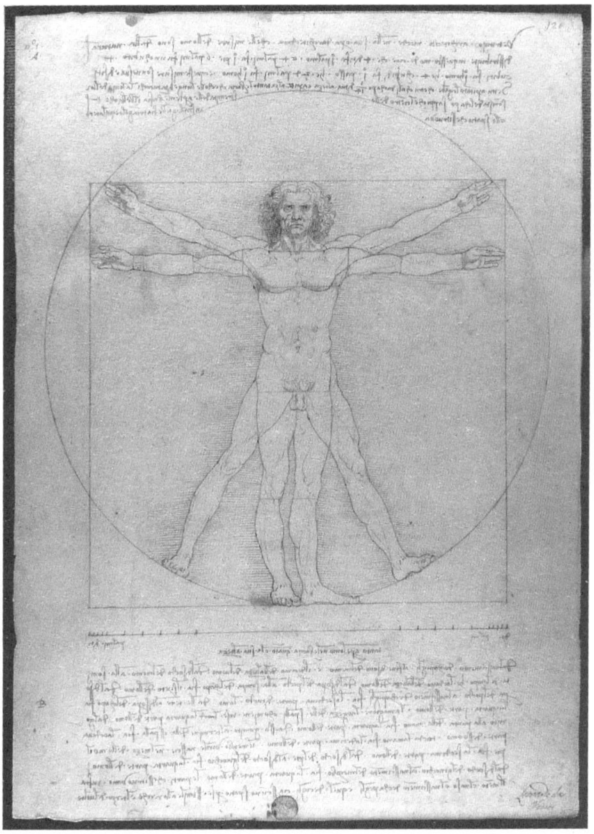

图 C-28 列奥纳多 · 达 · 芬奇,《维特鲁威人》[1]

人类共有的对事与物的感觉，促使人类以自己的身体为尺度来设计供人类使用的器物。纸张与书籍也是遵循这个规律来设计与生产的，为此，有必要从共同的感觉中抽象出规则。“在这些事情上，直觉很大程度上是伪装的记忆。经过训练，直觉会起到很大作用，否则作用甚微。但在排字这样的工艺中，无论一个人的直觉多么完美，能够准确得出答案才最有用。历史、自然科学、几何和数学都与文字设计有关，都可以作为辅助手段。”[2]（图 C-27）

可以描述并用数学量化的版面构成，不仅能为视觉规律的保存传承提供帮助，发展出约瑟夫 · 米勒 - 布罗克曼所言“具有建设性的、可供分析和理解的设计作品”（图 C-28），也能形成完善的中文工业制书设计排印体系，把最基本的页面美学交给最普通的排印公司，实现成本最低的“廉价”却“高级”的阅读感受，在页面上构建优美和谐的空间与比例关系，使文本的阅读富有诗意与音乐般的旋律。19 世纪，建筑师维奥莱 - 杜克（Viollet-le-Duc）说道 :“理性并不必然带来美，但没有理性原则，任何建筑都不可能真正美。”

在现代制书工业还处于其发源地——欧洲的时候，从一张羊

古罗马作家、建筑师和工程师马尔库斯 · 维特鲁威 · 波利奥（Marcus Vitruvius Pollio，公元前 80 年或 70 年—约公元前 25 年），在他的《建筑十书》(*De Architectura*) 中阐明古典世界中存在着严格、理性的建筑秩序，建筑物中的每个元素都必须与彼此精确成比例，就如人体一样。列奥纳多 · 达 · 芬奇因此画了《维特鲁威人》。参见 *ndra Kagis McEwen - Vitruvius: Writing the Body of Architecture*; MIT Press 2004 ISBN 0-262-63306-X 及 B. Baldwin: *The Date, Identity, and Career of Vitruvius.* In: Latomus 49 (1990), p425—434。

《字体的技艺》(*The Elements of Typographic Style*)，第 8 章，第 143 页。

图 C-29 德国莱比锡，德国国家图书馆书籍史陈列

图 C-30 列奥纳多 · 费波那契

皮（图 C-29）开始，到可以装订成册的手抄本，书籍经过 1000 多年的发展来到了文艺复兴之前。比萨的列奥纳多 · 费波那契（Leonardo Fibonacci，1175—1250 年，图 C-30）在他的《计算之书》（*Liber Abaci*）中提出一个数列，这个数列的特点是每一个数都是前两个数之和。数列的头两项是 0 和 1，此数列的前几项如下：0, 1, 1, 2, 3, 5, 8, 13, 21, 34, 55, 89, 144, 233, 377, 610, 987 ……这个数列被称作费波那契数列（简称“费氏数列”，后同）。它有随着费波那契数的增加，相邻两项费波那契数相除的商会接近黄金比例（近似值为 1:1.618 或 0.618:1）的特点。将黄金比例应用在书籍开本和页面中的意义在于：“黄金比例是由不对称部分构成的对称关系”[1]（图 C-31）。

1280 年，建筑师维拉尔 · 德 · 奥内库尔（Villard de Honnecourt）创建了“一个合理、优雅和基本的中世纪结构”[2]（图 C-32），直到如今，类似的版面结构和其他结合了数理逻辑的设计，依然在当代书籍中被采用（图 C-33、C-34）。页面中页边距和版心的设计方法除了维拉尔 · 德 · 奥内库尔之外，在西文书籍里还有很多种并有多部设计类著作论及。

对比中外书籍排印的历史和路径，找到适合汉字排印在工业

1 《字体的技艺》（*The El of Typographic Style*），第 155 页。

2 《字体的技艺》（*The E of Typographic Style*），第 173 页。

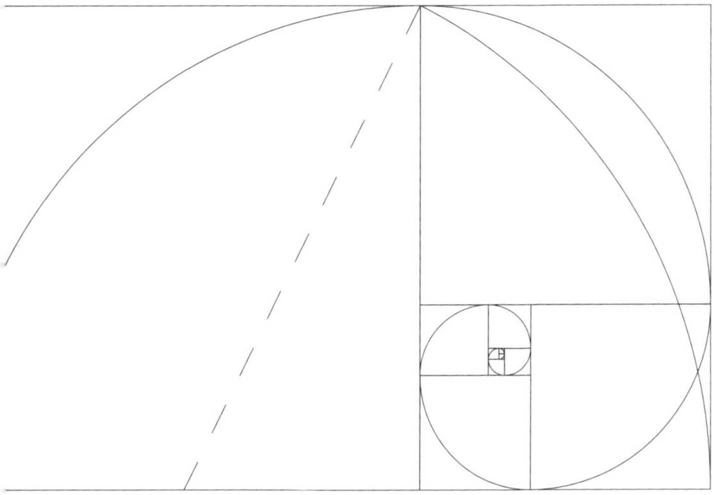

图 C-31 黄金比矩形

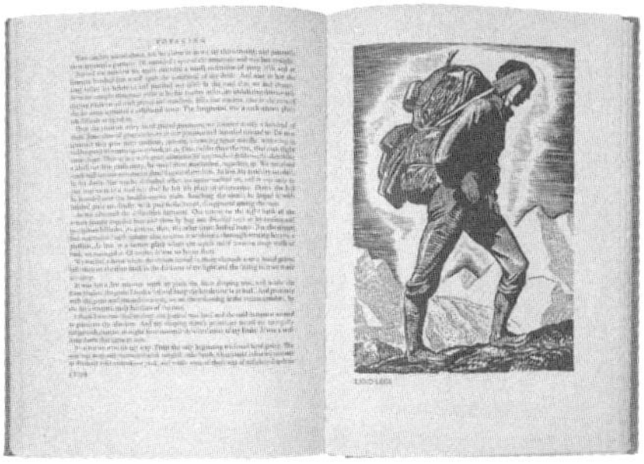

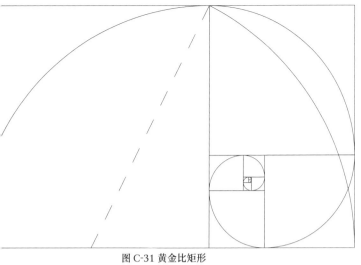

图 C-33 *VOYAGING BY ROCKWELL KENT*
HALCYON HOUSE 1924 NEW YORK

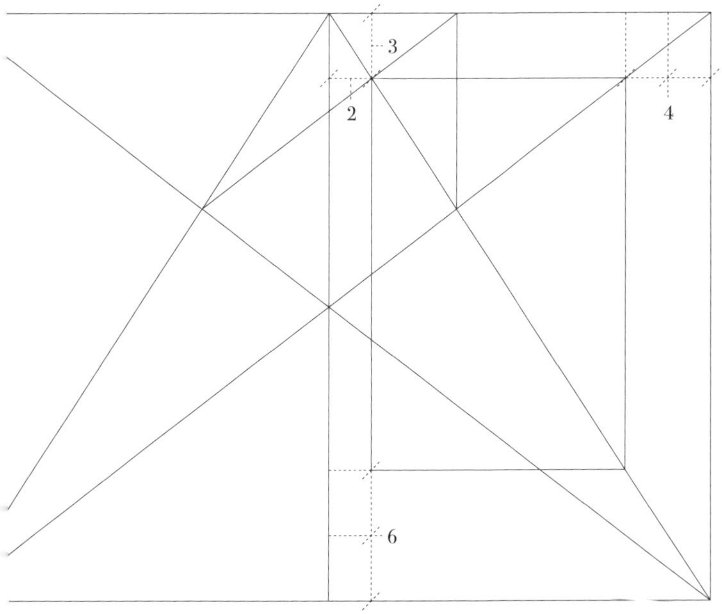

图 C-32 建筑师维拉尔 · 德 · 奥内库尔的版面结构，
订口、天头、切口和地脚之比为 2:3:4:6

图 C-34 Der *Hals der Giraffe* 内页，
Suhrkamp，2011

生产中可依据的方法论与美学，可以成为汉字在虚拟空间和实体页面上实践的起点。

事实上，达到这一目的并不是我能担负起来的重担，我的思考不过是撒向待播种土地的一粒麦子，同道们的设计作品和对设计方法论的思考，最终才能汇聚成改变阅读质感的洪流。

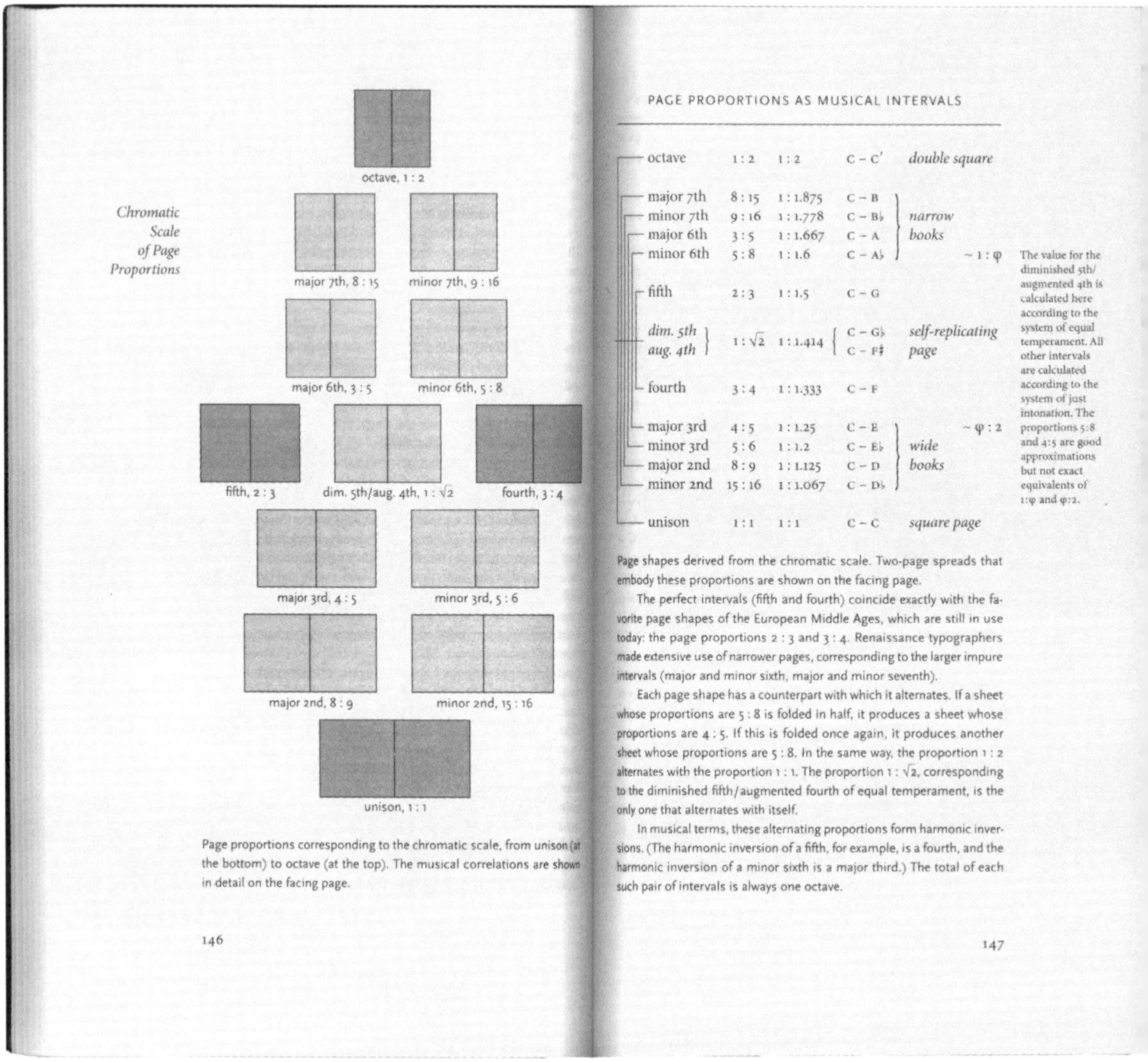

Chromatic Scale of Page Proportions

Page proportions corresponding to the chromatic scale, from unison (at the bottom) to octave (at the top). The musical correlations are shown in detail on the facing page.

146

PAGE PROPORTIONS AS MUSICAL INTERVALS

octave	1 : 2	1 : 2	C – C′	*double square*	
major 7th	8 : 15	1 : 1.875	C – B	*narrow books*	
minor 7th	9 : 16	1 : 1.778	C – B♭		
major 6th	3 : 5	1 : 1.667	C – A		
minor 6th	5 : 8	1 : 1.6	C – A♭		~ 1 : φ
fifth	2 : 3	1 : 1.5	C – G		
dim. 5th / *aug. 4th*	1 : $\sqrt{2}$	1 : 1.414	C – G♭ / C – F♯	*self-replicating page*	
fourth	3 : 4	1 : 1.333	C – F		
major 3rd	4 : 5	1 : 1.25	C – E	*wide books*	~ φ : 2
minor 3rd	5 : 6	1 : 1.2	C – E♭		
major 2nd	8 : 9	1 : 1.125	C – D		
minor 2nd	15 : 16	1 : 1.067	C – D♭		
unison	1 : 1	1 : 1	C – C	*square page*	

The value for the diminished 5th/augmented 4th is calculated here according to the system of equal temperament. All other intervals are calculated according to the system of just intonation. The proportions 5:8 and 4:5 are good approximations but not exact equivalents of 1:φ and φ:2.

Page shapes derived from the chromatic scale. Two-page spreads that embody these proportions are shown on the facing page.

The perfect intervals (fifth and fourth) coincide exactly with the favorite page shapes of the European Middle Ages, which are still in use today: the page proportions 2 : 3 and 3 : 4. Renaissance typographers made extensive use of narrower pages, corresponding to the larger impure intervals (major and minor sixth, major and minor seventh).

Each page shape has a counterpart with which it alternates. If a sheet whose proportions are 5 : 8 is folded in half, it produces a sheet whose proportions are 4 : 5. If this is folded once again, it produces another sheet whose proportions are 5 : 8. In the same way, the proportion 1 : 2 alternates with the proportion 1 : 1. The proportion 1 : $\sqrt{2}$, corresponding to the diminished fifth/augmented fourth of equal temperament, is the only one that alternates with itself.

In musical terms, these alternating proportions form harmonic inversions. (The harmonic inversion of a fifth, for example, is a fourth, and the harmonic inversion of a minor sixth is a major third.) The total of each such pair of intervals is always one octave.

147

图 C-35《字体的技艺》(*The Elements of Typographic Style*)，第 8 章，p146—147

2. 用中外合一的思考来建立由汉字字形构成的页面和网格系统

罗伯特 · 布林赫斯特在《字体的技艺》(*The Elements of Typographic Style*) 第 8 章里，论述了书籍页面设计与数学、历史和音乐等的关系（图 C-35）。他的思考缜密精细，引发我将他的思考转换成字形为正方形的中文书籍的尝试。在这本书的第 146 页，罗伯特 · 布林赫斯特向我们展示了具有音乐节奏的页面横纵比例设计，从 1:2 到 1:1，页面的横纵比例关系有一系列微妙的宽窄变化来适应不同文本的书籍开本。

用费氏数列来分析从 1:2 到 1:1 的页面横纵比，得到下图（图 C-36）。

在图 C-36 里，2:1 的页面是由 2 个 1:1 的正方形相加，它也

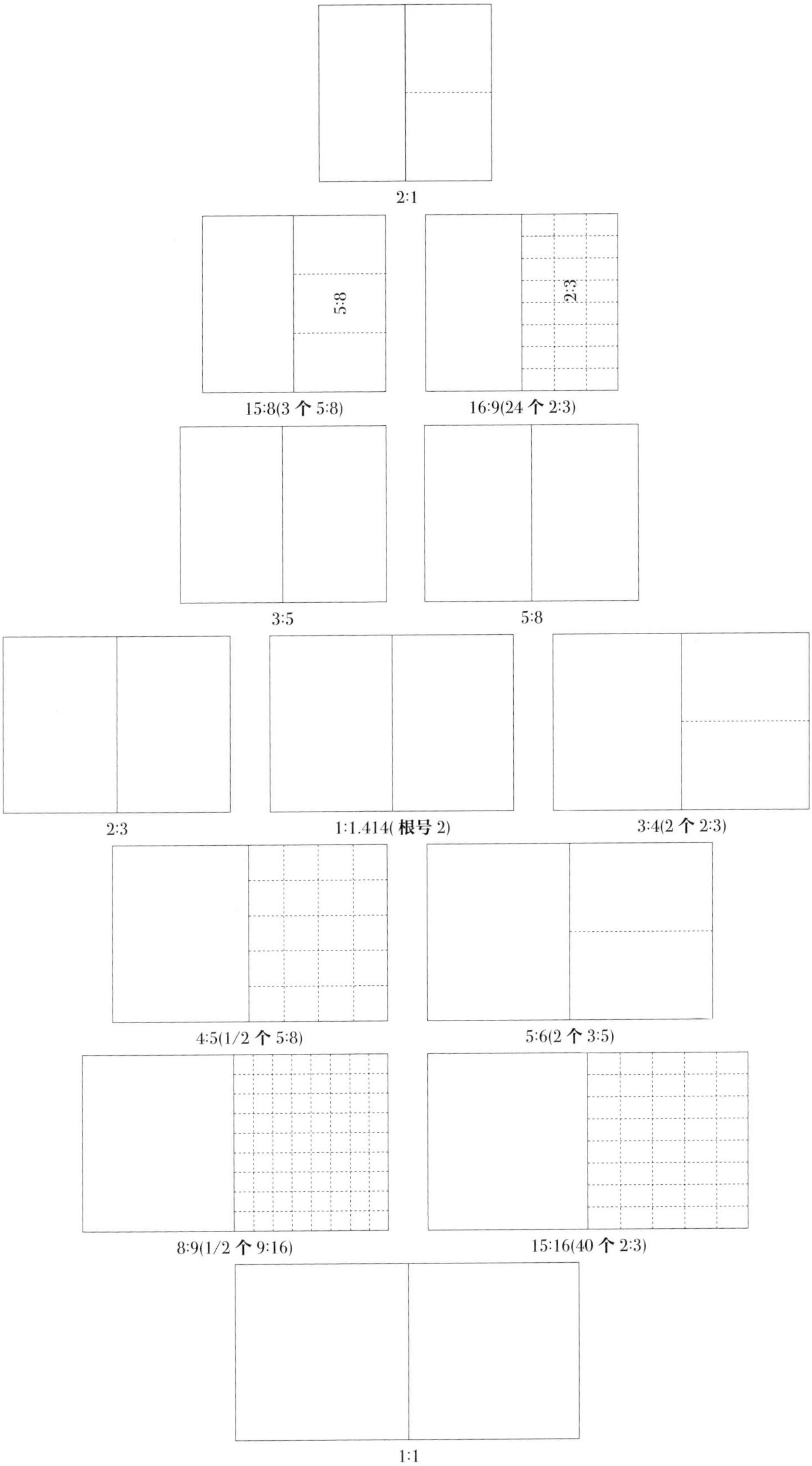

图 C-36 用费氏数列黄金比矩形分析 2:1 到 1:1 的页面

是费氏数列黄金比矩形的起点。15:8 是由 3 个 5:8 相加得到的；16:9 可以分解为 24 个 2:3，即横边 3 个 3 相加，纵边 8 个 2 相加；3:5 和 5:8、2:3 都是费氏数列中的相邻数值；1:1.414 脱离了费氏数列，它是由古希腊的数学家希帕索斯（Hippasus，约公元前 500 年）发现的无理数（常见的 170×240mm 的开本尺寸，横纵比就是这个无理数）；3:4 由 2 个 3:2（2:3）相加后得到；4:5 可以分解为 1/2 个 5:8，即横边 8 对折为 4 或被 2 除；5:6 是 2 个 3:5 相加；8:9 则为 1/2 个 9:16（9:16 是 24 个 2:3）；15:16 是 40 个 2:3，也就是横向 5 个纵向 8 个 2:3 相加；1:1，回到费氏数列黄金比矩形的起点。

把由 2:1 到 1:1 的页面纵横比顺序颠倒过来看，从 1:1 开始到 2:1，我发现这些不同横纵比例的页面都可以由 1:1 这个费氏数列黄金比矩形的起点组成。1:1 也是当代汉字字体设计普遍采用的字格（图 C-37）。

通过图 C-37 的分析，人们可以看到正方形的汉字可以构成任何横纵比例的页面，使它与页面比例之间建立起紧密精微的联结。同时，既然正方形的汉字是费氏数列黄金比矩形的起点，就可以借鉴它来设计页面中的订口、天头、切口和地脚的比例关系，

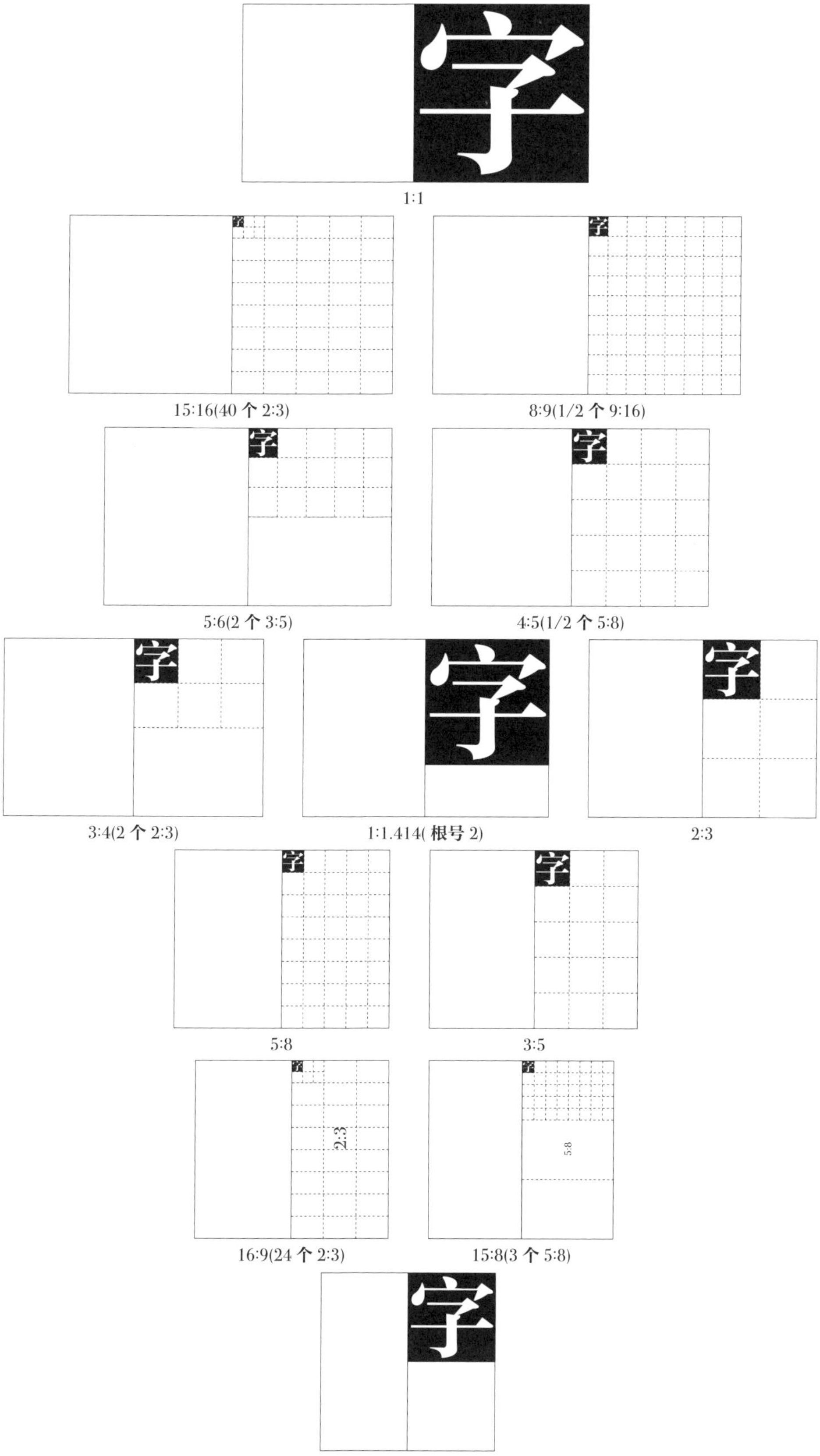

图 C-37 正方形汉字组成的页面纵横比例，由 1:1 到 2:1

成为新的横向阅读自左向右排印文本的理性美学起点。

由一个字到一本书，我将页面的横纵比和费氏数列相联系，在客户许可的条件下，用优美的比例关系来设计书籍的开本、页面中的页边距、版心和不同体例字号。如《莎士比亚全集》，开本纵横比 2:3，尺寸为 472.5×708.75 磅（约 167×250mm，图 C-38），这是在 185×260 的开本上（纸张尺寸 787×1092mm）对其进行的修正；《英韵宋词百首》，开本纵横比 2:3，尺寸为420×630 磅（约 148×222mm，图 C-39）；《小王子》，开本横纵比 5:8，尺寸为 420×672 磅（约 148×237mm，图 C-40）；《心在山水　17—20 世纪中国文人的艺术生活》，开本横纵比 8:13，尺寸为 518.4×842.4 磅（约 183×297mm，图 C-41）；《大熊猫！大熊猫！》，开本横纵比 2:3，尺寸为 630×945 磅（约 222×333mm，图 C-42）；《紫禁城　一部十五世纪以来的中国史》，开本横纵比约 1:1.414，尺寸为 483×628.5 磅（约 170×240.7mm，图 C-43）；《唐诗名句类选笺释辑评　天文地理　卷》，开本横纵比约 5:8，尺寸为 405×648 磅（约 143×229mm，图 C-44）。

以上这些设计案例，页面尺寸与横纵比都是由磅构成的，如

C-38《莎士比亚全集》，
译林出版社，
设计：XXL Studio 刘晓翔 +
蔡于玲，2016

图 C-39《英韵宋词百首》，
高等教育出版社，
书籍设计：刘晓翔，
2018

图 C-40《小王子》，
中央编译出版社，书籍设计：
XXL Studio 刘晓翔 + 郭晴婷，
2017

图 C-41《心在山水　17—20 世纪中
国文人的艺术生活》，
北京燕山出版社，书籍设计：XXL
Studio 刘晓翔 + 范美玲，2017

图 C-42《大熊猫！大熊猫！》，
中国林业出版社，
书籍设计：XXL Studio
郑坤，2022

图 C-43《紫禁城　一部十五
世纪以来的中国史》，
漓江出版社，书籍设计：XXL
Studio 张宇，2023

图 C-44《唐诗名句类选笺
释辑评 天文地理 卷》，北
京燕山出版社，书籍设计：
XXL Studio
刘晓翔 + 郑坤，2022

《莎士比亚全集》，页面尺寸为 472.5×708.75 磅，这个数值可以被视作横向 45 个 10.5 磅 × 纵向 67.5 磅个汉字，10.5 磅是正文的字号。10.5 磅是 7 个 1.5 磅相加，也可以是 1.5 磅 ×7，那么，1.5 磅就是《莎士比亚全集》页面尺寸和页边距以及不同体例字号的模数。1.5 磅这个模数还可以进一步分解成 3 个 0.5 磅甚至被分解成无限小，用它来组成字号的无限大。

我反复论述了由一个字到一本书的逻辑关系，是为在由模数构成的页面和不同体例字号之间建立起看不见的联系，使之成为一个生命体，成为页面中看不见的秩序。

既然页面和不同体例字号的设计可以由一个共同的模数作为起点来设定，如何设定这个模数就是非常重要的，改变它，等于重新设计了页面、页边距和字号系统。

XXL Studio 依据最常用的正文字号，设计了从 1.1—2.0 磅的《模数表》（图 C-45）。假设用字号 10.5 磅作为正文，可以依据此表对正文之外的不同体例字号进行设计，如：一级标题 24 磅（1.5×16），二级标题 18 磅（1.5×12），三级标题 12 磅（1.5×8），注释 7.5 磅（1.5×5），图注 6 磅（1.5×4）。具备将字号精细分级的模数不会成为对字号大小设计的限制，拿 1.5 磅模数来说，一级标题既可以是 24 磅（1.5×16），也可以是 37.5 磅（1.5×25）或 70.5（1.5×47）磅，字号大小可以在依据模数的基础上，由设计师的设计构思来决定。如本书 B New 11×16 XXL Studio 中的第 11 个案例，《唐诗名句类选笺释辑评 天文地理 卷》的正文字号，从最小的 6 磅（书眉）到最大的 120 磅，相差了 20 倍之多。

把正文字号调整为 10.8 磅，字略大一些，使用的是 1.35 磅

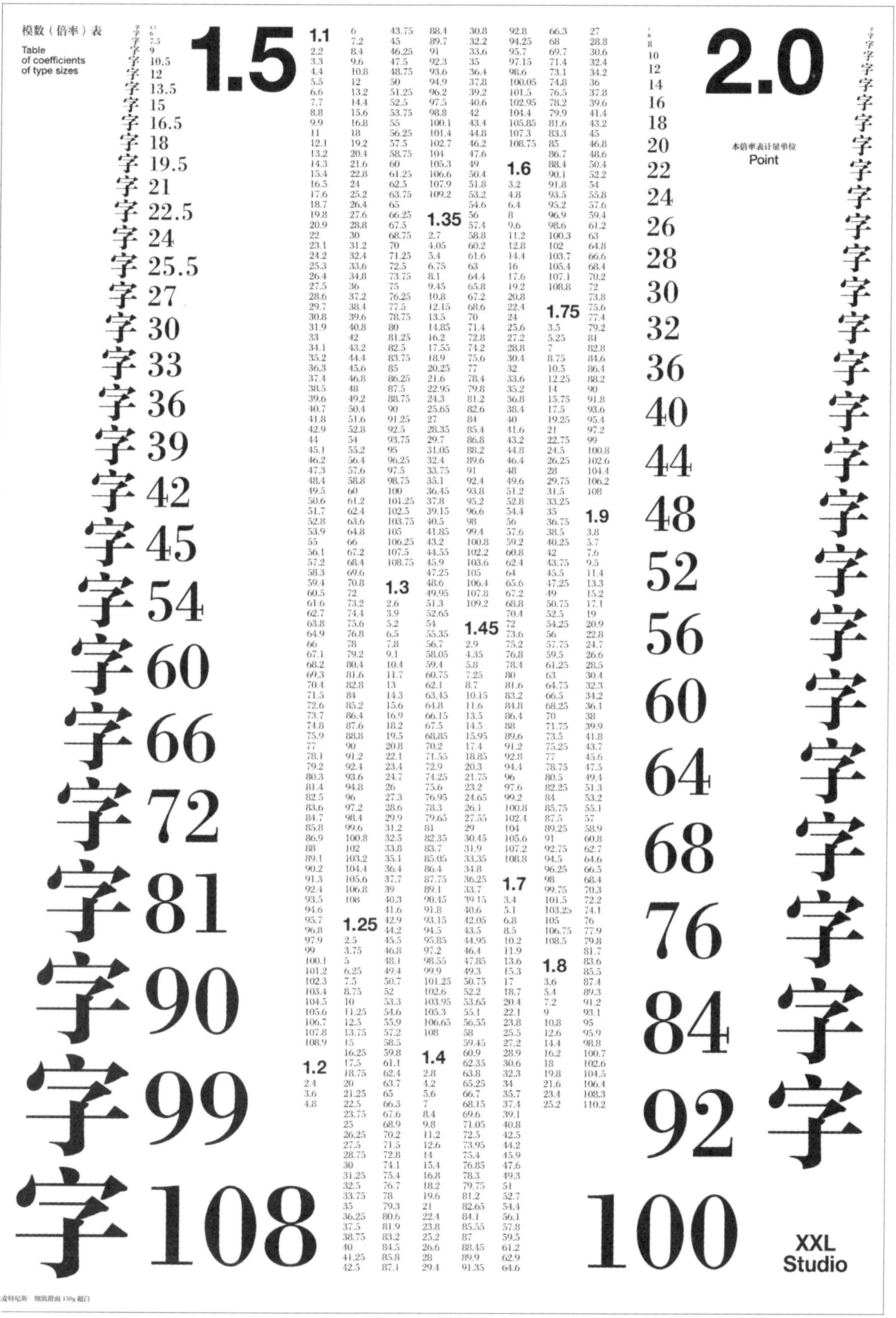

图 C-45 XXL Studio 字号设计模数表。制表：彭怡轩

的模数；正文字号调整为 9.6 磅，字略小一些，使用的是 1.6 磅的模数。如前所述，改变了模数，各级标题和注释、图注等，都要依据新模数重新设定。

费氏数列的黄金比数值 1:1.618，是可以作为字号设定模数的，事实上，在欧洲等地区就有设计师使用 1:1.618 磅作为模数来设计页面、页边距和字号。但是，由于汉字是在一个定高定宽的格子里展开的，不同于变宽文字对单元格宽度的计算要求，用 1:1.618 磅做模数来设计字号，反倒不利于设计单元格（栏宽）的宽度计算了。汉字单元格如果用有多位小数点的磅数作为模数，比如，以 1.618 磅为模数，那么正文字号是 9.708 磅，每栏 15 字 7 行，单元格的宽度为 145.62 磅；行间距 6.472 磅，7 行 6 个行间距，单元格的高度为 106.788 磅。小数点后有这么多的位数太不便于设计版面时对多种文本体例所对应字号的计算了。

借鉴铅字时代的字号设计分级，我看到能将所有字号整除的字号是 0.5 磅，应用在 1 至 5 磅之间，使 1—5 磅的字号分级以 0.5 磅为模数或加或减；6—12 磅的字号分级模数为 1 磅，在 6 至 12 磅之间或加或减……这提示我模数设定要结合汉字正方形的特点，不能在小数点后有过多的数位。虽然理论上模数可以是

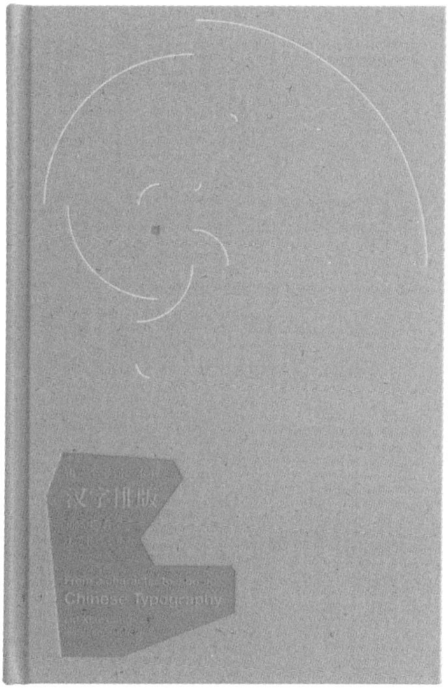

图 C-46《由一个字到一本书　汉字排版》，
刘晓翔著
高等教育出版社，2017

任意设定的数值，但是，使用方便应该成为设定模数的重点。

从普遍感觉中抽象出方法论，做到用数学能精细地描述页面中的页边距、版心、分栏和不同体例字号之间的关系，为的是不再使这些基本问题在不同的世代里进行无意义的重复。

四　对一至三节的总结——汉字网格系统设计中的 7 个要点

2017 年，我抛出了《由一个字到一本书　汉字排版》这块砖头（图 C-46），并在本章的第一节中说明了写作本章是对此书做些概念之外的文图说明。因此，本节的 7 个要点即是将《由一个字到一本书　汉字排版》中读者所反映的难解问题展开，希望能更迅速而清晰地帮助读者领会。

图 C-47《由一个字到一本书　汉字排版》，p012—013

1.　从哪里开始?

XXL Studio 的版面网格系统开始于一个字，更确切地说开始于组成这个字的模数，由模数推导出版面网格矩阵。

汉字一字即一格。1:1 是费氏数列黄金比矩形的第一个比值，也是汉字最基本的形态。《由一个字到一本书　汉字排版》的论述是从 1 个 9 磅的字开始。为什么是 9 磅而不是其他字号？这只不过是我愿意如此。如果我愿意，我可以从任何字号开始来展开论述。字号 9 磅由 6 个 1.5 磅累积叠加或相乘，1.5 磅是构成这本书的模数。将汉字字形与费氏数列相联结，是将页面尺寸（开本）横纵比例用费氏数列“修正”，使之成为比例优美的页面。同时，也是将有费氏数列横纵比的页面上的所有空间要素纳入比例之中（图 C-31、C-47）。

图 C-48《由一个字到一本书　汉字排版》，p042—043

2.　页面尺寸是正文字号的整数

字号为 9 磅的 60 个字组成《由一个字到一本书　汉字排版》页面的横向宽度，90 个字组成页面的纵向高度，540×810 磅（1 磅约等于 0.3527mm）就是《由一个字到一本书　汉字排版》的理论开本尺寸（为避免折页装订后产生的裁切误差，横向宽度增加 9 磅空白，纵向高度上下各增加 9 磅空白）。这是一个横纵比为 2:3 的开本。开本比例和开本尺寸无关，任何尺寸的开本，比如 2 开、4 开、8 开、16 开、32 开、64 开，都可以将其设定为横纵比为 2:3 或其他能够设计的比例（图 C-5、C-48）。不满足于按照纸张规格设计开本而对其进行比例关系修正，是我强迫症发作的表现而不是汉字网格系统设计的必需，设计师朋友们可以依据自己的“病情”斟酌。

基于倍率（系数）的
不同字号构成同尺寸版面
Each type size based on
one coefficient composes
the same format
1.5pt×360×
540
IV
1
23
10X

图 C-49《由一个字到一本书　汉字排版》，p064—065

3.　页面尺寸是模数字号的整数

字号 9 磅由 6 个 1.5 磅累积叠加或相乘而来，如果将 1.5 磅看作一个单元，540×810 磅的页面将被划分为 194400 个整数的单元网格（图 C-49）。

用 1.5 磅的模数来设计字号，可以满足不同体例的文本对字号大小的要求，又不失去字号之间的逻辑关系。

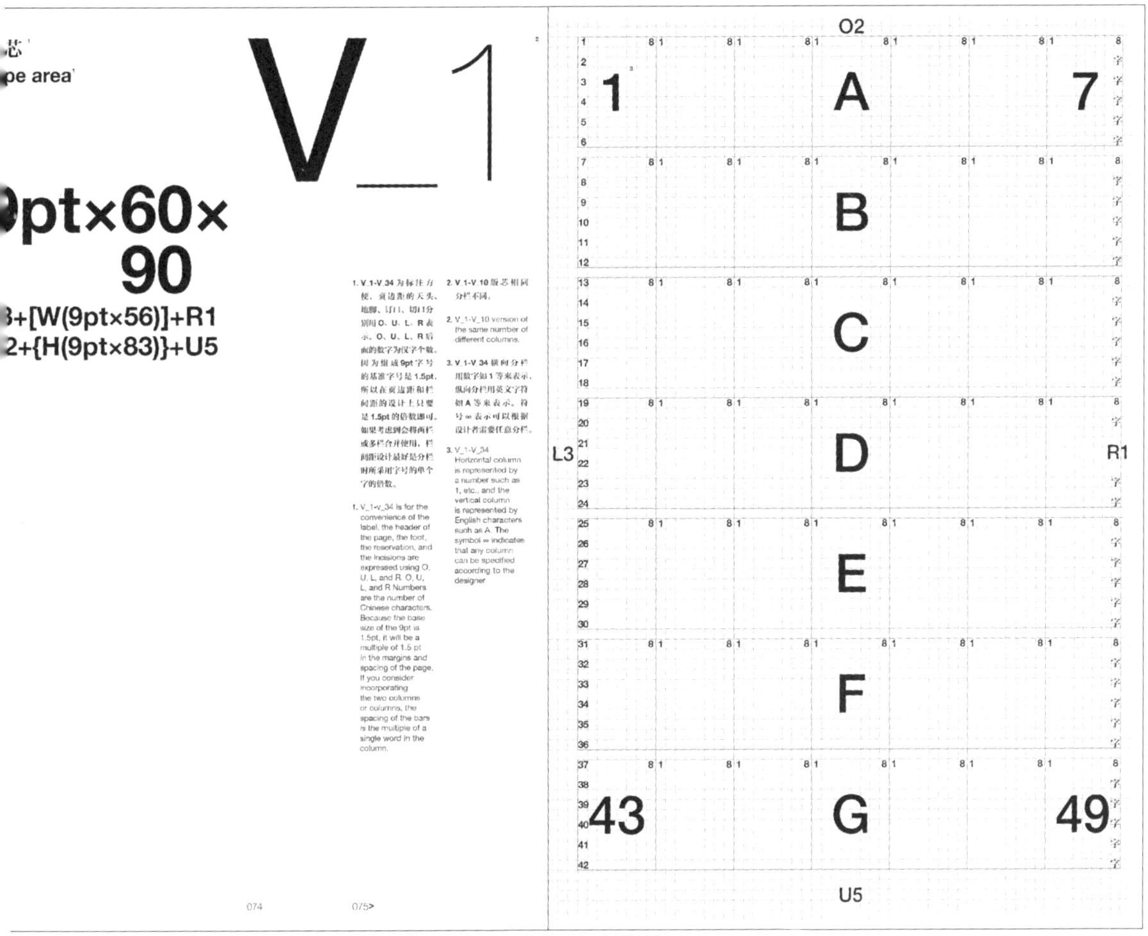

图 C-50《由一个字到一本书　汉字排版》，p070—071

4.　由 1 开始到∞

60×90 组成 5400 个 1:1 的单元格，是将页面由 1 份划分为多份（理论上可以是无穷，如果用 1.5 磅做单元网格，单元网格的数量达到了 194400 个）。在 5400 个单元格即 5400 个 9 磅汉字里，设计师可以选取字的个数结合费氏数列设计页边距。如切口 1 个字，天头 2 个字，切口天头比为 1:2。以此类推，天头订口之比为 2:3，订口地脚之比为 3:5。O、U、L、R 分别代表页边距里的天头、地脚、订口、切口。页面上所有空间要素有了模数构成的比例关系后，可以据此任意设定页边距和版心内的单元网格（图 C-50、C-51）。图 C-50 的单元格为 49 个，图 C-51 则为 4 个。在图 C-50 里，字高与行间距之比为 1:1。8 字 6 行加行间距后组成新的单元网格。构成新单元网格的是横向 1—7，7 个单元网格；纵向 A—G，7 个单元网格。版面上平均分布的 49 个新单元网格，是将“多”设计为“少”，使看不见的、隐藏在背后的秩序更容易显明在版面上。

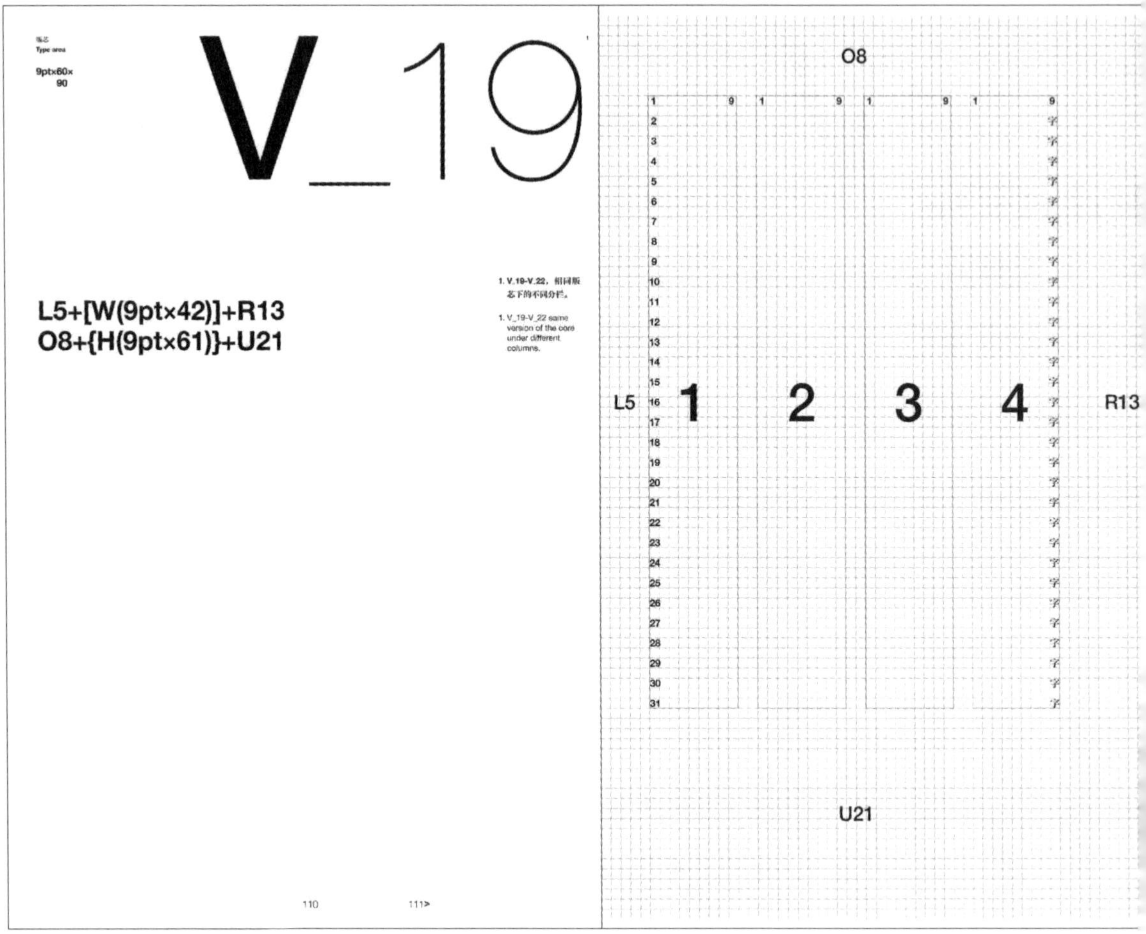

图 C-51《由一个字到一本书　汉字排版》，p110—111

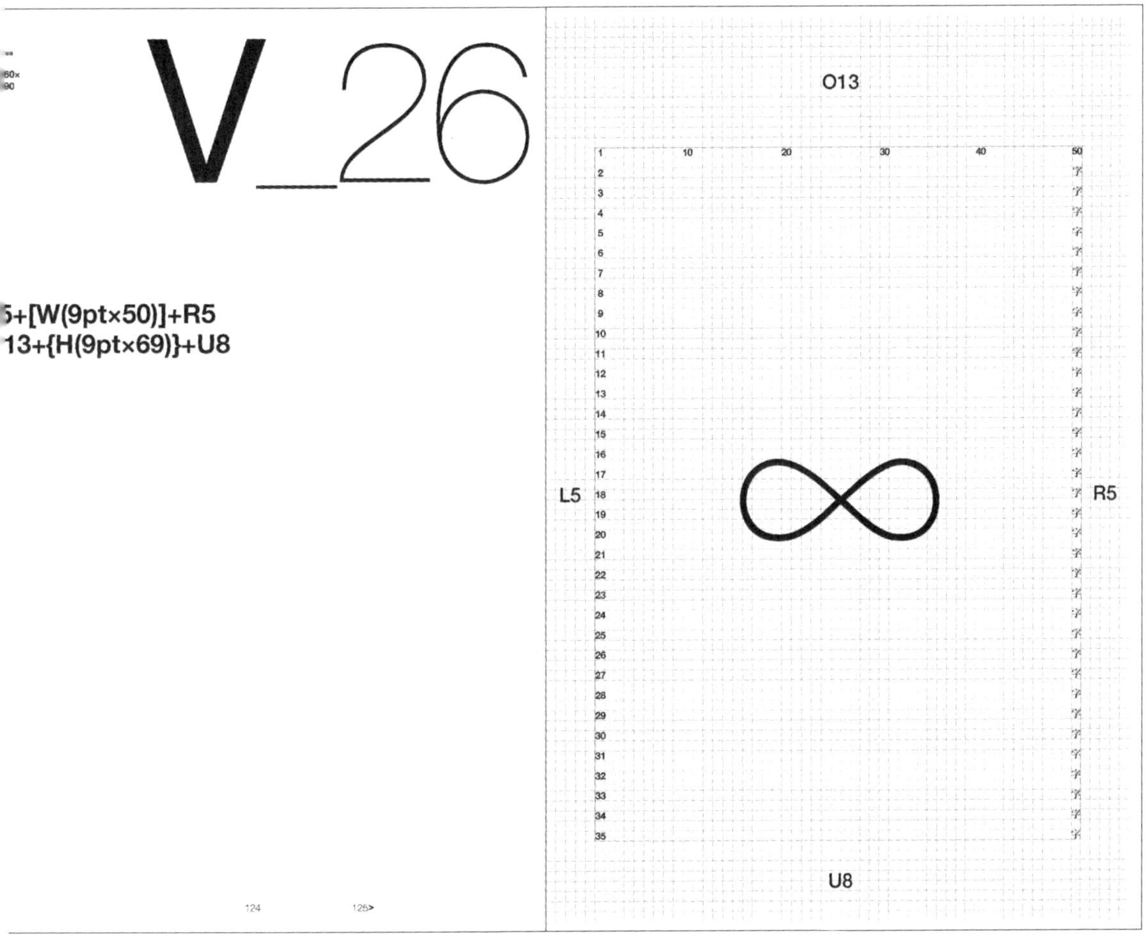

图 C-52《由一个字到一本书　汉字排版》，p070—071

5.　感觉是设计的核心

在 540×810 磅的页面上（5400 个 1:1 的单元格中）怎样设计版心？这是设计者依照自己的感觉来决定的。网格作为工具并不能在感觉上为设计师提供帮助。在《由一个字到一本书　汉字排版》里，页边距既可以随意设计，也可以在页边距相同时随意划分单元网格（分栏）。每个图例的最后以∞来结束，意在表明版面网格系统不是对设计创意的束缚，而是为创意提供工具性支撑，设计师在版面网格系统的“限制”里得到设计的自由（图 C-50、C-51、C-52）。

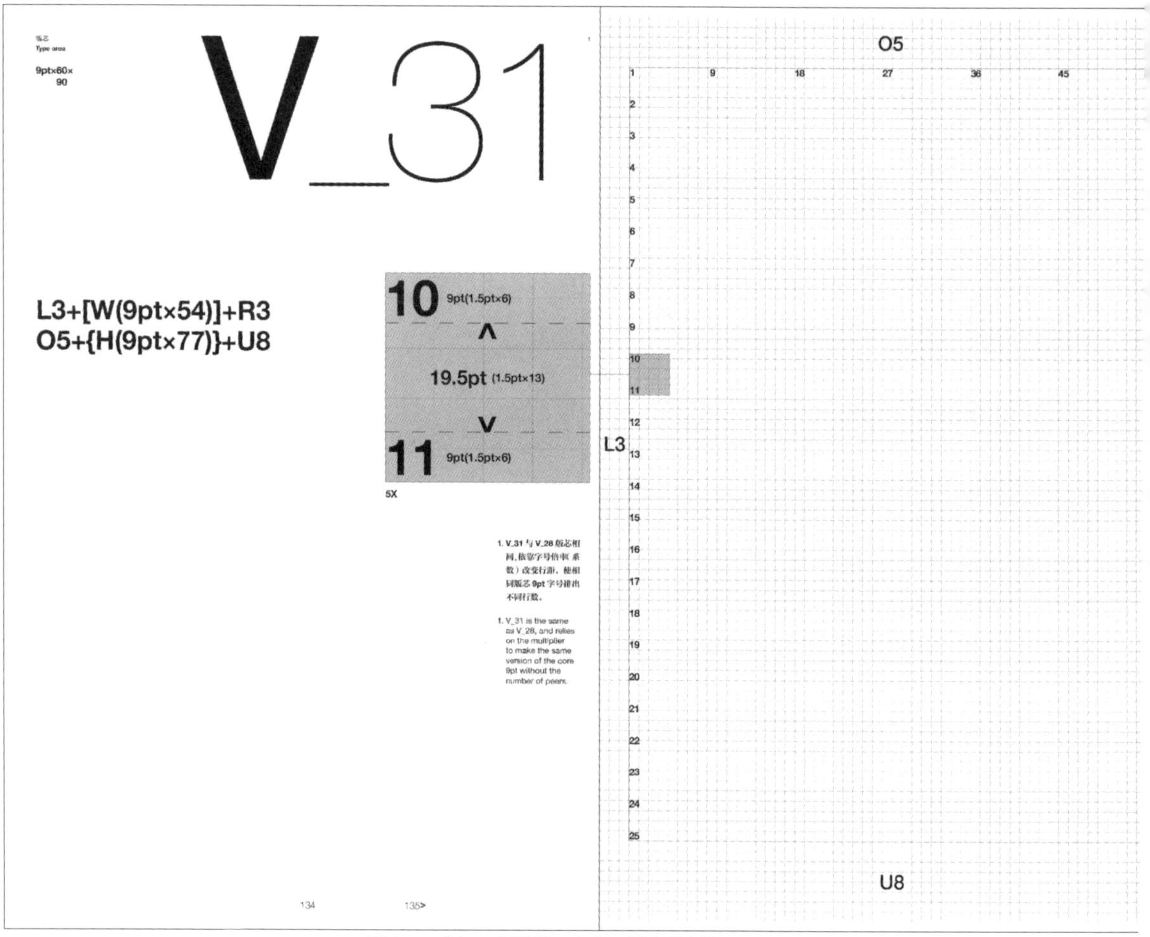

图 C-53《由一个字到一本书　汉字排版》，p134—135

6.　用相同模数设计不同字号

一个版面上经常因为文本体例不同而出现多种字号，在《由一个字到一本书　汉字排版》里，依靠模数设计的字号是在不同字号之间建立比例关系。不仅不同字号之间有比例关系，字号和版心、页边距之间也因为模数而存在比例关系。模数相当于一个页面、一本书的“基因”（图 C-4、C-8）。

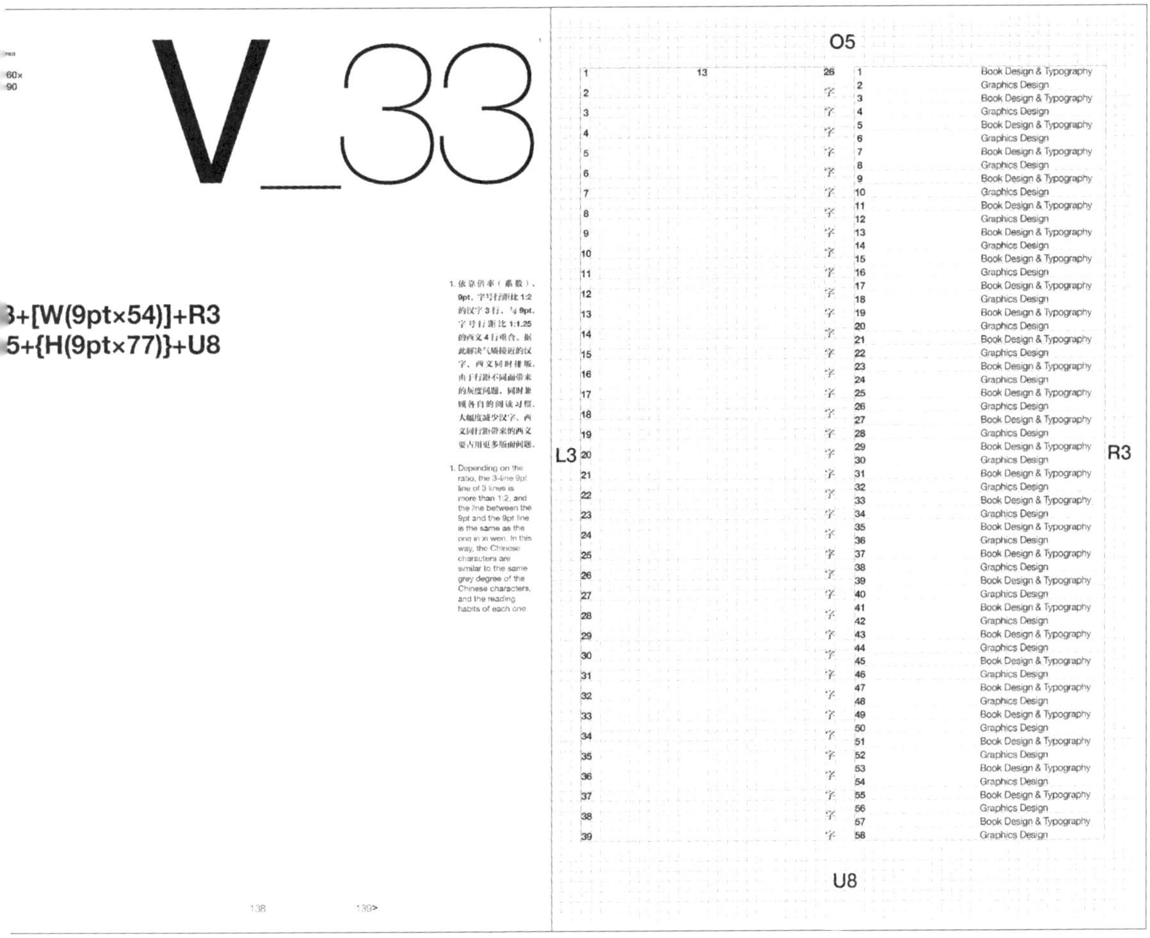

图 C-54《由一个字到一本书　汉字排版》，p138—139

7.　用模数设计行间距

依据模数设定页面、版心、页边距和不同体例字号后，行间距也必须是模数的整数。在相同或不同的字号、页边距和版心里设计不同的行间距，依靠的依然是模数关系（图 C-53，C-54）。图 C-54 所示的不同行间距之间的行对齐关系，适用于中文的不同字号（体例）行对齐，也适用于在不同语种之间对照文本内容（图 C-7）的行对齐。

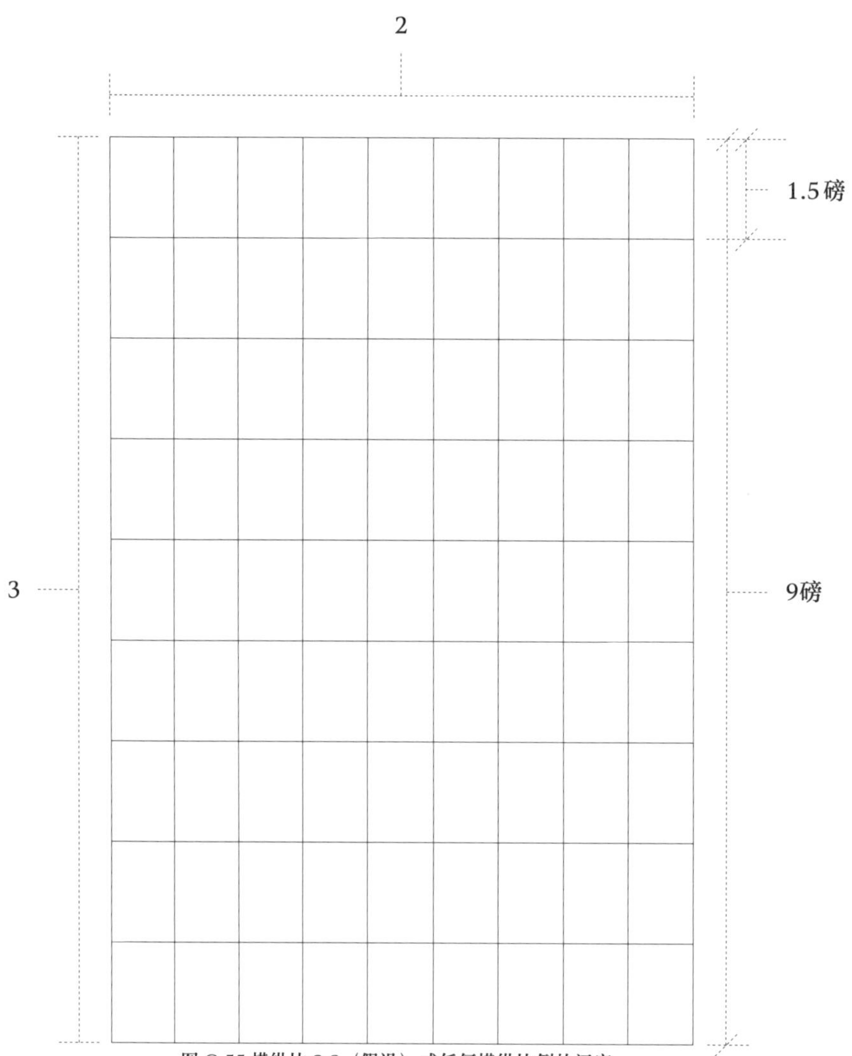

图 C-55 横纵比 2:3（假设）或任何横纵比例的汉字，
都可以由模数组成不同的字号，
进而组成页面和页面中的单元格以及页边距

我的版面网格系统的本质是在不同字号之间明确了模数关系，并尽可能地将页面上所有空间要素纳入比例的字符网格。它的度量单位是磅（点），而不是毫米（尽管有些开本是用毫米做度量单位的）。没有模数关系，不同字号之间、余白和文字之间就没有共同基因。因此：

格

是将一个页面上的所有空间要素比例化，使之成为组成这个页面的等比等大基本单元。它可以是正方形（图 C-8），也可以是任何比例的矩形（图 C-55），选取何种比例取决于设计网格时

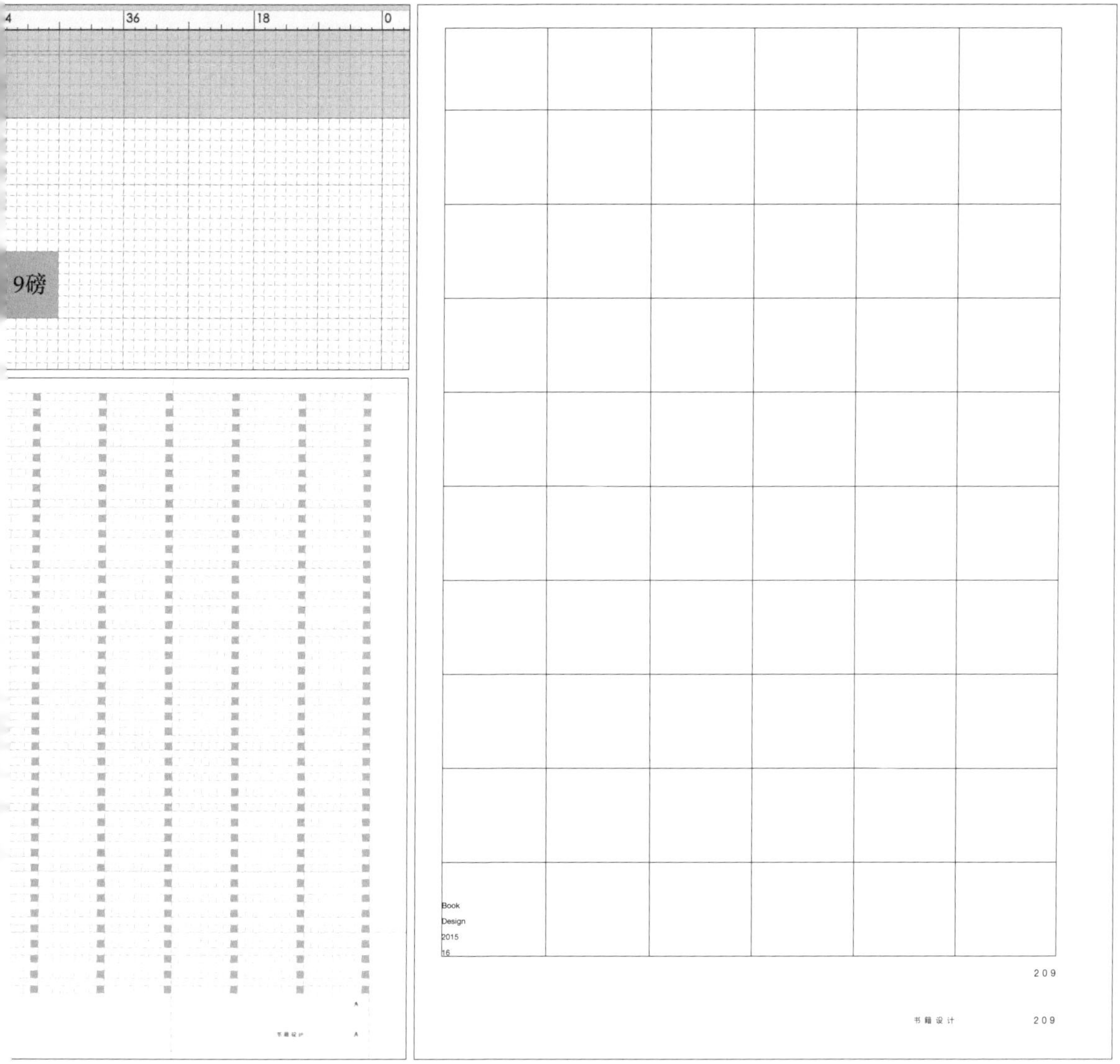

图 C-56《书籍设计》第 16 期的版面网格系统及其细节

选择字体的宽与高之比。如《书籍设计》第 16 期（中国青年出版社，2015）的版面网格系统（图 C-56），是将 195×285mm 的页面用 1.5 磅方正兰亭黑作为模数后的正方形网格。格是律的基础，对格的使用产生律。格只具备工具属性。

律

在已经比例化的页面上，设计师依据自己的设计感觉去使用不同空间排印文本或图片。与格相比，律是主动的，是被设计师控制的有节奏的文图排印，比如区分自然段的段首所空字格、在段落中选择不同的对齐方式、版心里有选择地留出空白等。

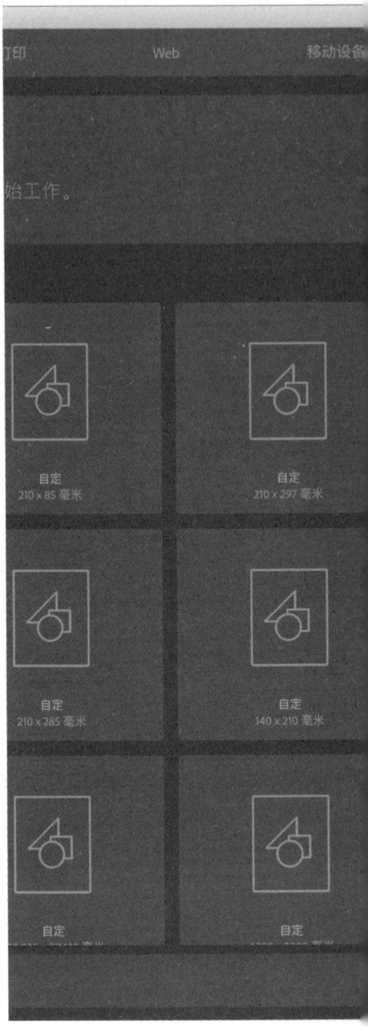

五　利用排版软件 Adobe InDesign 设计版面网格

汉字版面网格系统是一种平面设计方法论，它将数理逻辑应用于平面设计，从普遍性中抽象出规律，规律独立于软件操作之外。既然是一种方法论，它就不拘泥于软件，而是可以用它来塑造一个空间、一面墙壁、一个页面。但是，怎样在设计软件中使用，对于书籍设计师和排印公司，也是一个最为实际的问题。本章我用自己在设计工作中的操作流程，从建立文件开始来说明版面网格系统在书籍设计中的应用。

汉字网格的设计需要大量实践才能领悟，单纯依靠阅读论述依然会云里雾里地摸不着头绪。为此，同时，我建议本书的读者们，最好的学习方式是实际操作。

字体是书籍气质的最重要组成部分，在这个新建的文档里我选用了方正兰亭黑体家族，这个字体系列很有现代工业的感觉；用 9 磅方正兰亭纤黑 _GBK 作为正文，6 磅方正细黑一 _GBK 作为图注，12 磅方正兰亭准黑 _GBK 作为小标题来设计了这套丛

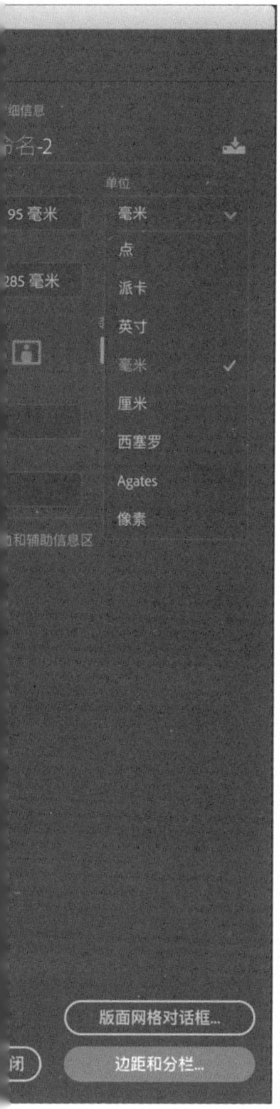

图 C-57
Adobe InDesign 创建页面

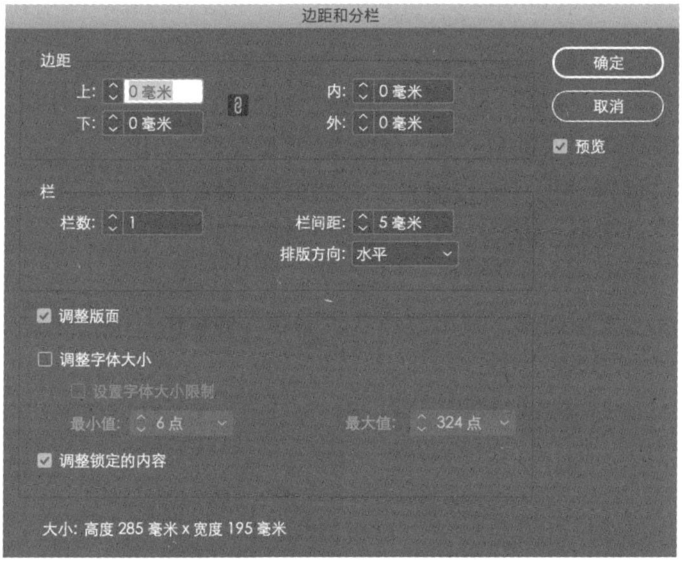

图 C-58 Adobe InDesign 里边距和分栏

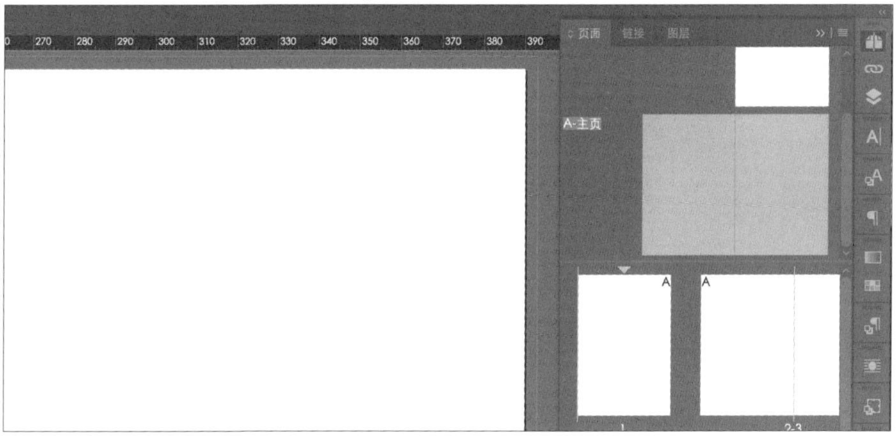

图 C-59 在 Adobe InDesign 里双击“主版”页（A- 主页）

书的字号体系，字号之间的模数关系是 1.5 磅。

1. 建立页面。新的 Adobe InDesign 软件里，已经有了创建页面的计量单位选择，比如磅（点）、英寸和毫米。考虑到接受设计项目时从毫米开始的开本设计占多数，我就从毫米开始建立页面，尺寸是 195×285mm（图 C-57）。

2. 建立页面后点击“边距和分栏”，在“边距和分栏”选项中将上、下、左、右设置为 0（图 C-58）。没有依据模数设计不同体例的字号，直接设计“边距和分栏”是没有意义的（参见图 C-6）。

3. 双击“主版”页，书籍等多页面出版物的版面网格系统要在主版页上设计（图 C-59）。

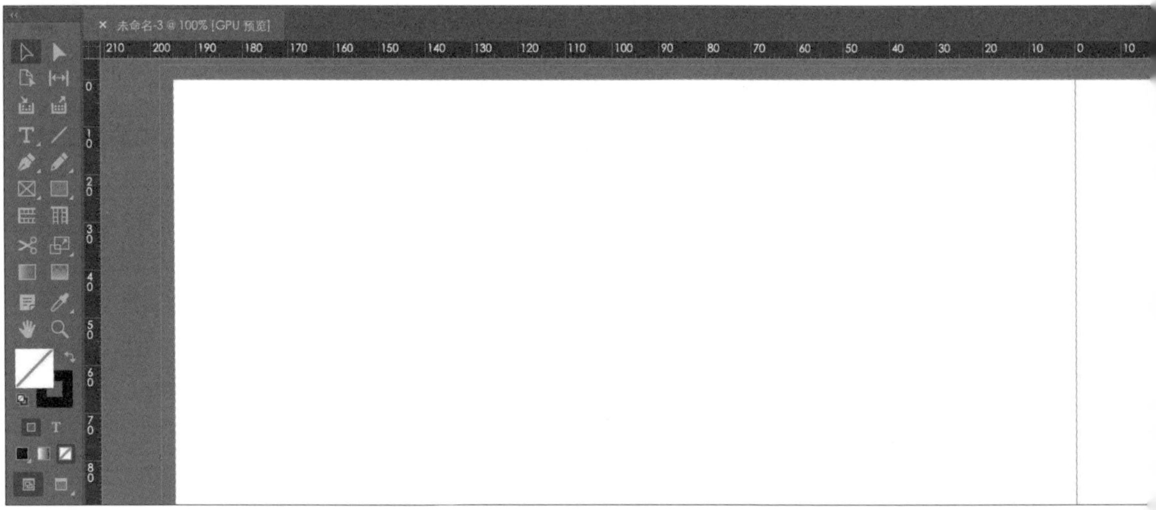

图 C-60 在 Adobe InDesign 里将页面起点置于对开页之间

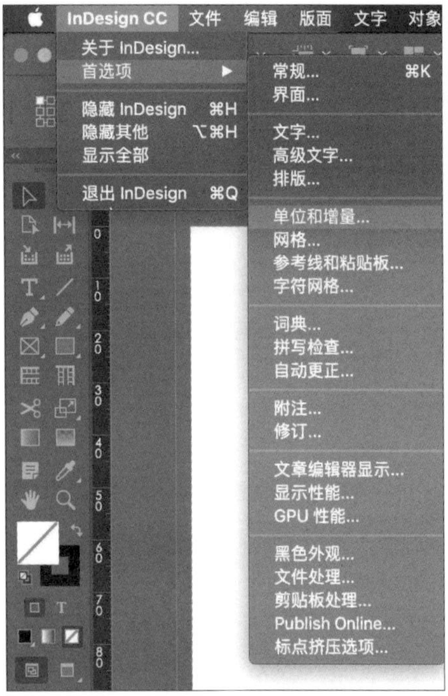

图 C-61 在 Adobe InDesign 的“首选项”对话框里选择单位和增量

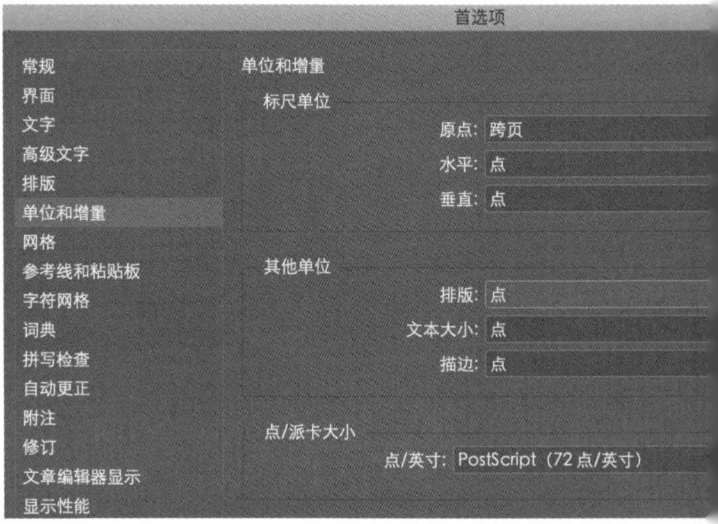

图 C-62 在 Adobe InDesign 的“单位和增量”对话框里将毫米改为磅（点）

4. 将页面起点（0 位置）设置在对开页之间，这一步对于用毫米制建立的页面尺寸很重要，它避免了左右页网格对不齐的问题（图 C-60）。

5. 在“首选项”里选择“单位和增量”（图 C-61）。

6. 在“单位和增量”“标尺单位”对话框里，将“水平”和“垂直”两个选项由计量单位毫米改为磅（点）。改计量单位毫米为磅的目的是把原始的版面网格和我要设定的字号模数对应起来（图 C-62）。

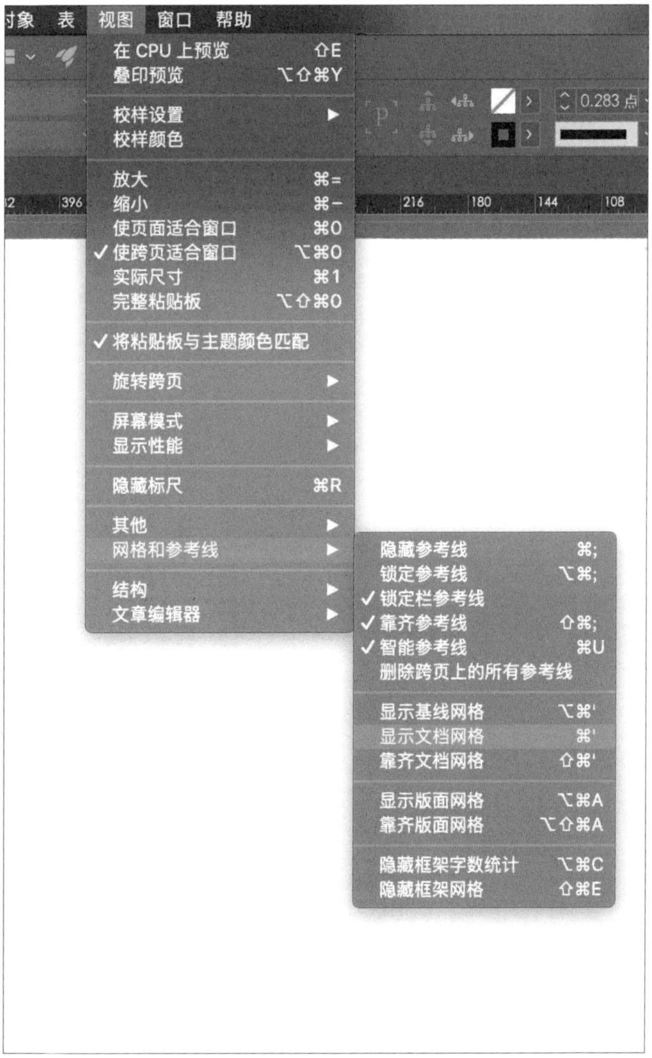

图 C-64 在 Adobe InDesign 里显示文档网格

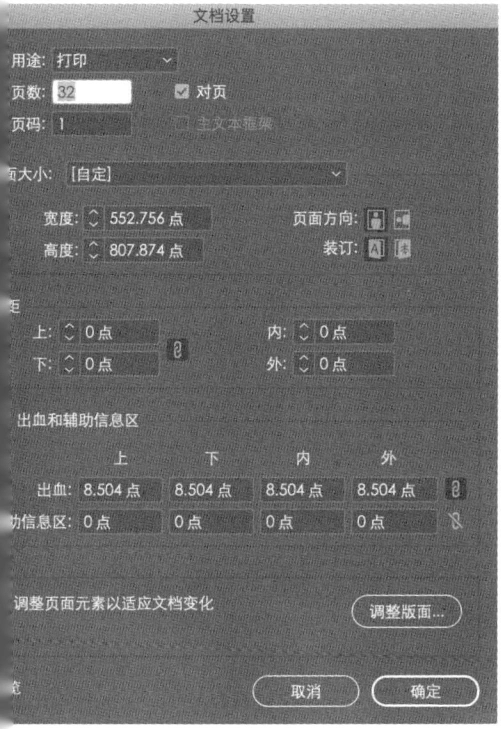

63 在 Adobe InDesign 页面的计量单位改为磅（点）后，会有小数点后的数字出现

7. 修改计量单位毫米为磅后，用毫米设定的页面尺寸 195×285mm 出现了小数点后的 3 位数字，对此可以不必理会。使用计量单位为磅建立的页面尺寸，在印刷公司印装时会改回毫米，并对小数点后的数字做四舍五入处理（图 C-63）。

8. 在“视图”对话框中选择“网格与参考线”选项，显示“文档网格”（图 C-64）。

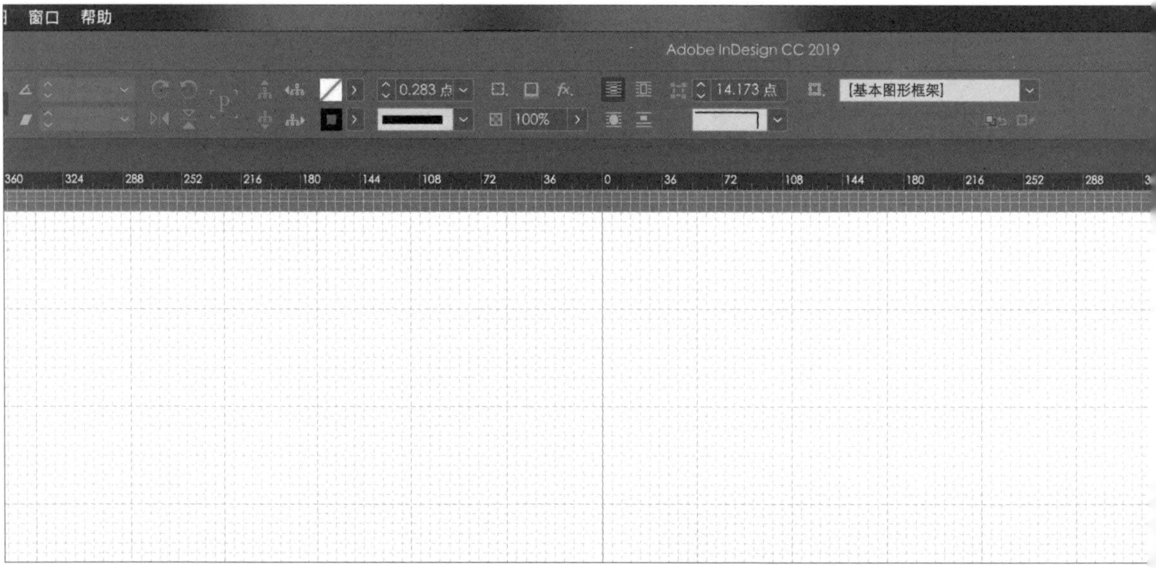

图 C-65 Adobe InDesign 里的原始文档网格

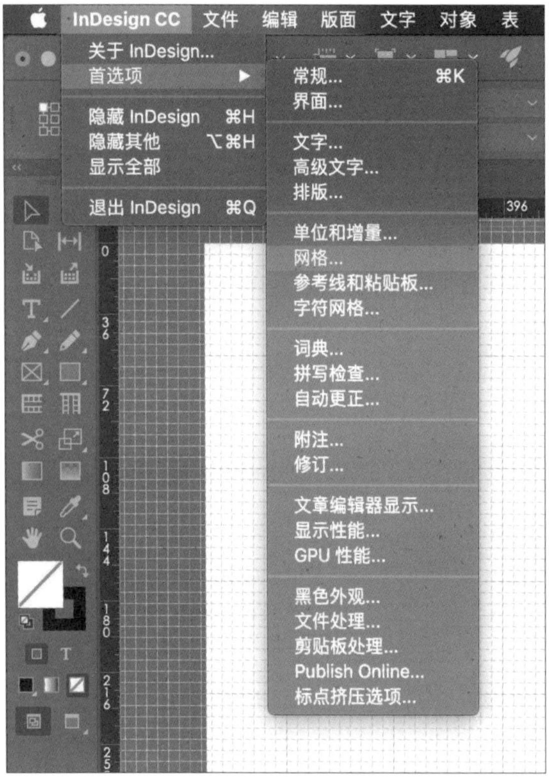

图 C-66 Adobe InDesign 首选项，网格

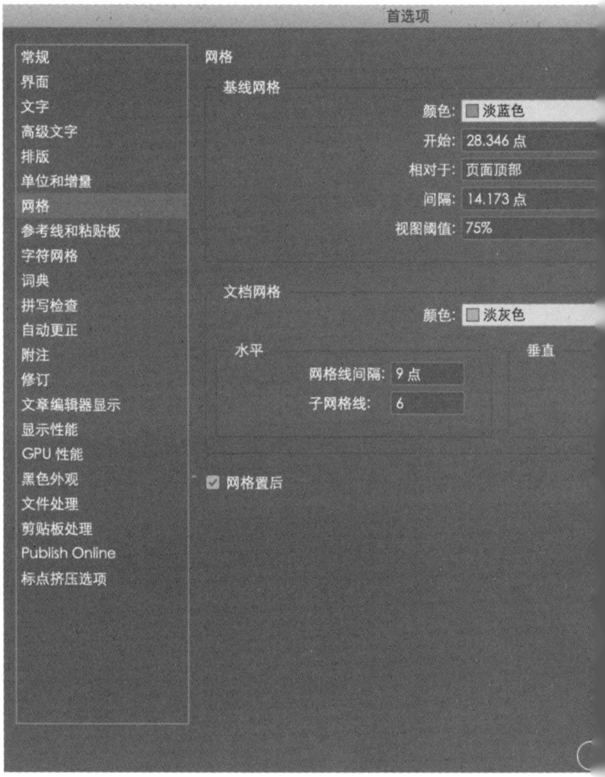

图 C-67 在 Adobe InDesign 里修改文档网格

9. 此时显示的“文档网格”还没有与文字的字号模数相对应（图 C-65）。

10. 再次回到“首选项”里，选择“网格”选项（图 C-66）。

11. “首选项”“网格”里“文档网格”对话框，“水平”和“垂直”的“网格线间隔”都改为 9 磅，来对应正文字号，“子网格线”都改为 6 磅。9 磅由 6 个 1.5 磅组成，可以是 1.5×6，

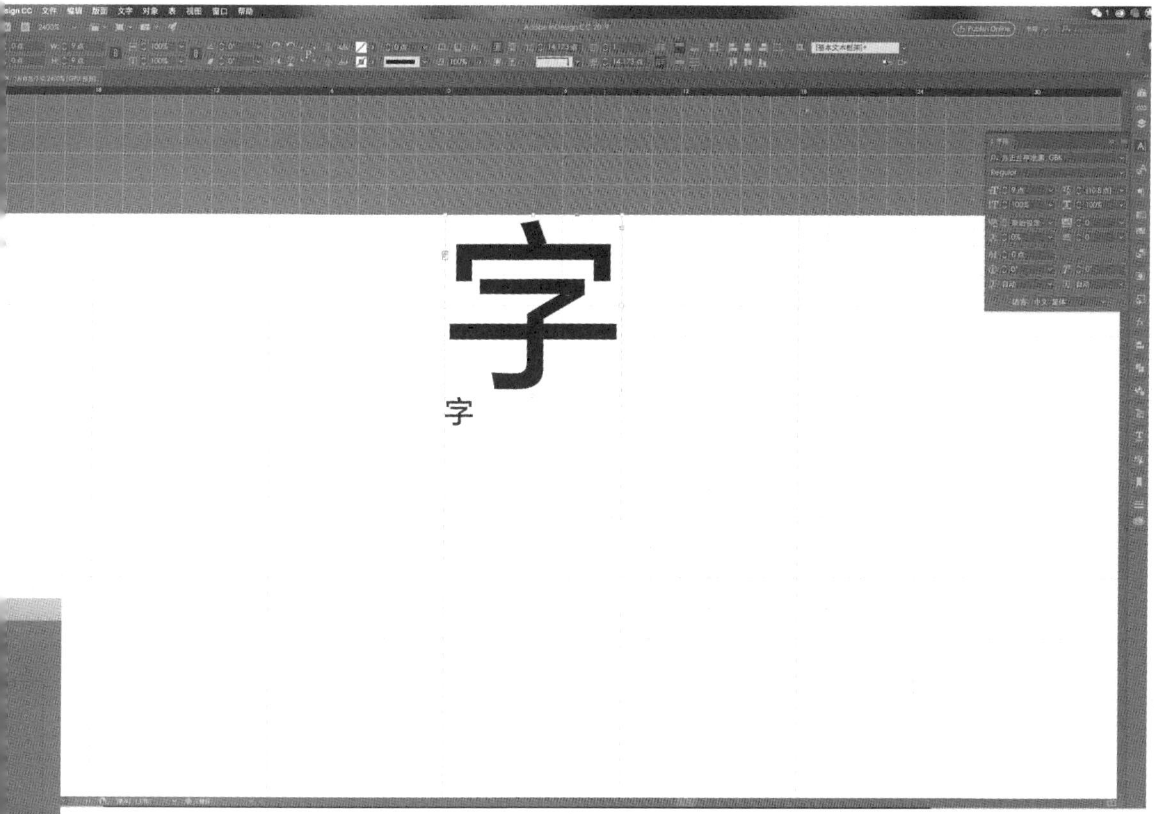

图 C-68 在 Adobe InDesign 里文档网格与模数的精细对应

也可以是 1.5 加 6 次，这样的修改在 9 磅网格内形成细小的 1.5 磅“子网格”，这就是为什么要把“子网格线”改为 6（如果正文采用的是模数为 2 的 10 磅文字，则把“子网格线”改为 5，在 10 磅网格内形成细小的 2 磅“子网格”）。修改后，InDesign 里的“文档网格”和我设定的字号模数就有了精细的关系，成为一张 1.5 磅组成 9 磅再组成页面的网格矩阵。

1.5 磅的网格可以用来精细调节不同体例（字号）文本的空间位置，它是更加精细的对齐辅助，成为一项设计工作计算时间成本时最便利的工具（图 C-67）。

12. 将页面放大显示，可以看到 1.5 磅、9 磅的正文字与“文档网格”的精细对应（图 C-68）。

13. 用模数 1.5 磅建立的版面网格矩阵，为页面里页边距和

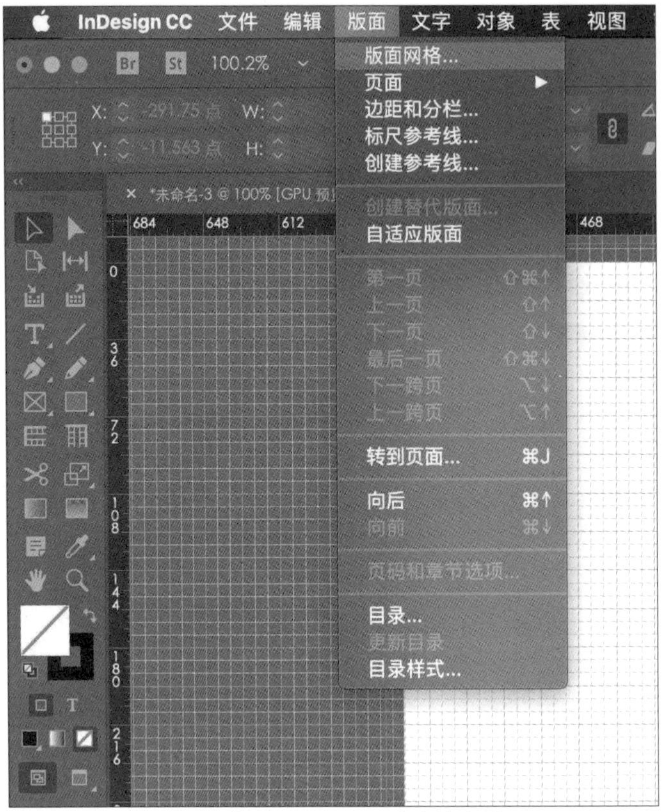

图 C-69 在 Adobe InDesign 点击版面网格

版心、分栏设计提供了最基本也是最精细的支撑，使之后的文本、图片排版有章可循。

点击“版面”对话框选择“版面网格”（图 C-69）。

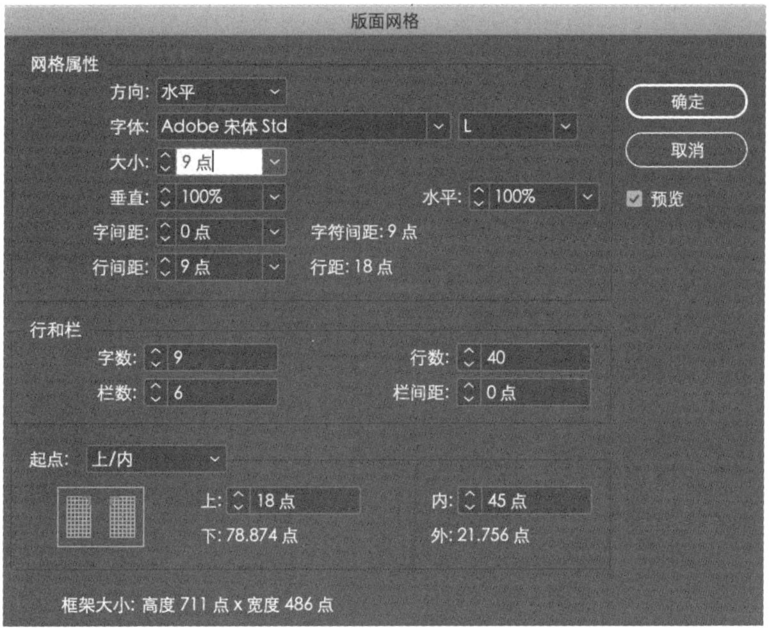

图 C-70 在 Adobe InDesign 里设置版心和分栏

14. 设计页边距、版心和分栏。

在“版面网格”“网格属性”对话框里，将“大小”设置为 9 磅，“行间距”设置为 9 磅。“行和栏”对话框里，“字数”设置为 9，“栏数”设置为 6，“行数”设置为 40，“栏间距”设置为 0。“起点”对话框里，“起点”设置为“上 / 内”与步骤 4 对应（图 C-60），然后把“上”设置为 18 磅（2 个 9 磅正文字），“内”设置为 45 磅（5 个 9 磅正文字）（图 C-70）。

到这一步，页边距和版心、分栏就设计完毕。版心为 6 栏，字号 9 磅 54 字，9 字一栏，没有设计栏间距。

对“起点”对话框的“下”和“外”都有小数点后的 3 位数，这是由计量单位为毫米的开本设计和版面网格计量单位是磅在计量单位上的不同而带来的，可以不加理会。

“版面网格”对话框最下面：“框架大小：高度 711 磅（点）× 宽度 486 磅（点）”，就是页面的版心 9 磅每行 54 字，行间距 9 磅，40 行的尺寸。

15. 返回“首选项”“字符网格”对话框，在“网格设置”里“填充”对话框后面的数字设置为 9 个字符。再回到“视图”选择“网格和参考线”里的“显示版面网格”，设置好颜色的

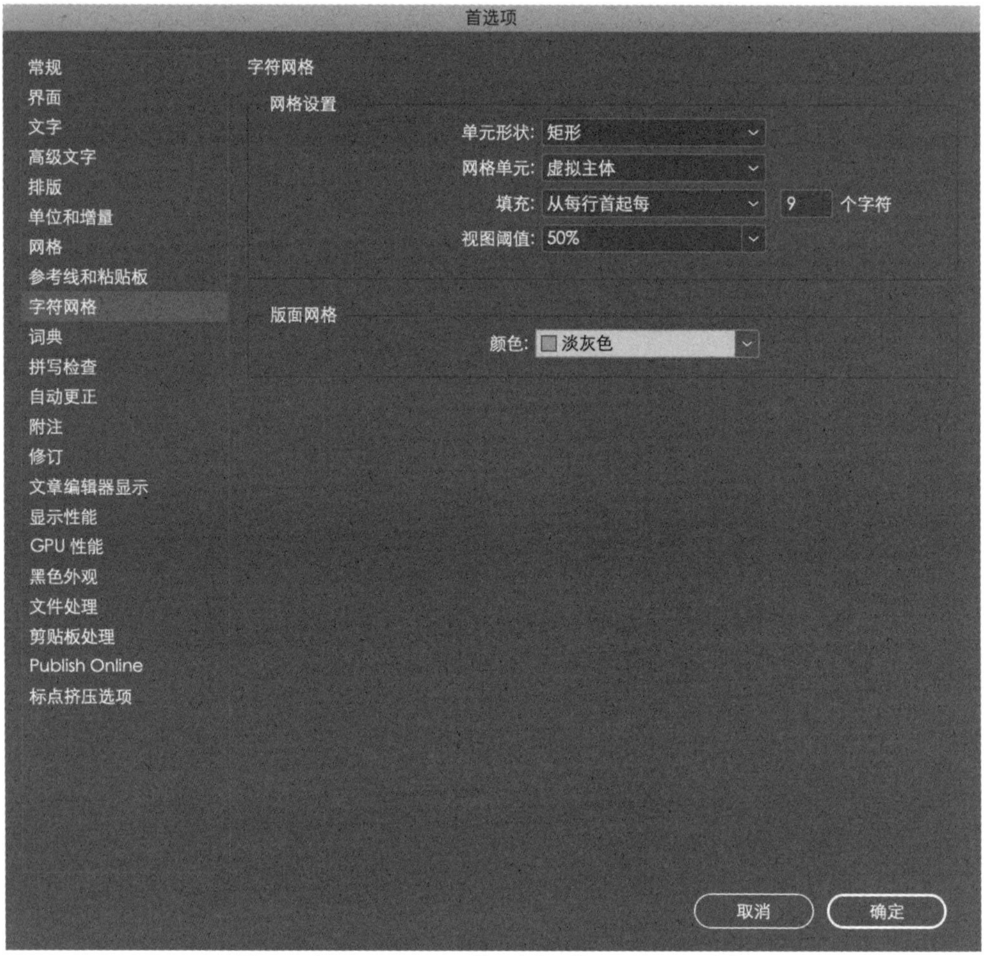

图 C-71 在 Adobe InDesign 的“字符网格”里设置显示字数

第 9 个字符显示在页面上，提醒主文本（9 磅）行的位置（图 C-71）。

16. 利用“基线网格”对 40 行的版心纵向分栏。

汉字没有基线的概念，因此在中文文本的设计上，基线是作为纵向分栏使用的。在没有中文与英文文本对照的需求时，可以

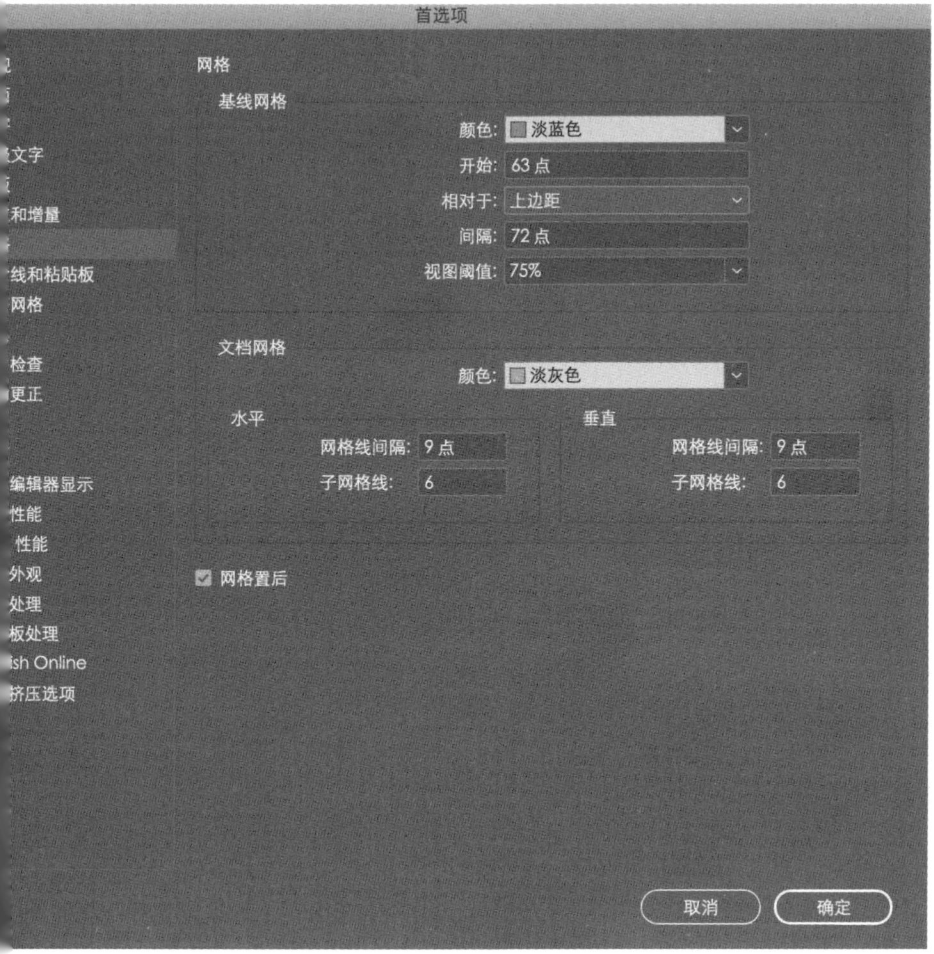

图 C-72 在 Adobe InDesign 里设置基线网格

不设置基线网格而以辅助线代替。

在“首选项”选择“网格”里的“基线网格”,“开始”设置为 63 磅(4 行,不包括第 4 行的行间距),“相对于”对话框选择“上边距”,“间隔”设置为 72 磅(图 C-72)。

17. 在“视图”对话框里选择“显示基线网格”“显示文档网格”“显示版面网格”(图 C-73)。

18. 尺寸为 195×285mm 的页面版面网格矩阵设计,到这

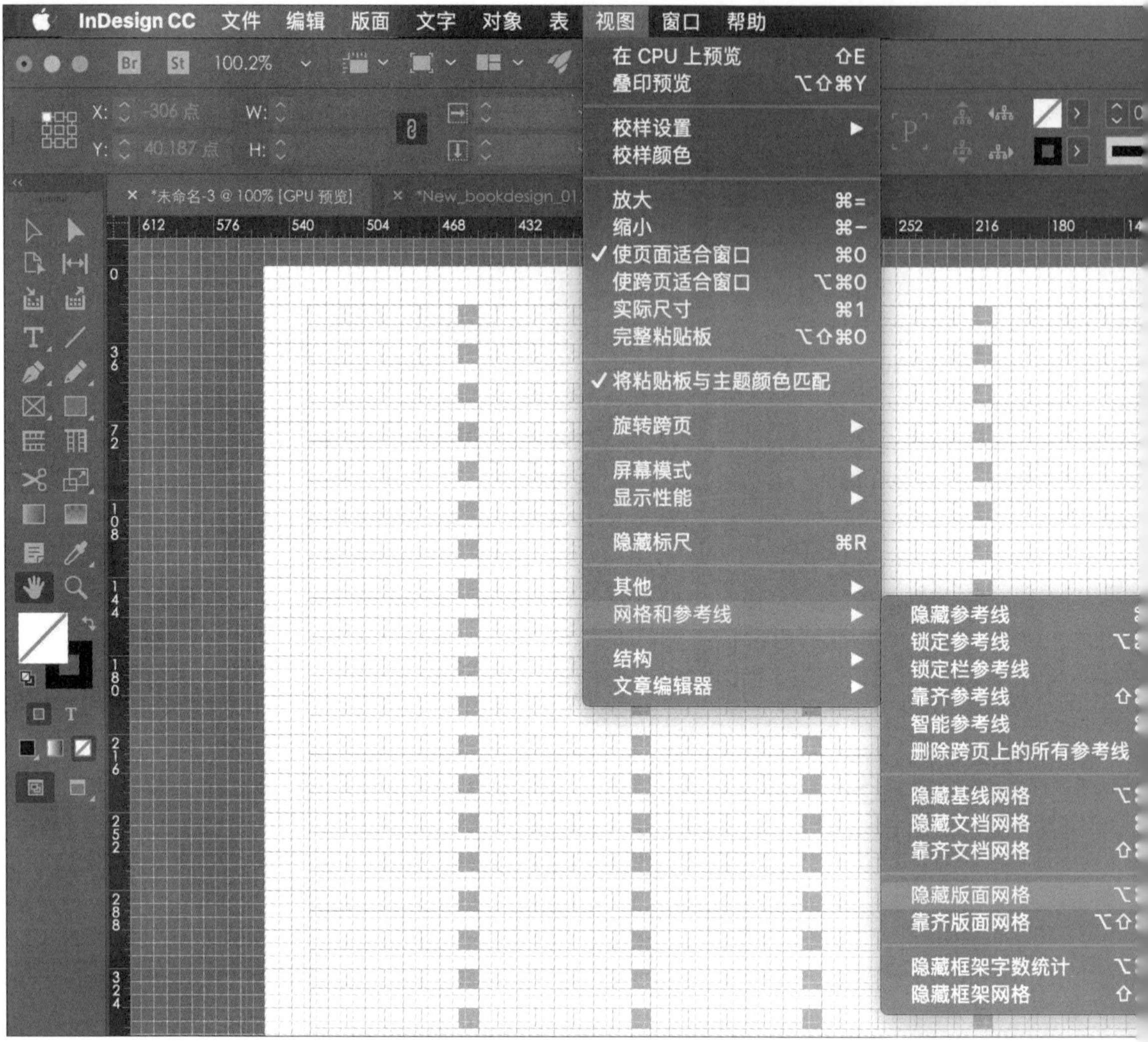

图 C-73 在 Adobe InDesign 里同时显示三种网格

里就全部完成了，细节见图 C-56。

19. 精细的汉字版面网格矩阵，有使用上的诸多优点，它处理页面中图片、文本中各种体例的“能力”，随着版面网格精细化程度的增加而增加。但同时应该注意的是单元格的重要性，隐藏的秩序更多地体现在对单元网格的使用上（图 C-74）。

以上所建的 InDesign 文档，是 2015 年设计的《书籍设计》

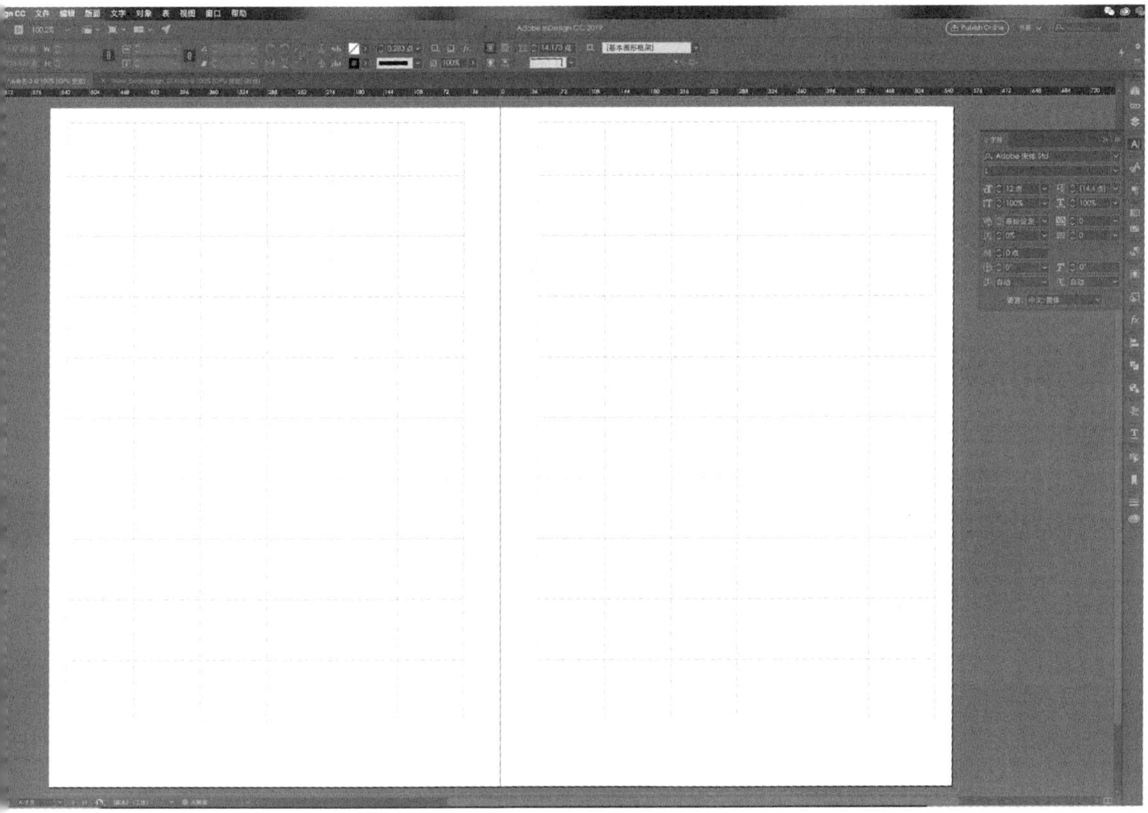

图 C-74 单元网格

第 16 期版面网格系统。在这个设计案例里，建立页面之后没有马上设计“边距和分栏”，而是把这一步放在了后面，使单元网格依靠模数和正文字数的整数有了联系，组成一个精细的汉字版面网格矩阵。在这个版面网格矩阵里，因为不同计量单位页面的切口和地脚尺寸被有意放松，没有完全纳入模数体系。订口、天头、版心和分栏都是模数 1.5 磅的倍数或 N 次相加，正文 9 磅、图注 6 磅、小标题 12 磅等也都是由模数 1.5 磅组成。《书籍设计》第 16 期版面网格系统设计，在分栏之间没有设计栏间距，这只是我的个人习惯，栏间距可以依照模数随意设置，一般为 2 个正文字符。

精密的版面网格系统没有影响排印的创意，视觉感受却因为有网格作为工具而带来提升。实际上，页面视觉美学和阅读的秩序理性，在精细的版面网格矩阵支持下，成了高效保留记忆的工具。图 C-75—C-80 为《书籍设计》第 16 期部分页面。

版面网格系统是平面设计的生产力，设计的系统能够将不同设计师的视觉感受统一在一个框架之内，由多个人来完成一本书的排印（图 C-81，C-82）

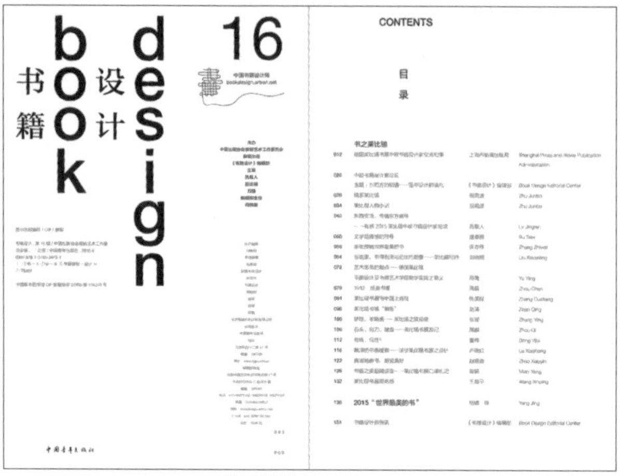

图 C-75《书籍设计》16，p002—003

图 C-76《书籍设计》16，p004—005

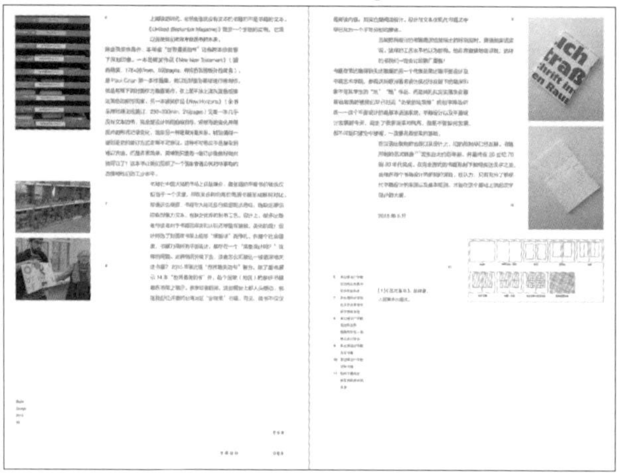

图 C-77《书籍设计》16，p068—069

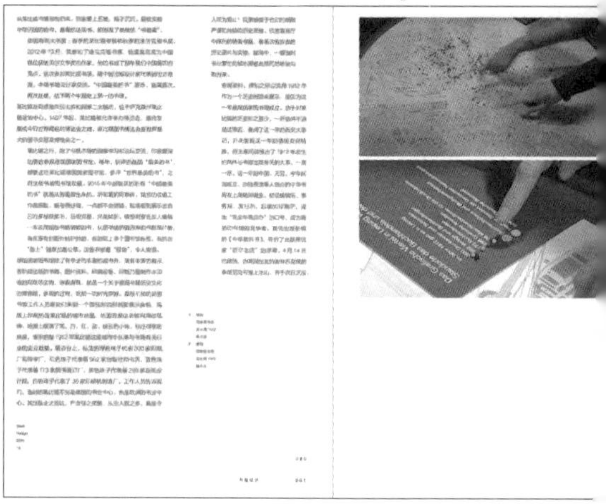

图 C-78《书籍设计》16，p080—081

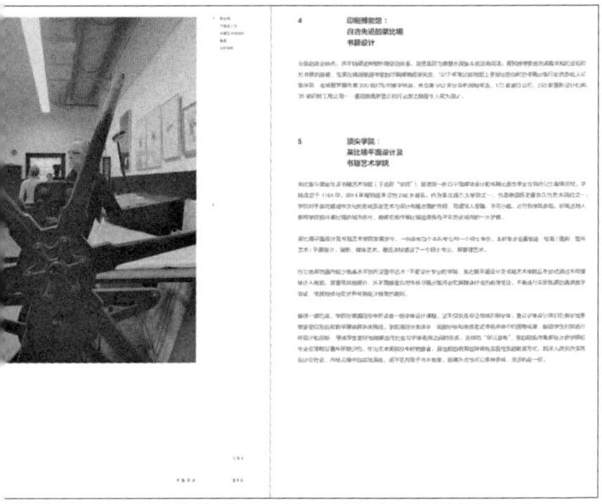

图 C-79《书籍设计》16，p094—095

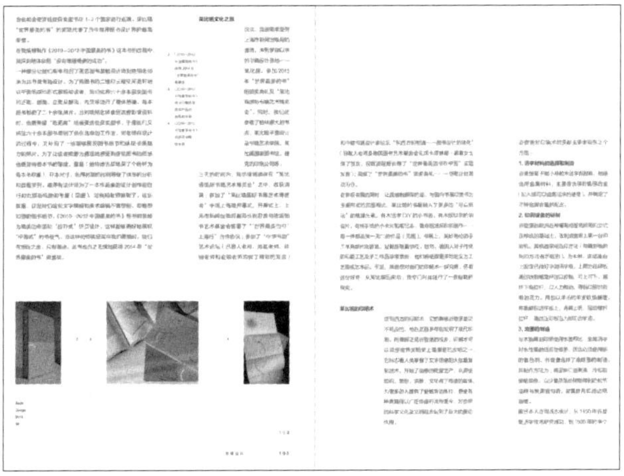

图 C-80《书籍设计》16，p102—103

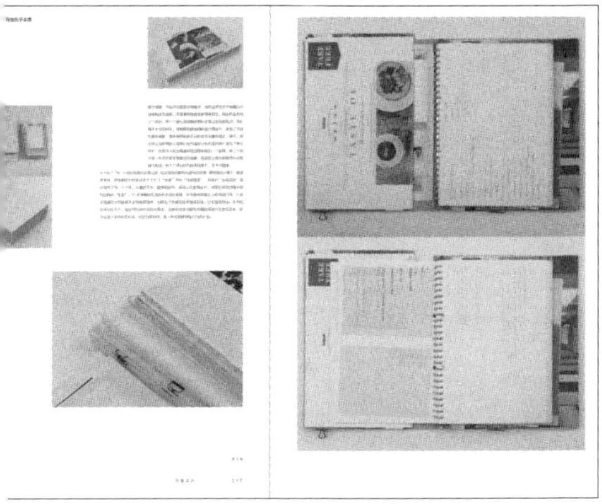

图 C-81《书籍设计》17，p016—017，书籍设计：张志奇

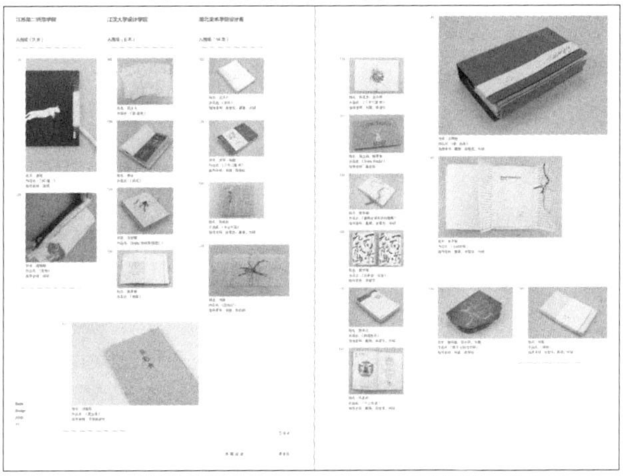

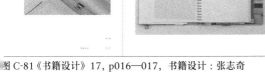

图 C-82《书籍设计》17，p094—095，书籍设计：张志奇

六　汉字版面网格系统不受软件制约

选择一个字号模数并依据这个模数来建立汉字版面网格系统，是汉字版面网格系统的方法论。它不必依赖软件，不受媒介制约，不被操作习惯限制，是从普遍性之中抽象出的规律。

因此，虽然本章在第五节里详细解说了从建立 Adobe InDesign 文档开始的网格设计过程，但那只是我个人建立版面网格系统的操作方式，请勿因此而认为与我的操作相同才是唯一正确的方法。

1.　在 Adobe InDesign 里用其他方法设计网格

在 InDesign 里，“新建文档”对话框在设计页面时有两个选项，“版面网格对话框”和“边距与分栏”。第五节的建立版面网格系统设计案例是从“边距与分栏”开始，先清除页边距，按照预定的模数 1.5 磅设置好“文档网格”（将整个页面分成了约 197984 份），然后才开始设计版心和页边距等。这种方法，是为将页面里的所有元素，如余白、不同字号的文字、图片，都纳入

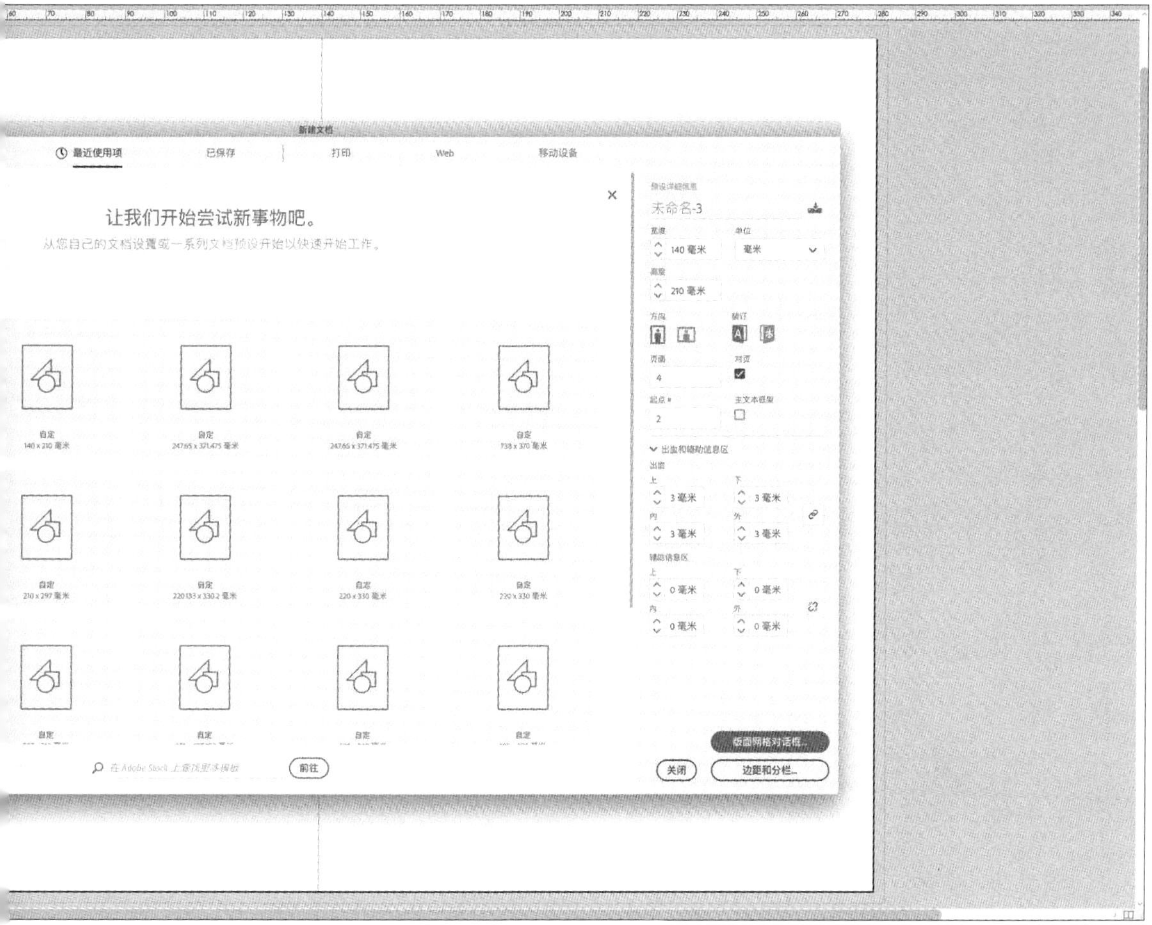

图 C-83 用 Adobe InDesign 里的“版面网格对话框”来建立页面和设计版面网格

网格系统，使页面上的所有空间都具备比例关系，建立看不见的秩序。这对于较复杂的文本体例设计很有益处，并且文本体例越复杂，网格系统的“处理”能力也会越强（参见第七节）。

从“新建文档”的另一个选项“版面网格对话框”入手，也可以设计版面网格系统（图 C-83）。

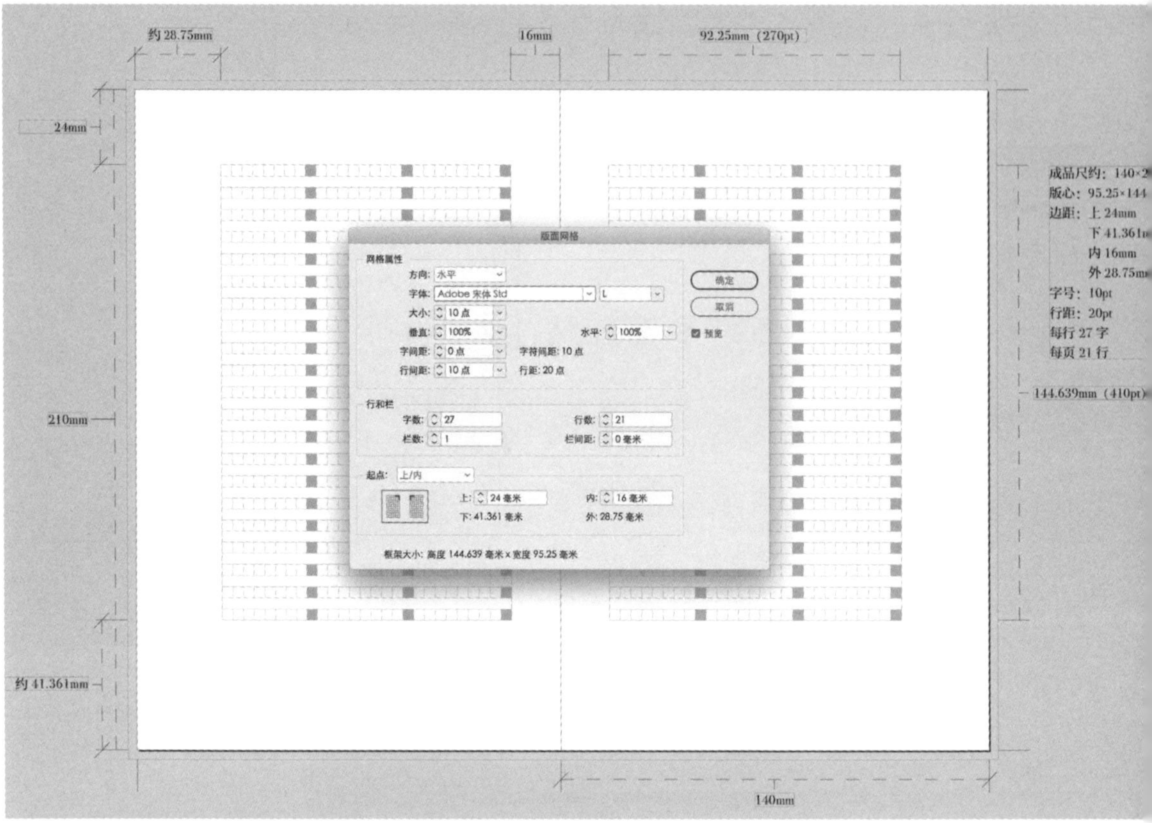

图 C-84 用“版面网格对话框”来创建页面

点击“版面网格对话框”，选择“字号”和“行间距”后，再选择“行和栏”对话框里的“字数”和“行数”，之后将起点设为“上 / 内”（设为“上 / 内”只是为了方便而非必须）。在“起点”对话框里选择“上”，设置为 24 毫米，“内”设置为 16 毫米，“框架大小”显示为高度 144.639 毫米 × 宽度 95.25 毫米，这个从“版面网格”对话框开始的版面网格系统设计就完成了（图 C-84）。这是汉字一字一格的标准模式。

这样建立的版面网格系统是页面毫米制与字号磅制的混合体。在这个混合体里，毫米制的“上”“内”页边距，用 3 毫米的倍数是在其中建立成比例的空间。即使是混合了两种度量单位，以模数为单位的倍率概念没有改变，2 磅是字号、行距设计模数的。使用“版面网格”设计页面文本框和分栏，仍然优于在“边距与

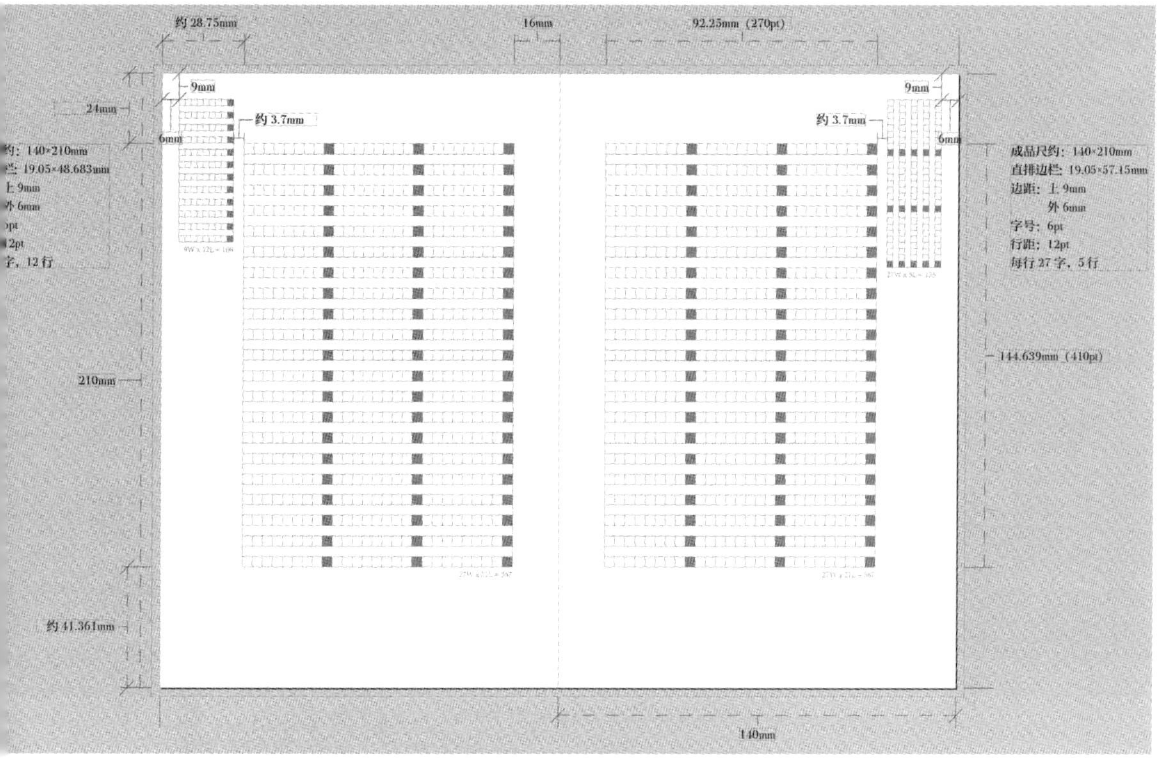

图 C-85 在页面上用“工具”对话框中的
“水平网格工具（Y）”和
“垂直网格工具（Q）”创建网格，主网格字号、行间距为 9 磅

分栏”里直接将栏宽设计为毫米。

建立页面时，既不选择“版面网格”对话框，又将“边距与分栏”对话框里的“上”“下”“内”“外”设为 0，利用“工具”中的“水平网格工具（Y）”和“垂直网格工具（Q）”，也可以在页面上创建网格（图 C-85）。用“工具”创建网格时，模数概念仍然是设计版心和页边距时非常重要的参照系。在图 C-85 这个演示页面里，除主版心外还设计了左右对称、左横排右直排的副版心，它们的边距都是 3 毫米模数的倍率。主副网格之间的 3.7 毫米间距，是字号的磅制与页面的毫米制不兼容的结果。利用“工具”板上“水平网格工具（Y）”和“垂直网格工具（Q）”创建字符网格，优于建立页面时直接选择“边距与分栏”，将栏宽设计为毫米。

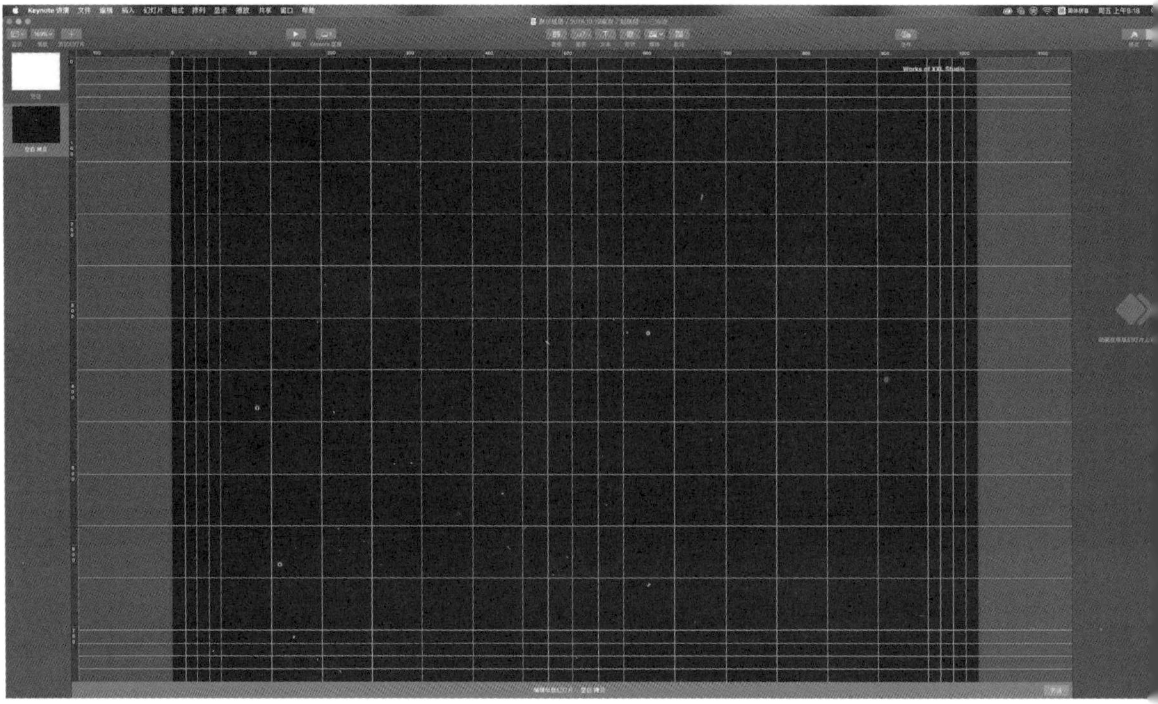

图 C-86 在讲座软件 Keynote 的 4:3 格式上创建网格

2. 在讲座软件 Keynote 和 Adobe Illustrator 上创建版面网格系统，

任何空间与平面都可以被比例化，为设计和排版提供参照。我经常使用的 Keynote，按照 4:3 格式的像素是 1024×768，用 64 像素作为模数，横边 1024 像素可以分成 16 格，纵边 768 像素可以分成 12 格。考虑到页面边缘有可能放置类似书眉的提示，64 像素被细分为每 16 像素 1 格（图 C-86）。

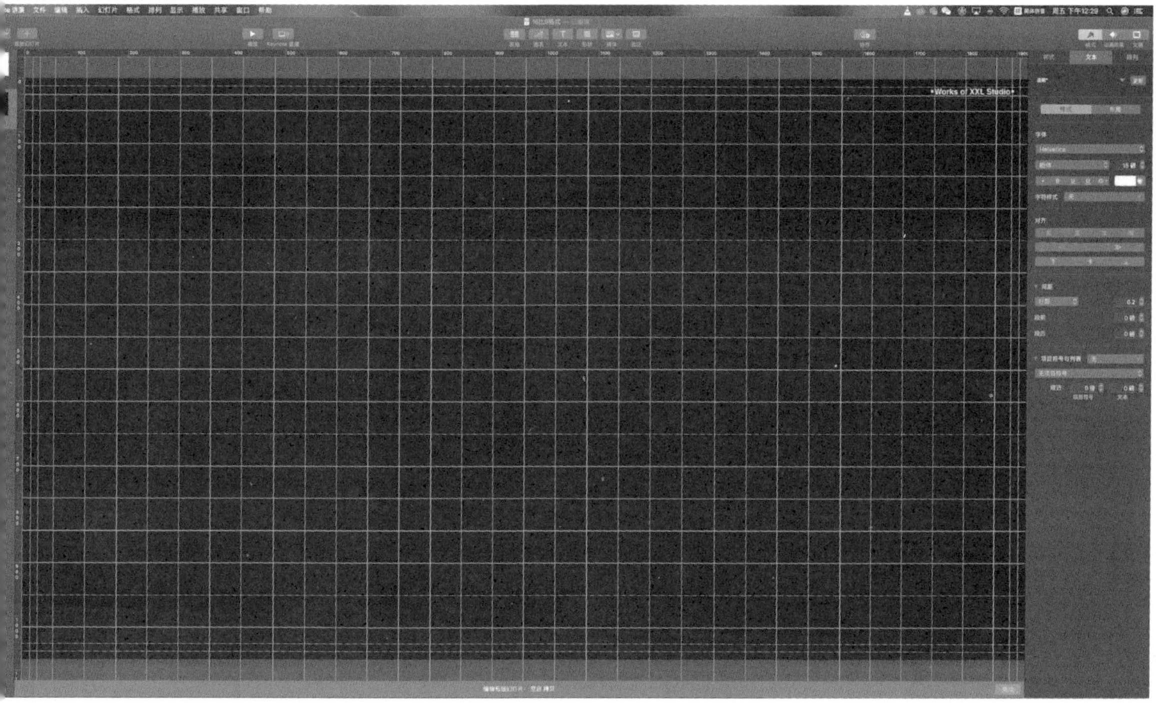

图 C-87 在讲座软件 Keynote 的 16:9 格式上创建网格

16:9 格式像素的横边与纵边是 1920×1080，用 60 像素作为模数，横边 1920 像素可以分成 32 格，纵边 1080 像素可以分成 18 格（图 C-87）。

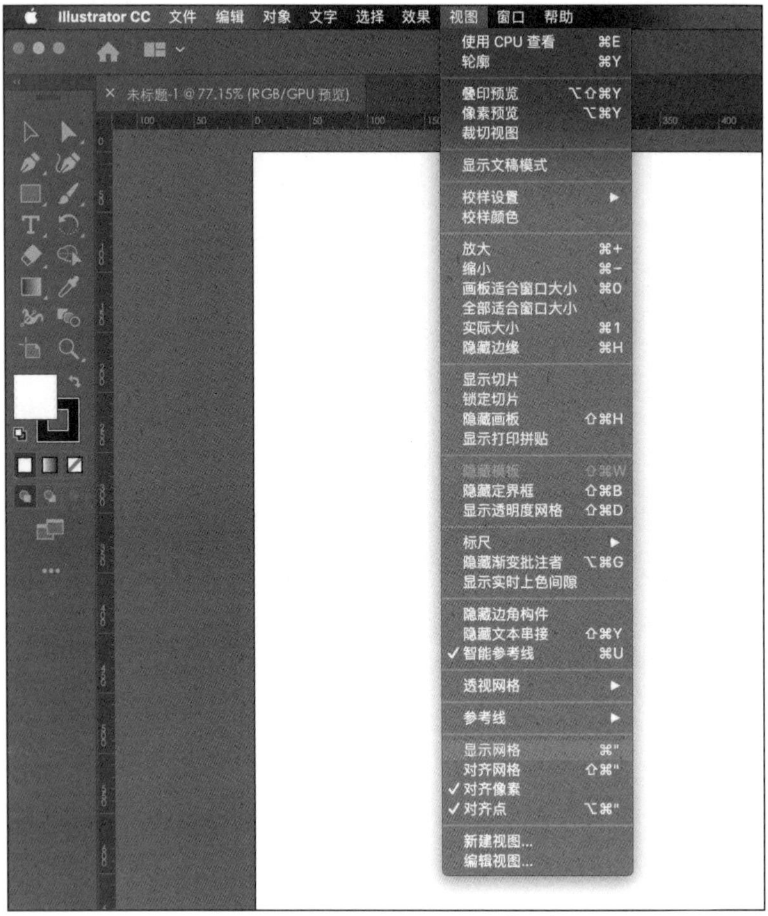

图 C-88 在 Illustrator 上建立版面网格系统

设计师常用的图形软件 Adobe Illustrator，也可以根据自己的需要设计网格来作为辅助工具。

从“视图”对话框里选择“显示网格”，之后在“首选项”里选择“参考线和网格”，就可以设计自己需要的版面网格系统了（图 C-88—C-90）。

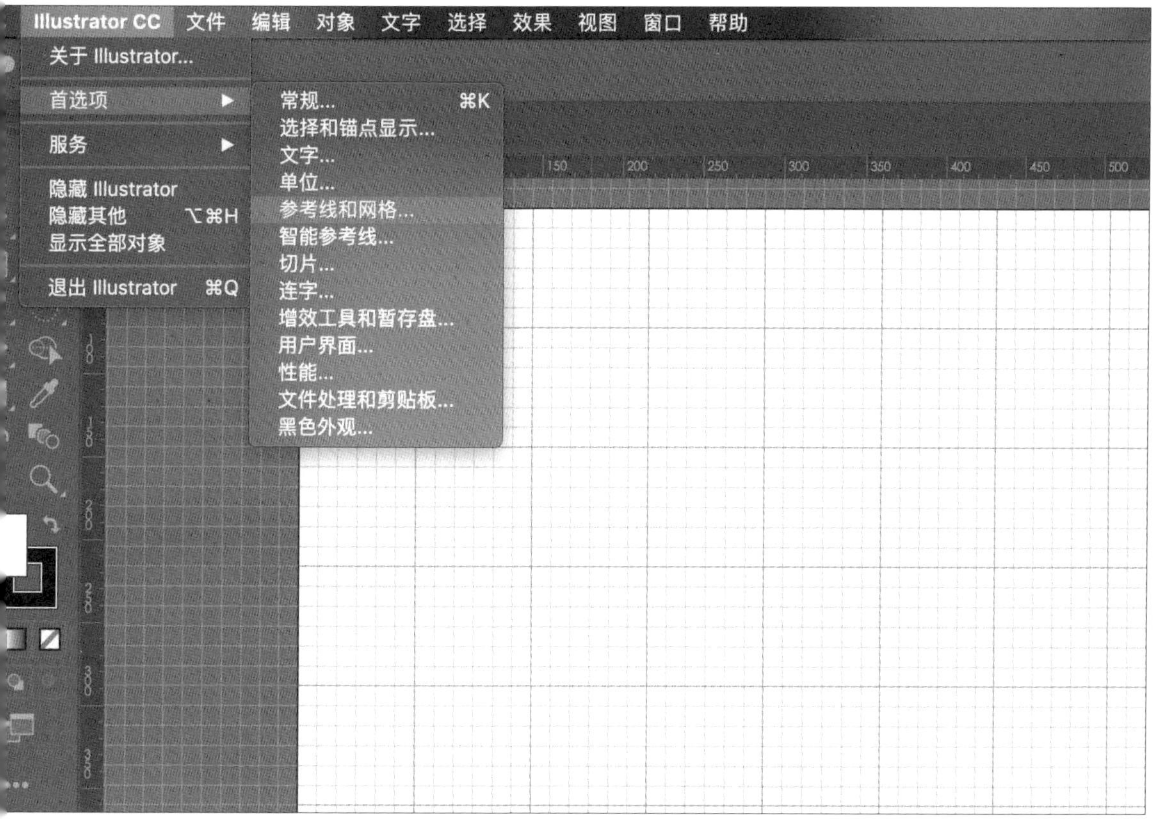

图 C-89 在 Illustrator 首选项里修改版面网格系统

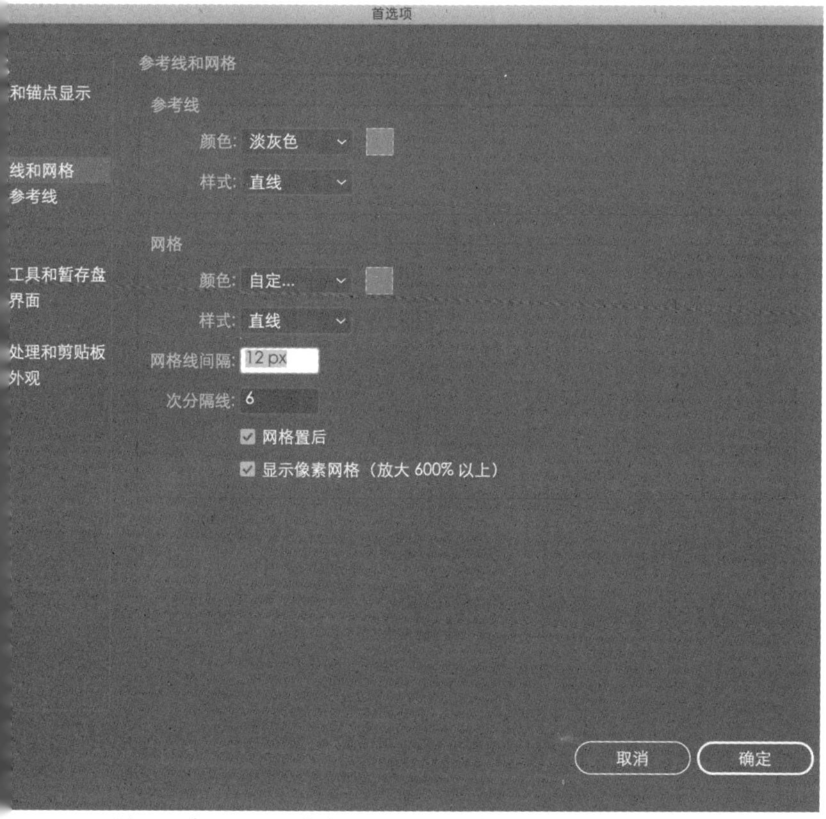

图 C-90 在 Illustrator 首选项里用 2 磅做模数修改版面网格系统

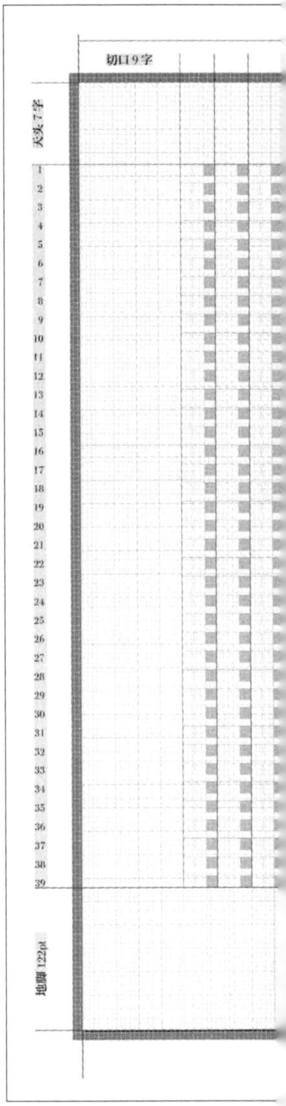

七　从建立页面到完成设计排印的设计案例详解

1.　《中国商事诉讼裁判规则》《中国民事诉讼裁判规则》

在 2019 年版的《中国商事诉讼裁判规则》《中国民事诉讼裁判规则》设计上，我希望达到两个设计目的。第一，视线流回归作者的文本顺序（见图 B6-4—B6-5，p096—097）；第二，中文只使用一种字体一种字重，靠空间、文本造型和留白来处理 7 个体例，使文本排印后形成均匀灰阶，达到宁静的视觉感受（见 B 6）。

为此，我重新设计了版面网格系统（图 C-91）。在新的网格系统里，我用 2 磅做模数（图 C-92），先将页面尺寸修正为横 10 磅 59 个字，纵 10 磅 81 字（约 208.15×285.75mm）；页边距天头 70 磅，地脚 122 磅，订口 50 磅，切口 90 磅；版心每行 45 字每页 39 行，行间距 6 磅，分为 15 栏，每 3 字一栏。

行间距 6 磅和字高 10 磅之比为 5:3，几乎达到了汉字文本

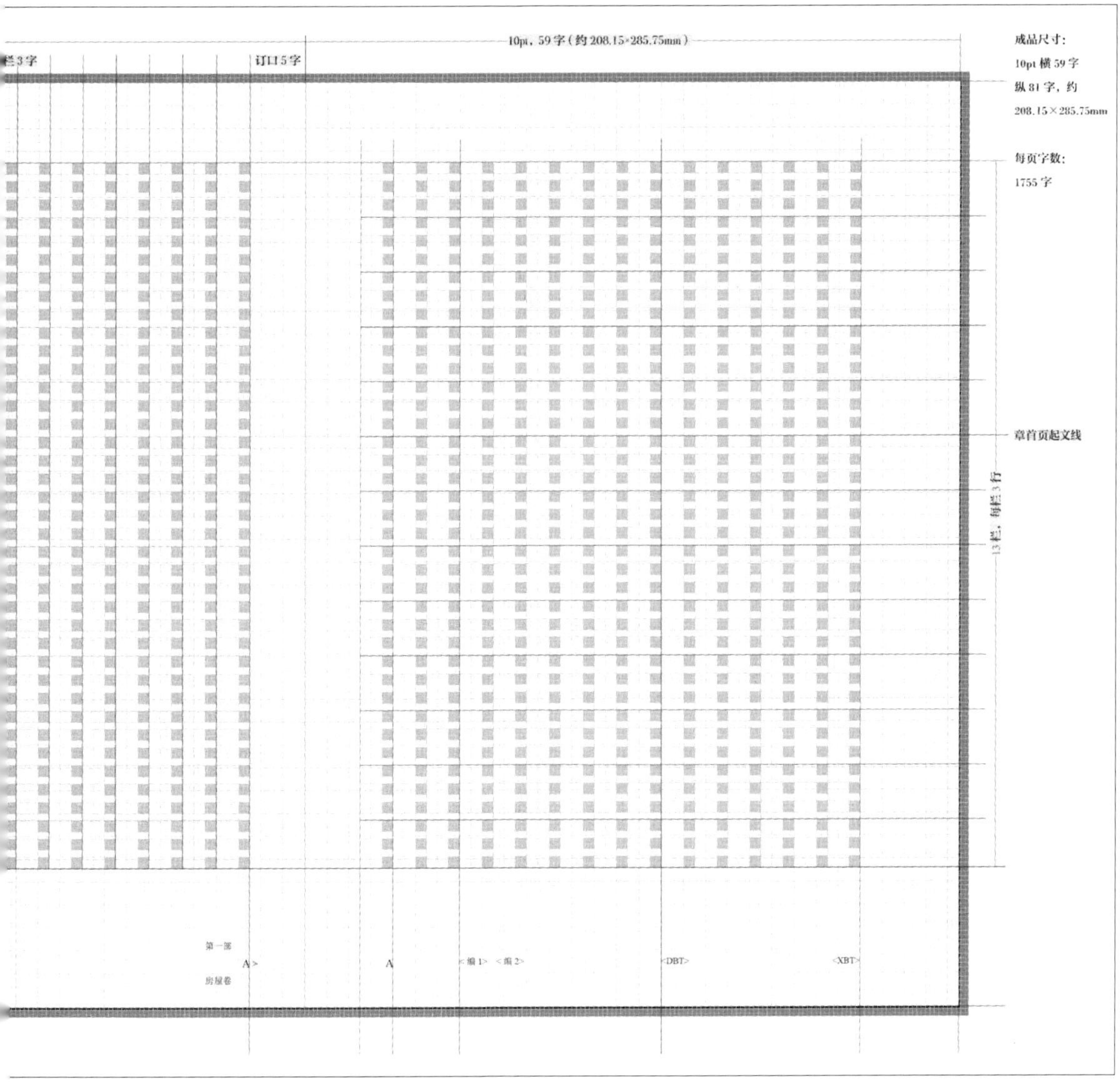

图 C-91《中国商事诉讼裁判规则》《中国民事诉讼裁判规则》版面网格系统

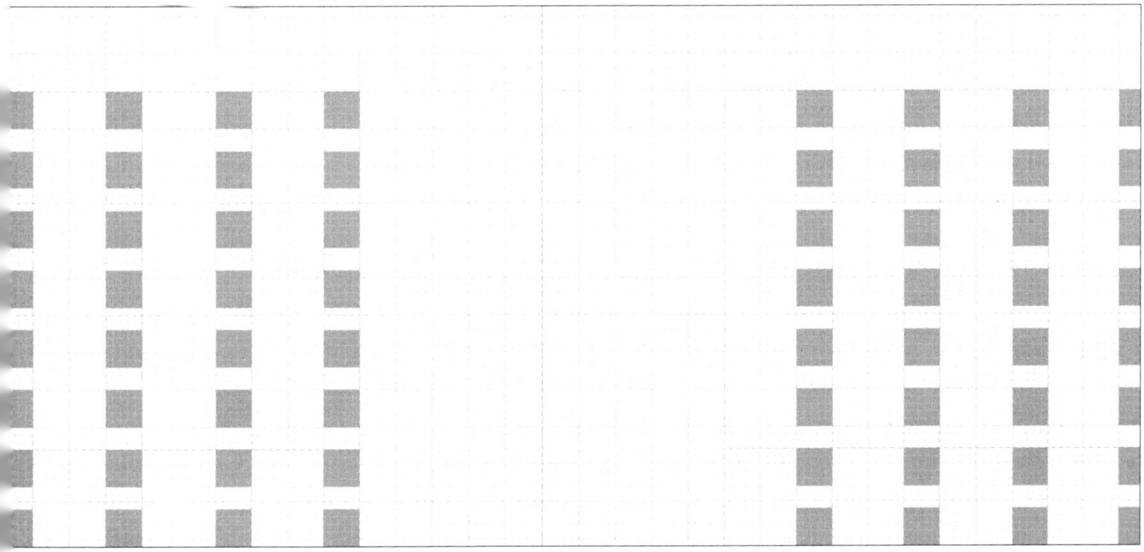

图 C-92《中国商事诉讼裁判规则》《中国民事诉讼裁判规则》版面网格系统局部细节，最小的格为 2 磅

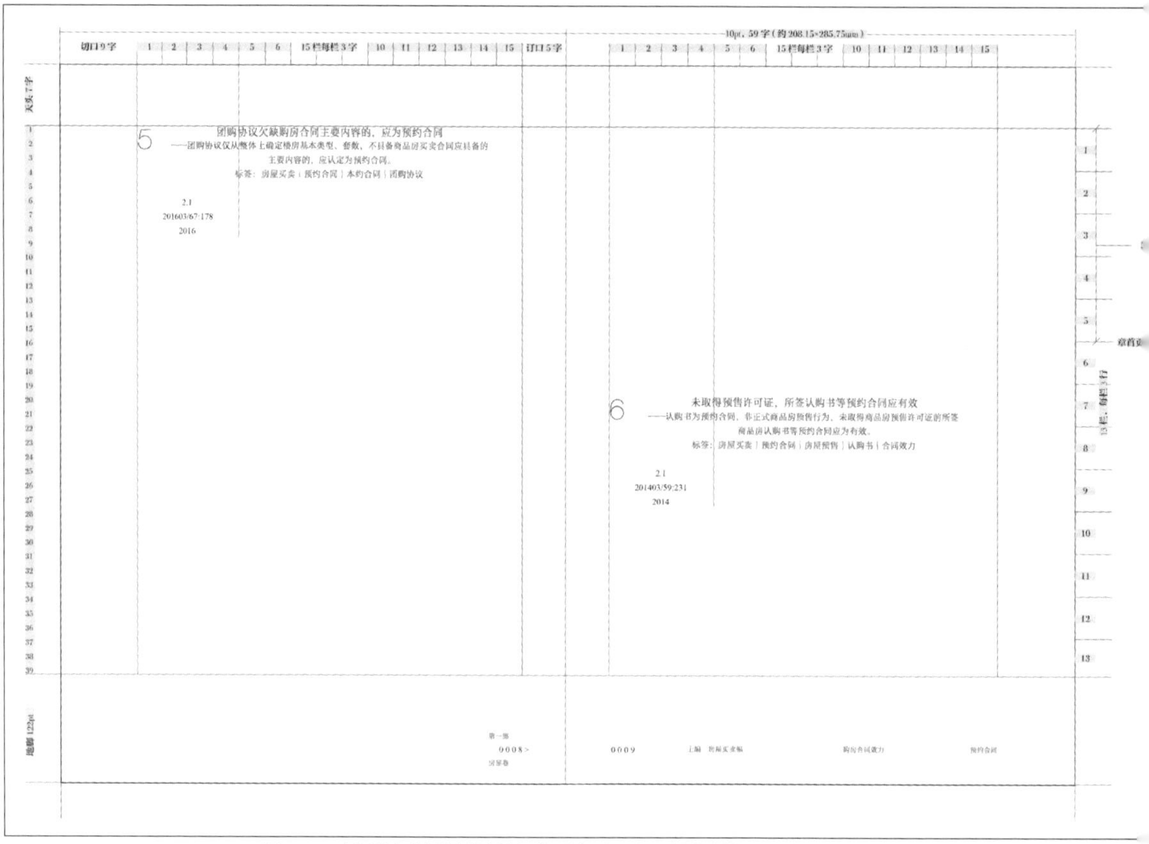

图 C-93《中国商事诉讼裁判规则》《中国民事诉讼裁判规则》选择性阅读体系：
案例编号（5、6 号）齐左，主副标题、主要内容与标签居中
天同码（左起 1—4 栏数字）在左起 1—4 栏居中

阅读行间距设计的临界点，因为对于文本类书籍来说，行间距与字高之比如果是 2:1 或小于 2:1，看几行后视觉就产生疲劳。

对比 2015 年版的《中国商事诉讼裁判规则》（法律出版社 2015 年版），字号由 9.6 磅放大到 10 磅，每行由 48 字减少到 45 字，每页从 35 行增加到 39 行。新版与其比较，每页增加了 75 字，对于每卷都超过 1000 页的书籍，每页排印字数的增加对读者无疑是友好的。

本套《天同码》法律类工具书，设计目的是帮助读者建立高效率的阅读系统，使其能够用最快的速度找到他想查阅案例中的条目。这是一个可以称之为利用版面空间和文本造型来建立的选择性阅读体系，如“天同码”之码（案件效力级别、发表载体、期数页码等信息的编码）的版面位置在版心左起第 1 至第 4 栏；“案情简介”或“问题提出”在版心左起第 8 栏至第 15 栏；“法院认为”在版心左起第 1 栏至第 6 栏，然后扩展为左起第 1 栏至第 10 栏，再扩展为左起第 1 栏至第 12 栏；“实务要点”在

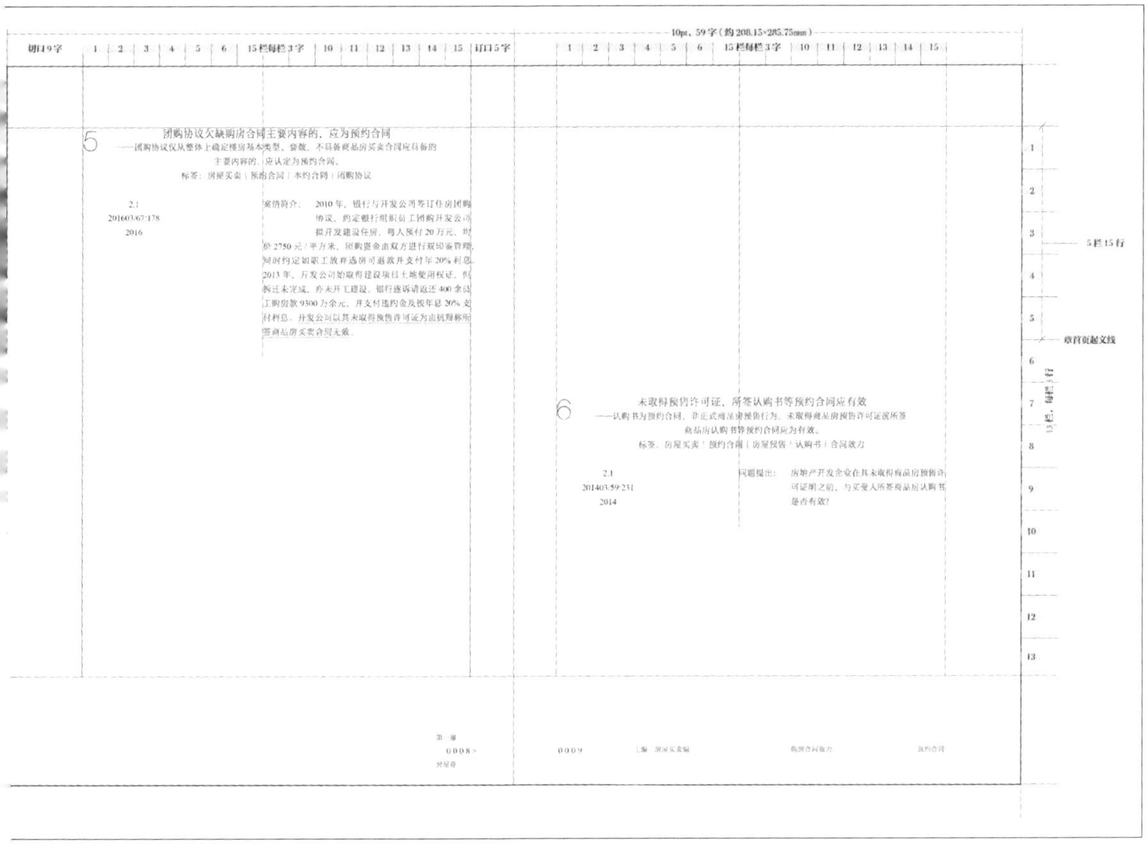

图 C-94《中国商事诉讼裁判规则》《中国民事诉讼裁判规则》选择性阅读体系：
“案情简介”或“问题提出”的空间位置在左起 8—15 栏

版心左起第 12 栏至第 15 栏。这是设计赋予阅读的视觉逻辑（图 C-93—C-96），熟悉后即可快速找到相关条目。

比如，当读者想找到任何一个案例中的“案情简介”或“问题提出”条目时，他可以忽略第 1 栏至第 7 栏，从页面的第 8 栏这个空间位置检索就能迅速找到。

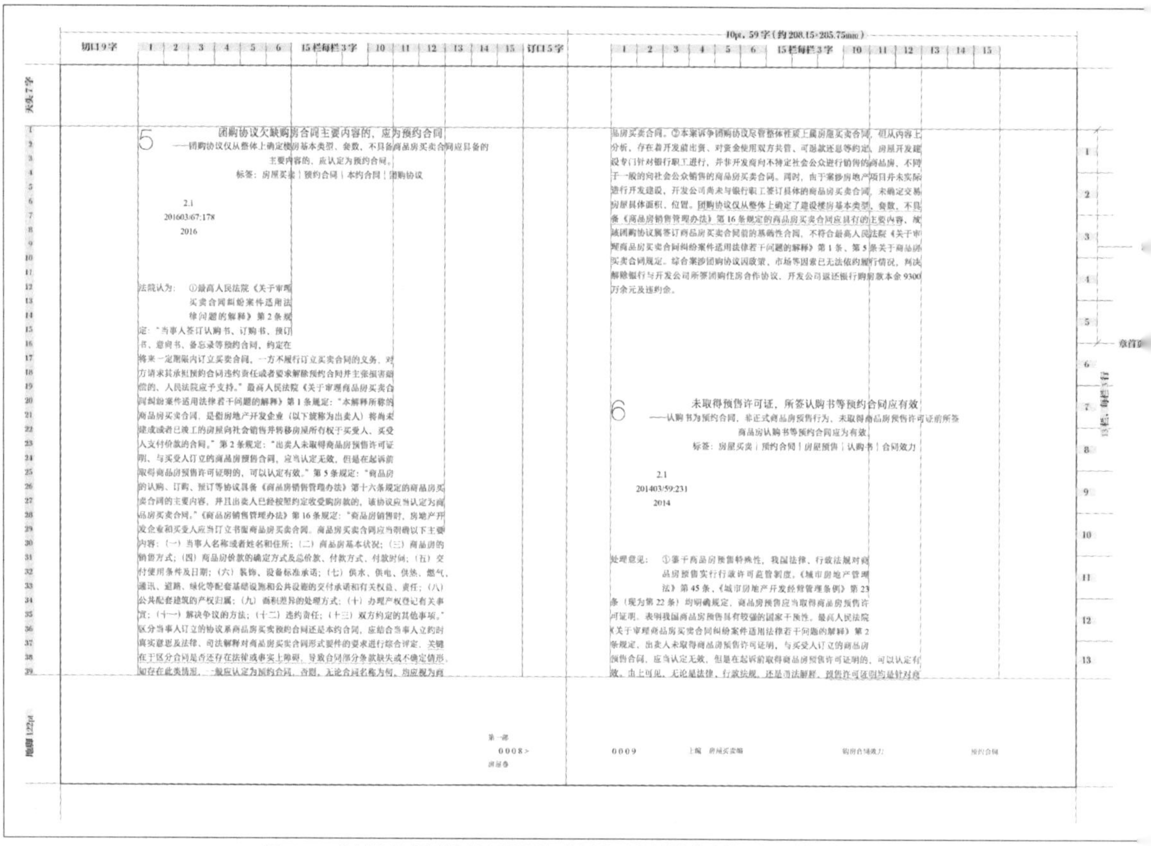

图 C-95《中国商事诉讼裁判规则》《中国民事诉讼裁判规则》选择性阅读体系：
“法院认为”左起第 1 栏至第 6 栏，可依据文本长度扩展占栏

平面设计公司是以设计师为主，在操作计算机排印方面，速度和技巧不及排版公司的操作员，把详细的排版规则发给排版公司，执行起来会快速得多。2015 和 2019 版《天同码》，都是我设计好排印格式后交给排版公司排印的（图 C-97—C-99）。排印这两个版本《天同码》的是两家排版公司。从排版公司的反馈来看，复杂的排印设计只要有规律可循、有能被数据描述的板块体例，排版速度不但不会降低，还能避免无效操作，提高效率。排印规则越详细，排印的时间效率越高。

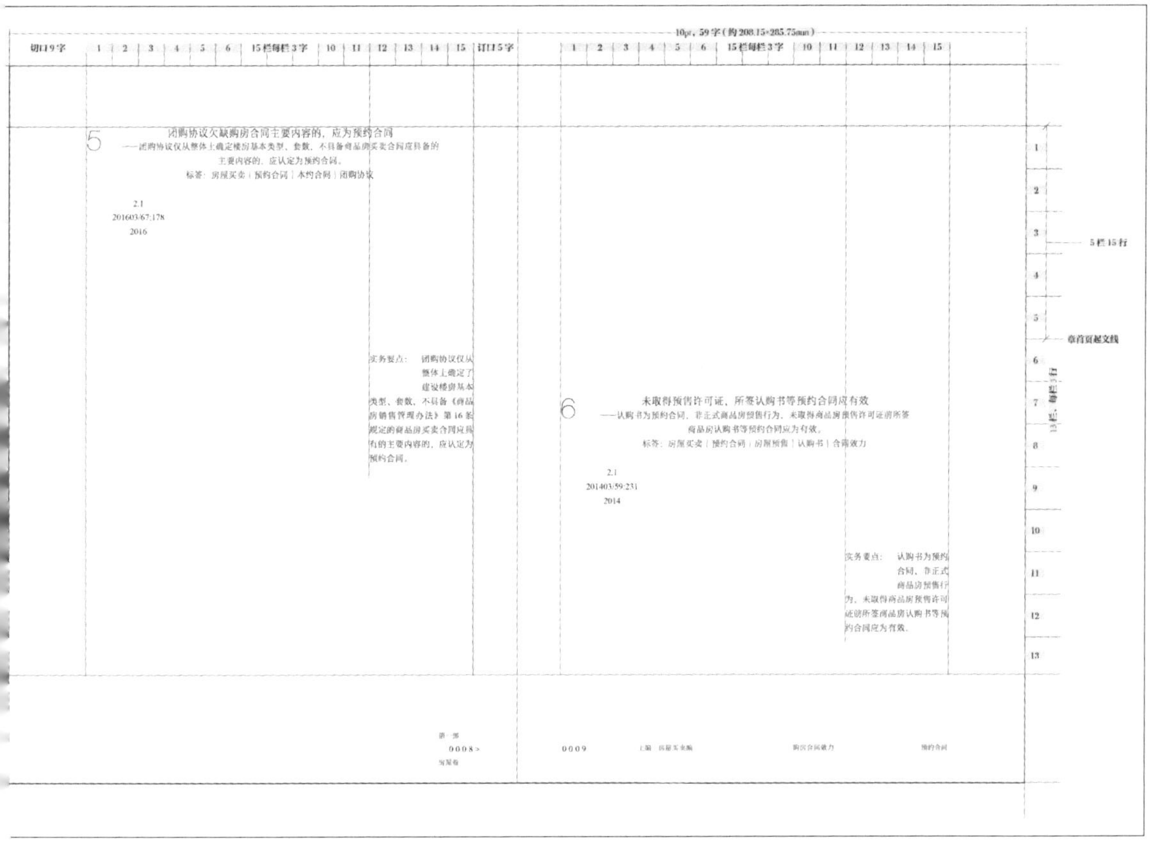

图 C-96《中国商事诉讼裁判规则》《中国民事诉讼裁判规则》选择性阅读体系：
“实务要点”位于左起第 12—15 栏

切口9字
订口5字
天头7字
1 2 3 4 5 6 7 8 9 10 11 12 13 14 15 16 17 18 19 20 21 22 23 24 25 26 27 28 29 30 31 32 33 34 35 36 37 38 39
案例编号齐
案例标题和正文之间空 1
案例编码和“法院认为”之间空 6
地脚 122pt

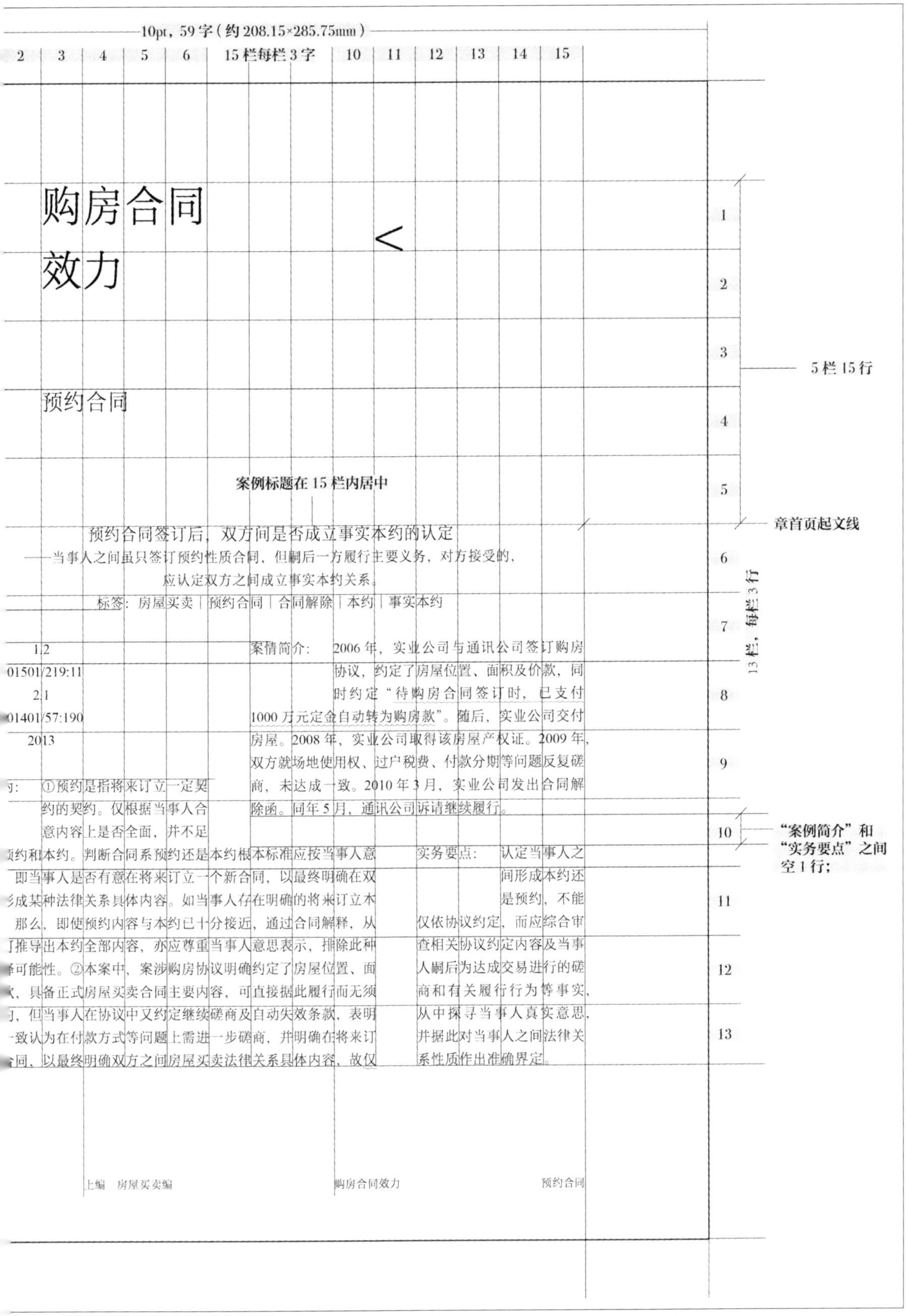

图 C-97《中国商事诉讼裁判规则》《中国民事诉讼裁判规则》排版规则 1

切口 9 字 | 1 | 2 | 3 | 4 | 5 | 6 | 15 栏每栏 3 字 | 10 | 11 | 12 | 13 | 14 | 15 | 订口 5 字

天头 7 字

合同。商品房预约合同不具备《商品房销售管理办法》第 16 条规定的商品房买卖合同主要内容或出卖人未实际收受购房款的，在商品房未取得预售许可证情况下，预约合同不因此而无效。②本案中，双方所签认购协议约定内容既不完全具备商品房买卖合同主要内容，亦未约定房款支付方式和金额，更未实际支付购房价款，故案涉认购协议本质上仍属商品房预约合同，不属商品房预售合同，不能适用最高人民法院《关于审理商品房买卖合同纠纷案件适用法律若干问题的解释》第 5 条规定，应认定案涉认购协议有效。判决驳回开发公司诉请。

“法院认为”和“案例索引”之间空 1 行

案例索引：　重庆四中院（2015）渝四中法民终字第 01323 号“肖某与某开发公司合同纠纷案”，见《预约合同不因商品房未取得预售许可证而无效——重庆四中院判决耀鹏公司诉肖某确认合同无效纠纷案》（张泽端、王倩），载《人民法院报·案例精选》（20160616:06）。

“案例索引”和下一个案例之间空 4 行

17 签约置业预算表和定金收据，能认定定金合同成立

——买房人与开发商签订包含房屋位置、面积、单价及签约期限等内容的签约置业预算表，应认定为商品房预约合同。

标签：房屋买卖｜预约合同｜团购房｜定金

3.4
201502:46
2014

案情简介：　2012 年，陈某参与开发公司房屋团购，并交纳 10 万元团购指标费后，享受折后总价 50 万元购房优惠。随后，陈某与开发公司置业顾问签订置业预算表，约定了房号、面积、单价及签约期限等内容。陈某缴纳 20 万元定金，后因开发公司修改置业预算表中确认的装修标准和接房标准，陈某不愿继续签约而导致诉讼。

法院认为：　①签约置业预算表中包含了当事人基本情况、房屋基本状况、价款计算、认购时间及签署契约时限等内容，符合预约合同法律特征，且陈某向开发公司交付了 20 万元定金，故应视为双方的预约合同关系成立，该预算表可认定为双方签订商品房买卖合同前所订立认购书。虽开发公司对签约置业预算表及定金和房款收据等持有异议，但陈某举示的委托书、团购申请及承诺书、置业预算表、定金收据及房款收据等证据之间能形成证据锁链，可证实陈某欲购买开发公司开发的特定房屋，并交纳了定金 20 万元及房款 50 万元事实，故在认定双方责任前提下，本案可适用定金罚则。②依最高人民法院《关于审理商品房买卖合同纠纷案件适用法律若干问题的解释》第 4 条规定，出卖人通过认购、订购、预订等方式向买受人收受定金作为订立商品房买卖合同担保的，如果因一方原因未能订立商品房买卖合同，应当按照法律关于定金的规定处理；因不

实务要点：　买房人与开发商签订包含房屋位置、面积、单价及签约期限等内容的签约置业预算表，应认定为商品房预约合同。

地脚 122pt

“天同码”4 栏，「段落」里选则「居中对齐」

“案例简介”8 栏，起文时标题 2 栏，正文 6 栏，3 行之后正文变为 6 栏

第一部
0020>
房屋卷

“法院认为”起文时 6 栏。其中标题 2 栏，正文 4 栏；3 行后正文变为 6 栏，遇到“案例简介”超过 5 行的情况下，“法院认为”变为 10 栏，10 栏部分与“案例简介”之间空 1 行

10pt，59字（约208.15×285.75mm）
2 3 4 5 6 15栏每栏3字 10 11 12 13 14 15
“案例索引”15栏，标题2栏，正文13栏
5栏15行
章首页起文线
13栏，每栏3行
租金收益未约定，包租商铺合同未订立，双方无责
——包租商铺认购书未约定租金收益导致买卖合同未能订立的，属不可归责于双方事由，出卖人应将定金返还买受人。
标签：房屋买卖｜预约合同｜房屋返租｜违约责任｜责任认定｜包租商铺
“法院认为”文本字数超过“实务要点”时，
由10栏变为12栏，12栏部分与“实务要点”之间空1行
上编 房屋买卖编
购房合同效力
预约合同
“实务要点”4栏，起文时标题2栏，
正文2栏，3行之后正文变为4栏

图 C-98《中国商事诉讼裁判规则》《中国民事诉讼裁判规则》排版规则 2

切口9字 | 1 | 2 | 3 | 4 | 5 | 6 | 15栏每栏3字 | 10 | 11 | 12 | 13 | 14 | 15 | 订口5字

天头7字

21 虽签认购书，但磋商不成未签正式合同，定金应退

——认购书签订后，因不可归责于当事人双方的事由，导致商品房买卖合同未能订立的，出卖人应将定金返还买受人。

标签：房屋买卖 | 预约合同 | 违约责任 | 认购书 | 定金

3.1

201301/83:22

3.6

201304/28:73

2012

案情简介：2011年，吴某与开发公司签订认购书，并支付定金52万元，开发公司收据载明“订金”。2012年，因双方对“赠送花园”是否享有专属使用权产生争议导致未能签署商品房买卖合同，开发公司据此拒绝退还定金致诉。

法院认为：①案涉认购书属预约合同，系对双方交易房屋有关事宜的初步确认，但对双方买卖房屋交房时间、办证时间、违约责任等诸多直接影响双方权利义务的重要条款并无明确约定，需在签订正式商品房买卖合同时协商一致达成。依该认购书，吴某享有对选中房屋优先购买权利，并负有在约定时间与开发公司诚信磋商签订商品房买卖合同义务。②双方签订认购书后即负有在约定期限届满前为签订商品房买卖合同进行诚信磋商义务，只要当事人为签订商品房买卖合同进行了诚信磋商，即履行了认购书义务。虽然开发公司出具收据上注明“订金”，但从认购书约定付款内容应认定吴某支付的是“定金”。认购书中约定定金亦只是担保双方诚信谈判义务，以求最终达成正式商品房买卖合同，吴某签订认购书后依约支付定金，同时与开发公司就商品房买卖合同签订积极磋商，如双方在公平、诚信原则下磋商，只是基于各自利益考虑，无法就重要条款达成一致意思表示，致使本约不能订立，则属不可归责于双方原因，不在预约合同所指违约情形内。③最高人民法院《关于审理商品房买卖合同纠纷案件适用法律若干问题的解释》第4条规定：“出卖人通过认购、订购、预订等方式向买受人收受定金作为订立商品房买卖合同担保的，如果因当事人一方原因未能订立商品房买卖合同，应当按照法律关于定金的规定处理；因不可归责于当事人双方的事由，导致商品房买卖合同未能订立的，出卖人应当将定金返还买受人。”本案中，对花园问题如何协商，双方均不能证明自己所述真实情形下，应认定双方未能订立商品房买卖合同原因系双方磋商不成，并非一方对认购协议反悔，双方均已履行认购书约定义务，对未能签订商品房买卖合同均无过错。此情形下，预约合同应解除，已付定金应返还。

实务要点：商品房认购书签订后，因不可归责于当事人双方的事由，导致商品房买卖合同未能订立的，出卖人应当将定金返还买受人。

案例索引：江苏无锡中院（2012）锡民终字第0619号“吴某与某开发公司商品房预售合同纠纷案”，见《吴建平诉无锡深港国际服务外包产业发展有限公司商品房预售合同纠纷案——商品房预售合同中违约行为的认定》（任璐），载《人民法院案例选》（201301/83:22）；另见《吴建平诉深港公司商品房预售定金返还纠纷案》，载《江苏省高级人民法院公报》（201304/28:73）。

地脚122pt

第一部

0024>

房屋卷

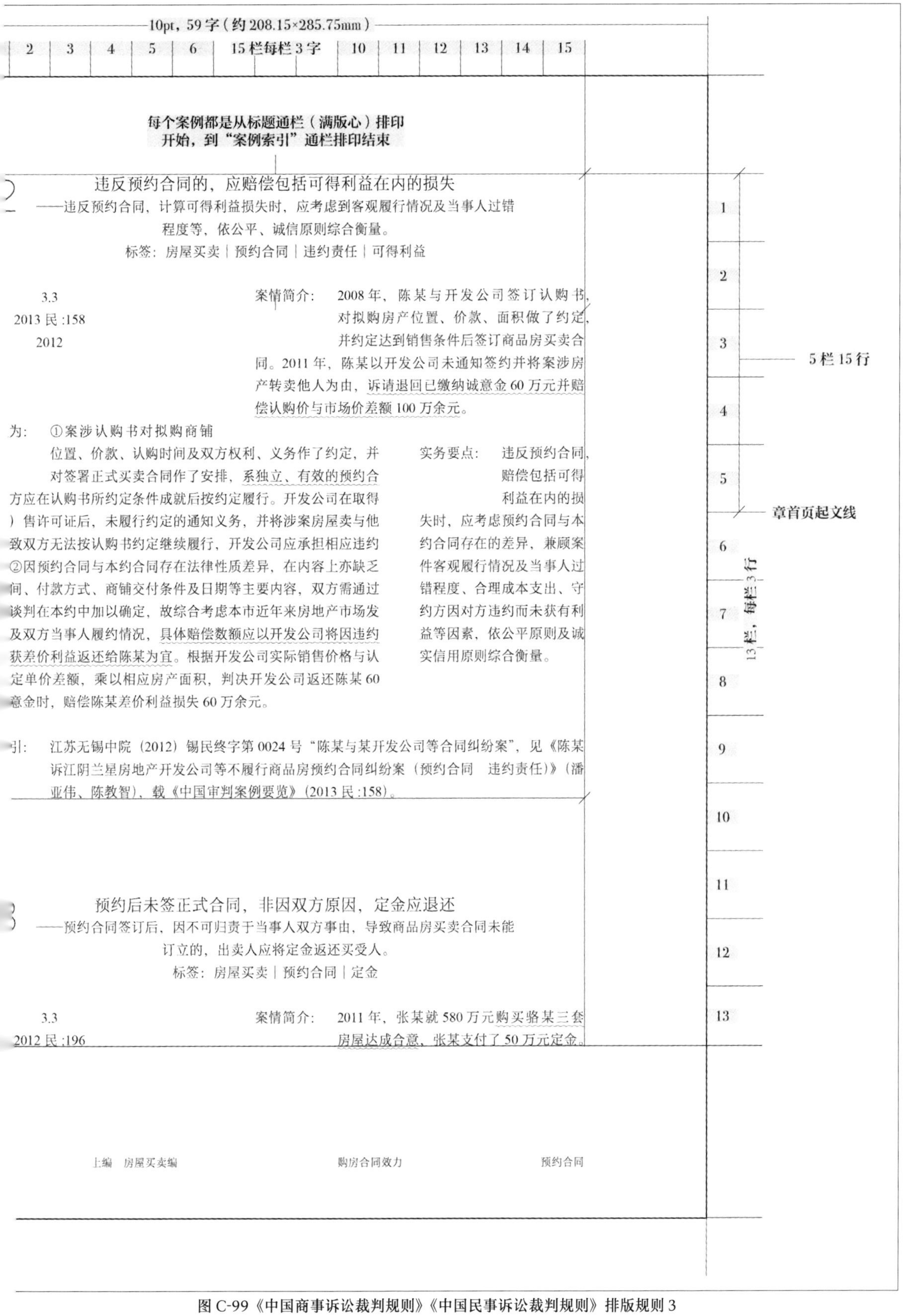
10pt，59 字（约 208.15×285.75mm）
2 | 3 | 4 | 5 | 6 | 15 栏每栏 3 字 | 10 | 11 | 12 | 13 | 14 | 15
每个案例都是从标题通栏（满版心）排印
开始，到“案例索引”通栏排印结束
违反预约合同的，应赔偿包括可得利益在内的损失
——违反预约合同，计算可得利益损失时，应考虑到客观履行情况及当事人过错
程度等，依公平、诚信原则综合衡量。
标签：房屋买卖 | 预约合同 | 违约责任 | 可得利益
3.3
2013 民 :158
2012
案情简介：
2008 年，陈某与开发公司签订认购书，对拟购房产位置、价款、面积做了约定，并约定达到销售条件后签订商品房买卖合同。2011 年，陈某以开发公司未通知签约并将案涉房产转卖他人为由，诉请退回已缴纳诚意金 60 万元并赔偿认购价与市场价差额 100 万余元。
为：
①案涉认购书对拟购商铺
位置、价款、认购时间及双方权利、义务作了约定，并
对签署正式买卖合同作了安排，系独立、有效的预约合
方应在认购书所约定条件成就后按约定履行。开发公司在取得
）售许可证后，未履行约定的通知义务，并将涉案房屋卖与他
致双方无法按认购书约定继续履行，开发公司应承担相应违约
②因预约合同与本约合同存在法律性质差异，在内容上亦缺乏
间、付款方式、商铺交付条件及日期等主要内容，双方需通过
谈判在本约中加以确定，故综合考虑本市近年来房地产市场发
及双方当事人履约情况，具体赔偿数额应以开发公司将因违约
获差价利益返还给陈某为宜。根据开发公司实际销售价格与认
定单价差额，乘以相应房产面积，判决开发公司返还陈某 60
意金时，赔偿陈某差价利益损失 60 万余元。
实务要点：
违反预约合同，赔偿包括可得利益在内的损失时，应考虑预约合同与本约合同存在的差异，兼顾案件客观履行情况及当事人过错程度、合理成本支出、守约方因对方违约而未获有利益等因素，依公平原则及诚实信用原则综合衡量。
引：
江苏无锡中院（2012）锡民终字第 0024 号“陈某与某开发公司等合同纠纷案”，见《陈某诉江阴兰星房地产开发公司等不履行商品房预约合同纠纷案（预约合同　违约责任）》（潘亚伟、陈教智），载《中国审判案例要览》（2013 民 :158）。
预约后未签正式合同，非因双方原因，定金应退还
——预约合同签订后，因不可归责于当事人双方事由，导致商品房买卖合同未能
订立的，出卖人应将定金返还买受人。
标签：房屋买卖 | 预约合同 | 定金
3.3
2012 民 :196
案情简介：
2011 年，张某就 580 万元购买骆某三套房屋达成合意，张某支付了 50 万元定金。
上编　房屋买卖编
购房合同效力
预约合同
1 2 3 4 5 6 7 8 9 10 11 12 13
5 栏 15 行
章首页起文线
13 栏，每栏 3 行

图 C-99《中国商事诉讼裁判规则》《中国民事诉讼裁判规则》排版规则 3

2. 《唐诗名句类选笺释辑评 天文地理 卷》

XXL Studio 的版式设计没有装饰，它依靠文本（图片）的内容体例关系对字号的要求来分配版面空间，从中抽象出形式语言，使文本在页面里不仅可以是内容，同时也是形式。这样做很难，经常使我们的构思几近枯竭，也促使我们思考设计与文本（图片）的关系，为不加装饰而又达到形式美殚精竭虑。

本书第 2 章（B）第 11 个案例《唐诗名句类选笺释辑评 天文地理 卷》因其体例关系多达 6 个层级而使我有了强烈的设计冲动：在页面上用文字来营造阅读的诗意，虽然文本都是短句，但用设计赋予它的形式将短句变换为从翻开到合上的诗歌之河。

诗歌之河意味着上一首和下一首连续接排，而不是用一种固定的格式来设计每首名句的 6 个体例。连续接排也包括了章与节的设计是对正文的一种视觉增强，好比涓涓细流夹杂着巨浪（参见本书第 2 章 B New 11×16 XXL Studio 的第 11 个案例）。

0.5 磅的模数使 4 种字号、排印 6 个体例的网格有尺寸完全一致的版心（图 C-100）。这些 0.5 磅的细格，对不同字号的行对齐有很好的辅助作用，如在尽量减少拆分文本框的情况下，把 15 磅的唐诗名句对齐 15 磅网格时，紧接着要把 9 磅的名句编号

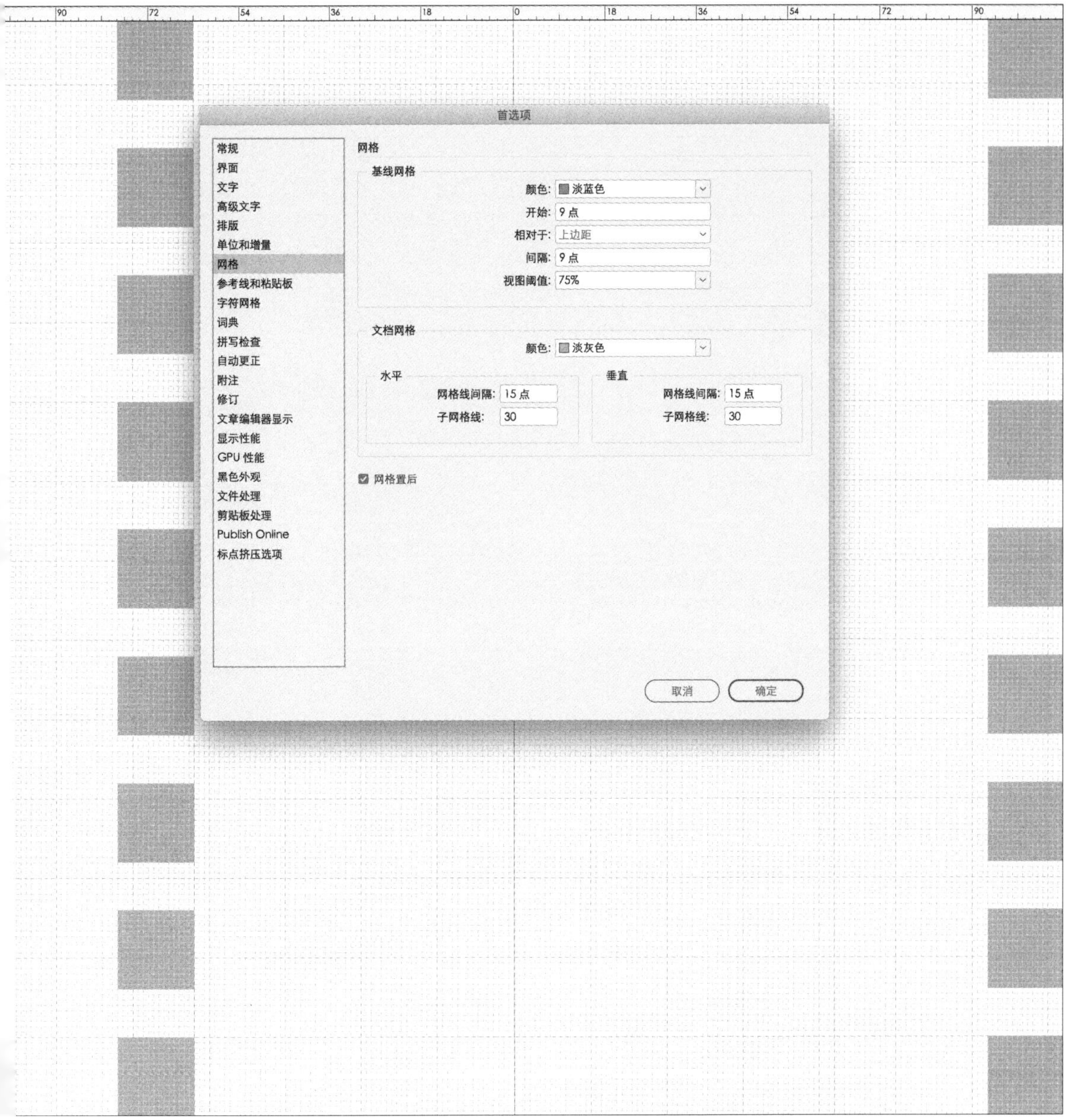

图 C-100《唐诗名句类选笺释辑评 天文地理 卷》版面网格系统，0.5 磅作为模数的网格细节

和作者、名句来源对齐 9 磅网格，这时，细小的 0.5 磅“版面网格”就能帮助我直接看到行间距要修改的数值，而不必仅凭眼力或者不断尝试。

这本诗集的排印很考验耐心，需要在一个页面上不断地变换主页（图 C-101—C-106）。

405 磅

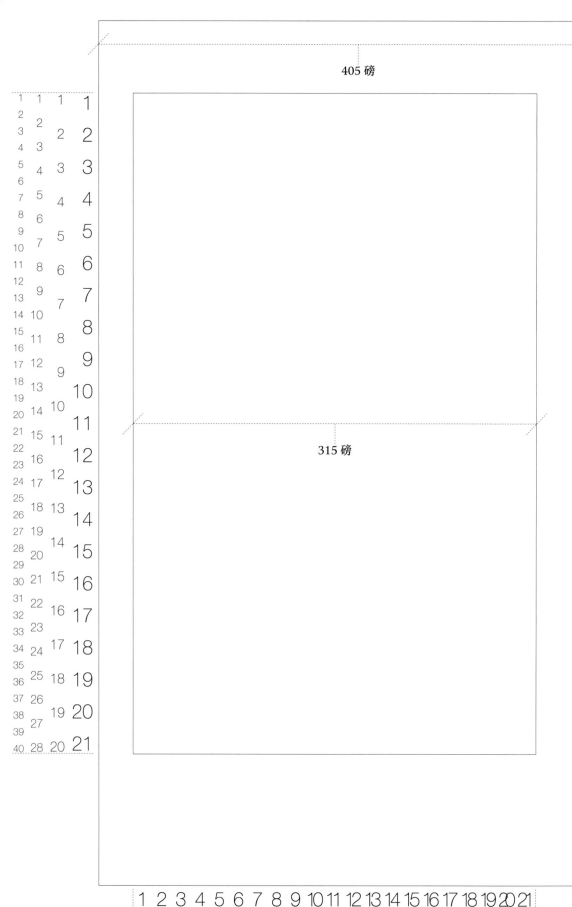

315 磅

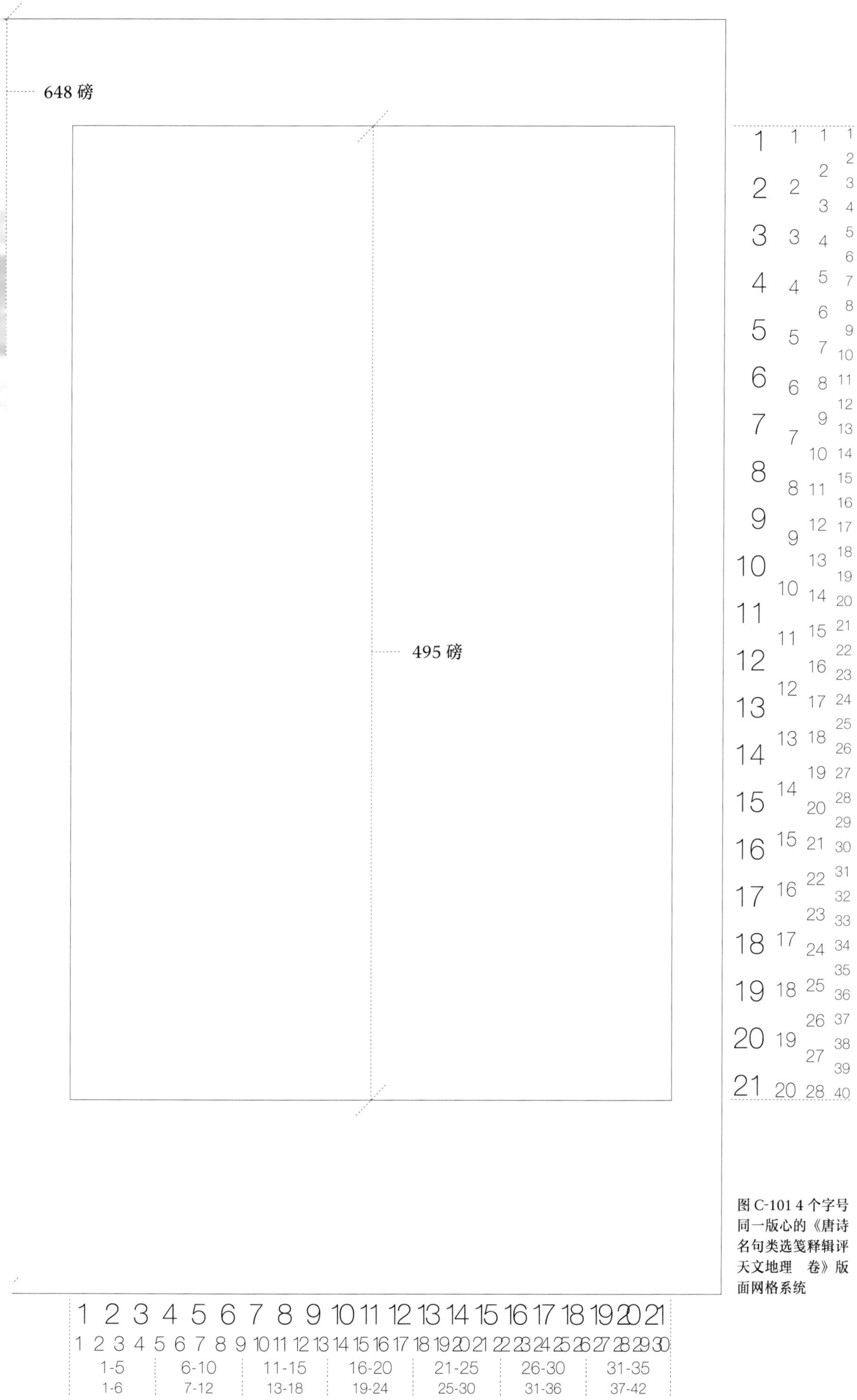

图 C-101 4 个字号同一版心的《唐诗名句类选笺释辑评 天文地理 卷》版面网格系统

流光灭远山。

物象归馀清，
林峦分夕丽。
亭亭碧流暗，
日入孤霞继。

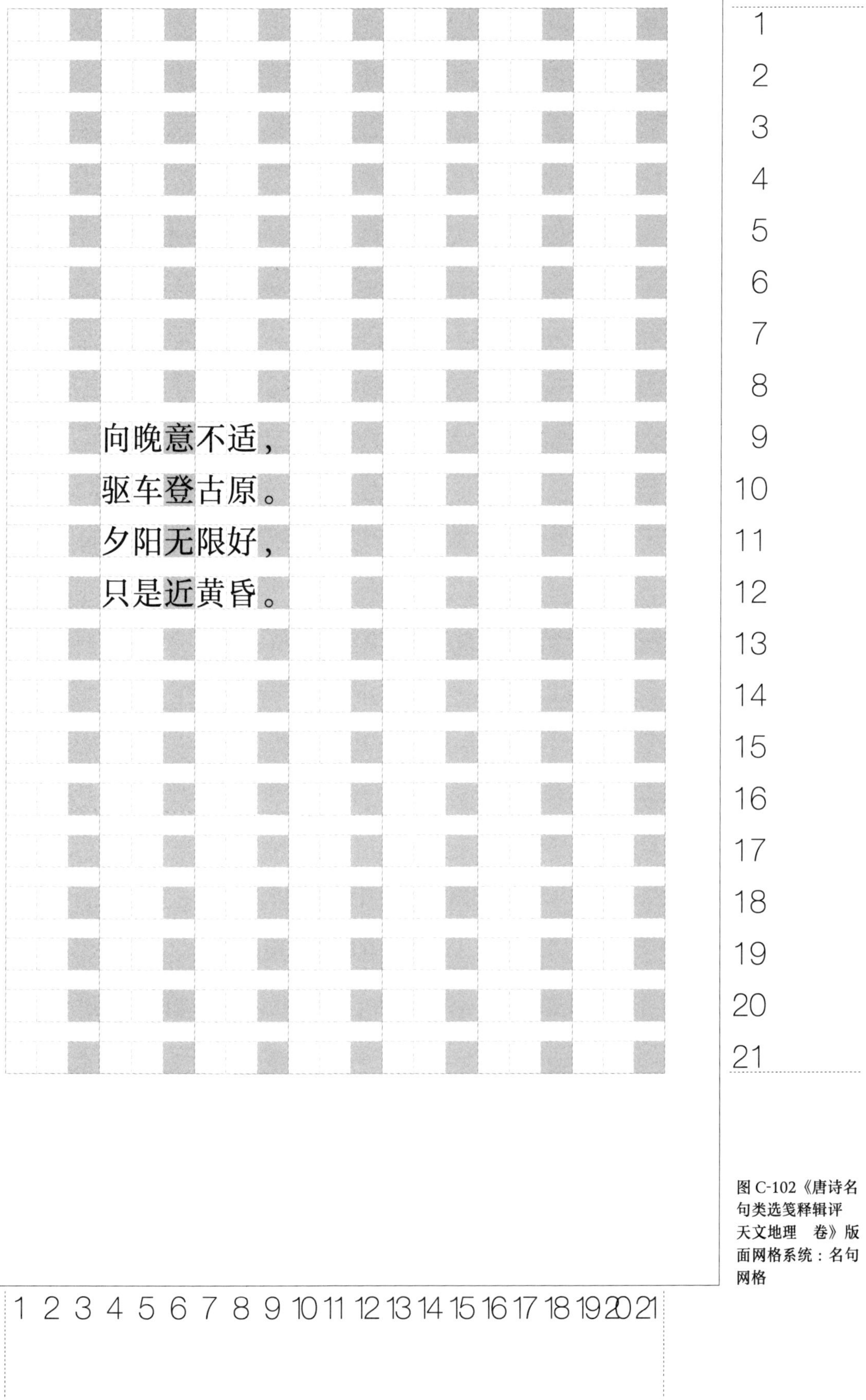

向晚意不适，
驱车登古原。
夕阳无限好，
只是近黄昏。

图 C-102《唐诗名句类选笺释辑评 天文地理 卷》版面网格系统：名句网格

登上长安城南的杜陵原，眺望城北，
可见长陵、安陵、阳陵、茂陵、平陵等五座汉陵。
落日映照渭水，秋水一片明亮；
夕阳的光辉在水上闪烁，远山也变得迷离不清。

日落之时，万物景象清凉疏爽，
夕阳的馀辉照亮树木山峦。
碧绿深暗的流水流向远方；太阳西沉，彩霞也随之飞逝。

傍晚时意绪不佳，所以驱车来到乐游原上。
看夕阳缓缓垂落，无限美好，只是接近黄昏，好景无多了。

图 C-103《唐诗名句类选笺释辑评 天文地理 卷》版面网格系统：今译网格

0008 李白《杜陵绝句》*

（宋）严羽《评点李太白诗集》评后二句“此景从无人拈出”。

0009 常建《西山》

（明）钟惺、谭元春《唐诗归》谭评“物象”句“不妙在‘归’字，（而）

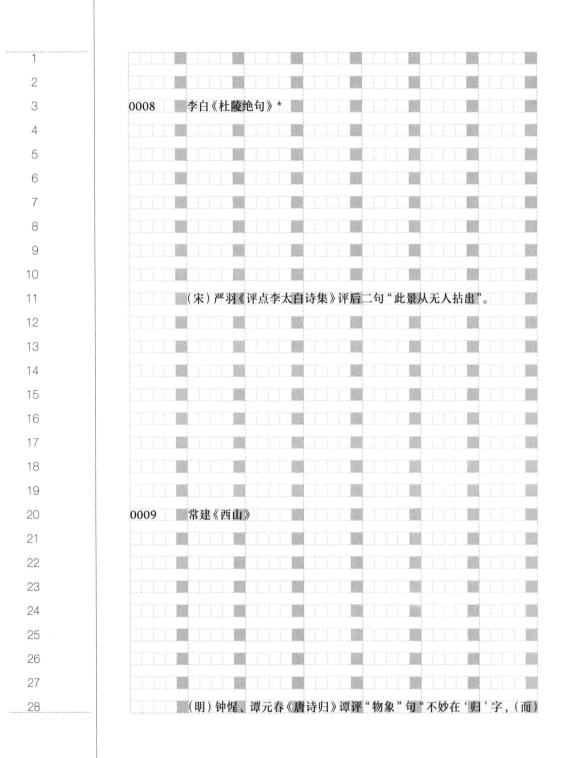

1-5 6-10 11-15 16-20 21-25 26-30 31-35

在‘馀’字”。钟评“日入”句“孤霞凄趣，若灯烛则败兴矣”。（明）钟惺《唐诗笺注》评此四句“平铺直叙，自是出世语”。（明）陆时雍《唐诗镜》评此诗“霁色清音”。（明）周敬、周珽《删补唐诗选脉笺释会通评林》唐汝询评此诗“置谢康乐（谢灵运）集中，不露苍白”。黄家鼎评此诗“清绝，无烟火气”。（清）沈德潜《唐诗别裁集》评此诗“步骤（效法）谢公”。（清）范大士《历代诗发》评此诗“神孤响逸”。（清）王尧衢《唐诗合解笺注》评此诗“平铺直叙，自见清澈”。（清）黄培芳《唐贤三昧集笺注》评“日入”句“五字晚景传神”。

0010 李商隐《乐游原》*

（宋）杨万里《诚斋诗话》评此诗“忧唐之衰”。（明）黄克缵、卫一凤《全唐风雅》评此诗“忧唐祚将衰也”。（明）唐汝询《汇编唐诗十集》评后二句“国步（国家的命运）岌岌”。（清）姚培谦《李义山诗集笺注》评此诗“销魂（极哀愁）之语，不堪多诵”。（清）屈复《玉溪生诗意》评此诗“时事遇合，俱在个中，抑扬尽致”。（清）李锳《诗法易简录》评此诗“以末句收足‘向晚’意，言外有身世迟暮之感”。（清）孙

图 C-104《唐诗名句类选笺释辑评 天文地理 卷》版面网格系统：历代评论网格

今陕西咸阳市附近。

流光 > 流动、闪烁的光彩。

物象 > 自然界的景物。

馀清 > 日落时的清凉疏爽之景。谢灵运《游南亭》："密林含馀清，远峰隐半规。"

夕丽 > 夕阳的光辉。丽，光华。

亭亭 > 远貌。司马相如《长门赋》："澹偃蹇而待曙兮，荒亭亭而复明。"李善注："亭亭，远貌。"

1-6 7-12 13-18 19-24 25-30 31-36 37-42

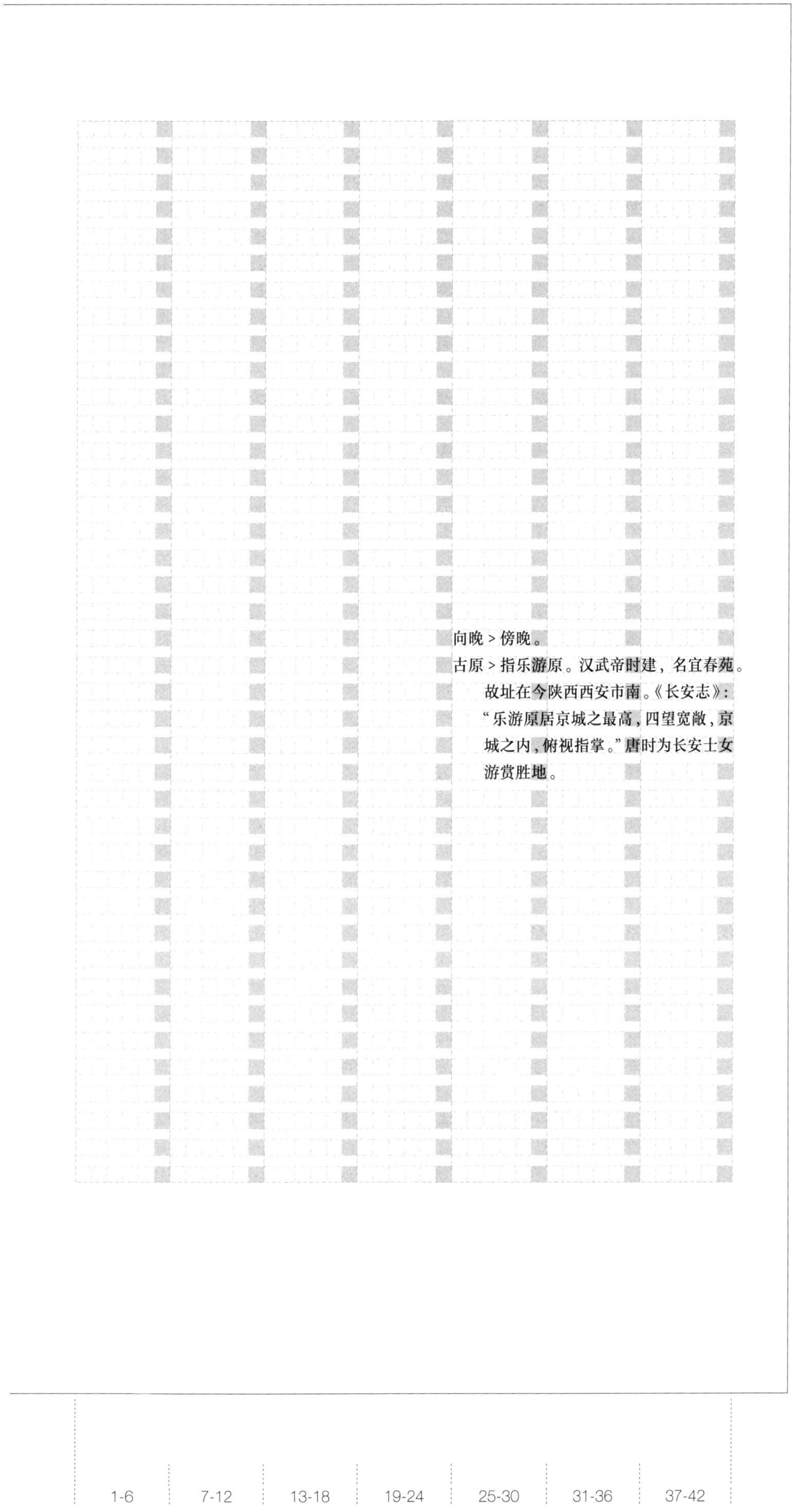
向晚 > 傍晚。
古原 > 指乐游原。汉武帝时建，名宜春苑。故址在今陕西西安市南。《长安志》：“乐游原居京城之最高，四望宽敞，京城之内，俯视指掌。”唐时为长安士女游赏胜地。
1-6
7-12
13-18
19-24
25-30
31-36
37-42

图 C-105《唐诗名句类选笺释辑评 天文地理 卷》版面网格系统：注释网格

流光灭远山。

今陕西咸阳市附近。
流光 > 流动、闪烁的光彩。

0008　李白《杜陵绝句》*

登上长安城南的杜陵原，眺望城北，

可见长陵、安陵、阳陵、茂陵、平陵等五座汉陵。

落日映照渭水，秋水一片明亮；

夕阳的光辉在水上闪烁，远山也变得迷离不清。

（宋）严羽《评点李太白诗集》评后二句“此景从无人拈出”。

物象归馀清，
林峦分夕丽。
亭亭碧流暗，
日入孤霞继。

0009　常建《西山》

物象 > 自然界的景物。
馀清 > 日落时的清凉疏爽之景。谢灵运《游南亭》：“密林含馀清，远峰隐半规。”
夕丽 > 夕阳的光辉。丽，光华。
亭亭 > 远貌。司马相如《长门赋》：“澹偃蹇而待曙兮，荒亭亭而复明。”李善注：“亭亭，远貌。”

日落之时，万物景象清凉疏爽，

夕阳的馀辉照亮树木山峦。

碧绿深暗的流水流向远方；太阳西沉，彩霞也随之飞逝。

（明）钟惺、谭元春《唐诗归》谭评“物象”句“不妙在‘归’字，（而）

在‘馀’字”。钟评“日入”句“孤霞凑趣，若灯烛则败兴矣”。（明）钟惺《唐诗笺注》评此四句“平铺直叙，自是出世语”。（明）陆时雍《唐诗镜》评此诗“霁色清音”。（明）周敬、周珽《删补唐诗选脉笺释会通评林》唐汝询评此诗“置谢康乐（谢灵运）集中，不露苍白”。黄家鼎评此诗“清绝，无烟火气”。（清）沈德潜《唐诗别裁集》评此诗“步骤（效法）谢公”。（清）范大士《历代诗发》评此诗“神孤响逸”。（清）王尧衢《唐诗合解笺注》评此诗“平铺直叙，自见清澈”。（清）黄培芳《唐贤三昧集笺注》评“日入”句“五字晚景传神”。

向晚意不适，
驱车登古原。
夕阳无限好，
只是近黄昏。

0010 李商隐《乐游原》*

向晚 > 傍晚。

古原 > 指乐游原。汉武帝时建，名宜春苑。故址在今陕西西安市南。《长安志》：“乐游原居京城之最高，四望宽敞，京城之内，俯视指掌。”唐时为长安士女游赏胜地。

傍晚时意绪不佳，所以驱车来到乐游原上。

看夕阳缓缓垂落，无限美好，只是接近黄昏，好景无多了。

（宋）杨万里《诚斋诗话》评此诗“忧唐之衰”。（明）黄克缵、卫一凤《全唐风雅》评此诗“忧唐祚将衰也”。（明）唐汝询《汇编唐诗十集》评后二句“国步（国家的命运）岌岌”。（清）姚培谦《李义山诗集笺注》评此诗“销魂（极哀愁）之语，不堪多诵”。（清）屈复《玉溪生诗意》评此诗“时事遇合，俱在个中，抑扬尽致”。（清）李锳《诗法易简录》评此诗“以末句收足‘向晚’意，言外有身世迟暮之感”。（清）孙

日

夕阳

图 C-106《唐诗名句类选笺释辑评 天文地理 卷》6种文本体例的排印依据各自的网格

中文行数
78 行

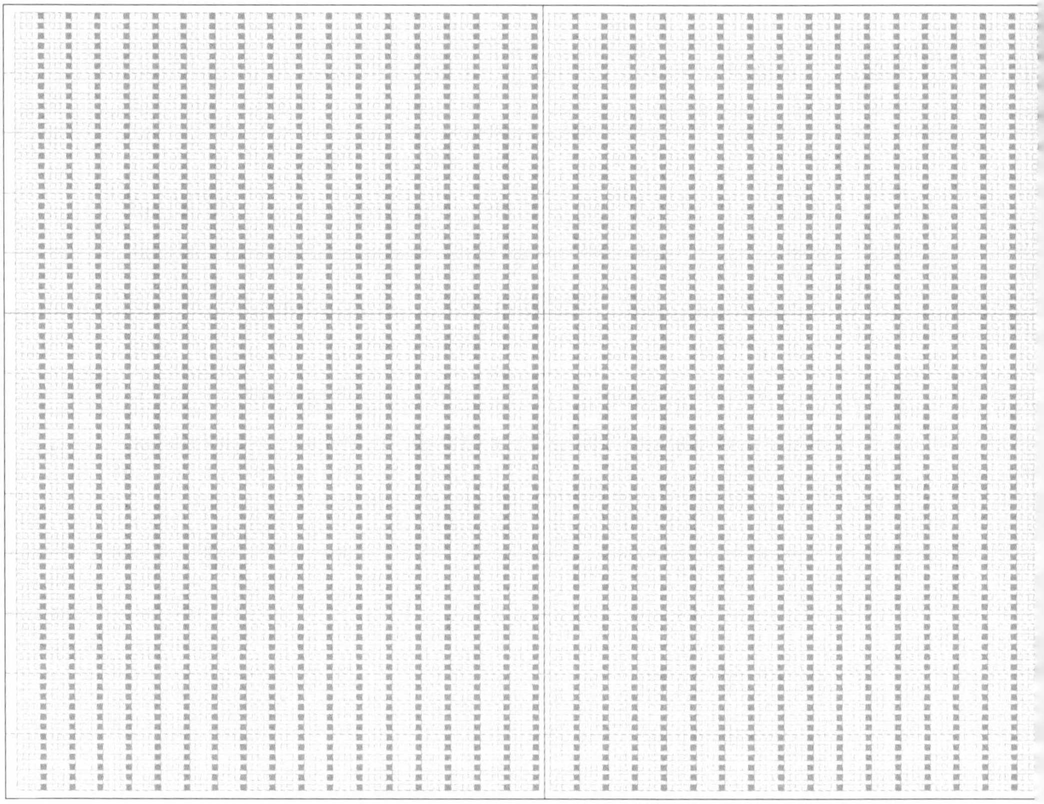

图 C-107 GDC Award 21 巡回展览册版面网格系统的字符网格，XXL Studio 汉字出版物设计的起点

3.　《GDC Award 21》巡回展览册

设计《GDC Award 21》的巡回展览册，理念上延续了《GDC Award 21》作品集中图文关系留给读者的视觉印象（见 p138），将它变换一种形式（精装对无装订）和材质（麻布、PVC 和 PU 对无涂布纸），用简洁明了的形式语言和色彩做新的呈现。

本展览册由 5 厚 4 薄的 9 张 A2 纸组成，无装订。

巡回展览册的尺寸设计为 A2 稍加修改（837×1190.5 磅），为方便携带与邮寄可以对折为 A3。设计在 A2 尺寸的页面上展开，考虑到折叠为它设计了垂直排印的文字中轴，获奖作品图片不受对折限制，可以随版面需要随意安排。

设计理念除了延续作品集的思路外，还寻求用简洁有力的形式与丰富的细节，将巡回展览册呈现在参展观众面前，如图 C-109。在单元格 17—25 至 a—f 组成的空间里，字号 198 磅、93 磅、43.5 磅、30 磅和 9 磅文本在排印后，使文本的对仗整齐与参差共存的视觉感受，带来正形（文本、图片）与负形（留白）的丰富变化。单元格 1—23 至 f—m 组成的空间里，中英文文本分别设计在空白与图片上。图 C-109 页面上所有英文都与

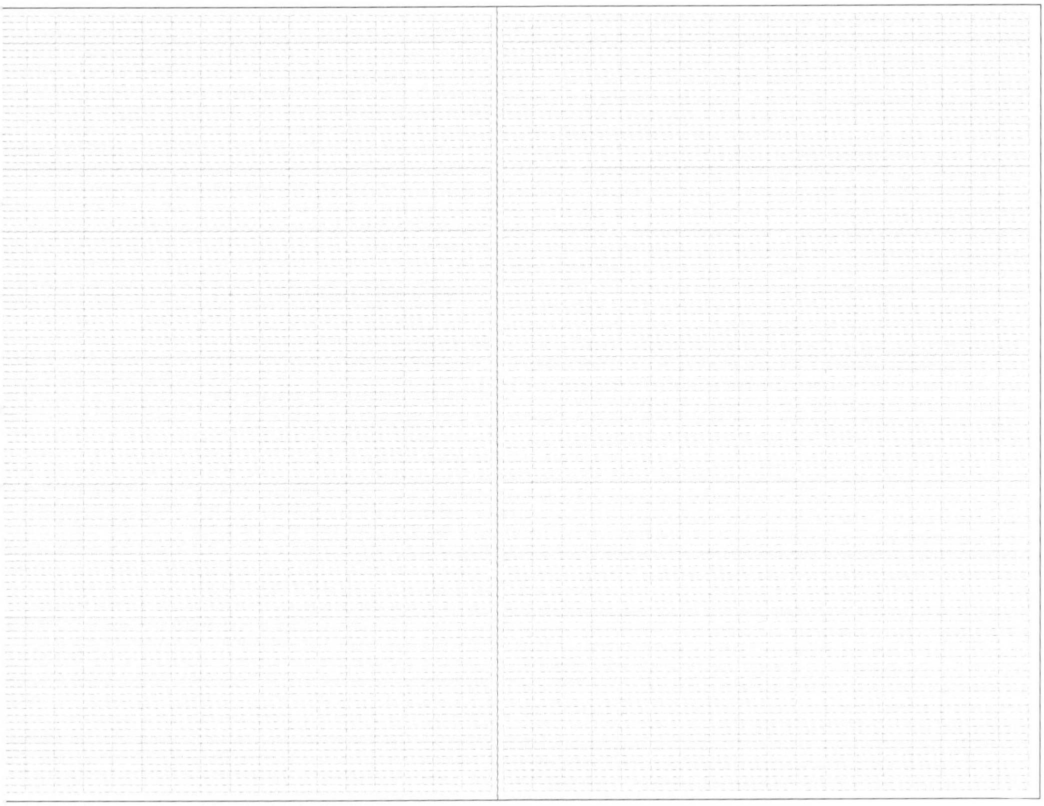

英文行数
111 行

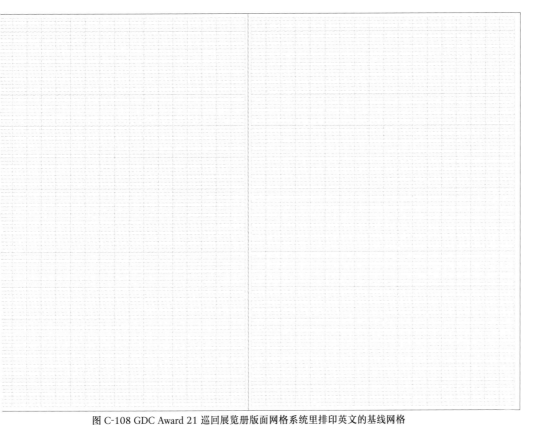

图 C-108 GDC Award 21 巡回展览册版面网格系统里排印英文的基线网格

基线网格对齐，中文与字符网格对齐。

为达到细节丰富的设计目标，设计了用 1.5 磅为模数的版面网格系统（图 C-107）。在这个系统里，每行 182 字（90+1+1+90），因为对折，折线左右各空出 1 字。如果按照 A3 的页面尺寸来计算分栏和版心，则将 180 字分为了 18 栏，每栏 5 字，没有设计栏间距，版心尺寸为：高 1164×810 磅。

巡回展览册的使用场合为国际巡展，需对照使用汉字和英文，所以在高 810 磅的版心里设计了英文基线网格 111 行（图 C-108），来对应中文的 78 行。在实际设计与排印时，最重要的参考是网格系统里的单元格（图 C-109）。

方正字库为深圳平面设计协会设计了 GDC 体，包含汉字与英文的这套字体共有 4 个字重。5 张厚纸的正背用 Medium 排印了专业组金奖、学生组金奖和评审奖获奖作品图片，同时有这些奖项的详细信息和设计说明（图 C-110—C-111，C-112—C-113，C-116—C-117，C-120—C-121，C-124—C-125）。4 张薄纸中的 3 张，用 Light 排印《GDC Award 21》的主要文本（图 C-114—C-115，C-118—C-119，C-122—C-123），第 4 张薄纸（图 C-126—C-127）如同封面一样，正背印刷了

1 2 3 4 5 6 7 8 9 10 11 12 13 14 15 16 17

a-4

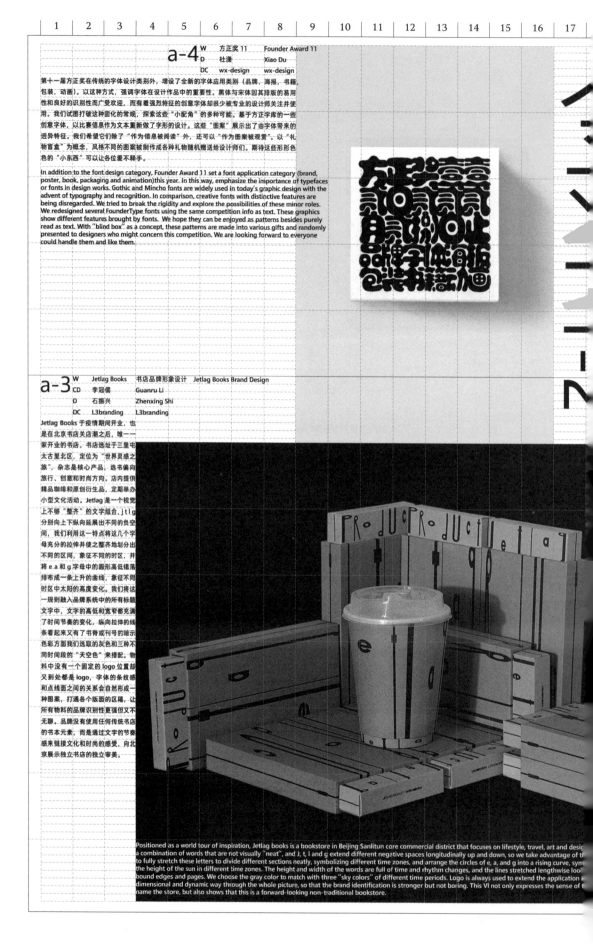

W	方正奖 11	Founder Award 11
D	杜潇	Xiao Du
DC	wx-design	wx-design

第十一届方正奖在传统的字体设计类别外，增设了全新的字体应用类别（品牌，海报，书籍，包装，动画）。以这种方式，强调字体在设计作品中的重要性。黑体与宋体因其排版的易用性和良好的识别性而广受欢迎，而有着强烈特征的创意字体却很少被专业的设计师关注并使用。我们试图打破这种固化的常规，探索这些“小配角”的多种可能。基于方正字库的一些创意字体，以比赛信息作为文本重新做了字形的设计。这些“图案”展示出了由字体带来的迥异特征。我们希望它们除了“作为信息被阅读”外，还可以“作为图案被观赏”。以“礼物盲盒”为概念，风格不同的图案被制作成各种礼物随机赠送给设计师们。期待这些形形色色的“小东西”可以让各位爱不释手。

In addition to the font design category, Founder Award 11 set a font application category (brand, poster, book, packaging and animation)this year. In this way, emphasize the importance of typefaces or fonts in design works. Gothic and Mincho fonts are widely used in today's graphic design with the advent of typography and recognition. In comparison, creative fonts with distinctive features are being disregarded. We tried to break the rigidity and explore the possibilities of these minor roles. We redesigned several FounderType fonts using the same competition info as text. These graphics show different features brought by fonts. We hope they can be enjoyed as patterns besides purely read as text. With "blind box" as a concept, these patterns are made into various gifts and randomly presented to designers who might concern this competition. We are looking forward to everyone could handle them and like them.

a-3

W	Jetlag Books	书店品牌形象设计	Jetlag Books Brand Design
CD	李冠儒	Guanru Li	
D	石振兴	Zhenxing Shi	
DC	L3branding	L3branding	

Jetlag Books 于疫情期间开业，也是在北京书店关店潮之后，唯一一家开业的书店。书店选址于三里屯太古里北区，定位为“世界灵感之旅”，杂志是核心产品，选书偏向旅行、创意和时尚方向。店内提供精品咖啡和原创衍生品，定期举办小型文化活动。Jetlag 是一个视觉上不够“整齐”的文字组合，j t l g 分别向上下纵向延展出不同的负空间，我们利用这一特点将这几个字母充分的拉伸并使之整齐地划分出不同的区间，象征不同的时区，并将 e a 和 g 字母中的圆形高低错落排布成一条上升的曲线，象征不同时区中太阳的高度变化。我们将这一规则融入品牌系统中的所有标题文字中，文字的高低和宽窄都充满了时间节奏的变化，纵向拉伸的线条看起来又有了书脊或刊号的暗示。色彩方面我们选取的灰色和三种不同时间段的“天空色”来搭配。物料中没有一个固定的 logo 位置却又到处都是 logo，字体的条纹感和点线面之间的关系会自然形成一种图案，打通各个版面的区隔，让所有物料的品牌识别性更强但又不无聊。品牌没有使用任何传统书店的书本元素，而是通过文字的节奏感来链接文化和时尚的感受，向北京展示独立书店的独立审美。

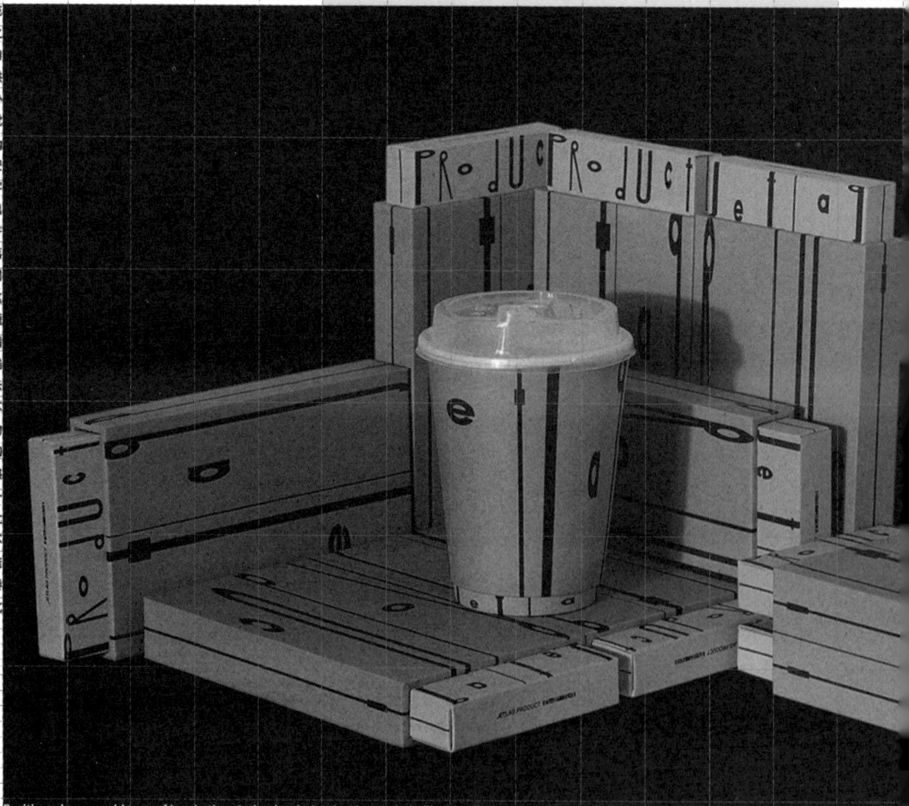

Positioned as a world tour of inspiration, Jetlag books is a bookstore in Beijing Sanlitun core commercial district that focuses on lifestyle, travel, art and desig
a combination of words that are not visually "neat", and J, t, l and g extend different negative spaces longitudinally up and down, so we take advantage of th
to fully stretch these letters to divide different sections neatly, symbolizing different time zones, and arrange the circles of e, a, and g into a rising curve, sym
the height of the sun in different time zones. The height and width of the words are full of time and rhythm changes, and the lines stretched lengthwise loo
bound edges and pages. We choose the gray color to match with three "sky colors" of different time periods. Logo is always used to extend the application
dimensional and dynamic way through the whole picture, so that the brand identification is stronger but not boring. This VI not only expresses the sense of t
name the store, but also shows that this is a forward-looking non-traditional bookstore.

a-1

W	山地土壤	MOUNTAIN SOIL
AD	肖楠	Nan Xiao
D	开畅	Chang Kai
MD	黄倩	Qian Huang
CW	王睿嫣	Ruiyan Wang
P	王子	Zi Wang

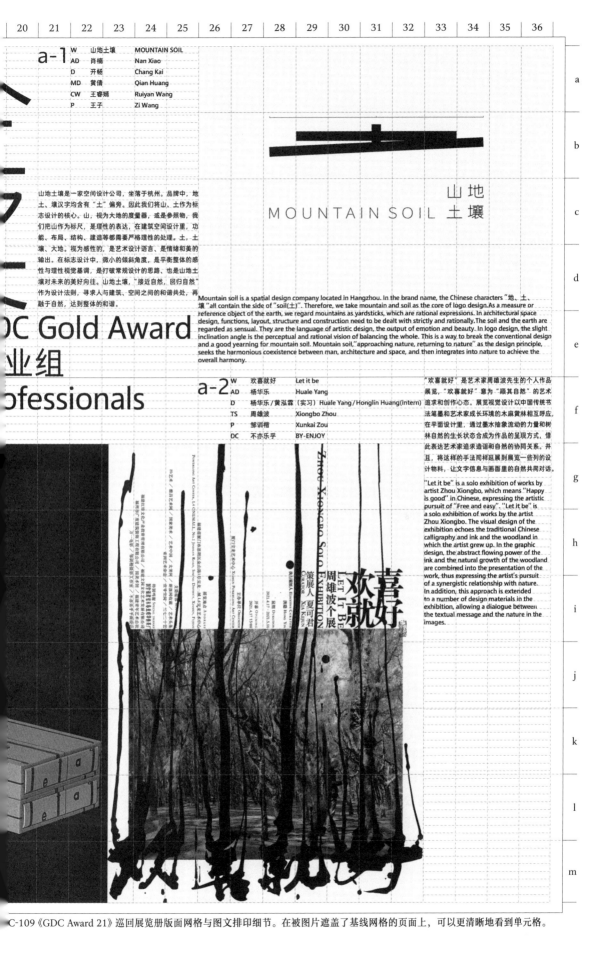

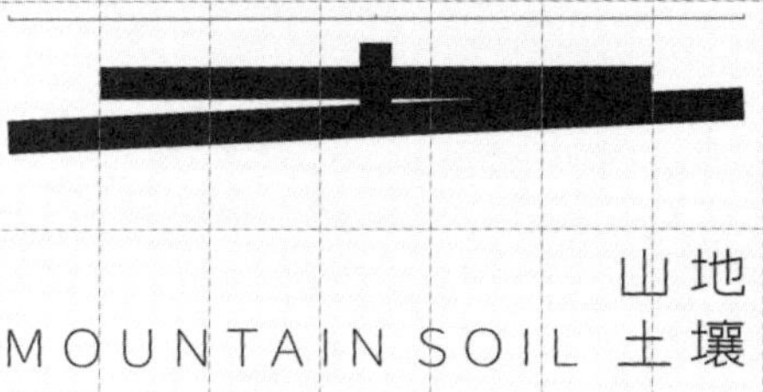

山地土壤是一家空间设计公司，坐落于杭州。品牌中，地土、壤汉字均含有“土”偏旁。因此我们将山、土作为标志设计的核心。山，视为大地的度量器，或是参照物，我们把山作为标尺，是理性的表达，在建筑空间设计里，功能、布局、结构、建造等都需要严格理性的处理。土，土壤、大地。视为感性的，是艺术设计语言、是情绪和美的输出。在标志设计中，微小的倾斜角度，是平衡整体的感性与理性视觉基调，是打破常规设计的思路、也是山地土壤对未来的美好向往。山地土壤，“接近自然，回归自然”作为设计法则，寻求人与建筑、空间之间的和谐共处，再融于自然，达到整体的和谐。

Mountain soil is a spatial design company located in Hangzhou. In the brand name, the Chinese characters "地、土、壤" all contain the side of "soil(土)". Therefore, we take mountain and soil as the core of logo design.As a measure or reference object of the earth, we regard mountains as yardsticks, which are rational expressions. In architectural space design, functions, layout, structure and construction need to be dealt with strictly and rationally.The soil and the earth are regarded as sensual. They are the language of artistic design, the output of emotion and beauty. In logo design, the slight inclination angle is the perceptual and rational vision of balancing the whole. This is a way to break the conventional design and a good yearning for mountain soil. Mountain soil,"approaching nature, returning to nature" as the design principle, seeks the harmonious coexistence between man, architecture and space, and then integrates into nature to achieve the overall harmony.

DC Gold Award

业组

ofessionals

a-2

W	欢喜就好	Let it be
AD	杨华乐	Huale Yang
D	杨华乐/黄泓霖（实习）	Huale Yang/Honglin Huang(intern)
TS	周雄波	Xiongbo Zhou
P	邹训楷	Xunkai Zou
DC	不亦乐乎	BY-ENJOY

“欢喜就好”是艺术家周雄波先生的个人作品展览，“欢喜就好”意为“顺其自然”的艺术追求和创作心态。展览视觉设计以中国传统书法笔墨和艺术家成长环境的木麻黄林相互呼应，在平面设计里，通过墨水抽象流动的力量和树林自然的生长状态合成为作品的呈现方式，借此表达艺术家追求造诣和自然的协同关系。并且，将这样的手法同样延展到展览一些列的设计物料，让文字信息与画面里的自然共同对话。

"Let it be" is a solo exhibition of works by artist Zhou Xiongbo, which means "Happy is good" in Chinese, expressing the artistic pursuit of "Free and easy". "Let it be" is a solo exhibition of works by the artist Zhou Xiongbo. The visual design of the exhibition echoes the traditional Chinese calligraphy and ink and the woodland in which the artist grew up. In the graphic design, the abstract flowing power of the ink and the natural growth of the woodland are combined into the presentation of the work, thus expressing the artist's pursuit of a synergistic relationship with nature. In addition, this approach is extended to a number of design materials in the exhibition, allowing a dialogue between the textual message and the nature in the images.

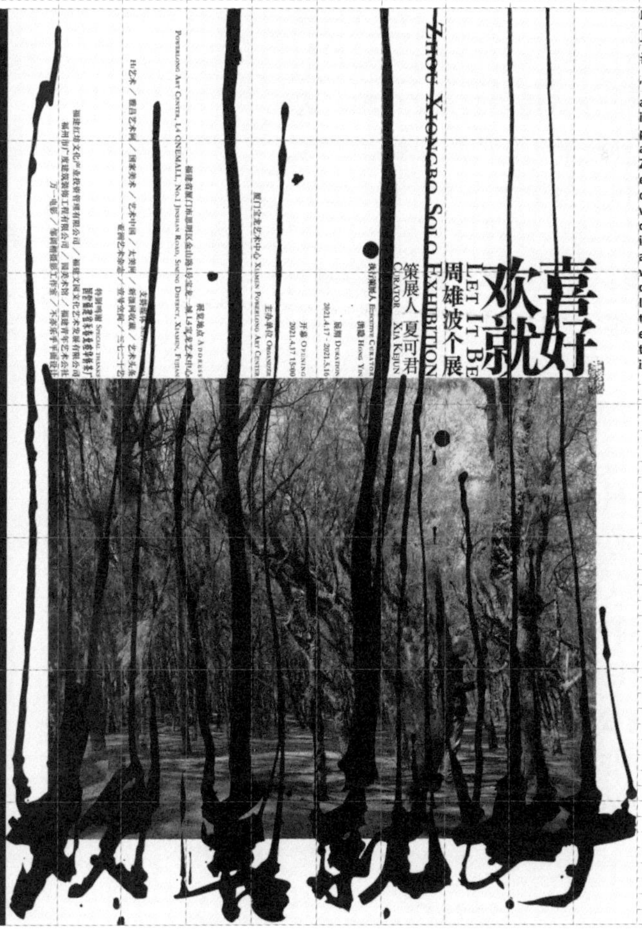

C-109《GDC Award 21》巡回展览册版面网格与图文排印细节。在被图片遮盖了基线网格的页面上，可以更清晰地看到单元格。

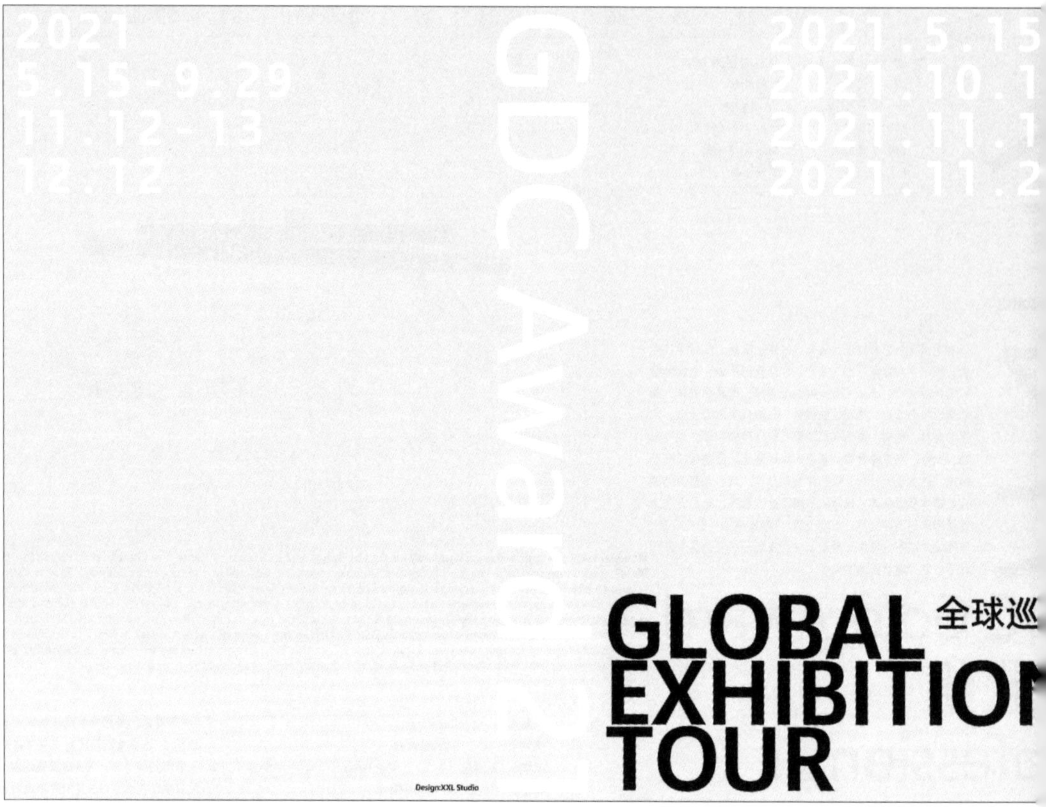

图 C-110《GDC Award 21》巡回展览册封面封底，印刷：PANTONE 803U+ 黑色，厚纸

PANTONE 803U 底色 + 黑色垂直排印的文字中轴。这 9 张纸不折叠，按照从封面到第 9 张的顺序叠在一起，最底下和最上面的都是黄色，与里面的 7 张纸采用单黑印刷形成色彩张力。

9 张纸都按照压线折叠，可以按厚（封面—封底）、厚（金奖 1—4）、薄（文本 1—4）、厚（金奖 5—8）等的顺序穿插在一起翻动，形成新的图片文本字重重（Medium）的厚纸与文本字重轻（Light）的薄纸之间的对比。

因为没装订，每张 A2 纸的正背又都标明了内容及序号，读者就可以自己把这 9 张纸随意组合，会得到组合后翻动的视觉意外（图 C-128—161）。

本节 p262—279，上排图片按本书页码顺序阅读，看到的是 1—9 张纸的正背设计排印；下排图片按本书设计顺序阅读，看到的是折叠后一页页翻动的视觉效果。折叠后，第 9 张印 PANTONE 803U 底色 + 黑色垂直排印的文字中轴薄纸，就被夹在正中间，成为无内容的 4 页黄色彩纸。

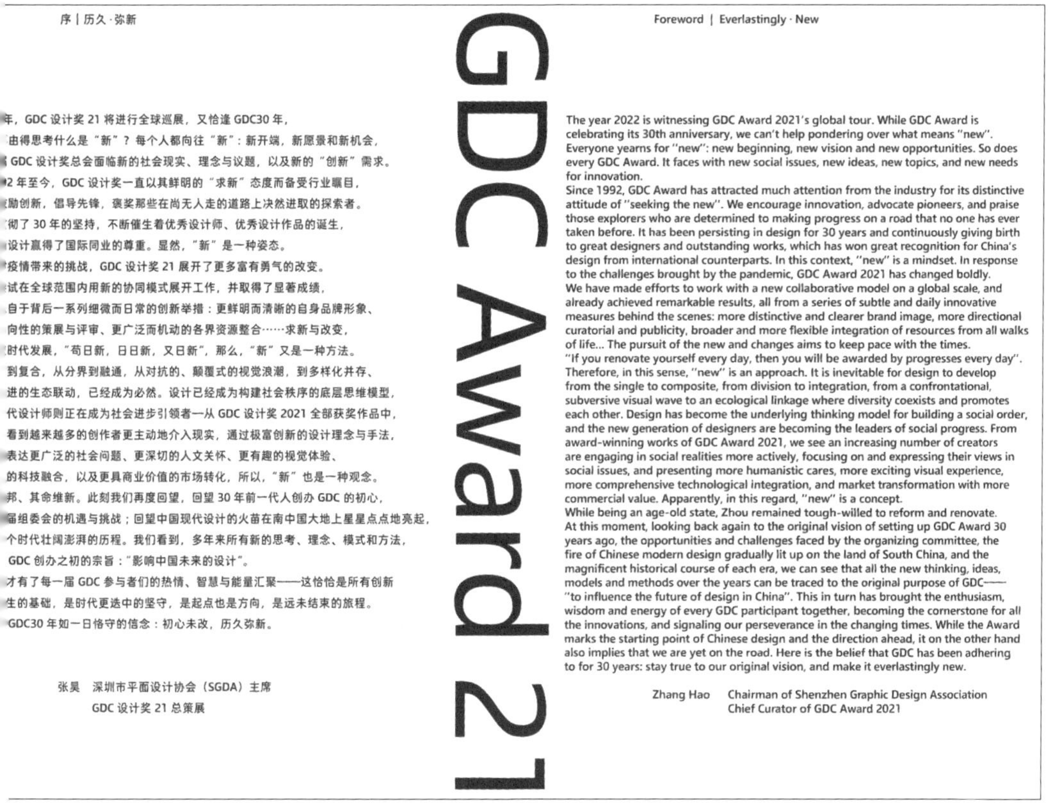
序 | 历久·弥新

年，GDC 设计奖 21 将进行全球巡展，又恰逢 GDC30 年，
由得思考什么是“新”？每个人都向往“新”：新开端，新愿景和新机会，
GDC 设计奖总会面临新的社会现实、理念与议题，以及新的“创新”需求。
2 年至今，GDC 设计奖一直以其鲜明的“求新”态度而备受行业瞩目，
励创新，倡导先锋，褒奖那些在尚无人走的道路上决然进取的探索者。
彻了 30 年的坚持，不断催生着优秀设计师、优秀设计作品的诞生，
设计赢得了国际同业的尊重。显然，“新”是一种姿态。
疫情带来的挑战，GDC 设计奖 21 展开了更多富有勇气的改变。
试在全球范围内用新的协同模式展开工作，并取得了显著成绩，
自于背后一系列细微而日常的创新举措：更鲜明而清晰的自身品牌形象、
向性的策展与评审、更广泛而机动的各界资源整合……求新与改变，
时代发展，“苟日新，日日新，又日新”，那么，“新”又是一种方法。
到复合，从分界到融通，从对抗的、颠覆式的视觉浪潮，到多样化并存、
进的生态联动，已经成为必然。设计已经成为构建社会秩序的底层思维模型，
代设计师则正在成为社会进步引领者一从 GDC 设计奖 2021 全部获奖作品中，
看到越来越多的创作者更主动地介入现实，通过极富创新的设计理念与手法，
表达更广泛的社会问题、更深切的人文关怀、更有趣的视觉体验、
的科技融合，以及更具商业价值的市场转化，所以，“新”也是一种观念。
邦，其命维新。此刻我们再度回望，回望 30 年前一代人创办 GDC 的初心，
届组委会的机遇与挑战；回望中国现代设计的火苗在南中国大地上星星点点地亮起，
个时代壮阔澎湃的历程。我们看到，多年来所有新的思考、理念、模式和方法，
GDC 创办之初的宗旨：“影响中国未来的设计”。
才有了每一届 GDC 参与者们的热情、智慧与能量汇聚——这恰恰是所有创新
生的基础，是时代更迭中的坚守，是起点也是方向，是远未结束的旅程。
GDC30 年如一日恪守的信念：初心未改，历久弥新。

张昊 深圳市平面设计协会（SGDA）主席
GDC 设计奖 21 总策展

GDC Award 21

Foreword | Everlastingly · New

The year 2022 is witnessing GDC Award 2021's global tour. While GDC Award is celebrating its 30th anniversary, we can't help pondering over what means "new". Everyone yearns for "new": new beginning, new vision and new opportunities. So does every GDC Award. It faces with new social issues, new ideas, new topics, and new needs for innovation.
Since 1992, GDC Award has attracted much attention from the industry for its distinctive attitude of "seeking the new". We encourage innovation, advocate pioneers, and praise those explorers who are determined to making progress on a road that no one has ever taken before. It has been persisting in design for 30 years and continuously giving birth to great designers and outstanding works, which has won great recognition for China's design from international counterparts. In this context, "new" is a mindset. In response to the challenges brought by the pandemic, GDC Award 2021 has changed boldly.
We have made efforts to work with a new collaborative model on a global scale, and already achieved remarkable results, all from a series of subtle and daily innovative measures behind the scenes: more distinctive and clearer brand image, more directional curatorial and publicity, broader and more flexible integration of resources from all walks of life... The pursuit of the new and changes aims to keep pace with the times.
"If you renovate yourself every day, then you will be awarded by progresses every day". Therefore, in this sense, "new" is an approach. It is inevitable for design to develop from the single to composite, from division to integration, from a confrontational, subversive visual wave to an ecological linkage where diversity coexists and promotes each other. Design has become the underlying thinking model for building a social order, and the new generation of designers are becoming the leaders of social progress. From award-winning works of GDC Award 2021, we see an increasing number of creators are engaging in social realities more actively, focusing on and expressing their views in social issues, and presenting more humanistic cares, more exciting visual experience, more comprehensive technological integration, and market transformation with more commercial value. Apparently, in this regard, "new" is a concept.
While being an age-old state, Zhou remained tough-willed to reform and renovate.
At this moment, looking back again to the original vision of setting up GDC Award 30 years ago, the opportunities and challenges faced by the organizing committee, the fire of Chinese modern design gradually lit up on the land of South China, and the magnificent historical course of each era, we can see that all the new thinking, ideas, models and methods over the years can be traced to the original purpose of GDC——"to influence the future of design in China". This in turn has brought the enthusiasm, wisdom and energy of every GDC participant together, becoming the cornerstone for all the innovations, and signaling our perseverance in the changing times. While the Award marks the starting point of Chinese design and the direction ahead, it on the other hand also implies that we are yet on the road. Here is the belief that GDC has been adhering to for 30 years: stay true to our original vision, and make it everlastingly new.

Zhang Hao Chairman of Shenzhen Graphic Design Association
Chief Curator of GDC Award 2021

图 C-111《GDC Award 21》巡回展览册封二、封三，印刷：黑色，厚纸

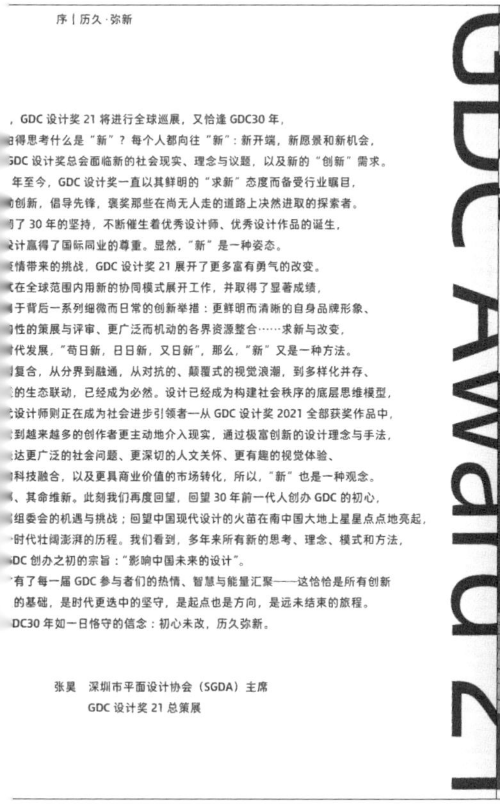
序 | 历久·弥新

，GDC 设计奖 21 将进行全球巡展，又恰逢 GDC30 年，
得思考什么是“新”？每个人都向往“新”：新开端，新愿景和新机会，
GDC 设计奖总会面临新的社会现实、理念与议题，以及新的“创新”需求。
年至今，GDC 设计奖一直以其鲜明的“求新”态度而备受行业瞩目，
创新，倡导先锋，褒奖那些在尚无人走的道路上决然进取的探索者。
了 30 年的坚持，不断催生着优秀设计师、优秀设计作品的诞生，
计赢得了国际同业的尊重。显然，“新”是一种姿态。
情带来的挑战，GDC 设计奖 21 展开了更多富有勇气的改变。
在全球范围内用新的协同模式展开工作，并取得了显著成绩，
于背后一系列细微而日常的创新举措：更鲜明而清晰的自身品牌形象、
性的策展与评审、更广泛而机动的各界资源整合……求新与改变，
代发展，“苟日新，日日新，又日新”，那么，“新”又是一种方法。
复合，从分界到融通，从对抗的、颠覆式的视觉浪潮，到多样化并存、
的生态联动，已经成为必然。设计已经成为构建社会秩序的底层思维模型，
设计师则正在成为社会进步引领者一从 GDC 设计奖 2021 全部获奖作品中，
到越来越多的创作者更主动地介入现实，通过极富创新的设计理念与手法，
达更广泛的社会问题、更深切的人文关怀、更有趣的视觉体验、
科技融合，以及更具商业价值的市场转化，所以，“新”也是一种观念。
、其命维新。此刻我们再度回望，回望 30 年前一代人创办 GDC 的初心，
组委会的机遇与挑战；回望中国现代设计的火苗在南中国大地上星星点点地亮起，
时代壮阔澎湃的历程。我们看到，多年来所有新的思考、理念、模式和方法，
DC 创办之初的宗旨：“影响中国未来的设计”。
有了每一届 GDC 参与者们的热情、智慧与能量汇聚——这恰恰是所有创新
的基础，是时代更迭中的坚守，是起点也是方向，是远未结束的旅程。
DC30 年如一日恪守的信念：初心未改，历久弥新。

张昊 深圳市平面设计协会（SGDA）主席
GDC 设计奖 21 总策展

GDC Award 21

图 C-128 封二，印刷：黑色

图 C-129 金奖 2，印刷：黑色

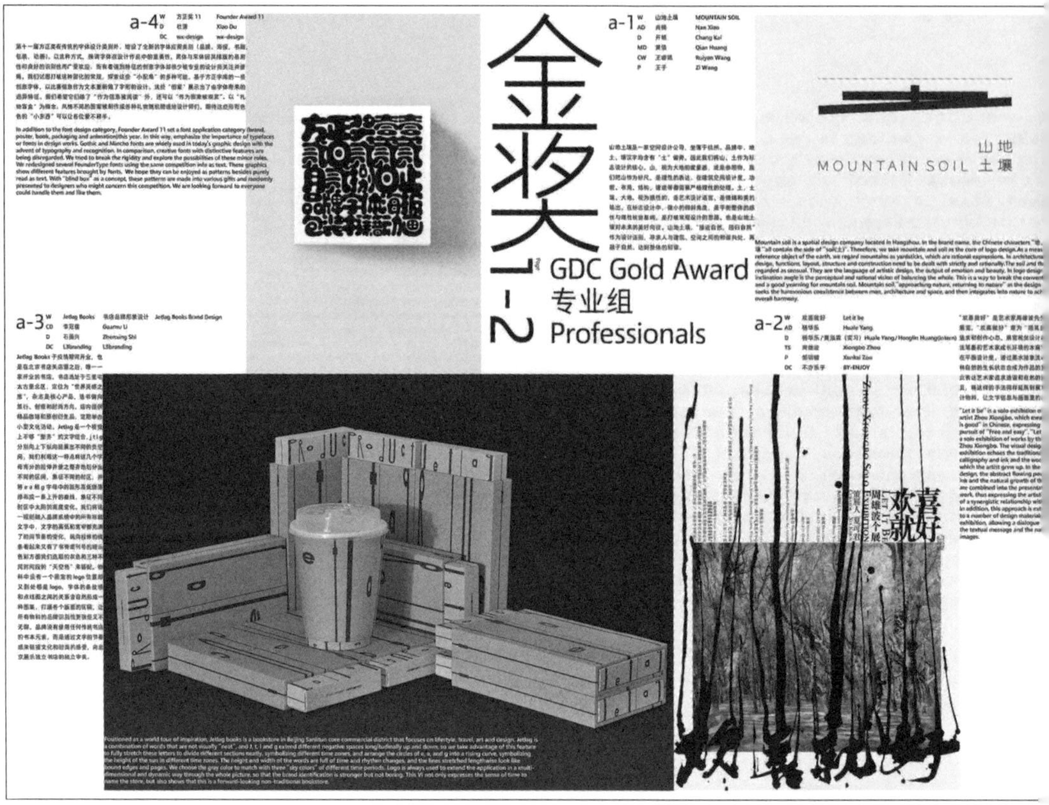

图 C-112《GDC Award 21》巡回展览册，专业组金奖 1—2，印刷：黑色，厚纸

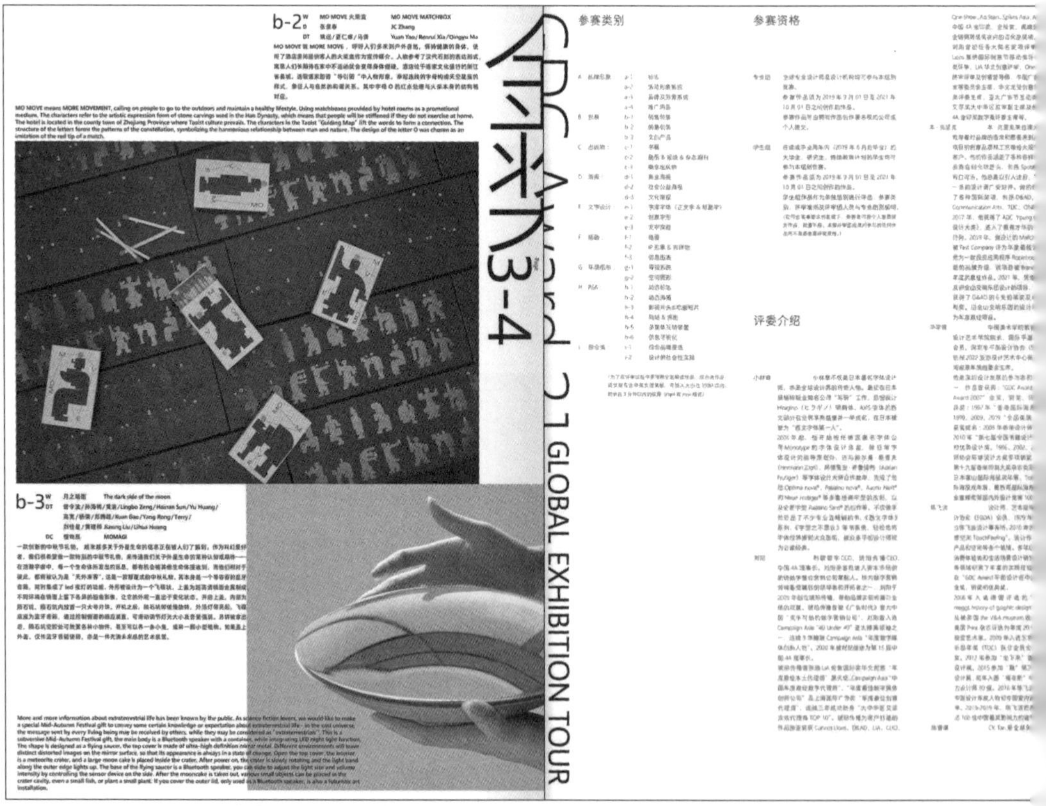

图 C-130 金奖 4，印刷：黑色　　图 C-131 文本 2，印刷：黑色

图 C-113《GDC Award 21》巡回展览册，专业组金奖 3—4，印刷：黑色，厚纸，与专业组金奖 1—2 为正背

图 C-132 文本 3，印刷：黑色

图 C-133 金奖 6，印刷：黑色

图 C-114《GDC Award 21》巡回展览册，文本 1—2，印刷：黑色，薄纸

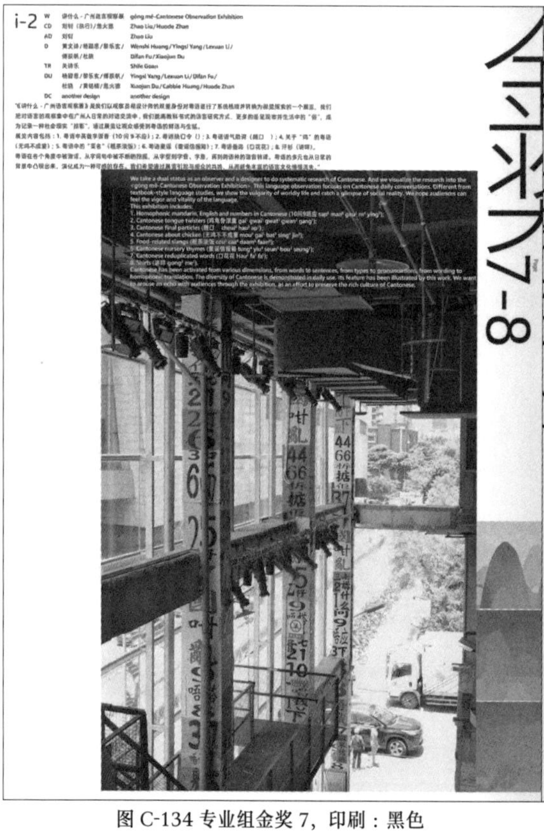

图 C-134 专业组金奖 7，印刷：黑色

图 C-135 文本 6，印刷：黑色

图 C-115《GDC Award 21》巡回展览册，文本 3—4，印刷：黑色，薄纸，与文本 1—2 为正背

图 C-136 文本 7，印刷：黑色

图 C-137 学生组金奖 2，印刷：黑色

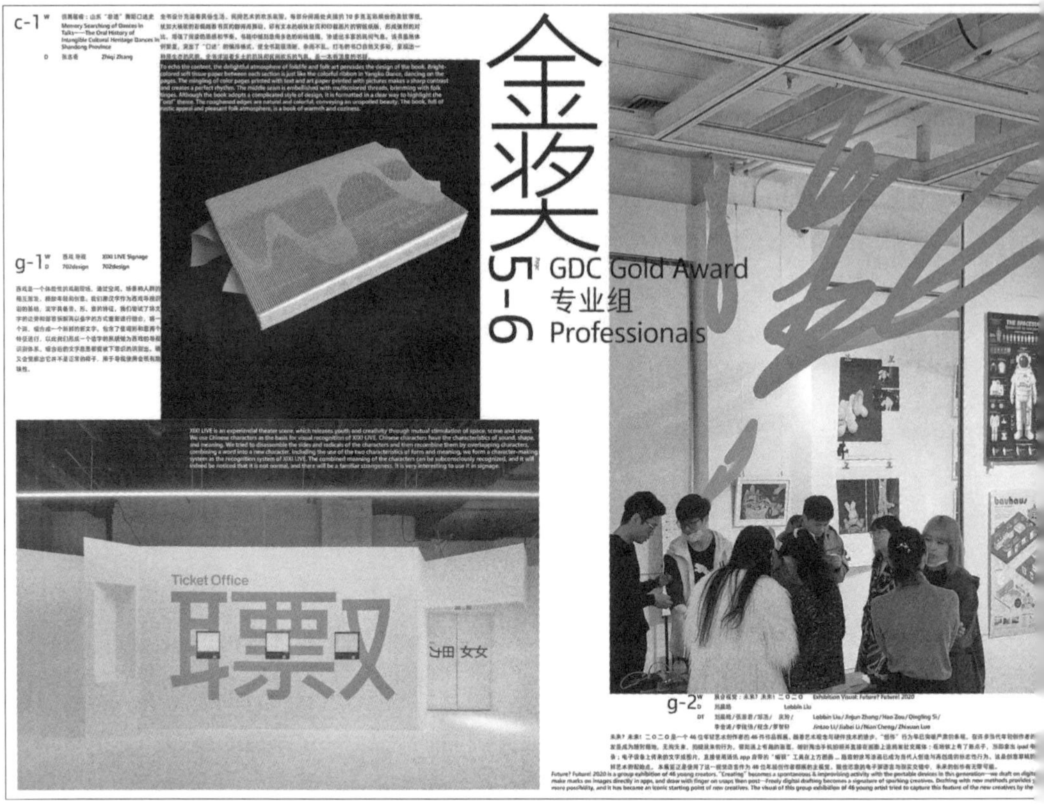

图 C-116《GDC Award 21》巡回展览册，专业组金奖 5—6，印刷：黑色，厚纸

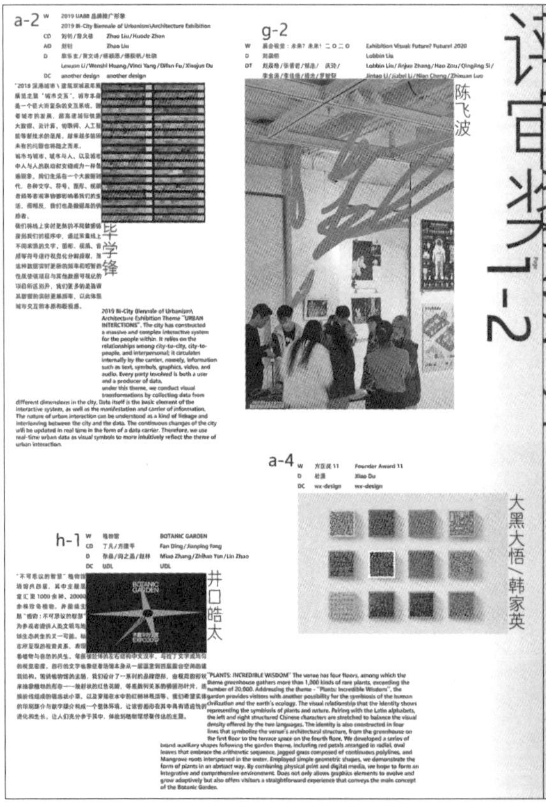

图 C-138 评审奖 1，印刷：黑色

图 C-139 文本 10，印刷：黑色

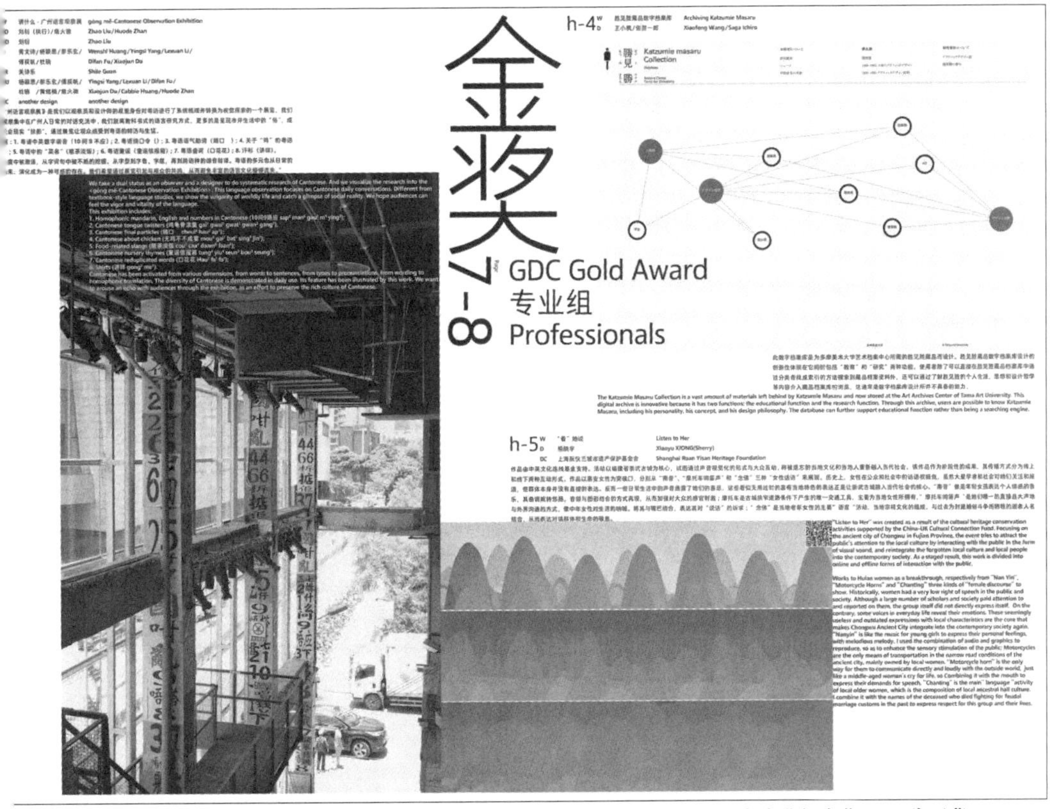

图 C-117《GDC Award 21》巡回展览册，专业组金奖 7—8，印刷：黑色，厚纸，与专业组金奖 5—6 为正背

图 C-140 文本 11，印刷：黑色

图 C-141 评审奖 4，印刷：黑色

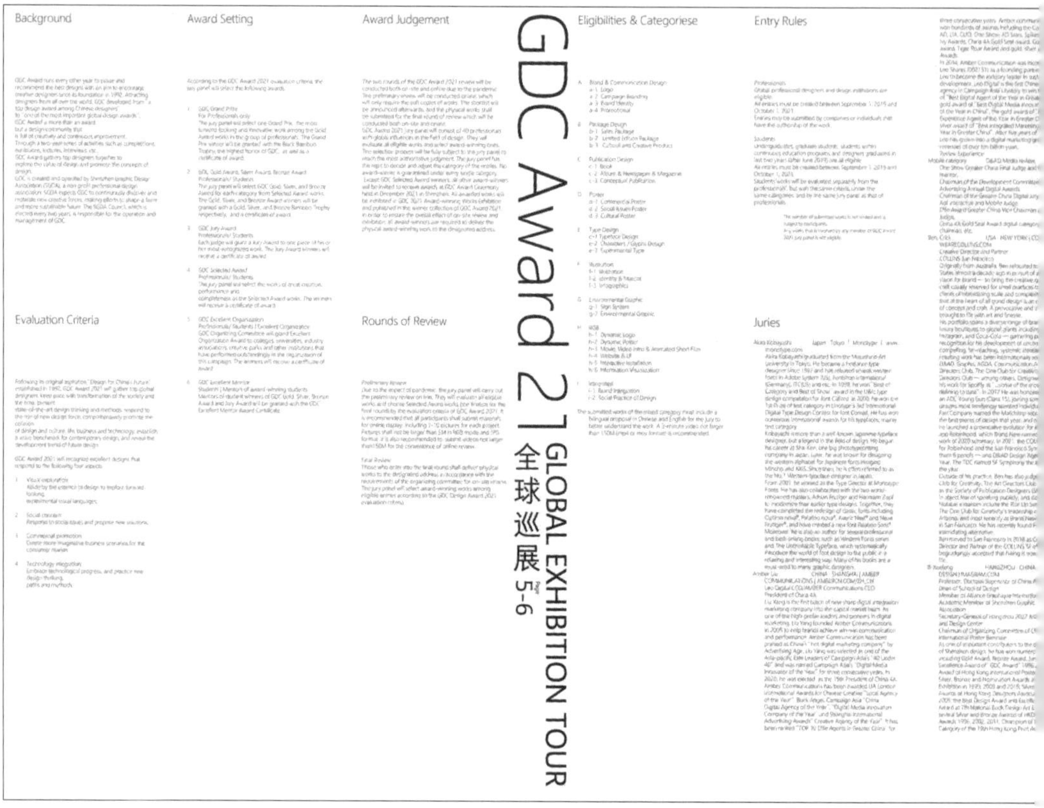

图 C-118《GDC Award 21》巡回展览册，文本 5—6，印刷：黑色，薄纸

图 C-142 评审奖 5，印刷：黑色

图 C-143 巡回展览册 16，印刷：PANTONE 803U+ 黑

图 C-119《GDC Award 21》巡回展览册，文本 7—8，印刷：黑色，薄纸，与文本 5—6 为正背

C-144 巡回展览册 13，印刷：PANTONE 803U+ 黑色

图 C-145 巡回展览册 14，印刷：PANTONE 803U+ 黑色

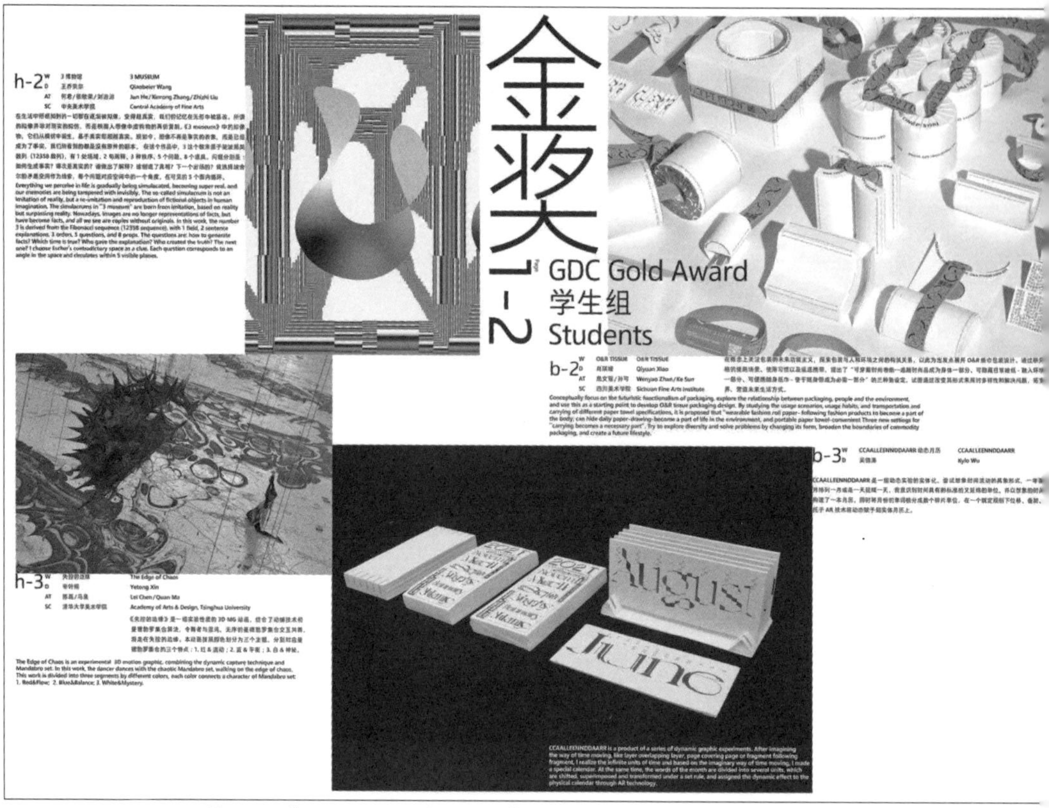

图 C-120《GDC Award 21》巡回展览册，学生组金奖 1—2，印刷：黑色，厚纸

图 C-146 巡回展览册 14，印刷：PANTONE 803U+ 黑色

图 C-147 评审奖 6，印刷：黑色

图 C-121《GDC Award 21》巡回展览册，评审奖 1—2，印刷：黑色，厚纸，与学生组金奖 1—2 为正背

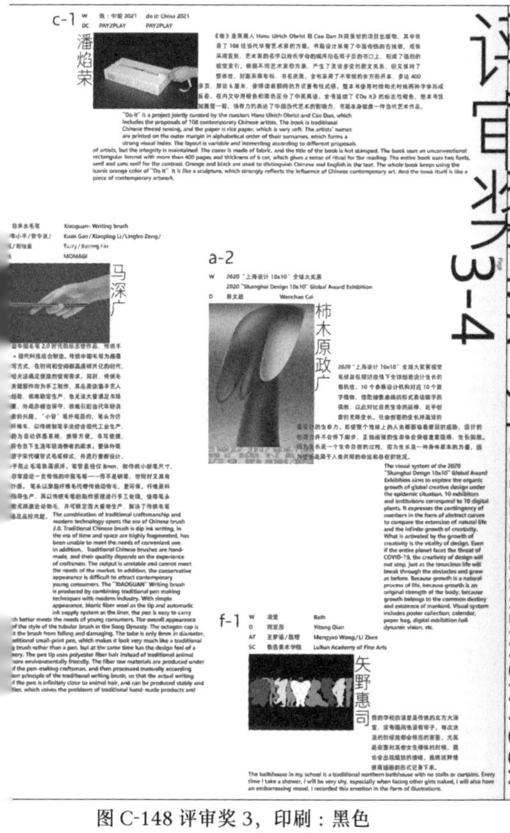

图 C-148 评审奖 3，印刷：黑色

图 C-149 文本 8，印刷：黑色

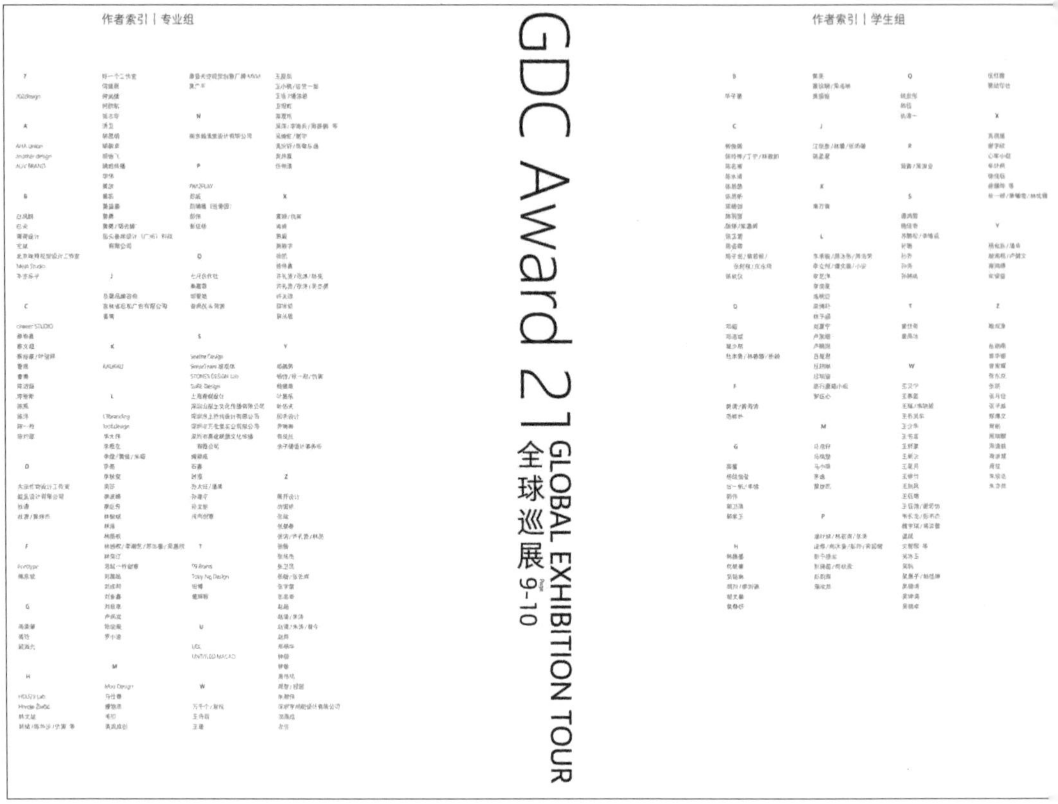

图 C-122《GDC Award 21》巡回展览册，文本 9—10，印刷：黑色，薄纸

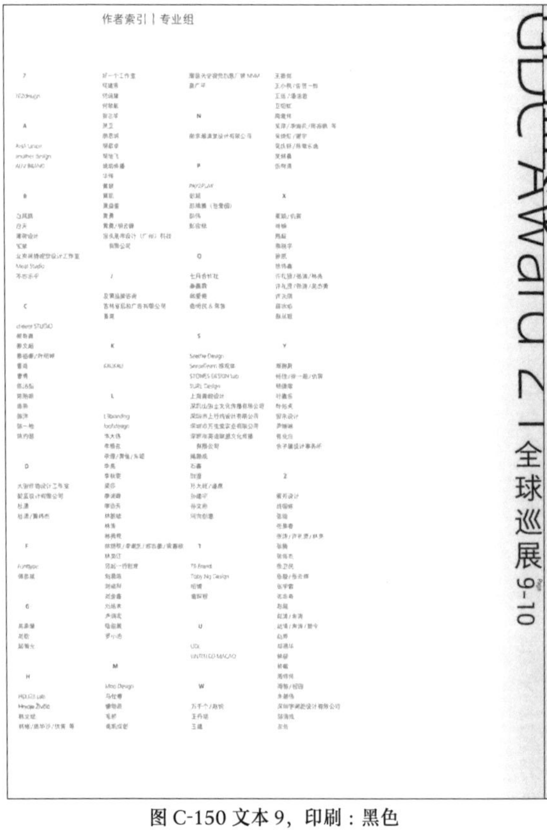

图 C-150 文本 9，印刷：黑色

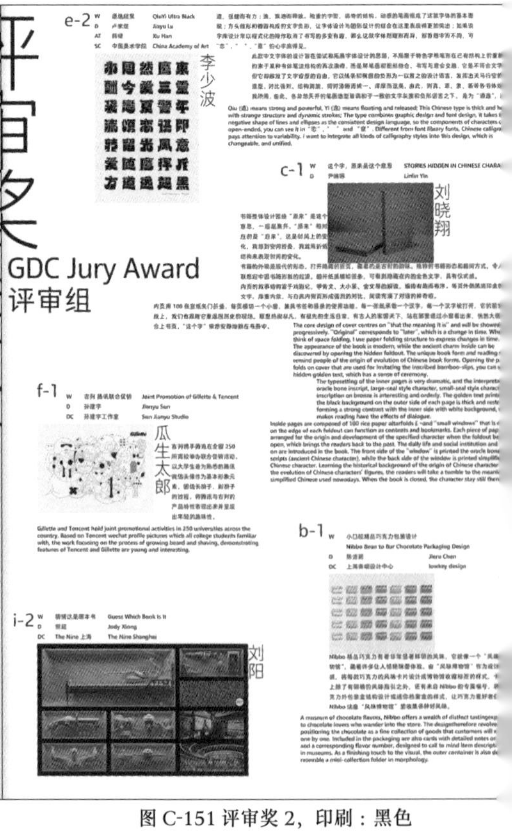

图 C-151 评审奖 2，印刷：黑色

图 C-123《GDC Award 21》巡回展览册，文本 11—12，印刷：黑色，薄纸，与文本 9—10 为正背

图 C-152 学生组金奖 1，印刷：黑色

图 C-153 文本 8，印刷：黑色

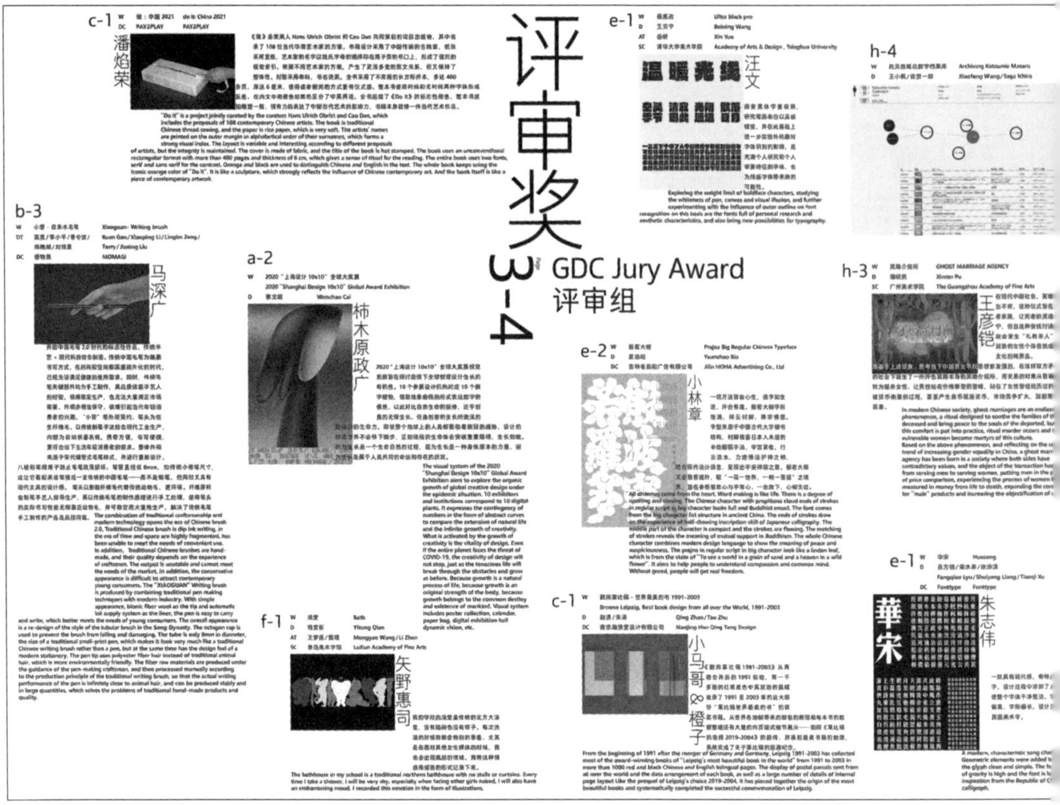

图 C-124《GDC Award 21》巡回展览册，评审奖 3—4，印刷：黑色，厚纸

图 C-154 文本 5，印刷：黑色

图 C-155 专业组金奖 8，印刷：黑色

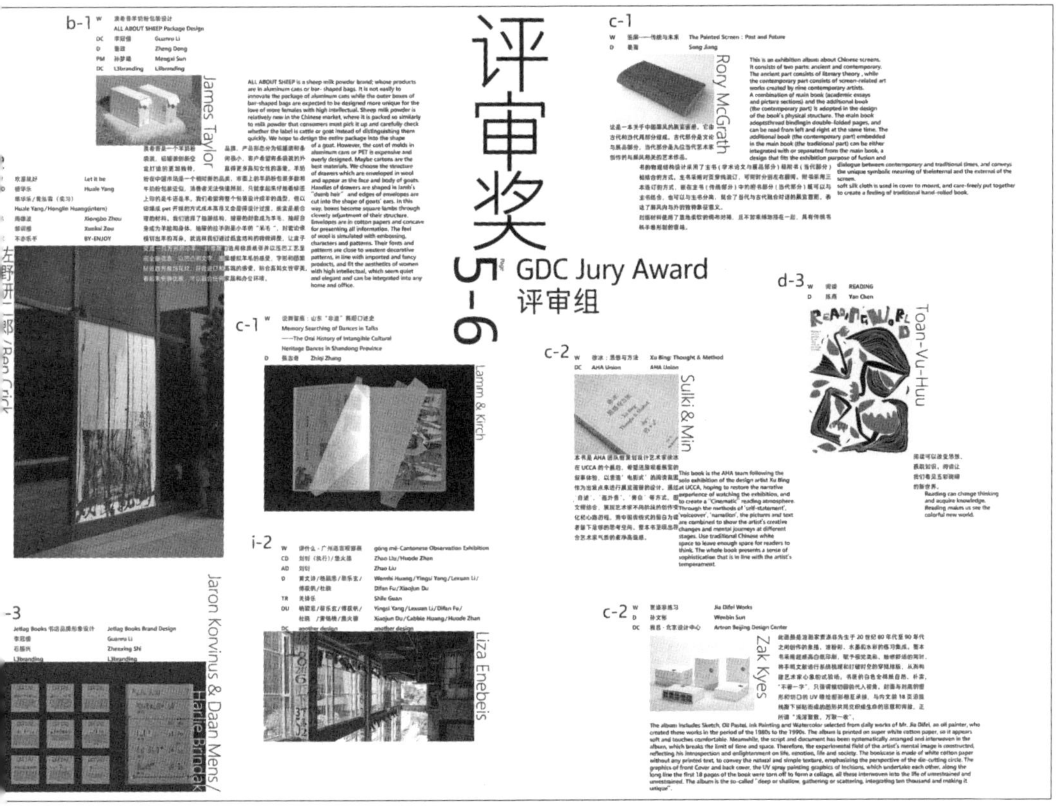

图 C-125《GDC Award 21》巡回展览册，评审奖 5—6，印刷：黑色，厚纸，与评审奖 3—4 为正背

图 C-156 专业组金奖 5，印刷：黑色

图 C-157 文本 4，印刷：黑色

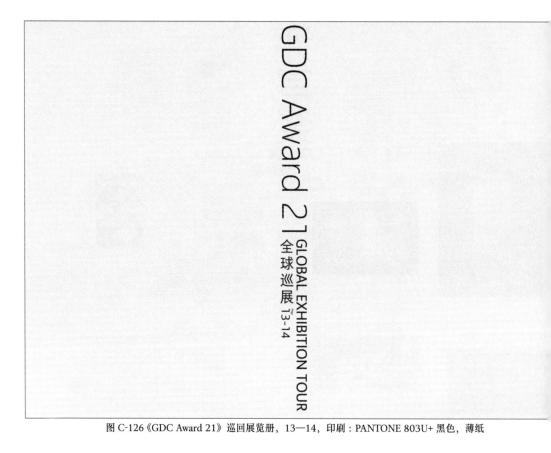

图 C-126《GDC Award 21》巡回展览册，13—14，印刷：PANTONE 803U+ 黑色，薄纸

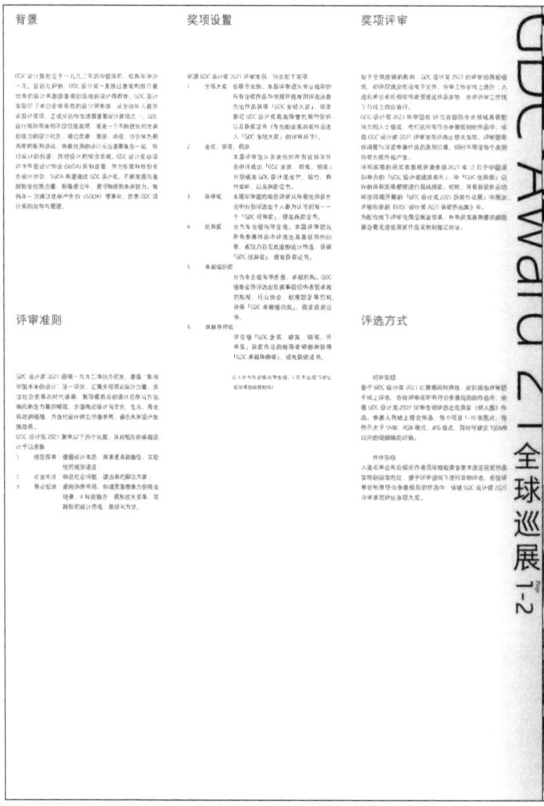

图 C-158 文本 1，印刷：黑色

图 C-159 专业组金奖 4，印刷：黑色

图 C-127《GDC Award 21》巡回展览册，15—16，印刷：PANTONE 803U+ 黑色，薄纸，与 13—14 为正背

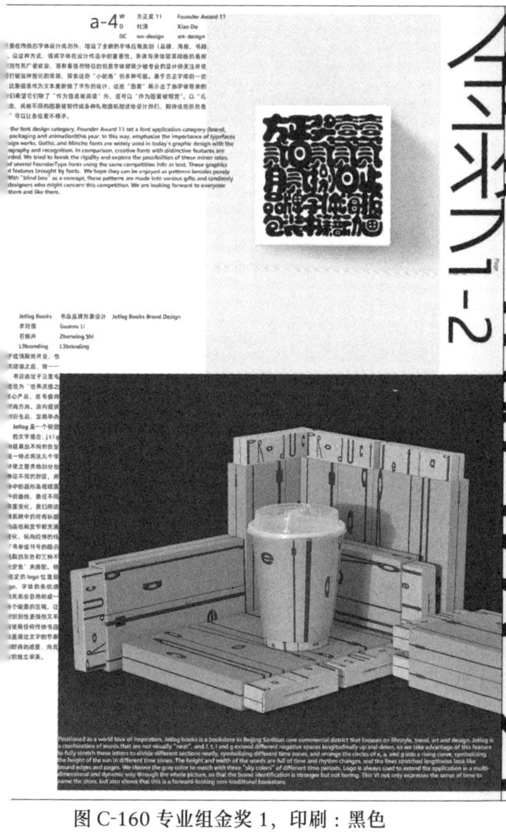

图 C-160 专业组金奖 1，印刷：黑色

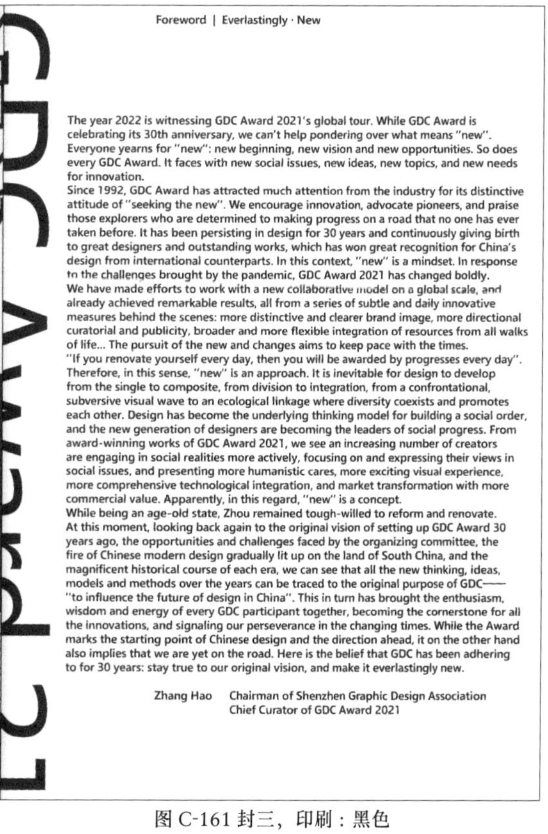
Foreword | Everlastingly · New

The year 2022 is witnessing GDC Award 2021's global tour. While GDC Award is celebrating its 30th anniversary, we can't help pondering over what means "new". Everyone yearns for "new": new beginning, new vision and new opportunities. So does every GDC Award. It faces with new social issues, new ideas, new topics, and new needs for innovation.

Since 1992, GDC Award has attracted much attention from the industry for its distinctive attitude of "seeking the new". We encourage innovation, advocate pioneers, and praise those explorers who are determined to making progress on a road that no one has ever taken before. It has been persisting in design for 30 years and continuously giving birth to great designers and outstanding works, which has won great recognition for China's design from international counterparts. In this context, "new" is a mindset. In response to the challenges brought by the pandemic, GDC Award 2021 has changed boldly.

We have made efforts to work with a new collaborative model on a global scale, and already achieved remarkable results, all from a series of subtle and daily innovative measures behind the scenes: more distinctive and clearer brand image, more directional curatorial and publicity, broader and more flexible integration of resources from all walks of life... The pursuit of the new and changes aims to keep pace with the times.

"If you renovate yourself every day, then you will be awarded by progresses every day". Therefore, in this sense, "new" is an approach. It is inevitable for design to develop from the single to composite, from division to integration, from a confrontational, subversive visual wave to an ecological linkage where diversity coexists and promotes each other. Design has become the underlying thinking model for building a social order, and the new generation of designers are becoming the leaders of social progress. From award-winning works of GDC Award 2021, we see an increasing number of creators are engaging in social realities more actively, focusing on and expressing their views in social issues, and presenting more humanistic cares, more exciting visual experience, more comprehensive technological integration, and market transformation with more commercial value. Apparently, in this regard, "new" is a concept.

While being an age-old state, Zhou remained tough-willed to reform and renovate.

At this moment, looking back again to the original vision of setting up GDC Award 30 years ago, the opportunities and challenges faced by the organizing committee, the fire of Chinese modern design gradually lit up on the land of South China, and the magnificent historical course of each era, we can see that all the new thinking, ideas, models and methods over the years can be traced to the original purpose of GDC—"to influence the future of design in China". This in turn has brought the enthusiasm, wisdom and energy of every GDC participant together, becoming the cornerstone for all the innovations, and signaling our perseverance in the changing times. While the Award marks the starting point of Chinese design and the direction ahead, it on the other hand also implies that we are yet on the road. Here is the belief that GDC has been adhering to for 30 years: stay true to our original vision, and make it everlastingly new.

Zhang Hao Chairman of Shenzhen Graphic Design Association
Chief Curator of GDC Award 2021

图 C-161 封三，印刷：黑色

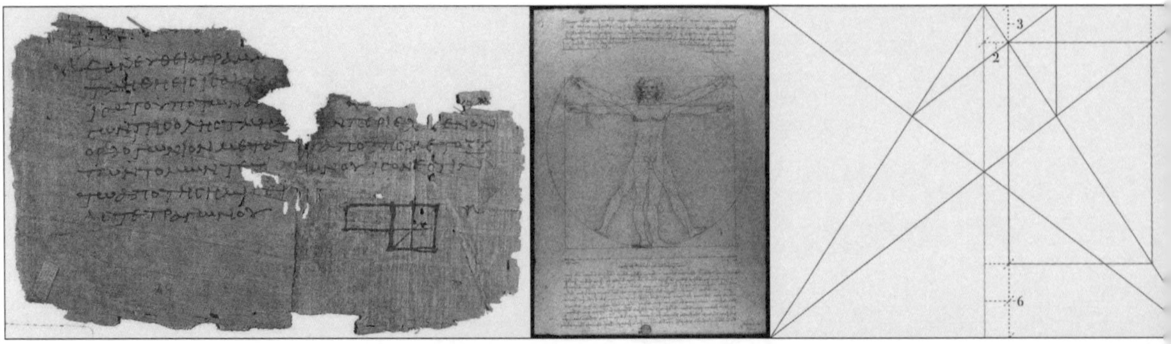

图 C-162《几何原本》残页之一（图 C-23），《维特鲁威人》（图 C-28），维拉尔·德·奥内库尔的版面结构（图 C-32）之间的传承关

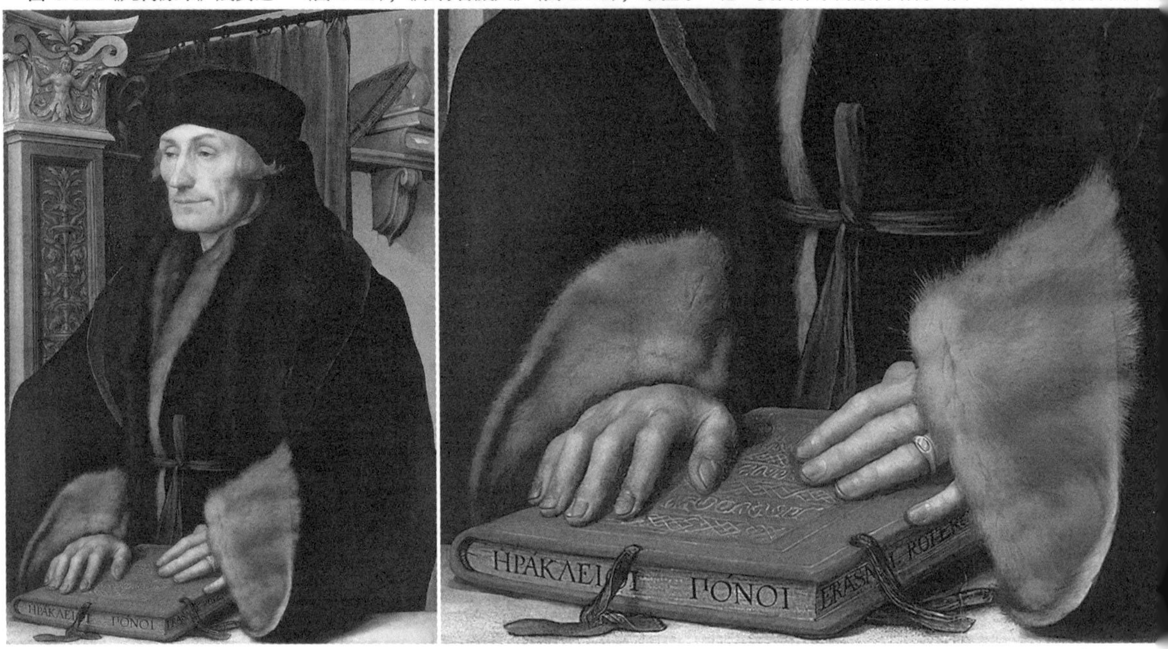

图 C-163 小汉斯·荷尔拜因（Hans Holbein der Jüngere，1497—1543）绘制的《伊拉斯谟》（Desiderius Erasmus）肖像，画面中精细描绘了 500 多年前书写在书口上的文字。

从欧几里得的时代到今天，可以说，任何“新”的平面视觉语言，都是人类总结视觉规律，抽象出法则并形成传统后的当代叙事。当代性的根和遗传链，早已经在数千年前扎下并绵延至今（见 p189 图 C-33、C-34，本页图 C-162、C-163）。《王丹虎墓志》（图 C-11）的汉字一字一格，与今天运行在虚拟空间里的汉字字体设计，在思维上高度同构。同理，本书中所列举的 XXL Studio 设计案例，无论有什么样的视觉效果，究其根本，仍然在思维逻辑上是传统和保守的。

—

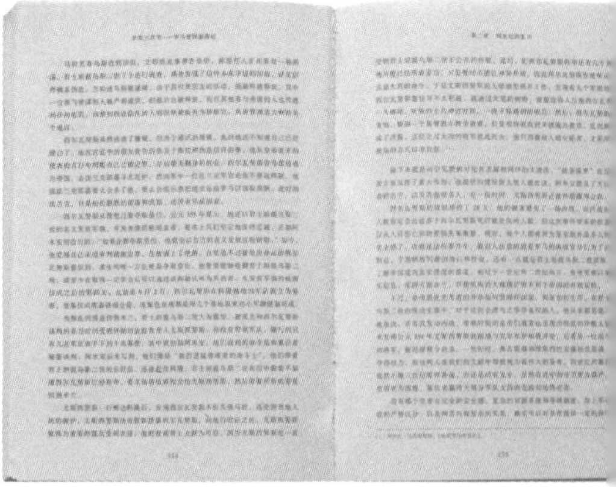

图 D-1

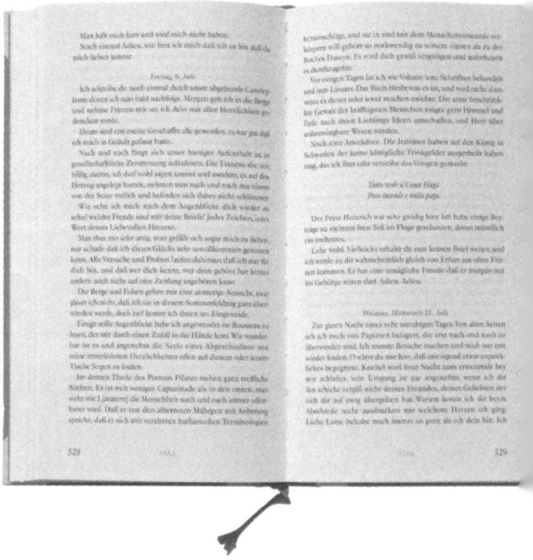

图 D-2

一　　版心

影响版面美学和阅读心理关系的首个要素是版心设置。在图 D-1 与图 D-2 的对比中，我看到两者都在一个页面上排印了相当多的字（词），但由于版心位置与页边距不同，图 D-1 与图 D-2 带给读者的视觉感受是不一样的。图 D-1 扑面而来的文字使读者产生阅读压力，而图 D-2 则有优美、轻松和愉悦之感。把这两个内页书影用线条描绘后得到了图 D-3 与图 D-4。

图 D-1 从页面尺寸（开本）设计开始，就忽略了文本类书籍对每行字数的基本要求，每行达到了 35 字，每页则有 30 行。这让读者阅读时心理压力较大，回行时则不易找到下一行的起头，增加视觉疲劳。图 D-2 尊重视觉规律，每行的单词数有利于回行。对比页边距，还能看出美学上的差异，这会潜移默化地影响读者的审美。

版心不仅是凭感觉设计，也要倚靠前人对版心的美学探索。如果要取其精义，那就是比例关系（见 C 三，p182—189）。

每个语境下的读者都有自己的文化记忆，在直排的中文书籍

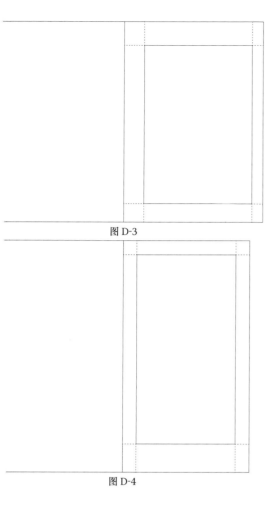

图 D-3

图 D-4

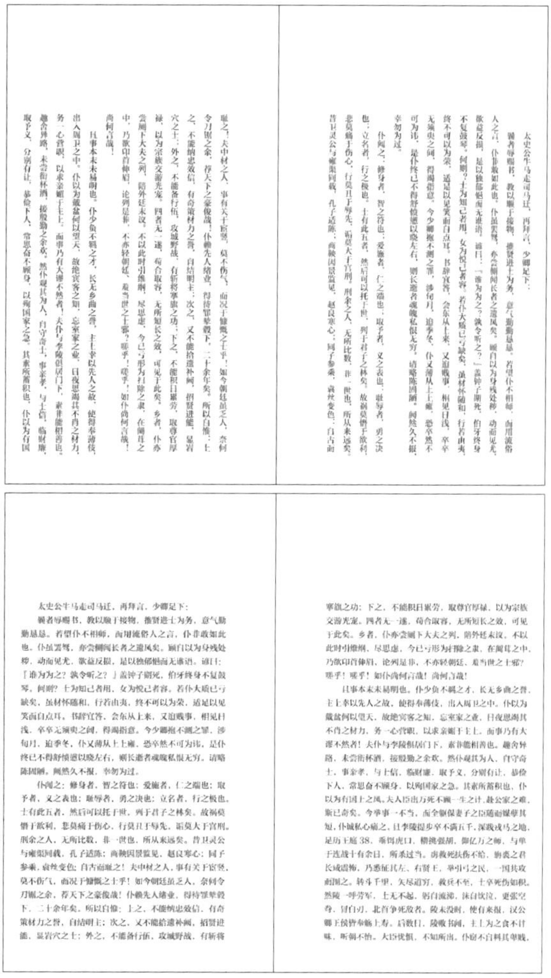

图 D-5

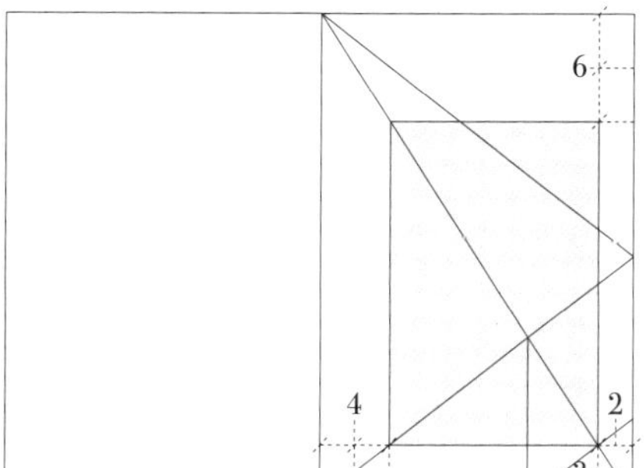

图 D-6

里，版心位于版面的下方，天头大于地脚。直排文本像土地里生长的庄稼，大地的气息顺着行距蒸腾上升。直排改为横排，如果维持直排的视觉记忆（版心位置）不变，升腾就变为了一层层堆叠，容易产生出下坠的视觉感受（图 D-5）。横排汉字版心设计是选择有数理逻辑支撑的最佳视觉位置（参见图 C-32），还是文化记忆，是汉语出版物版心设计的选择题。颇有意思的是，当把维拉尔·德·奥内库尔的版心旋转 180 度并左右互换后，竟然与汉语古代书籍非常相似（图 D-6）。

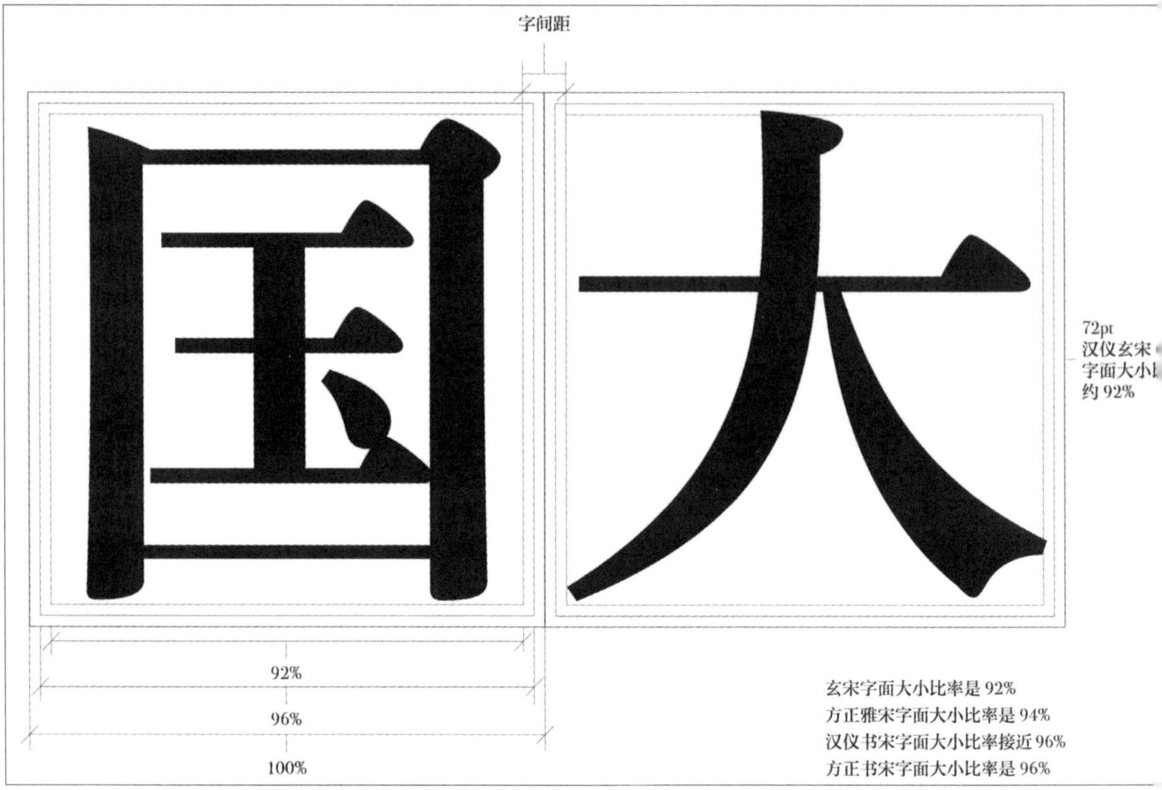

图 D-7 几种常见宋体字面率对比，图片数据提供：汉仪字库 朱志伟

二　字间距与行间距

不同字体的汉字有不同的字面率（图 D-7），但很少有排印用汉字字体的字面率能达到 100%，这样就自然而然地在紧贴着的两个字之间有了字间距，它说明字体设计师对字间距的初始设计，已经充分考虑到了阅读的效率。因此，大段的文本一般会采用一个字紧贴一个字的排印（密排）方式，不再需要设计字间距。在文字还是物质实体的年代，在一本书的每一行的每个字之间都插入 1/8 字间距，是一件不可想象的疯狂举动。因此在字体铸造时就将字间距考虑了进去，进而成为直到去物质化的当代字体设计一直遵循的传统。不设计字间距也是在阅读与成本之间的取得平衡，除非设计师要借用字间距来传达情绪（见 E 章）。

行间距如同字间距一样，也会直接影响到阅读效率与舒适度。汉字排印过小或过大的行间距都是不利于大段文本的快速阅读的，如字号 10.5 磅，行间距 3 磅或 36 磅。字号与字间距之比在 1:1 左右可以有最佳排印效果。在图 D-8 这个 104 年前的优美且易阅读的版面中，我们可以看到铅活字印刷时代的字号与行间距之

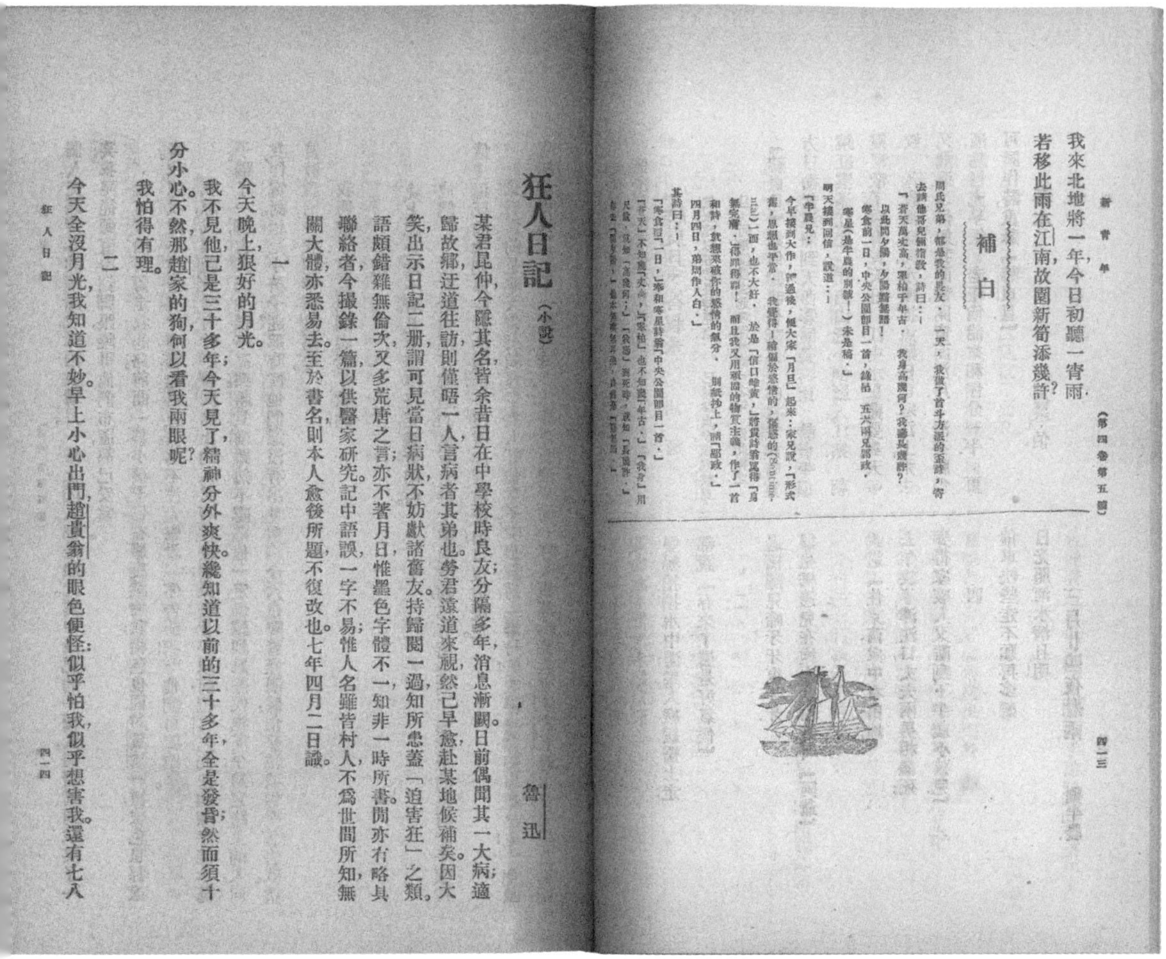
新青年 （第四卷第五號） 四一三

我來北地將一年，今日初聽一宵雨。若移此雨在江南，故園新筍添幾許？

補白

狂人日記（小說）

魯迅

某君昆仲今隱其名，皆余昔日在中學校時良友；分隔多年，消息漸闕。日前偶聞其一大病；適歸故鄉，迂道往訪，則僅晤一人，言病者其弟也。勞君遠道來視，然已早愈，赴某地候補矣。因大笑，出示日記二冊，謂可見當日病狀，不妨獻諸舊友。持歸閱一過，知所患蓋「迫害狂」之類。語頗錯雜無倫次，又多荒唐之言；亦不著月日，惟墨色字體不一，知非一時所書。間亦有略具聯絡者，今撮錄一篇，以供醫家研究。記中語誤，一字不易；惟人名雖皆村人，不爲世間所知，無關大體，亦悉易去。至於書名，則本人愈後所題，不復改也。七年四月二日識。

一

今天晚上，很好的月光。

我不見他，已是三十多年；今天見了，精神分外爽快。纔知道以前的三十多年，全是發昏；然而須十分小心。不然，那趙家的狗，何以看我兩眼呢？

我怕得有理。

二

今天全沒月光，我知道不妙。早上小心出門，趙貴翁的眼色便怪：似乎怕我，似乎想害我。還有七八

狂人日記 四一四

图 D-8《狂人日记》，1918 年 5 月 15 日 4 卷 5 号的《新青年》月刊

7.5pt
网格与书籍设计
网格与书籍设计
10.5pt
格与书籍设计

图 D-9

比约在 1:1（左页）和 4:3（右页）之间。如同字间距一样，设计者可以依照自己的设计意图对行间距进行调整。

三　字重与字号

在字号较小（6—7.5 磅）时，相同字号字重居于中等的阅读体验好，辨识度高。字重塑造了文字与纸张之间的对比度关系，字的黑压过纸张的白会有较好的阅读体验。如图 D-9 在白度相同的纸张上，字号同为 7.5 磅的汉仪玄宋，55S 的辨识度优于 35S。将字号放大到 9 磅后，轻字重也可以得到高的辨识度。

图 D-8 里的文本只用了一种字体，引文、小标题和正文字号相同，仅靠设计文字体例的空间位置就解决了体例的层级问题，

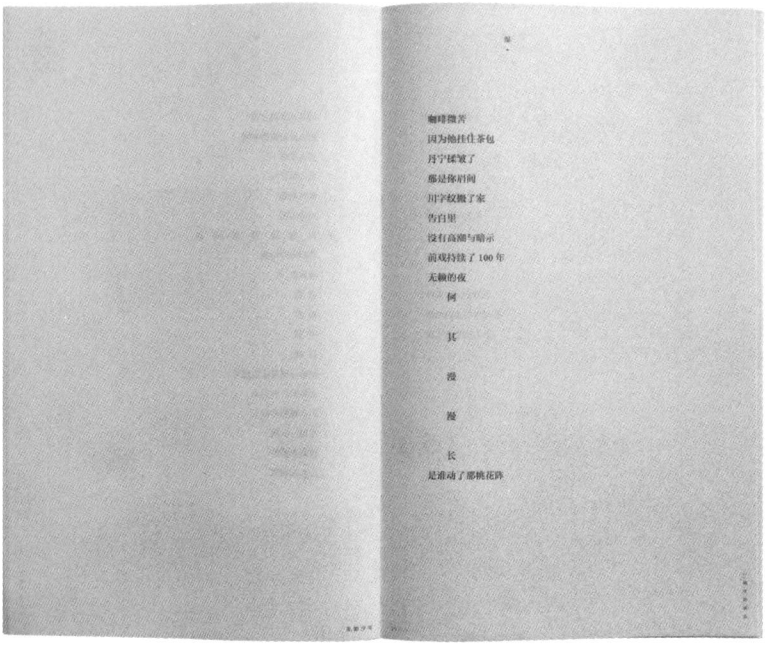

图 D-10 《美如少年　安尘尘的视觉诗》，江苏凤凰文艺出版社，2017 年，书籍设计：XXL Studio 刘晓翔 + 郑坤

在页面上形成均匀而优美的灰度。如，引文（右页右起第 2—7 行）段首不空格，整段缩进 4 字；小标题一、二段首（左页右起第 8、13 行）空 6 字，与正文之间不空行；正文（左页右起第 9—12、14 行）段首空 2 字。

直排文本每页 14 行，每行 40 字，至今仍然是每页最佳的行数和每行最佳的字数。

一个页面里不同字重的文字，可以利用家族字体排印成有主有次的层级关系（图 C-106，p256—257），形成由文字灰度组成的不同空间。如，唐诗原文是汉仪 15 磅 45S，其余辅文是 7.5—10.5 磅 55S，45S 和 55S 的字重因为字号不同而成为灰度近似的面，拉开与 6 磅 35S 页码（右页上）和 6 磅 35S 信息框（右页下）的空间关系，将版心内的文本凸显出来。

2017 年，XXL Studio 设计了《美如少年　安尘尘的视觉诗》（图 D-10）。全书采用大字重的方正准雅宋作为正文，在薄而透的纸张上，文字的黑与纸张的白构成了易于阅读的文字、载体关系，大字重字体也更加突出了纸张的透。

探索用什么样的字重与载体匹配，研究载体、字重之间的对比度关系对阅读的影响（见图 B10-3），是每一位出版人都应该

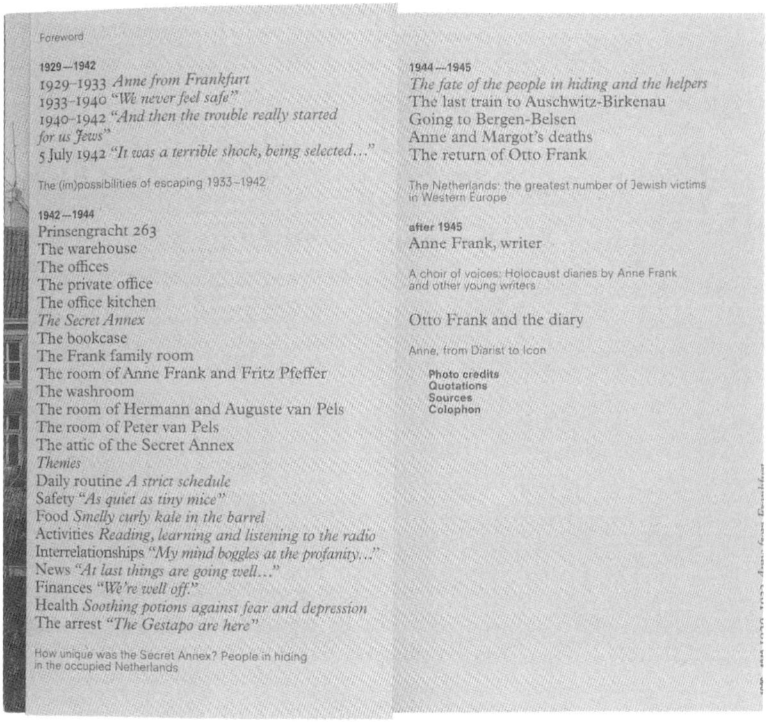
Foreword

1929—1942
1929–1933 *Anne from Frankfurt*
1933–1940 *"We never feel safe"*
1940–1942 *"And then the trouble really started for us Jews"*
5 July 1942 *"It was a terrible shock, being selected…"*

The (im)possibilities of escaping 1933–1942

1942—1944
Prinsengracht 263
The warehouse
The offices
The private office
The office kitchen
The Secret Annex
The bookcase
The Frank family room
The room of Anne Frank and Fritz Pfeffer
The washroom
The room of Hermann and Auguste van Pels
The room of Peter van Pels
The attic of the Secret Annex
Themes
Daily routine *A strict schedule*
Safety *"As quiet as tiny mice"*
Food *Smelly curly kale in the barrel*
Activities *Reading, learning and listening to the radio*
Interrelationships *"My mind boggles at the profanity…"*
News *"At last things are going well…"*
Finances *"We're well off."*
Health *Soothing potions against fear and depression*
The arrest *"The Gestapo are here"*

How unique was the Secret Annex? People in hiding in the occupied Netherlands

1944—1945
The fate of the people in hiding and the helpers
The last train to Auschwitz-Birkenau
Going to Bergen-Belsen
Anne and Margot's deaths
The return of Otto Frank

The Netherlands: the greatest number of Jewish victims in Western Europe

after 1945
Anne Frank, writer

A choir of voices: Holocaust diaries by Anne Frank and other young writers

Otto Frank and the diary

Anne, from Diarist to Icon

Photo credits
Quotations
Sources
Colophon

图 D-11 *ANNE HOUSE FRANK*，书籍设计：伊玛 · 布

做的，而不仅仅局限于书籍设计师。

当代出版物设计是注重实用与信息效率的，这在汉语以外的书籍报刊中也可以看到（图 D-11）。

四　标点符号占格

文字是语言的可视化。设计师在版面上注意到并解决了版心、字间距与行间距、字重与字号等阅读和美学问题后，更微小的细节，如标点符号在文本框边缘的位置和占格、多个标点连在一起后的占格等问题就摆在了设计者面前，这些微小的、易忽略的细节，是阅读舒适度和美学的最核心存在。我心中理想的文本排印是文字在版心内形成极致的均匀的灰，它使塑造文本的型（见 E 章）变得容易。西文比较容易做到这一点，但对汉字来说，由于其笔画的简繁不同，想做到就已经存在很大难度，尤其是标点符号占格问题带来的困扰。汉字在古腾堡到来之前是没有标点符号

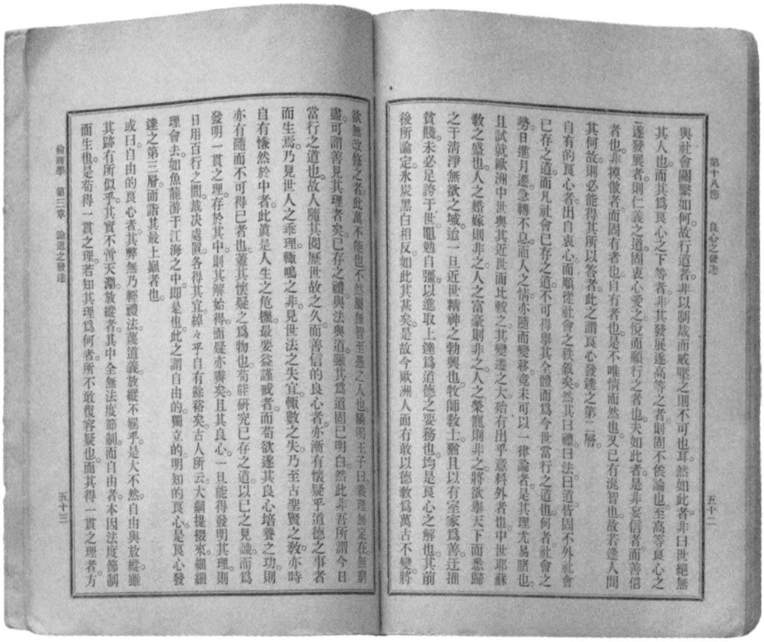

图 D-12

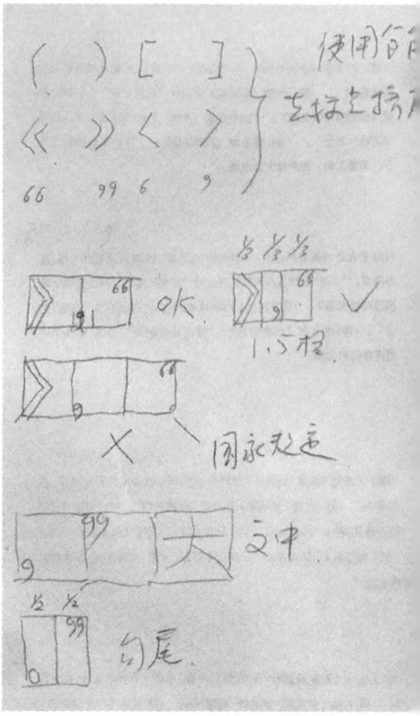

图 D-13

的，标点符号初来乍到，它的应用参考了汉字古籍，把它们排印在直排文本的右侧而不是在行之内（图 D-8、D-12）。

直排改为横排后，汉字的标点符号成为与西文一致的行内使用方式，多符号连用也就变成影响阅读与版面美学的最基础却易忽略的问题。在排印图 C-106 之前，我给出了助手对这个文本的标点符号挤压标准（图 D-13），她通过段落对话框里的“中文排版设置”，很好地控制了用符号表达语言连贯性和语速的节奏（图 D-14），基本上做到了后引号、句号和括号三个符号连用时文字排印的灰度均匀一致。

图 D-15 是按照标点符号的占格标准未加设计直接排印的文本视觉效果，文字之间因为三个符号连接在一起而出现了大块的白，这些白犹如蠹鱼一般，将本应流畅的语言连贯性和语速破坏得一塌糊涂。图 D-15 因三个符号（后引号、句号和前括号）连在一起而形成的三个白色字格，与多笔画文字“缠”“峨”等在一个文本框里形成忽强忽弱的视觉效果，这种闪烁、跳跃的阅读感受，会对连续大量的阅读带来很不利的影响。

在我们设计的图 D-14（《唐诗名句类选笺释辑评 天文地理 卷》）这个文本里，甚至出现了更为极端的连在一起的四个标嫦娥孤独寂寞，不知与谁为邻。

今天之人没有见过古时的明月，但今之明月应曾照见古时之人。

（宋）严羽《评点李太白诗集》评此诗“缠绵不堕纤巧，当与《峨眉山月歌》同看”。（明）钟惺、谭元春《唐诗归》钟评后二句“二句儿童皆诵之，然其言自足不朽”。（清）弘历《唐宋诗醇》评此诗“奇思忽生，旷怀如见”。（近）吴闿生《古今诗范》评此诗“奇气”。

图 D-14

嫦娥孤独寂寞，不知与谁为邻。

今天之人没有见过古时的明月，但今之明月应曾照见古时之人。

（宋）严羽《评点李太白诗集》评此诗“缠绵不堕纤巧，当与《峨眉山月歌》同看”。（明）钟惺、谭元春《唐诗归》钟评后二句“二句儿童皆诵之，然其言自足不朽”。（清）弘历《唐宋诗醇》评此诗“奇思忽生，旷怀如见”。（近）吴闿生《古今诗范》评此诗“奇气”。

图 D-15

}）杨慎《升庵诗话》评“丛枝”句“言石苔本难践，幸有丛枝可攀缘……谢灵运诗：‘苔滑谁能步，葛弱岂可扪？’（《石门新营所住四面高回溪石濑茂林修竹》）此反其意”。

玥）杨慎《升庵诗话》评“丛枝”句“言石苔本难践，幸有丛枝可缘耳……谢灵运诗：‘苔滑谁能步，葛弱岂可扪？’（《石门新营主四面高山回溪石濑茂林修竹》）此反其意”。

图 D-16

点符号。从图 D-16 中的倒数第二行看到，问号、单引号、前括号和书名号连在了一起。第二行对这四个标点进行挤压。

对于标点符号占格等汉字排印问题，近年来出现了职业设计师之外的研究与爱好者，比如刘庆的“孔雀计划”[1] 较详细地论述了“重建中文字体排印的思路”。

恢宏的作品里不能缺少极致的细节，书籍中的文本排印亦如此。一书一宇宙，在书籍的宇宙里，要有磅礴的江河，还要有精妙、新奇的文本排印。

1505 年，米开朗基罗 · 波纳罗蒂受新任教宗儒略二世之邀，

《Design 360°/100》，第 190—196 页。

图 D-17《创世记》中《创造亚当》及其局部

用四年时间为圣保罗大教堂的西斯廷小堂绘制了艺术史上最伟大的绘画作品《创世记》。在这件使人震惊到无法言语的作品里，宏伟的场景中蕴含了无数精彩细节（图 D-17）。

一

将文本排印当作造型看待
是主动地有意识地对阅读的深度介入

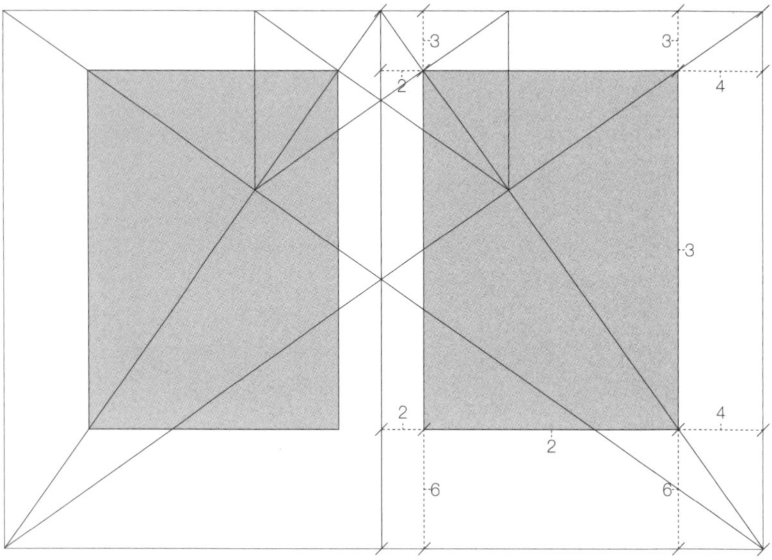

图 E-1 维拉尔·德·奥内库尔版心。在开本横纵比为 2:3 时，正形（版心）与开本同比，负形比例为 2:3:4:6。

图 E-2 Adobe InDesign“段落”对话框

文本排印后会在页面上成为形状，这个形状可以是一个点、一条线、一个面。文本既然有形，那么它也就必然在一个页面上形成负形（余白），文本排印后的形与负形一起构成页面的视觉感受。

页面上最简单却最不容易设计的是版心在页面上的位置。版心是正形，页边距就是负形。当我们观看一个页面时，正负形会同时映入眼帘，负形甚至优先于正形成为审美判断的依据，负形的重要性因此凸显。页边距该怎样设计？完全凭借设计者的感觉还是有可资借鉴的经验呢？

13 世纪，建筑师维拉尔·德·奥内库尔创建了“一个合理、优雅和基本的中世纪结构”[1]，这个合理、优雅和基本的中世纪结构（正负形关系），至今还有着蓬勃的生命力，被不同类型文本的版心设计引为借鉴（图 E-1）。版心设计的历史使我知道，在奥内库尔之前，有比萨的列奥纳多·费波那契（Leonardo Fibonacci，1175—1250）；在列奥纳多·费波那契之前，有古希腊数学家欧几里得（Ευκλειδης，公元前 325—前 265 年）。这条路径可以被称为融入理性根基的设计。

维拉尔·德·奥内库尔版心法则的意义在于，它告诉我们

1 《字体的技艺》（*The Eleme*
of Typographic Style），第
第 173 页。

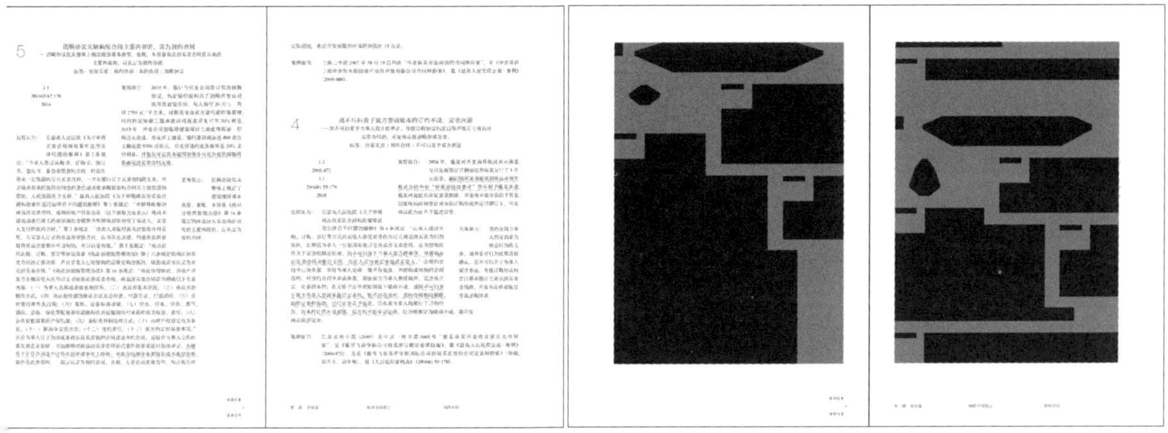

图 E-3《中国民事诉讼裁判规则》，2019

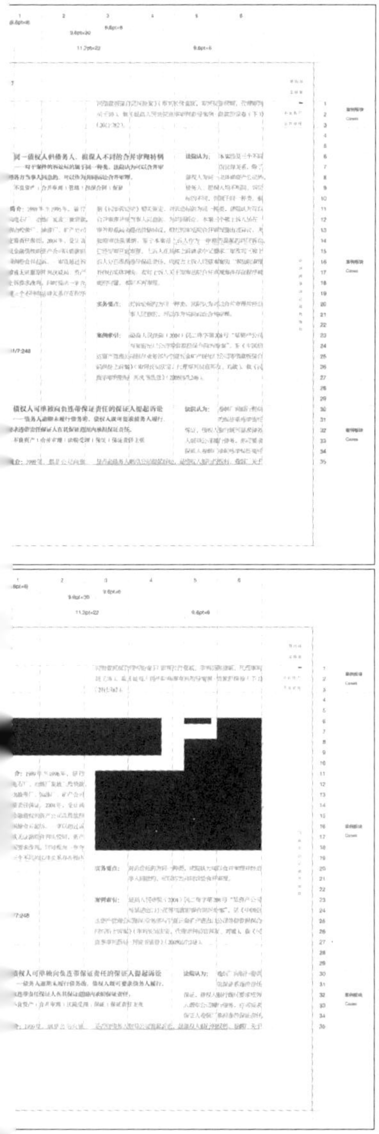

图 E-4《中国商事诉讼裁判规则》，2015

比例关系是平面设计中最重要的关系，沿着他思考的路径，我们可以将任何视觉空间比例化，把视觉建构在可供分析的基础上来塑造文本形状（见 C 章）。

版心，这个看似最简单最基础的设计，在其简单的表象下却蕴含着人类发现与累积的数千年智慧。

打开排版软件 InDesign，“段落”对话框为设计师塑造文本形态提供了多种选项。这些选项又被称为文本对齐方式，它们有“左对齐”“居中对齐”“右对齐”“双齐末行齐左”“双齐末行居中”“双齐末行齐右”“朝向书脊对齐”“背向书脊对齐”。这些汇聚了最基本文本造型的选项，为设计师奠定了对版心内文本更细致塑形的基础，使用者可以从选择版面空间位置、对齐方式、段前空格等开始，塑造自己所想象的文本形态（图 E-2）。

在 2015 年和 2019 年两版法律套书里，我将案例之中的标题和标题之下的文本合成一个段落，标题作为段落首行不空格，正文段首第 1 行至第 4 行（2015 年版为第 1 行至第 2 行）空 6 格（包括了标题所占的 4 格），成为不同标题下文本的共同的造型。这些文本造型以段落为单位，随文本长短不同而变化，使其具备无须装饰的美与节奏感（图 E-3、E-4）。《莎士比亚全集》

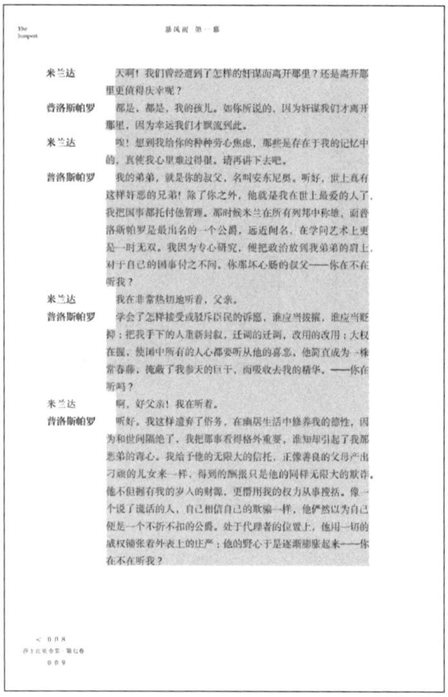
The Tempest　暴风雨　第一幕

米兰达　天啊！我们曾经遭到了怎样的奸谋而离开那里？还是离开那里更值得庆幸呢？

普洛斯帕罗　都是，都是，我的孩儿。如你所说的，因为奸谋我们才离开那里，因为幸运我们才飘流到此。

米兰达　唉！想到我给你的种种劳心焦虑，那些是存在于我的记忆中的，真使我心里难过得很。请再讲下去吧。

普洛斯帕罗　我的弟弟，就是你的叔父，名叫安东尼奥。听好，世上真有这样奸恶的兄弟！除了你之外，他就是我在世上最爱的人了，我把国事都托付他管理。那时候米兰在所有列邦中称雄，而普洛斯帕罗是最出名的一个公爵，远近闻名，在学问艺术上更是一时无双。我因为专心研究，便把政治放到我弟弟的肩上，对于自己的国事付之不问。你那坏心肠的叔父——你在不在听我？

米兰达　我在非常热切地听着，父亲。

普洛斯帕罗　学会了怎样接受或驳斥臣民的诉愿，谁应当拔擢，谁应当贬抑；把我手下的人重新封叙，迁调的迁调，改用的改用；大权在握，使国中所有的人心都要听从他的喜恶。他简直成为一株常春藤，掩蔽了我参天的巨干，而吸收去我的精华。——你在听吗？

米兰达　啊，好父亲！我在听着。

普洛斯帕罗　听好。我这样遗弃了俗务，在幽居生活中修养我的德性，因为和世间隔绝了，我把那事看得格外重要，谁知却引起了我那恶弟的毒心。我给予他的无限大的信托，正像善良的父母产出刁顽的儿女来一样，得到的酬报只是他的同样无限大的欺诈。他不但拥有我的岁入的财源，更僭用我的权力从事搜括。像一个说了谎话的人，自己相信自己的欺骗一样，他俨然以为自己便是一个不折不扣的公爵。处于代理者的位置上，他用一切的威权铺张着外表上的庄严：他的野心于是逐渐膨胀起来——你在不在听我？

< 008
莎士比亚全集·第七卷
009

图 E-5《莎士比亚全集》，2016

中出场人物对白的段落首行空 1 格，使文本的左侧边缘小幅度的错位，摆脱一条直线的呆板造型（图 E-5）。《字腔字冲　16 世纪铸字到现代字体设计》将版心分栏与段首空格、图注起文位置结合在一起（图 B9-3，见 p122—123），使隐藏在文本排印背后的网格秩序显现出来。

《心在山水　17—20 世纪中国文人的艺术生活》的书画部分，文本排印使用了多种对齐，营造出文本与画面视觉同构的阅读氛围。如，中法两种文字的标题使用“左对齐”，文本“作品介绍”使用“双齐末行齐左”；文本“画家介绍”使用“居中对齐”。三种文本在空间分布上各自占用不同版面位置，有不同的文本形态（图 E-6）。

《莎士比亚全集》《中国商事诉讼裁判规则》《中国民事诉讼

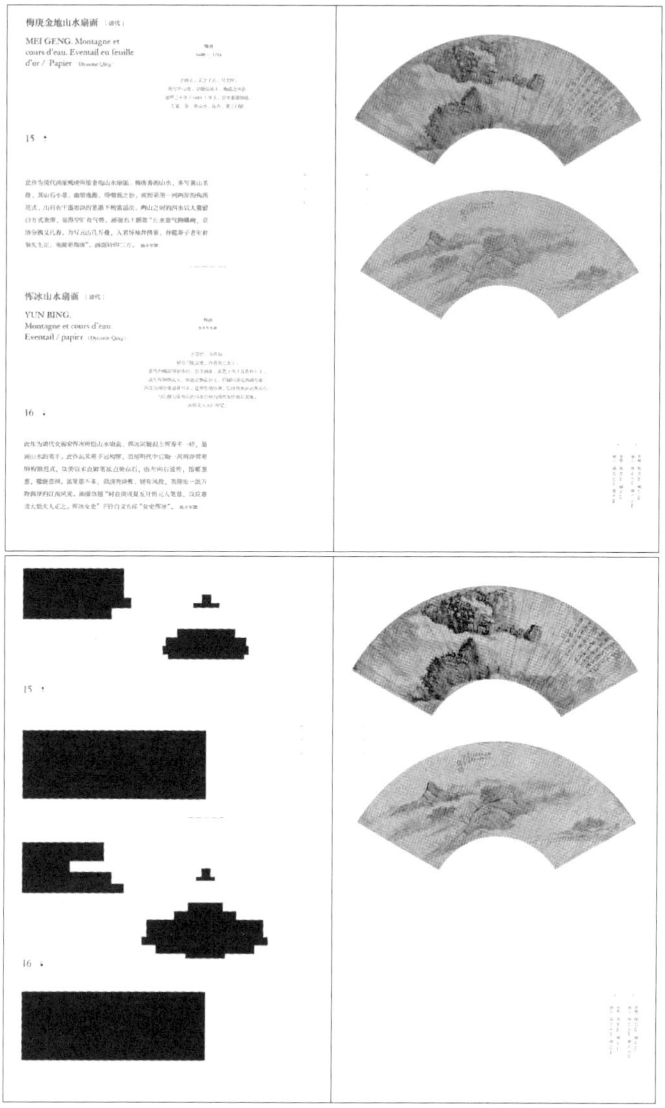

图 E-6《心在山水　17—20 世纪中国文人的艺术生活》，2018 年

裁判规则》这种类型的文本文字量巨大，将之设计出版成书籍时，很难摆脱版心矩形与页边距的约束。但是，文本的类型是非常丰富的，当遇到能使设计师发挥想象力的文本时，早已经有来自不同文化背景的设计师打破常规，实验用形态来表达文本内容。

“关于书籍的版面和排字，历史上曾有过许多充满想象力的实验。1663 年，威尔士诗人乔治·赫伯特（George Herbert）关于天使之翼的诗歌，排版展现的是翅膀的形状（图 E-7）。这种‘有形诗篇’的观念很早就出现了，我们所知的最早的例子是公元前 300 年古希腊罗德岛诗人西米亚斯（Simmias of Rhodes）的作品。”“到了 20 世纪，在排版上进行尝试的嬉戏之作更为激进，例如来自比利时诗人保罗·范·奥斯泰琴（Paul van

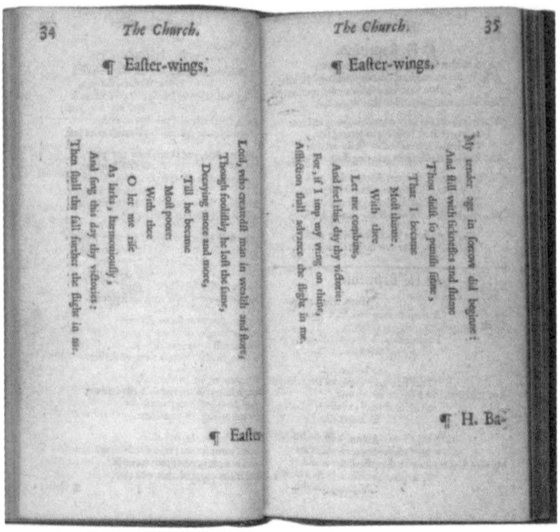

图 E-7 乔治·赫伯特《复活节翅膀》(*Easter Wings*)，1663

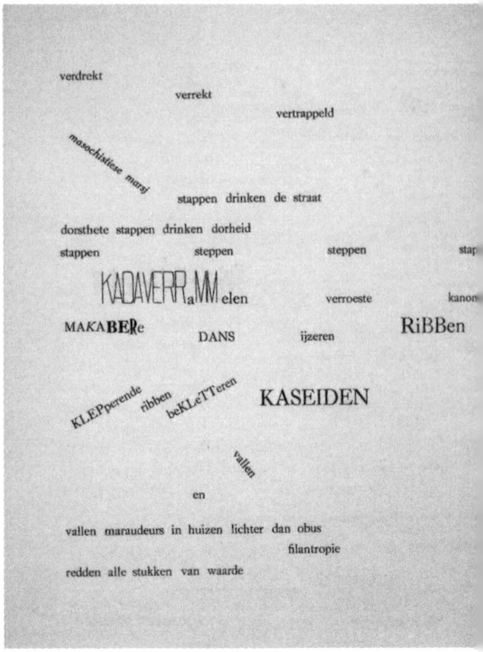

图 E-8 保罗·范·奥斯泰琴《沦陷之城》(*Bezette Sta*

图 E-9《狗》

Ostaijen）的诗作《沦陷之城》(*Bezette Stad*)，视觉上错乱和割裂的文本，反映了第一次世界大战中德国对安特卫普的占领。”（图 E-8）“《狗》取自 9 世纪古希腊诗人阿拉托斯的手抄书，展示早期的将文字进行游戏般排列所产生的视觉效果。”[1]（图 E-9）在书籍这个小小的文本容器和独立审美单元里，既有来自欧几里得、费波那契、奥内库尔的理性智慧，又有西米亚斯、奥斯泰琴的灵性表达，它就是这样充满了张力。

在文本设计与排印里引入文本造型概念的目的是引导阅读，形态如同穿起始与终两端的链条一样，能成为更为简洁高效的阅读逻辑。文本的图形化设计，就是把文本排印成具有鲜明特征的形（如 2015 年和 2019 年两版法律套书），在版面上的固定空间里引导阅读。

1　［英］大卫·皮尔森．大英
馆书籍史话［M］．南京：
出版社，2019：第 059、0

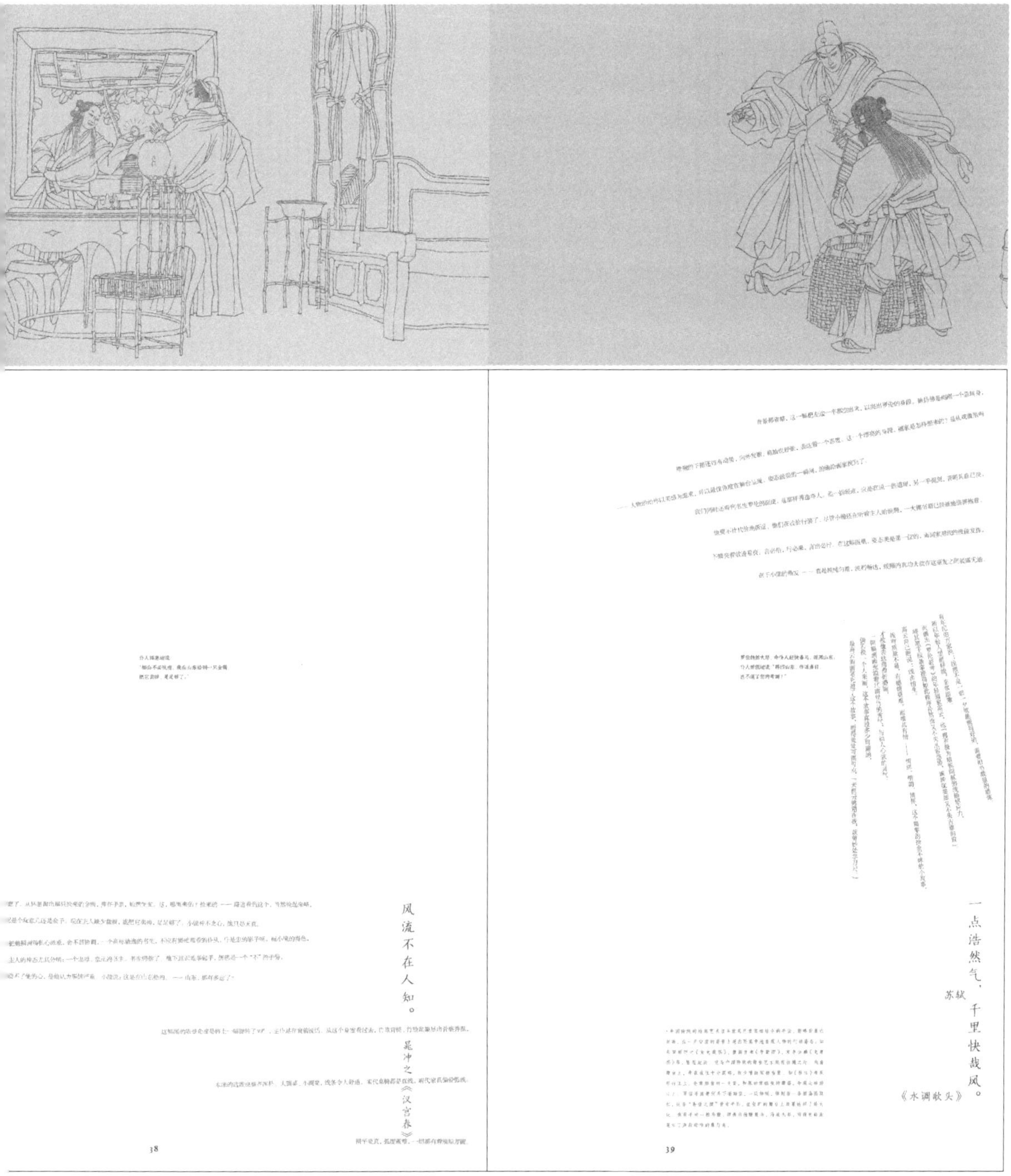

图 E-10《罗伦赶考》，文本参照画家的构图排列，上海人民美术出版社，2019

《罗伦赶考》（图 E-10），与《沦陷之城》（图 E-8）采用的相同设计理念，较详细论述可以参见 B4（p054—071）。

将文本排印当作造型看待，是主动地、有意识地对阅读的介

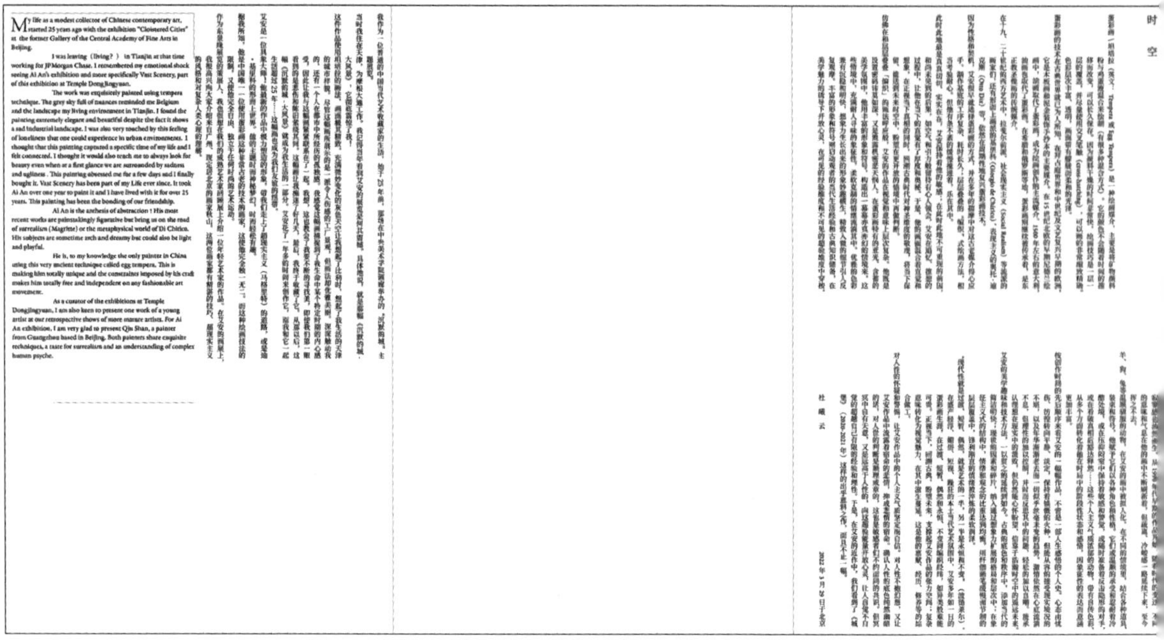

图 E-11《艾安　回响时空》内页，设计：XXL Studio 刘晓翔，2022

图 E-12《艾安　回响时空》内页

图 E-13《艾安　回响时空》封面

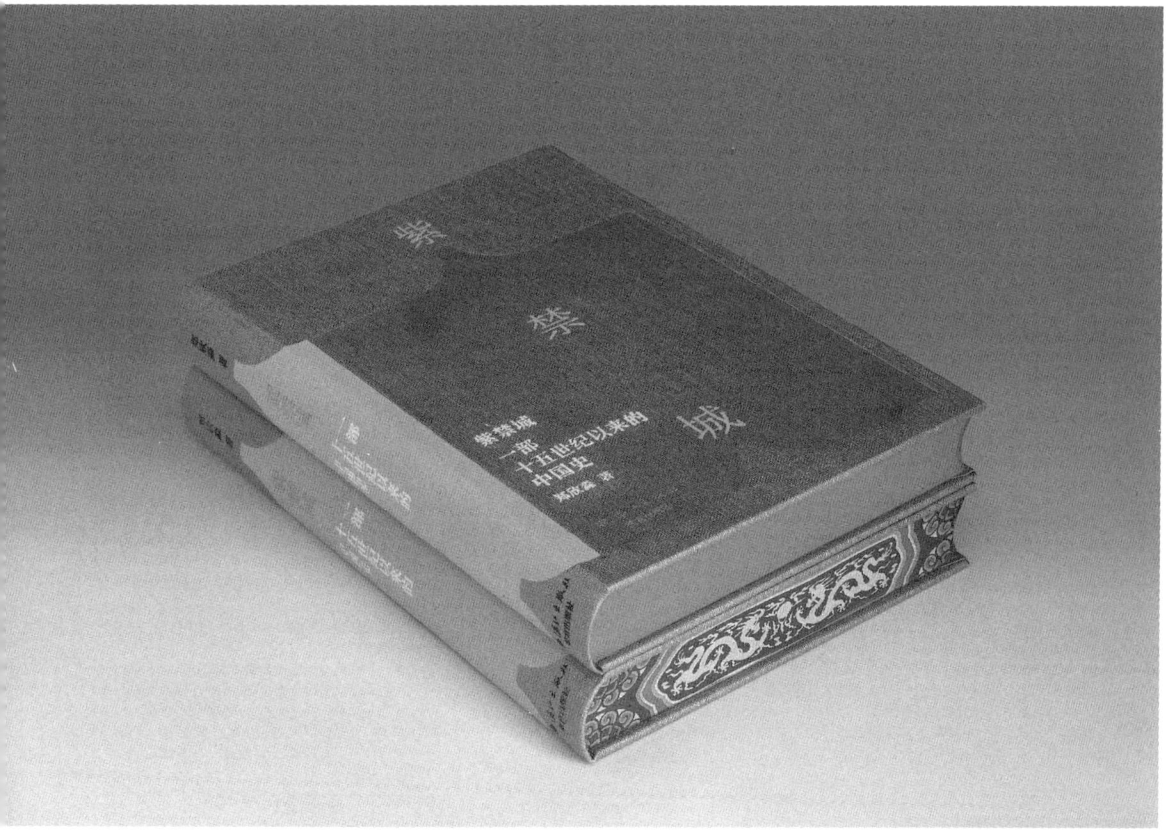

图 E-14《紫禁城　一部十五世纪以来的中国史》，设计：XXL Studio 张宇，2023

入。经过设计师塑造的文本造型，无论读者喜欢与否，都是设计师的具有个性的独立表达。比如《艾安　回响时空》的文本设计，没有遵循自然段首行空字格或空行不空字格的常规，而是将自然段首行突出自然段 6 个字，将文本塑造成由突出的 6 个字带领自然段的形态。与中文对照的英文自然段则设计为段首缩进 6 个汉字，成为与中文自然段段首相呼应的负形（图 E-11—E-13）。

《紫禁城　一部十五世纪以来的中国史》的页码和书眉位置与图片、图注、正文、注释一起在版心里浮动，只有版心才是不变的定量，体现了坚固的城（书籍）与流动的人（图片和文本）的设计概念，（图 E-14—E-17）。

《大熊猫！大熊猫！》将大熊猫隐形于文本排版形似摇曳的竹林之中（图 E-18—E-20）。

0 0 6　导论

王嬴政凭借咸阳原高亢的地理形胜，大兴土木（“因北陵营殿”），使原先就颇具规模的咸阳宫又有了新的外延：仿效天上的“紫宫”宫门四开，有如天子星在人间的再现，从而建成一组布局严谨的建筑群。[1]秦始皇三十五年（前 212）又在渭南上林苑兴建朝宫，朝宫的前殿就是著名的阿房宫，《史记》中称它“上可以坐万人，下可以建五丈旗”。[2]阿房宫是一个未完成的工程。现西安市西三桥镇以南，东起巨家庄，西至古城村一带的前殿遗址，仍高出地面 10 米以上。它的旷世规模，早已成为历代文人描绘的对象。

西汉初年，当年与汉高祖刘邦一起造反打天下的弟兄虽然做了臣子，却不知君臣之礼。博士叔孙通便为新王朝制定了朝仪。刘邦在长乐宫大朝受贺时，实行新的朝仪，整个过程礼仪庄严，场面肃穆，一改过去那种混乱状态，刘邦高兴地感叹道：“吾乃今日知为皇帝之贵也！”[3]不久，刘邦看到修建中的未央宫“壮甚”，以为过度，怒责萧何，萧何回答说：“天下方未定，故可因遂就宫室。且夫天子以四海为家，非壮丽无以重威，且无令后世有以加也。”[4]刘邦听了大悦。这就说明了皇宫的性质和作用。

宫殿营造的指导思想是封建礼制，是尊卑贵贱的等级制度，它鲜明地反映了中国传统文化中注重巩固人间社会政治秩序的特点，特别是体现统治者的权威与财富，也象征着封建王朝的强大，它的建造自然就不惜耗费人力、物力，力求宏大壮丽。而这些宫殿建筑，既代表那个时代的最高建筑成就，也更能说明当时社会的主导思想以及历史

图 2
汉长安未央宫
前殿复原设想
鸟瞰图

1 王学理：《秦都咸阳》第 72 页，陕西人民出版社，1985 年。
2 《史记·秦始皇本纪》。
3 《汉书》卷四三，《郦陆朱刘叔孙传》。
4 《史记·高祖本纪》。

图 3
莫高窟第 217 窟北壁
《观无量寿经变》表现的
唐代宫殿建筑风貌

图 4
唐长安大明宫
含元殿外观复原图

1 《全唐诗》卷七七《帝京篇》。
2 《全唐诗》卷一二八《和贾舍人早朝大明宫之作》。

0 0 7

和传统。唐初骆宾王有诗说：“山河千里国，城阙九重门。不睹皇居壮，安知天子尊。”[1]而王维的诗句“九天阊阖开宫殿，万国衣冠拜冕旒”[2]，更使人们感受到唐代大明宫早朝时的庄严、帝王的尊贵以及唐王朝的威仪。

宫殿建筑在历史上还具有重要的政治意义，它既是至高无上的皇帝威权的反映，也是中国古代中央集权和国家统一的重要象征，是一个政治符号。在中国历史上，坚持传统的宫殿制度又与政权的继承性、正统性联系在一起，因而少数民族建立的全国政权，为求争取汉族上层分子的支持与合作并减少汉族民众的反抗，在所建政权的形式和宫

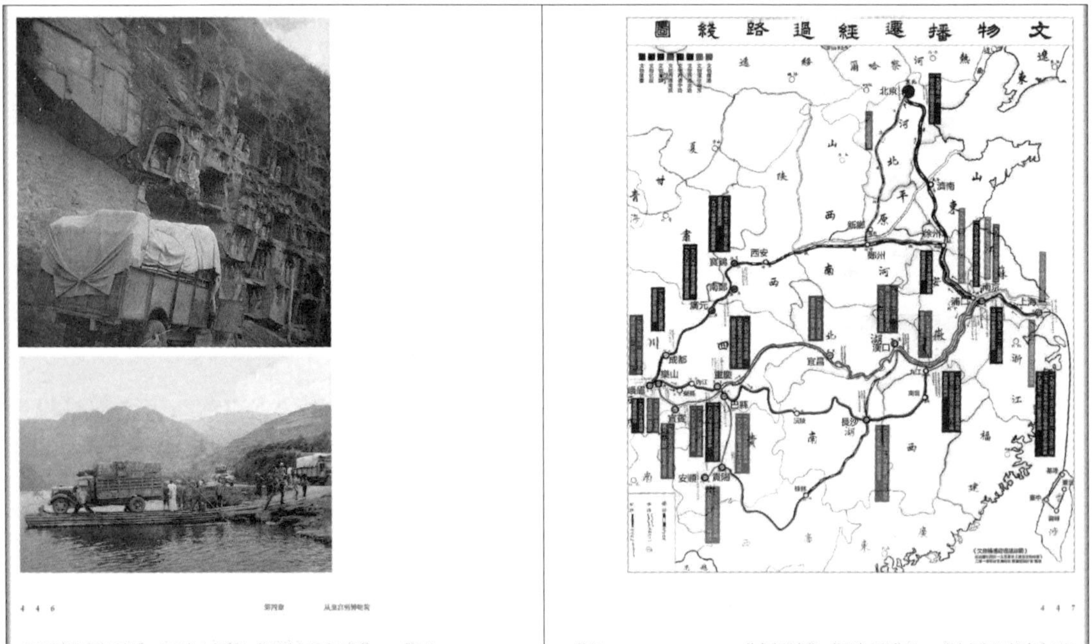

4 4 6　第四章

开了应有的支持和帮助，甚至会寸步难行。抗日战争是全民抗战，作为抗日战争组成部分的故宫文物南迁，同样体现了全民抗战的特点。整个南迁、西迁的过程中，得到了国民政府以及有关省、市政府和铁道、公路等有关部门的支持；在文物迁移途中与存放地，军人的押送和守卫起了安全保障作用，特别是得到了文物存藏地民众的大力支持。

图 4-58
1938 年，装载南迁文物的军车驶过四川广元城外川陕路旁的千佛崖

图 4-59
1938 年，竹排载南迁文物卡车过河

图 4-60
故宫文物播迁经过路线图

4 4 7

故宫南迁文物，曾经在多处停留，一些地点停留时间极为短暂，或为中转站，或停留数月，但也有一些地点较为长久。例如最初南迁上海，存储达 4 年，后分三路西迁，辗转多次，终于各自安存于三地，南路文物密藏于安顺华严洞 6 年，中路文物妥存于安谷 7 年，北路文物安藏于峨眉 7 年。漫长的时间，艰苦的条件，如果没有当地民众的配合和支持，要保护好这些文物是不可能的。

图 E-15—E-16《紫禁城　一部十五世纪以来的中国史》，设计：XXL Studio 张宇，2023

480　附录　紫禁城建筑六百年大事记

建寿康宫。乾隆元年（1736）寿康宫工程完工，皇太后入住。寿康宫一区包括前后殿周围庑房、门等大小殿座二百八十八间，加上附属设施等共实用白银七万四千一百二十三两六钱九分八厘，用赤金一百八十八两七钱。

1736 清乾隆元年，改乾西二所为重华宫，崇敬门更名崇和门。

1742 乾隆七年，在乾西五所之第四所及其以南的狭长地段上修建建福宫。同年始建建福宫花园（俗称西花园）。园内建筑以延春阁为中心，有静怡轩、慧曜楼、延春阁、敬胜斋等十余座，至乾隆十五年（1750），渐次构成。

1746 乾隆十一年，改撷芳殿为三所，即皇子住的南三所。次年建成。

1747 乾隆十二年，于乾清门外内左门、内右门东西各建南向直庐十二间，东为九卿值舍，西为军机处值房。又于直庐南面各建坐南向北五间军机章京值房和蒙古王公值房。

1748 乾隆十三年，于箭亭东侧建御茶膳房。

1750 乾隆十五年，建雨花阁。雨花阁及附属建筑与其他室内装修和室外设备工程，除旧料抵销银外，实用工料所用白银二万二千五百三十三两有多，用赤金一百九十六两八分一厘。

1751 乾隆十六年，为皇太后庆寿，改建咸安宫并更名为寿安宫，并搭建戏台一座。

1757 乾隆二十二年，修紫禁城护城河泊岸及东西北三面围房共七百三十二间。

1758 乾隆二十三年，太和殿院库房失火延烧至贞度门、西南崇楼、西南围房及熙和门等房屋四十二间，同年重修并竣工。

1762 乾隆二十七年，将神武门内东长房一百二十一间改为皇孙住房，重修文华殿。

1765 乾隆三十年，慈宁宫花园添建慈荫楼、吉云楼、宝相楼及临溪亭前东西配殿、间等，重修咸若馆。

1767 乾隆三十二年，慈宁宫由单檐改建为重檐大殿，并挪盖后殿，拆改宫门等。

1771 乾隆三十六年，改建宁寿宫，作为太上皇宫殿。乾隆四十一年（1776）宁寿宫一区改建工程竣工。

481

后经内务府大臣英廉、和珅于乾隆四十四年（1779）三月初一日奏称，工程费用，除各项旧料抵用核除价值并官办松木价银也扣除外，实需白银一百二十七万三百四十两。

1774 乾隆三十九年，敕建文渊阁，包括碑亭一座、阁前水池及单券石桥和阁后堆蓄云步山石、值房等。乾隆四十一年（1776）建成，专贮《四库全书》。

1783 乾隆四十八年六月，体仁阁毁于火，当年重建。

1797 清嘉庆二年，乾清宫火灾，延烧交泰殿和弘德、昭仁二殿，全部毁于火。同年重建。嘉庆三年（1798）竣工，十月初十日内阁奉敕旨太上皇乾隆和嘉庆帝进宫阅视乾清宫和交泰殿工程。

1799 嘉庆四年，拆除寿安宫院大戏台，交圆明园工程处。

1819 嘉庆二十四年，重修宁寿宫、畅音阁、阅是楼、佛日楼、梵华楼，并拆盖扮戏楼，又拆去畅音阁东西配楼改盖二座围房。

1845 清道光二十五年，东六宫的延禧宫毁于火，烧房二十五间。

1859 清咸丰九年，改建长春宫，将启祥宫（后称太极殿）后殿前后贯通，用为穿堂殿，改名体元殿，长春宫和启祥宫从此连通为一个整体院落，为满足慈禧太后在此的居住需求，同治年间又先后加盖抱厦、游廊、戏台。

1869 清同治八年，武英殿火灾，延烧其他殿宇三十余间，当年重建。

1888 清光绪十四年，贞度门火灾，延烧太和门、昭德门，次年重建。

1901 光绪二十七年，武英殿遭雷火，正殿、后殿、西配殿、浴德堂三十七间被烧毁。光绪二十九年（1903）重建武英殿，光绪三十三年（1907）完工。

1909 清宣统元年，于延禧宫址建灵沼轩，宣统三年（1911）尚未完成，后停建。

1912 民国元年二月十二日，在养心殿东暖阁，隆裕太后代行颁布《清帝退位诏书》，宣统帝逊位，暂居紫禁城内廷。

1914 民国三年，民国政府在紫禁城外朝前三大殿一带成立古物陈列所，陈列从沈阳故宫和承德避暑山庄运回的珍宝。民国四年（1915）六月，在咸

图 E-17《紫禁城　一部十五世纪以来的中国史》，设计：XXL Studio 张宇，2023

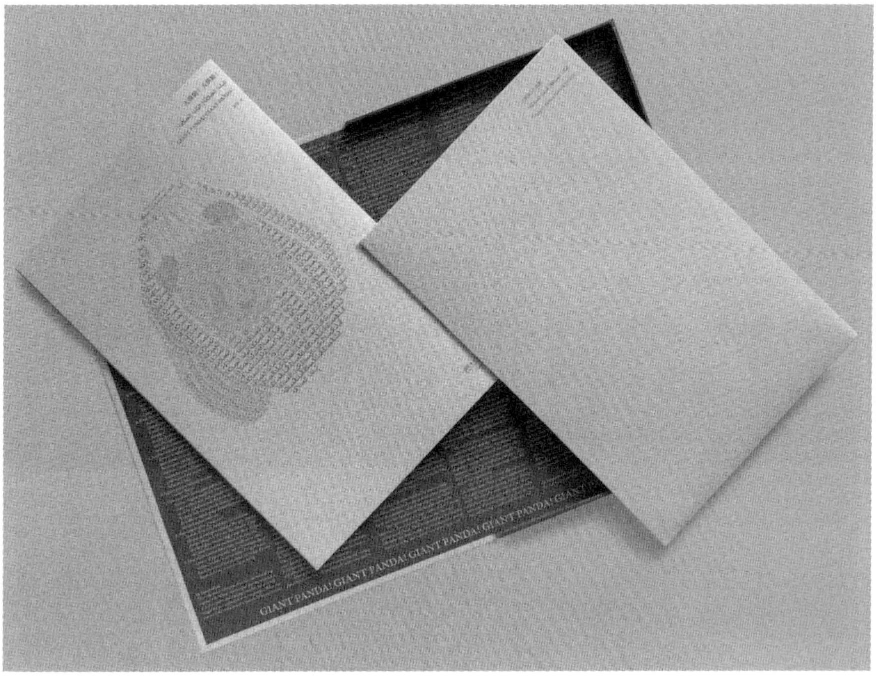

GIANT PANDA! GIANT PANDA! GIANT PANDA! GIANT PANDA!

图 E-18《大熊猫！大熊猫！》，设计：XXL Studio 郑坤，2022

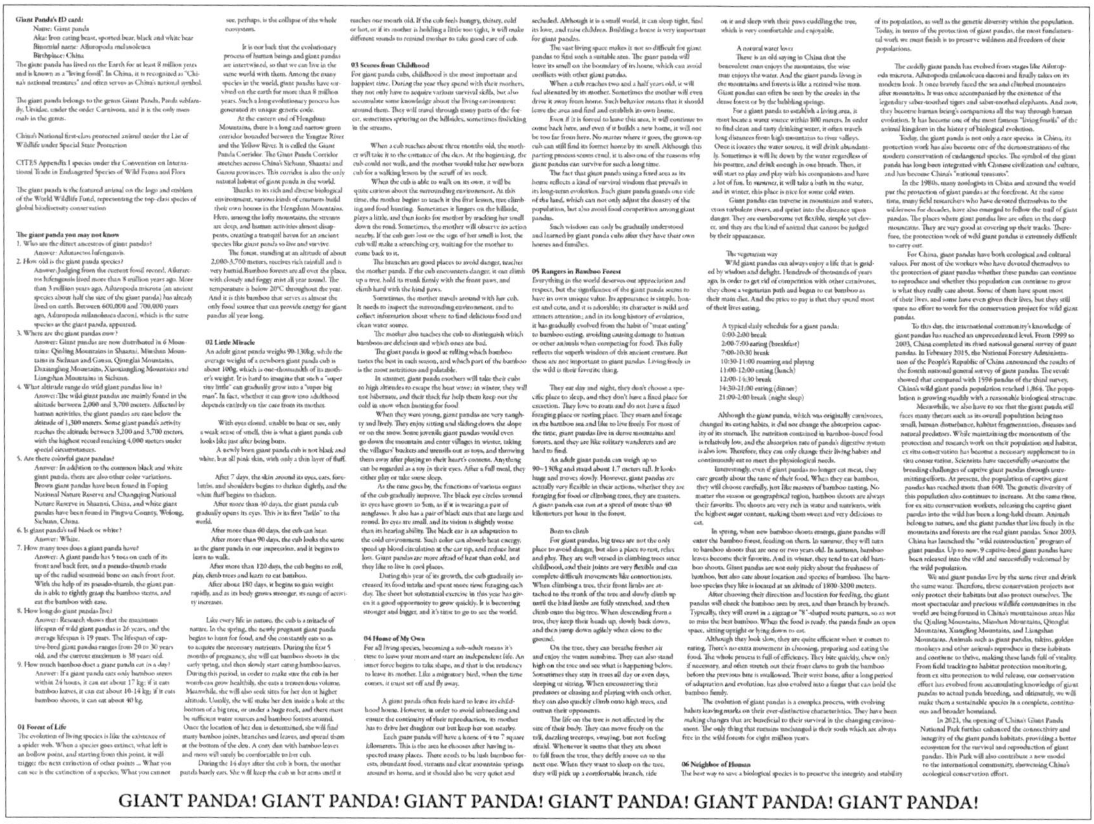

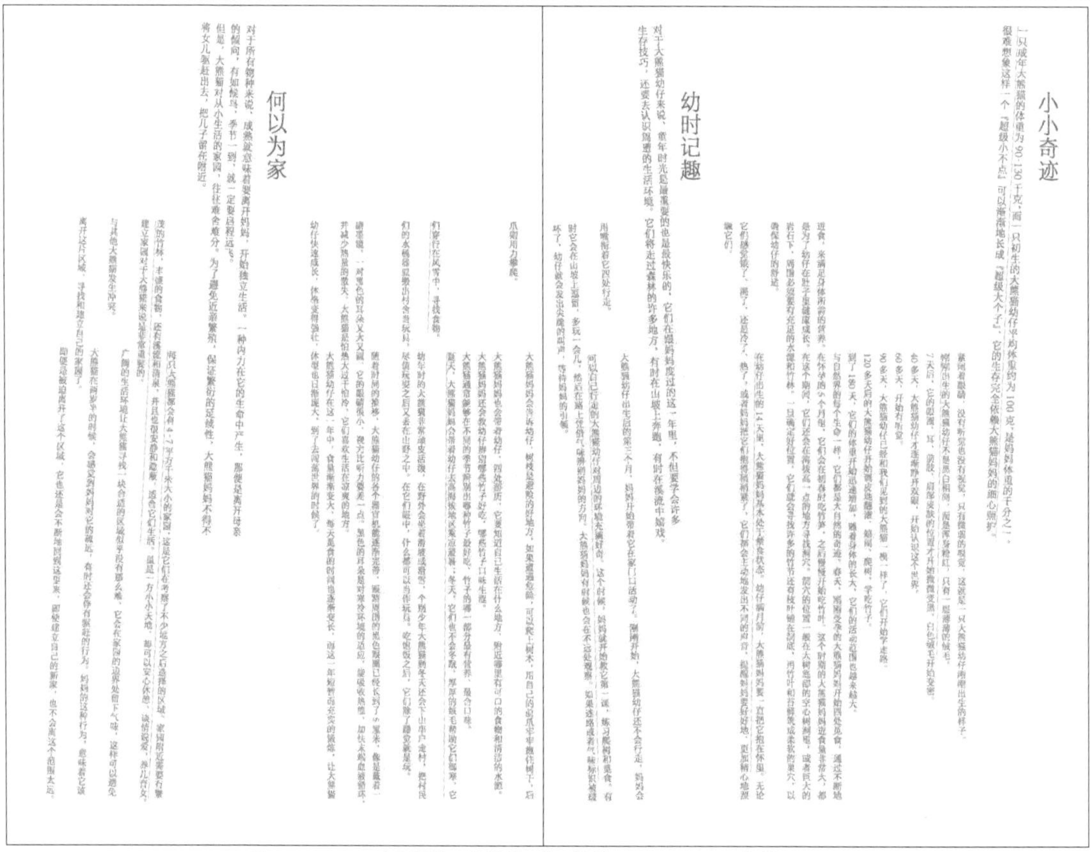

图 E-19—E-20《大熊猫！大熊猫！》，设计：XXL Studio 郑坤，2022

—

解析
《2016 德国最美的书》《2015 荷兰最美的书》
《2016 瑞士最美的书》

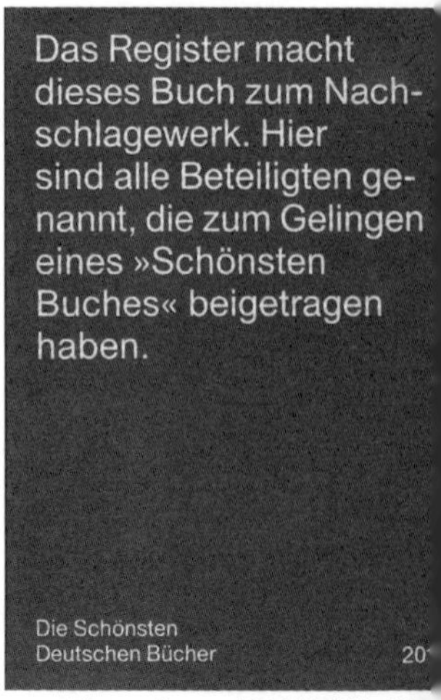
Das Register macht
dieses Buch zum Nach-
schlagewerk. Hier
sind alle Beteiligten ge-
nannt, die zum Gelingen
eines »Schönsten
Buches« beigetragen
haben.
Die Schönsten
Deutschen Bücher
图 F-1《2016 德国最美的书》

图 F-2《2013 德国最美的书》

手指轻拂纸面，
那独一无二的光晕唤起你内心的温暖、惊异与热情，
远在内容进入之前。

文本是一个既被限定又可以按照把玩者（设计师）意志变化的魔方，用它可以很贴切地来形容“编辑设计”。设计师经常会遇到编辑一本作品集这样的机会，也许是为别人，也许是为自己。以我为例，我先后编辑设计过《2010—2012 中国最美的书》《风吹哪页读哪页　第一届中国最美旅游图书设计大赛优秀作品集》《改变阅读的设计》《GDC Award 21》等作品集。

毫无疑问，“最美的书”作品集要传达的是书籍的设计美。那么，“最美的书”的合集又该是什么样子？

既然是“合集”，就要背负介绍“最美的书”们的使命，淋漓尽致地将每一本“最美的书”的个性与特点展现出来，同时不能搞丢了“最美的书”合集的设计者自身。如何把信息的传达做到尽可能独特、详细又恰到好处，同时诗意地阅读？《2016 德国最美的书》与《2015 荷兰最美的书》这两本“最美的书”合集，它们的编辑设计思路与特点值得细细品味与欣赏。

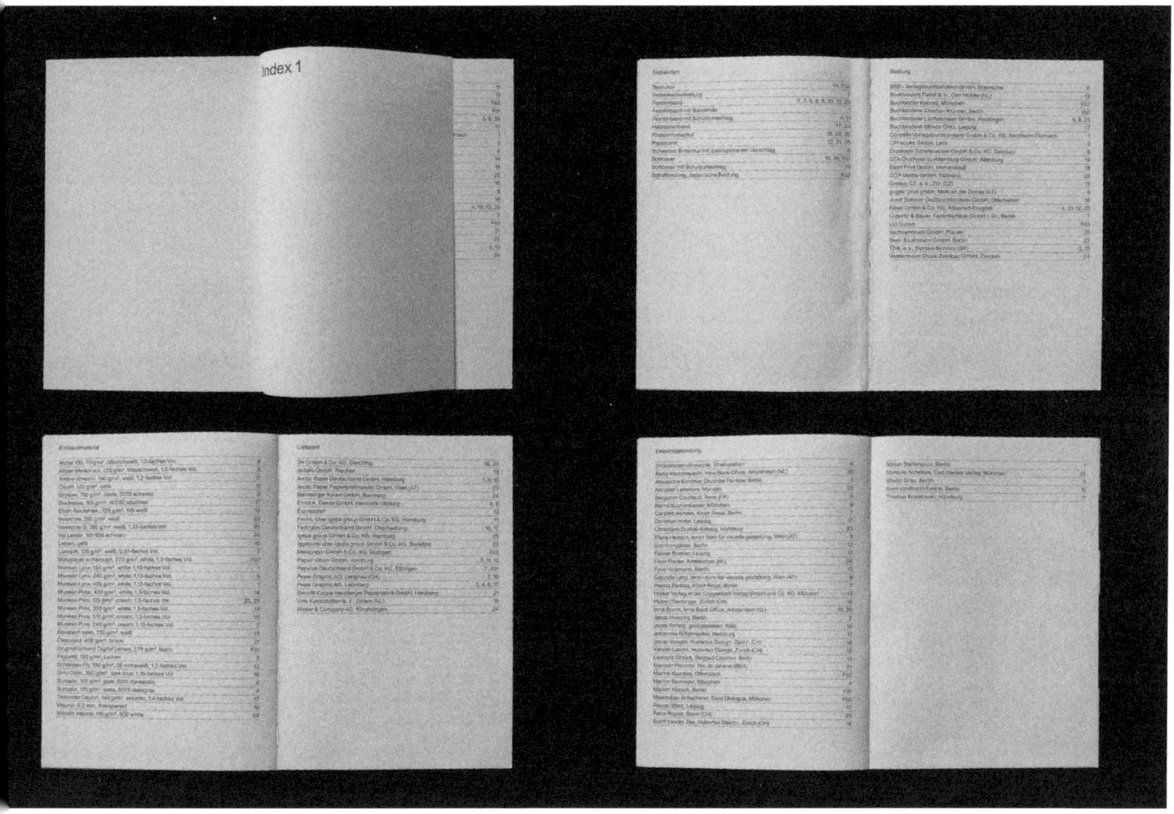

图 F-3 目录 1

我们首先来看《2016 德国最美的书》（图 F-1）。

德国“最美的书”合集封面一贯走朴素路线，大多只有一个书名，甚至《2013 德国最美的书》的封面没有书名、出版社等信息，这个封面就是个灰纸板（图 F-2）。封面的简洁能够突出内文编辑设计带来的丰富视觉呈现，这是整体节奏的需要，同时也可以激发起读者的好奇心。

《2016 德国最美的书》内文编辑思路由分到总，共分为六个部分：1. 每本书的封面材料与装订方式，2. 图片特点，3. 内文版式设计，4. 字体展示，5. 内文纸样，6. 每本书的整体介绍。在前面五个分目录中，设计师抹去了每本书的书名，用数字依次对 25 本书编号。以数字替代书名，并加以详细的信息陈列，这使每个分目录本身不仅是简洁直观的图表和可供检索的条目，同时也是阅读节奏的调节。

以下是五个分目录的具体信息和与之对应的展现形式。

目录 1（图 F-3）主要介绍获奖作品的封面材料与装订方式，包含以下五个方面的内容：Einbandart（装订方式）、Bindung（装订工厂）、Einbandmaterial（装订材料）、Lieferant（纸商、供应商）、Einbandgestaltung（设计者或设计工作室）。目录 1 之后

图 F-4 编号 16 的获奖作品封面，作品书影为原大
（大于“德国最美的书”合集）

图 F-5 目录 2

图 F-6 编号 16 的获奖作品图片特点

是编号 16 的“德国最美的书”获奖作品封面（图 F-4）。

目录 2（图 F-5）主要介绍获奖作品的图片特点，包含以下四个方面的内容：Illustration（插图）、Fotografie（摄影）、Sonstige Bildquellen（其他图像来源）、Reproduction（图片处理方）。目录 2 之后是编号 16 的获奖作品图片特点（图 F-6），其图片特点为建筑设计图。

目录 3（图 F-7）通过一个跨页来展示获奖作品的内文版式设计，包含以下五个方面的内容：Gestaltung（版式设计者）、Satz（排版方）、Herstellung（出版社）、Druck（印厂）、Sonderfarben（专色）。目录 3 之后是编号 16 的获奖作品内文版式设计（图 F-8）。版式设计这部分图片有带裁切线和不带裁切线的（出血），通过这种形式可知设计师运用了与获奖书籍等大的概念来展现内文版式。

目录 4（图 F-9）通过内页的局部图片展示获奖作品字体运用情况，包括以下两个方面的内容：Schrift（字体）、Type

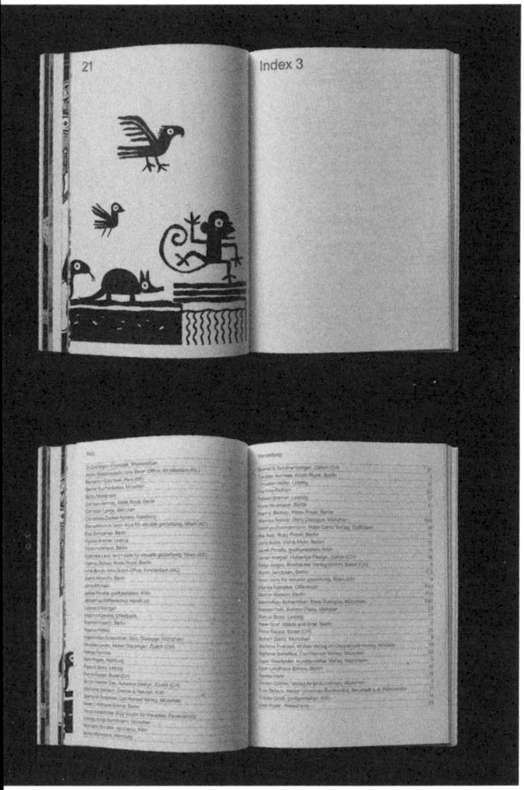

图 F-7 目录 3

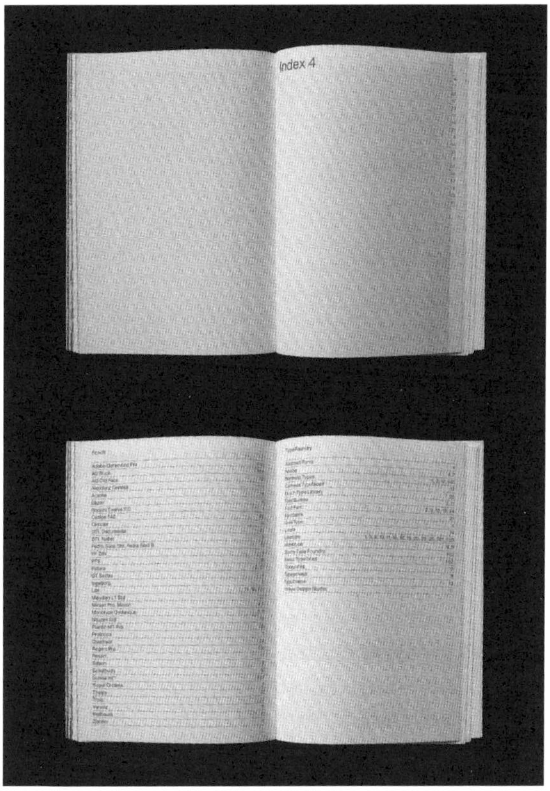

图 F-9 目录 4

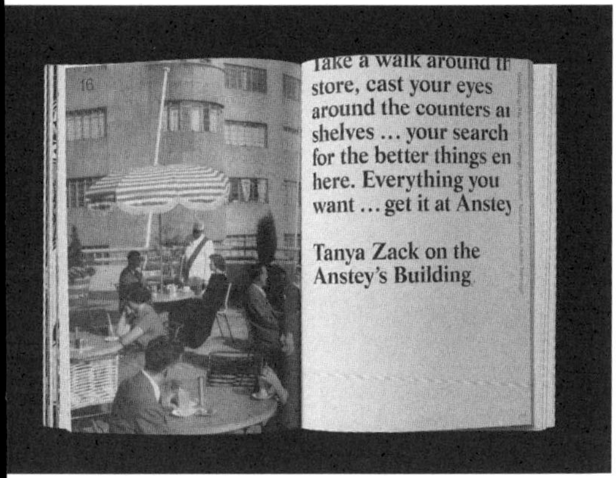

图 F-8 编号 16 的获奖作品内文版式设计

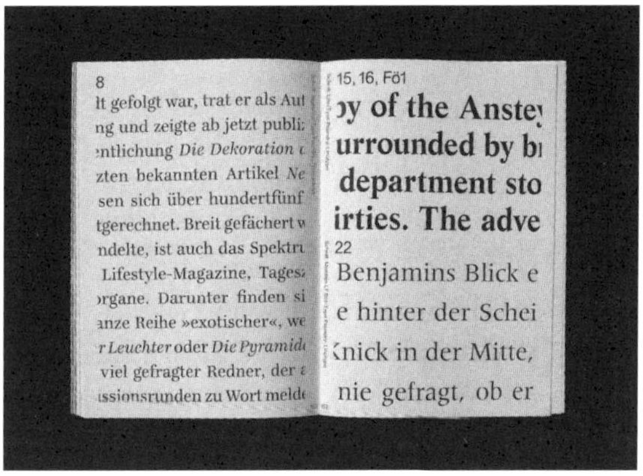

图 F-10 编号 16 的获奖作品字体展示

Foundry（字体公司）。目录 4 之后是编号 16 的获奖作品字体展示（图 F-10）。为一本书设计一款字体，在西文书籍里是很平常的事，这与汉字至少要有 7000 字才能排印书刊区别巨大，因此，在“德国最美的书”合集里，可以展示设计师为每本书设计的不同字体。

目录 5（图 F-11）用获奖作品的内文纸做成了一本小册子，不同的纸上记录着对应的纸张名称、克数与供应商。且这本册子可从书中抽出来，作为纸样使用，能让读者真切地感受到获奖作品作为物的质感，让这本小册子完美地嵌入整本书的工艺，令人

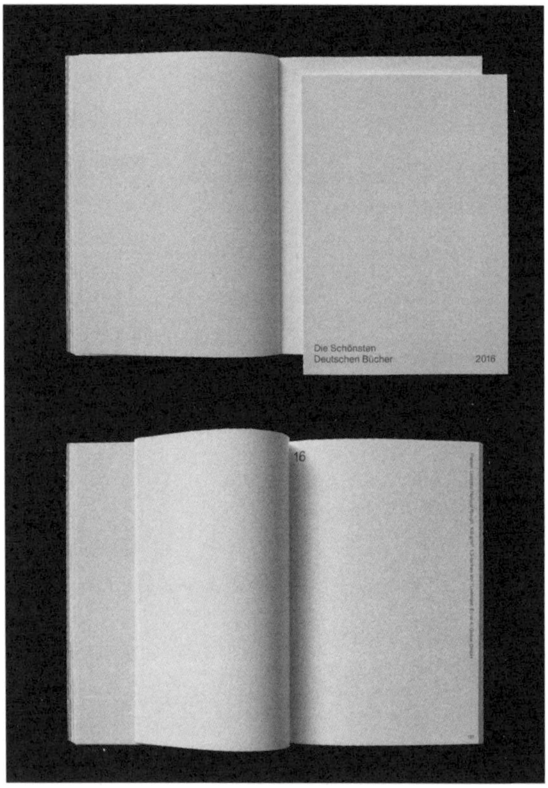

图 F-11 目录 5

图 F-12《2016 德国最美的书》的完整介绍

图 F-13《2016 德国最美的书》书籍信息和评委评语

赞赏。

全书的最后一部分对每本“最美的书”进行了完整的介绍，跨页清晰又具体地展现每一本书的所有信息。这样的阅读感受，就像仔细分析了拼图的每个部分，终于看到了原图一样。读者还可以通过左下角的页码找到每本书在前五个部分中的相应内容。

编号 16 的“最美的书”的完整介绍（图 F-12、F-13）：

《2016 德国最美的书》以拆分的编辑设计思路，根据书籍设计的五个要素（封面材料、工艺与装订方式，图片，内文版式，字体，内文纸张），把每本书的内容分别提取出来，让读者对这 25 本书先有一个具体而局部的认知，再完整地介绍每一本书富有逻辑的美感。它完全满足我们对一本合集的期待与认知，又超乎我们的想象，给予我们许多阅读与思考的乐趣。也正是因为它自身功能性的满足，造就了它的理性之美，这种美无须增添装饰与更多的设计元素。

“德国最美的书”合集向来贯穿着理性的编辑思路，在这理

图 F-14《2015 荷兰最美的书》合集

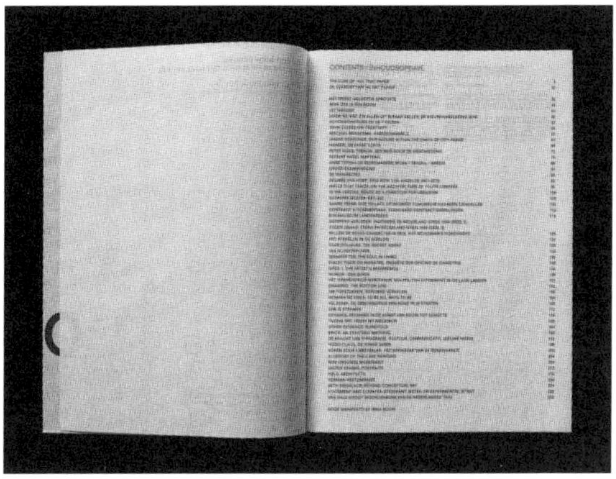

图 F-15《2015 荷兰最美的书》合集目录

性的内核之外，它的表现形式却很丰富多彩，感兴趣的朋友们可以购买阅读历年“德国最美的书”合集。

我们再来看《2015 荷兰最美的书》(图 F-14—F-17)。

区别于“德国最美的书”合集一贯采用的编辑设计思路，《2015 荷兰最美的书》是设计者对于设计内容的自我演绎。这本合集最大的特点是 :“我”［伊玛 · 布（Irma Boom）］设计的“最美的书”的合集不是“最美的书”合集本身，而是“我”对“最美的书”的合集的看法。

《2015 荷兰最美的书》以平装的方式，用薄薄的内文纸对折而形成了封面。封面上的书名也与众不同 : *Book Manifesto*（《书籍宣言》)。 在纸张的运用上，封面材料和内文用纸一致，均为一种轻、薄、透的纸张。这种纸的特点极大地影响了整体设计，决定了整本书的气质。

合集结构简单，文前一篇序言，主体介绍最美的书，最后是伊玛 · 布的演讲稿。

因为纸张很透，所以主体的文字信息主要印在正面（奇数页），背面（偶数页）不印大量文字。整本书只用黑色印刷，部

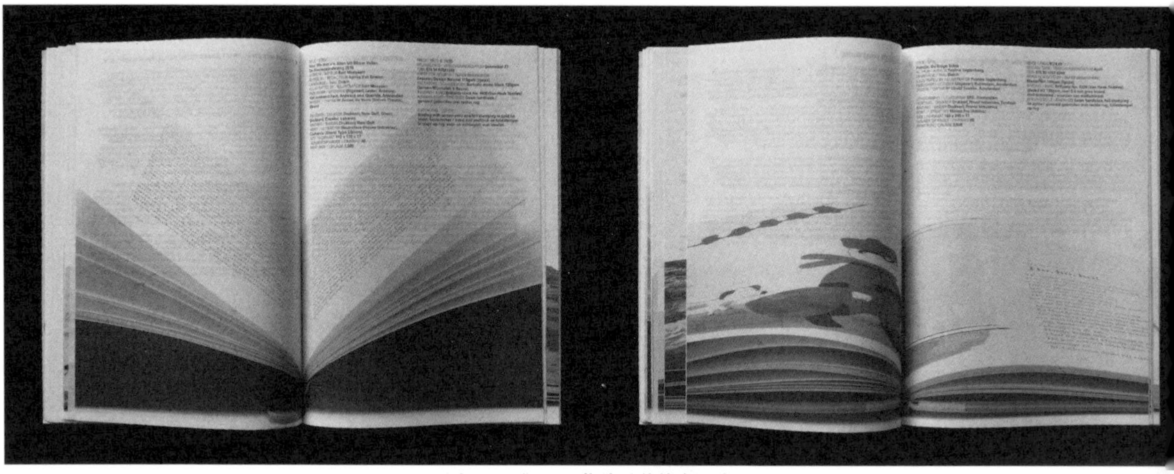

图 F-16《2015 荷兰最美的书》内页

分出于对纸张的考虑。

每本书的介绍均占了四页，内容主要分为三个部分：每本书的设计说明、具体参数的陈列（包括作者、编辑、语言等）、一张固定拍摄角度的书影。体例虽不复杂，但页码的位置、设计说明中重点文字下的横线、字体选用与灰度的对比等细节均能显示出设计师的细腻与周到。

与《2016 德国最美的书》不同，本书的获奖作品图片较少，每本书只有一张跨页与单黑印刷的内文书影。读者满心期待的“最美的书”的封面、内文版式、图片、字体等内容，在这本书里都被大幅度省略。但读者也从中获得一种超越理性的、美妙新奇的阅读感受——每一张跨页的书影都以同样的角度拍摄与放置，平摊着的内文图片搭配薄而透的纸张，营造出一种静谧而朦胧的氛围，似乎“最美的书”就近在眼前。每一次翻页既是在翻动这本合集，又像是在翻看其中每一本“最美的书”！细心的读者还能从这唯一的图片里看出更多信息：书脊的形态、封面的材料与装订方式。

独特的纸张、别出心裁的内文编排、黑白双色的运用，所有这些特质放在一起，构成这本书特别的气质。它纯粹、内敛、沉

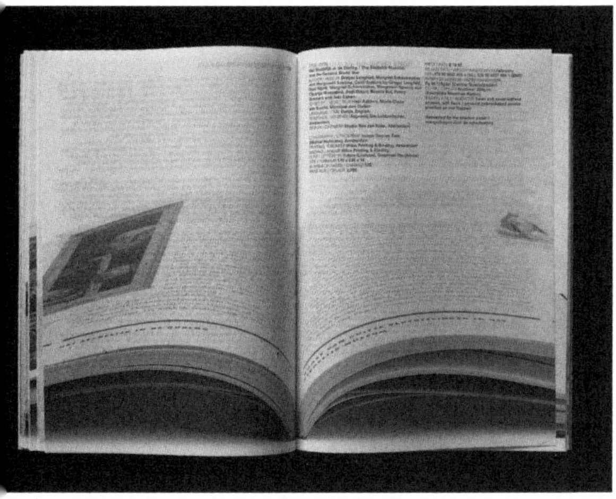

图 F-17《2015 荷兰最美的书》内页

The need for the book's intimacy - the paper,
the smell of ink - is certainly not nostalgia or false
sentiment. The printed book is a fundamental and
integral part of our tradition and culture,
of published and public knowledge and wisdom.

The book is dead.
Long live the book.

图 F-18“书籍的幸存或书籍的复兴”英文原文节选

稳，又不乏激情，是想象力与创造力的完美结合，是一本让读者感动的书。

无论理性更多一点，还是感性更多一点，来自德国与荷兰的这两本设计风格截然不同的合集都是文本内容、设计与制作的完美结合，有着纸质书令人眷恋的物质性，呈现了书之为物的魅力与无限可能。

在《2015 荷兰最美的书》的结尾，伊玛 · 布附上了她在自己的作品集 *The Architecture of the Book* 上发表的名为“书籍的幸存或书籍的复兴”（*The Survival of the Book or The Renaissance of the Book*）的文章。这篇文章是书籍之宣言，它讲述了纸质书无可替代的物质性，并指明在电子书与纸质书竞争的今天，书籍设计师的角色必须发生转变。书籍设计师绝不能仅仅被动地去设计，而应作为文字图片的编辑者和导演，更深地去挖掘纸质书籍的本质。“我们对纸张、墨香的眷恋，绝不是一种怀旧或不合时宜的感情用事。纸质书是我们传统、文化以及共享的公众知识与智慧的基底和组成部分。”（图 F-18）

图 F-19《2016 瑞士最美的书》

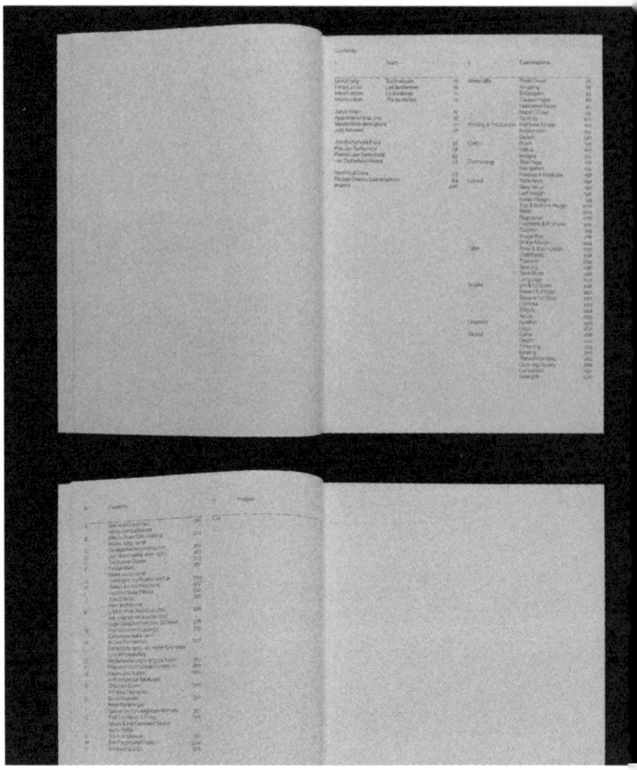

图 F-20《2016 瑞士最美的书》总目录

“德国最美的书”合集，很多本都有与 2016 年合集相同的编辑设计逻辑。沿着这种对获奖作品进行拆解分析的逻辑来设计作品集到底能走多远？能触碰到它的边界吗？ AGI 会员兼苏黎世艺术大学平面设计系主任约纳斯 · 弗格利（Jonas Voegeli）设计的《2016 瑞士最美的书》（图 F-19），为我们做出了诠释。他用电子显微镜一样的编辑设计语言，将 2016 年“瑞士最美的书”获奖作品细节呈现在读者面前，组成一首由无数令人惊叹的细节来演奏的抒情诗。限于篇幅，这里选择这本书中几个有代表性的设计细节为朋友们做简单介绍。我们从《2016 瑞士最美的书》的总目录（图 F-20）可见一斑。

Examinations II（获奖作品节选，图 F-21）

Materiality（物质）

1. 封面；2. 工艺效果；3. 环衬；

4. 内文用纸（涂布纸、非涂布纸）；5. 纸张色彩；

6. 纸张的不透明度

Printing & Production（印刷与制作）

1. 半调网屏；2. 印刷；3. 缺陷

Colour（色彩）

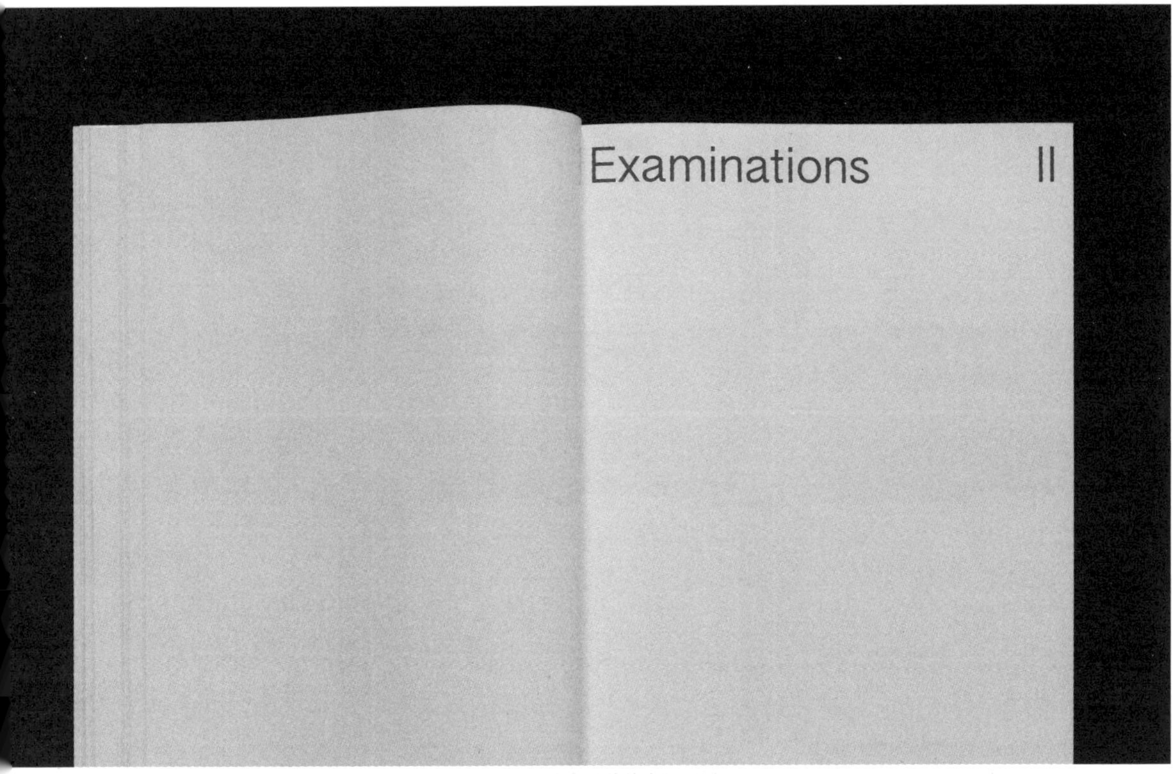

图 F-21《2016 瑞士最美的书》目录 II

1. 黑色；2. 黄色；3. 图像

Dramaturgy（编排）

1. 扉页和标题页设计；2. 目录设计；3. 序和跋

Layout（排版）

1. 版心；2. 文本排版后的灰度；3. 左边距；
4. 内边距；5. 天头与地脚；6. 网格；7. 页码；
8. 脚注与尾注；9. 图注；10. 图像框；11. 图像边距

Type（字体）

1. 字碗和字干细节；2. 连字符；3. 数字 / 图形；
4. 间距（行间距）；5. 字体与风格；6. 语言

Glyphs（字符）

1. 破折号和连接号；2. 圆点和句号；3. 方点形句号；
4. 逗号；5. 省略号；6. 箭头；7. 图形；
8. 获奖书籍本体；9. 获奖书籍原文摘录

Graphics（图形）

1. 符号；2. 标识

Object（物质性——书籍本身）

1. 书脊；2. 厚度；3. 裁切；4. 装订；5. 锁线

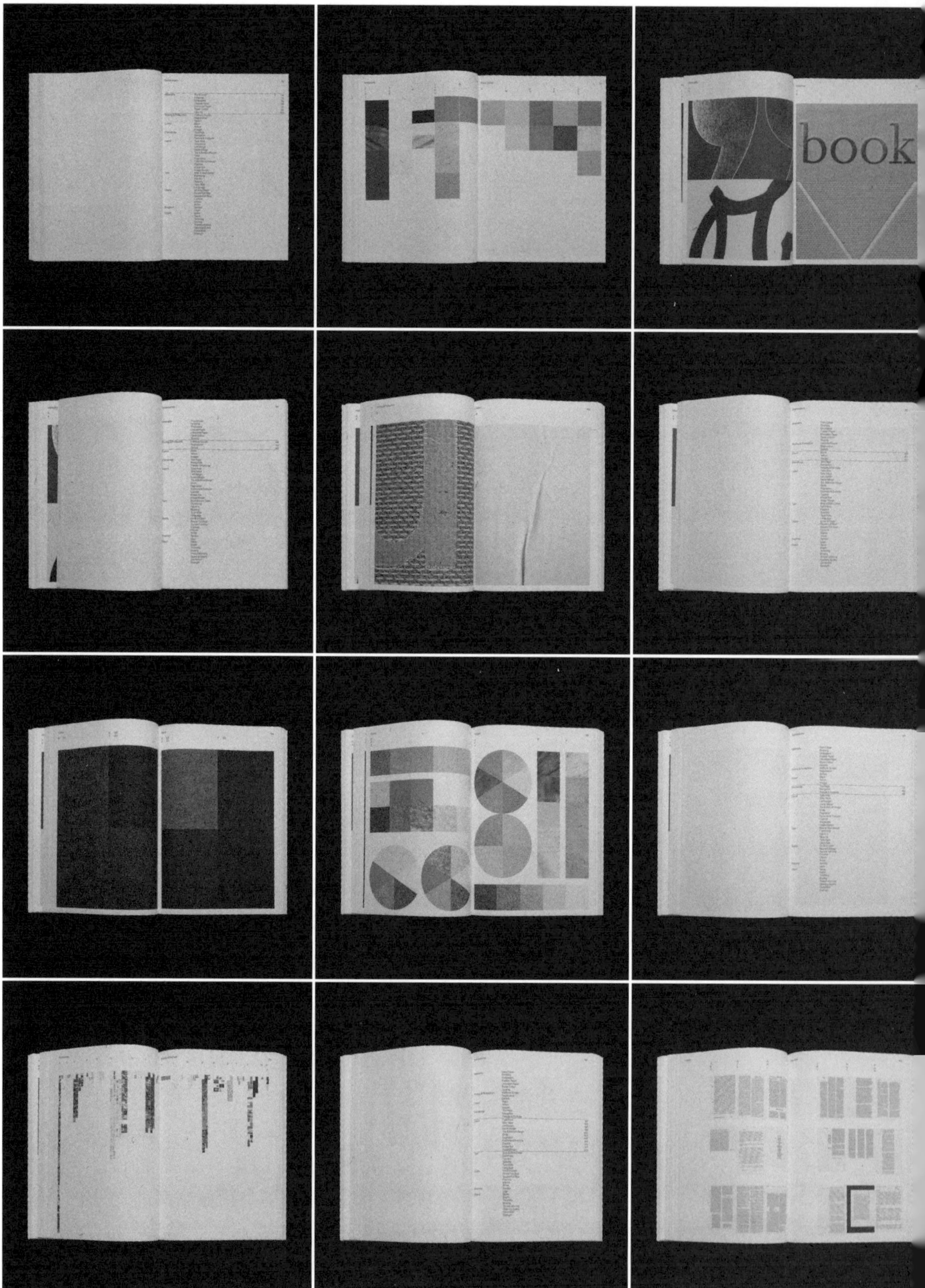

图 F-22《2016 瑞士最美的书》
对获奖作品的电子显微镜般的解析 1

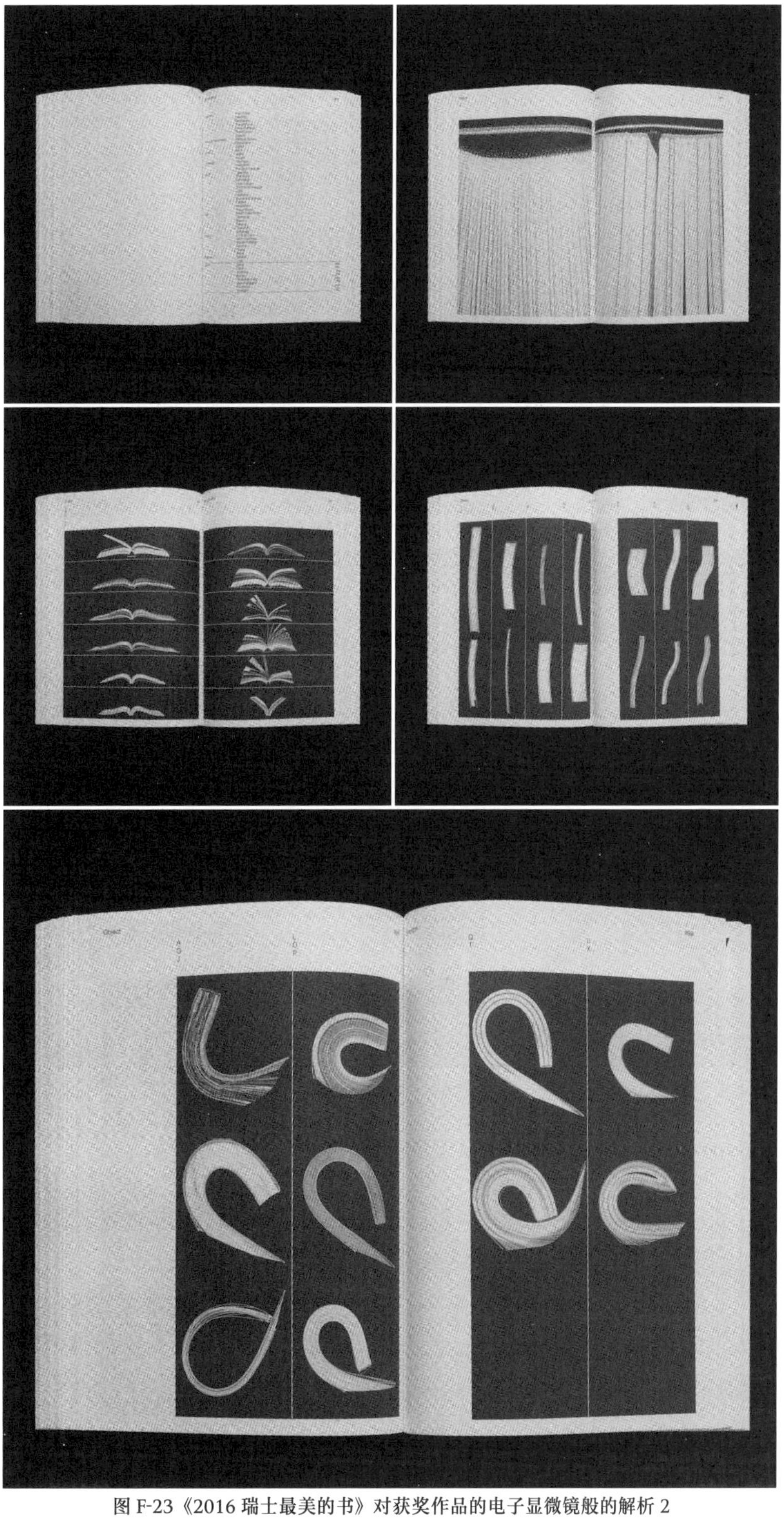

图 F-23《2016 瑞士最美的书》对获奖作品的电子显微镜般的解析 2

6. 展开的平整度；7. 中间折页；8. 强度（柔韧度）

约纳斯 · 弗格利把拆解、分析获奖作品推向了极致。极致是绝路，也是新的起点（图 F-22、F-23）。

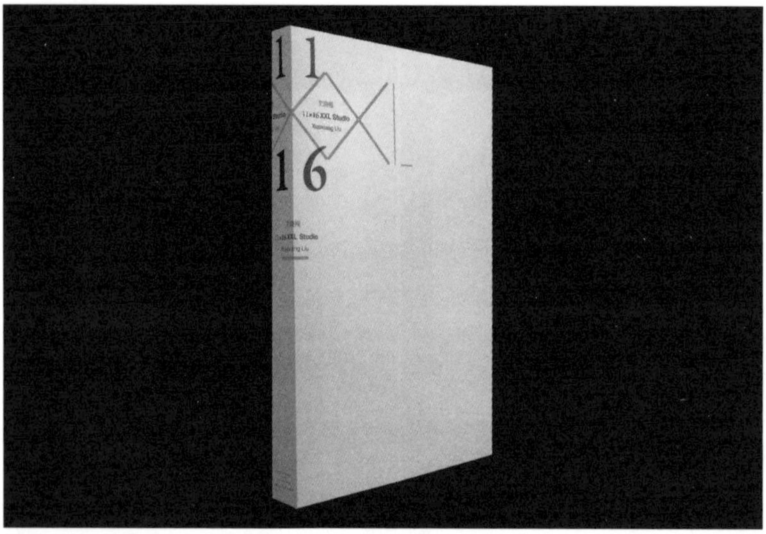

图 F-24《11×16 XXL Studio》

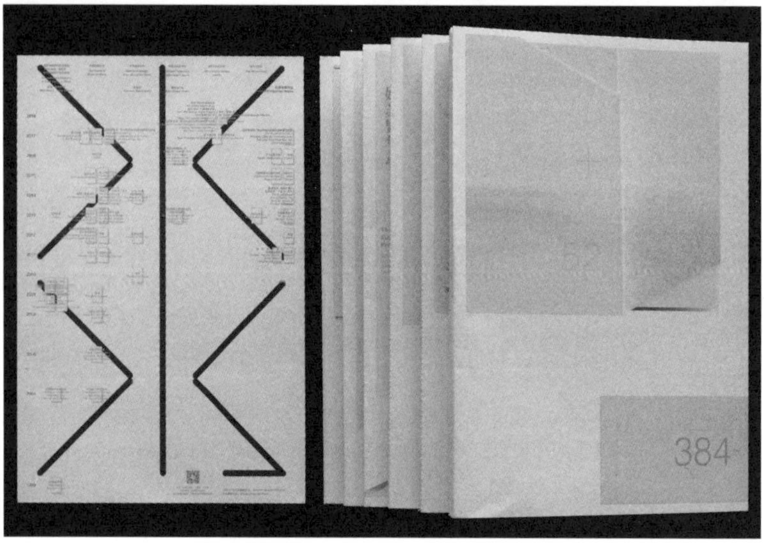

图 F-25《11×16 XXL Studio》的 11 个分册

《11×16 XXL Studio》（图 F-24）以一个特别的编辑设计方式，于 2018 年 8 月在上海人民美术出版社出版。

《11×16 XXL Studio》的特别之处是打破“最美的书”作品集对作品进行解析的编辑方式，将我们工作室的 11 个案例单独成册（图 F-25），在每册之中嵌入 16 页原设计案例，让读者自己品味原设计的优劣，并借此表达我们的书籍设计理念：它是需要触摸和观看的物质实体，分析作品只是编辑方法之一，切身体验与分析同样重要。插入 16 页为的是让每一位读者有“身处其中”的体验，同时使《11×16 XXL Studio》成为论述汉字网格系统《由一个字到一本书　汉字排版》的设计案例。

编辑之初，诗歌中的格律诗给《11×16 XXL Studio》带来

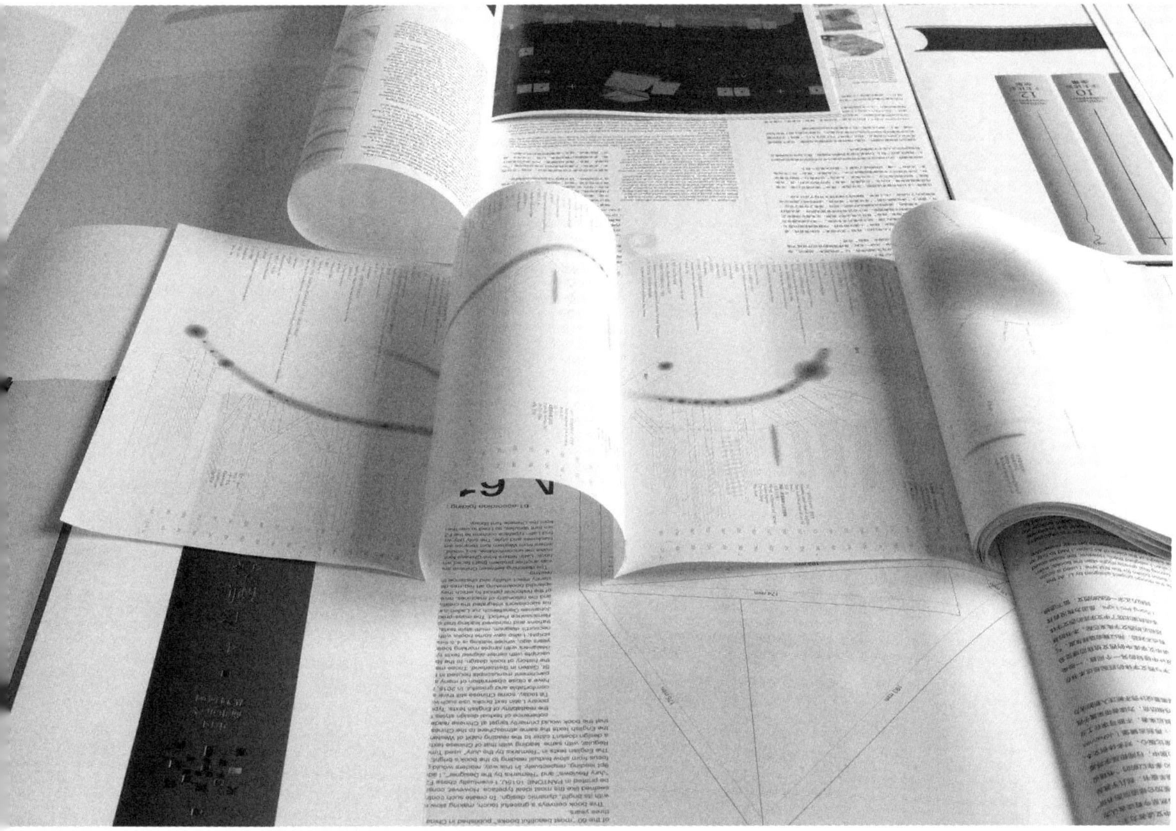

图 F-26《11×16 XXL Studio》内页展开

图 F-27《11×16 XXL Studio》案例 11 的“全息”书影

启发：遵循固定格式变化其中内容，形成很强的格式感，同时又感受得到音韵的美妙，这就是本书的编辑设计构成（图 F-26）。

《11×16 XXL Studio》的每个案例由三个部分组成：“1:1 全息书影”将书籍装帧的每个面都展现出来，使之因书籍形态而变化（图 F-27）；“解剖设计的文本和图表”使每个案例的讲解文本都有不同角度，带来讲述内容的变化；“16 页原作”是原汁原

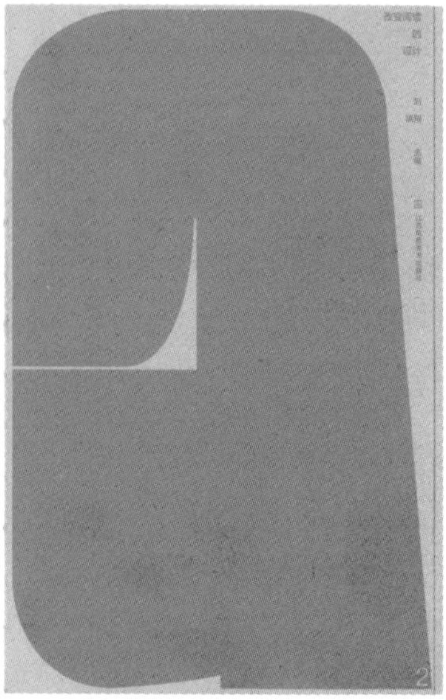

图 F-28《改变阅读的设计》

图 F-29《改变阅读的设计》内页

味地对原设计进行的复制，因每件入选作品开本、材质和印刷工艺各不相同而产生变化。阅读本书，读者可以得到丰富的阅读体验。

《改变阅读的设计》是我应浦睿文化编辑之约，在江苏凤凰美术出版社出版的一本以青年设计师作品为主的作品集（图 F-28）。

这本作品集的编辑设计打破阅读的时间轴，对 A、B、C、D 四部分内容进行了交叉，为阅读制造“障碍”（图 F-30）。我把概述中国书籍设计简史的文章“改变阅读的设计”，和对青年设计师的访谈“交织”在一起，为读者带去“过去”与“现在”

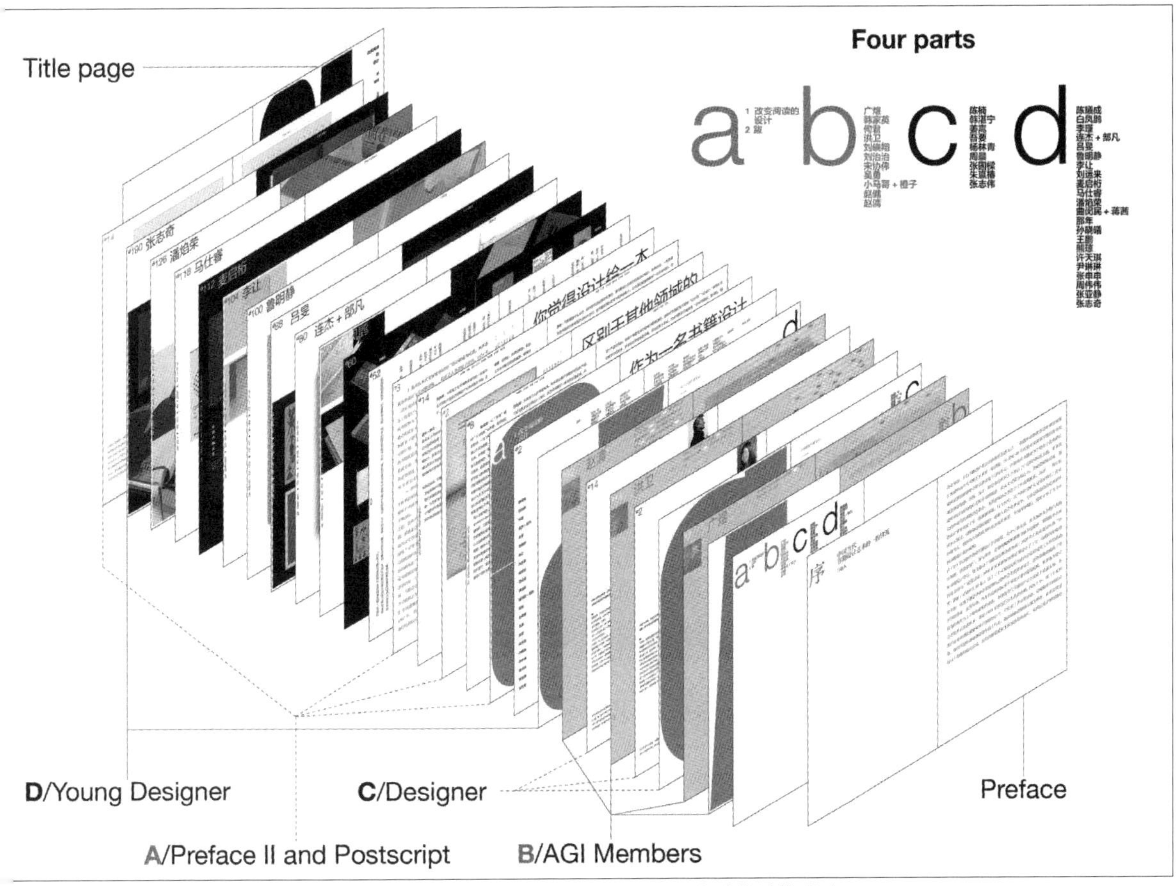

图 F-30《改变阅读的设计》A、B、C、D 四部分位置关系图

时空交替的阅读感受（图 F-29）。

在编辑设计《风吹哪页读哪页　第一届中国最美旅游图书设计大赛优秀作品集》时（见 B7，p098—109），我将每件获奖作品的内页不集中在一起，而是拆散后分布在全书中，用获奖作品的内页书影的页码，构成作品集的页码。风吹哪页读哪页，吹到哪本读那本（图 F-33）。

《GDC Award 21》的编辑设计则将两年一届的 GDC 设计比赛作为事件，按照时间轴的形式呈现（见 B10，p130—139）。

魔方的妙处在于它既是一个不可完全拆分的物体，又是一个会带来诸多可能的存在。书籍的编辑设计亦如此，我们在不能改变的文本与可以改变的视觉编排之间游走，寻找它能带给读者的乐趣。在一个基本固定的立方体里，文本、图像和书籍设计师对其进行的视觉编辑，共同演绎着纸张上的戏剧，每一幕、每一节，都具有无限的可能，等待着每一位书籍设计师去创造。

2021 年深秋，应上海人民美术出版社邱孟瑜总编和丁雯编辑之约，我开始本书的写作与编辑工，拟将它作为五年前《11×16 XXL Studio》的续篇，也是我对用最简约的材料和印装工艺出版书的理念的践行。第二年五月的变故使本书出版推迟，我也必须对内容做出调整，那就索性修改写作书的初衷，扩充内容以飨读者。

本书的第一部分（B章）写作与编辑理念承袭自《11×16 XXL Studio》，在大幅度简化本书材质印制工艺的同时仍然选择了11本我们工作室为不同类别书籍所做的设计。来自11本书的11个16页页面选择是以文本排印（造型）为主的。第二部分我将多年以来对汉字版面网格系统的研究汇聚其，详解了它的源起、数理逻辑（字号模数）起点、单元格构成与思维方法。对于不易理解如何在计机上操作，将网格细分为极为细小的模数的朋友们，我给出了简明操作程序。

写作本书是我在中国必须完成的事工，是我的负担：研究汉字排版的网格系统和排印细节，尽我当尽与能尽之力为汉字排版之美添新。为此，我感谢那加给我力量的，让尘土般的我来成就其美意，我从其得到随时帮助，使我在软弱的时候能够刚强。这并非我有能力，也不是我勤奋，乃是我被爱、呼召和使用的结果。

这美意是借助我的恩师吕敬人先生和朋友们来完成的，为此，我特别感谢我的恩师对我的诸般教与朋友们的帮助。

上海电台长三角之声《先锋对话》记者慧楠，她为采访我做了专业而精心的准备，使我们的对谈出了我没预料到的内容。特别是在采访中当弗朗茨·舒伯特（Franz Schubert）谱写的《圣母》（*Ave Maria*）缓缓响起时，我不禁泪流满面。为此，我把这篇采访整理成为本书的序后访谈：“在书卷开合之间，让自由的心翩然翱翔”。

B 章第一个案例《陌上问蚕》的文本作者赵学梅老师在北京一家书店里看到了我设计的书，她任我，把她的心血交与我，我希望与我打交道后她将对我的真实看法在本书中有所表达，使读者《陌上问蚕》之外对文本作者与书籍设计师的合作有更深的了解，尤其是当这位设计师固执己见的候。

B 章第六个案例是我设计过的文本最多的书籍。赵学梅老师的文本是倾向于艺术的，陈枝辉律师文本则几乎是极致的理性。他同赵学梅老师一样，将他编辑的《中国商事诉讼裁判规则》与《中国事诉讼裁判规则》交托给我，这套书的设计成了我自己最为看重的通卷尽是文本的设计。2020 年冠肺炎疫情遍及全球，在不能面对面相聚的情况下，北京雅昌艺术印刷有限公司与中国出版协会书籍设计艺术工作委员会合作，联合 bilibili 在线上进行了“制书实话”直播。雅昌负责直播策划的王晓天女士将我与陈律师的对谈录音，委托她的同事转成文本交与我，这成为本书 B 章第六个设计案例的实实在在的补充。

2012 年，我在恩师鼓励与妻子的帮助下，开设了 XXL Studio，10 年来在这里工作过的我的伙伴们，协助我完成了一个又一个的设计，11 个案例里有他们辛勤的劳作，才能有“B New 11×11 XXL Studio”。

C　书之格律　汉字网格系统。很多出版人将文本交托给我，使我能够在为他们提供设计服务的同时展开汉字排版研究，带着问题去解决问题是多么难得的机会！正是有了这种机会，才使我的研究没有停留在“纯粹”的版面理论上，而是不断实践、总结，再实践再总结，用实践对其不断修正。这种机会成为“刘氏”网格系统的一块块模数。

文本的排印细节关系到阅读的辨识度与审美，而它又是书籍中最容易被忽略的细节。本书“D　文本排印　最基础的美学，易忽略的细节与阅读”中，对此进行了粗略的梳理和探讨，期待引起共鸣和关注，用设计对阅读细节的关照、对纸与字的视觉关系的重塑而不仅是情怀来留住纸阅读。

文本所表达的信息如何在视觉上加以表现，构成本书的“E 文本造型　理性与灵性的张力”，研究汉字版面网格系统，是为了运用它来达到随心所欲的排版表达，如同作曲家把思想记录在五线谱上。

分析优秀、独特的书籍设计作品和将编辑设计运用到设计实践中，是本书的“F　编辑设计　书本是有限定的魔方”。

我的汉字网格系统排版研究和方法论不是唯一的，也不是最好的，它只是撒在地里的一粒麦子，落在土里后，我相信那让其生长的自会使它结出很多果实，变得丰满华美。是的，这功劳并不在我。

感谢我的朋友约纳斯·弗格利、安尚秀、白井敬尚为本书作序，他们的设计与研究是我学习的榜样。

坚定地站在我身旁成为我帮助的，是为我默默奉献的妻子。从我们缔约到 35 年过去，她承揽了我全部的生活和一部分工作，这让我变成了一个幸福的低能者。愿恩典和慈爱永远与她同在！

刘晓翔　2023 年 4 月

中国小说通史
先唐卷
唐宋元卷
明代卷
清代卷
边·位·场·势·美 绘画章法解析
外国美术史简编
William Shakespeare
II
莎士比亚全集
道德经 英译
The Word and the World
英韵 诗经 下卷
Book of Songs in English Rhyme
论语 英译
Analects
英韵 千字文
One Thousand Words in English Rhyme
道德经 英译
The Word and the World
郑欣淼 著
紫禁城
一部十五世纪以来的中国史
气候
Climate

中国民间文学大系
史诗
黑龙江卷
伊玛堪分卷
GDC Award 21
诗经
独钓寒江雪。
唐诗名句
类选笺释辑评
天文地理卷
张福庆 编著
文爱艺诗集
2011
敬人书语
吕敬人 著

2023.04.13

图书在版编目（C I P）数据

汉字网格与文本造型 / 刘晓翔著 . -- 上海 : 上海人民美术出版社 , 2023.6

ISBN 978-7-5586-2649-4

I . ①汉… II . ①刘… III . ①汉字 – 排版 – 研究 IV . ① TS803

中国国家版本馆 CIP 数据核字 (2023) 第 053350 号

汉字网格与文本造型　Chinese Typography Grid Systems & Composition

著　　者　刘晓翔
责任编辑　丁雯
流程编辑　孙铭
书籍设计　XXL Studio 刘晓翔
技术编辑　史湧
出版发行　上海人民美術出版社
地　　址　上海市闵行区号景路 159 弄 A 座 7F　邮政编码 : 201101
印　　刷　北京富诚彩色印刷有限公司
开　　本　787×1092　1/16
印　　张　21.25
版　　次　2023 年 8 月第 1 版
印　　次　2023 年 8 月第 1 次
书　　号　ISBN 978-7-5586-2649-4
定　　价　198.00 元

字体支持 : 汉仪字库 Hanyi Fonts

纸张支持 : 北京博美华彩文化发展有限责任公司

studio
Award 21
Award 21